U0183932

HZ BOOKS

华章图书

一本打开的书，一扇开启的门，

通向科学殿堂的阶梯，托起一流人才的基石。

智能科学与技术丛书

Intelligent Speech Processing

智能语音处理

张雄伟 孙蒙 杨吉斌 曹铁勇 郑昌艳 吴海佳 ◎等编著

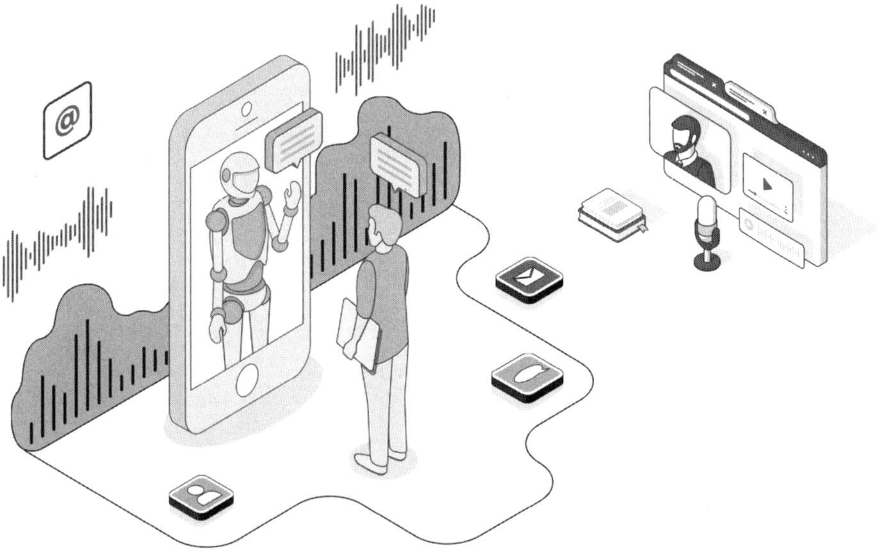

机械工业出版社
China Machine Press

图书在版编目（CIP）数据

智能语音处理 / 张雄伟等编著．—北京：机械工业出版社，2020.9
（智能科学与技术丛书）

ISBN 978-7-111-66532-8

I. 智… II. 张… III. 语音数据处理 IV. TN912.3

中国版本图书馆 CIP 数据核字（2020）第 175217 号

本书从智能化社会对语音处理提出的新要求出发，按照导论—基础理论—应用实践的顺序，系统地介绍了智能语音处理涉及的基础理论、基本技术、主要方法以及典型的智能语音处理应用。首先概述了智能语音处理的相关背景；接着介绍了智能语音处理涉及的基础理论和相关技术，包括稀疏和压缩感知、隐变量模型、组合模型、人工神经网络和深度学习；然后结合具体算法，介绍了智能语音处理的典型应用，包括语音压缩编码、语音增强、语音转换、说话人识别、骨导语音增强；最后对智能语音处理的未来发展进行了展望。

本书内容广泛，重点突出，既有深入浅出的原理阐述，又有创新科研成果的总结凝练，理论与实际结合紧密，可读性强。本书可以作为高等院校人工智能、电子信息工程、物联网工程、数据科学与大数据技术、通信工程等专业高年级本科生以及智能科学与技术、信号与信息处理、网络空间安全、通信与信息系统等学科研究生的参考教材，也可供从事语音处理技术研究与应用的科研及工程技术人员参考。

出版发行：机械工业出版社（北京市西城区百万庄大街 22 号 邮政编码：100037）

责任编辑：赵亮宇　　责任校对：李秋荣

印　　刷：北京市荣盛彩色印刷有限公司　　版　　次：2020 年 10 月第 1 版第 1 次印刷

开　　本：185mm × 260mm　1/16　　印　　张：15.5

书　　号：ISBN 978-7-111-66532-8　　定　　价：79.00 元

客服电话：（010）88361066　88379833　68326294　　投稿热线：（010）88379604

华章网站：www.hzbook.com　　读者信箱：hzjsj@hzbook.com

本书编写组

主　编　张雄伟　孙　蒙　杨吉斌

副主编　曹铁勇　郑昌艳　吴海佳

参　编　曾　理　韩　伟　陈栩杉

闵　刚　孙　健　孙新建

周　彬　黄建军　苗晓孔

李嘉康　张星昱

P R E F A C E

前　言

语音是人类相互交流和通信的最方便快捷的手段。如何智能高效地实现语音传输、增强、识别、合成、存储、转换或通过语音实现人机交互，是现代语音信息处理领域的重要研究课题。智能语音处理涉及人工智能、数字信号处理、语音学、语言学、生理学、计算机科学等诸多学科，是目前智能科学与技术和信号与信息处理学科中发展最为迅速的一个研究领域。

近二十年来，随着人工智能技术的快速发展，智能语音处理技术及应用取得了一系列重大进展，语音编码、语音识别、语音合成、语音增强、说话人识别等方向的研究成果不断涌现，语音理解、语音转换、语音情感分析等新应用进展顺利。同时，迅猛发展的高性能计算设备（CPU、GPU 等）、高性能数字信号处理（DSP）芯片为实时地实现更高复杂度的智能语音处理算法提供了可能。目前，市场上已有不少智能语音处理的应用产品，并且还在不断推出新产品。以智能手机为代表的智能终端产品以及以人机语音交互为代表的语音应用场景给智能语音处理提出了新的要求，智能语音处理技术的应用前景和市场潜力十分巨大。

本书以作者近十年来指导博士研究生开展语音信息智能处理研究取得的成果为基础，结合主持开展的国家自然科学基金、江苏省自然科学基金和江苏省优秀青年科学基金等语音处理科研项目，并参考相关文献资料编著而成。全书系统地介绍了智能语音处理的基本理论、方法和典型应用，并介绍了研究现状和发展趋势。

本书是按照导论—基础理论—应用实践的主线展开的，系统地介绍了智能语音处理涉及的基础理论、方法、技术以及典型的智能语音处理应用。

本书共 11 章，可分为四个部分。

第一部分是导论，对应第 1 章，概要介绍了经典语音处理与智能语音处理的基本概念以及语音处理的典型应用。

第二部分是基础理论，包括第 2～5 章。第 2 章介绍了稀疏和稀疏表示、冗余字典以及压缩感知的基本原理和方法；第 3 章介绍了隐变量模型，包括高斯混合模型、隐马尔可夫模型和高斯过程隐变量模型等；第 4 章主要介绍主成分分析和非负矩阵分解两种典型的组合模型；第 5 章主要介绍人工神经网络和深度学习的基础知识以及深度神经网络的典型结构。

第三部分是应用实践，包括第 6～10 章。第 6 章综合利用稀疏表示、字典学习、深度学习等智能处理技术，分别介绍基于 K-L 展开的字典学习的语音压缩感知、基于梅尔倒谱系数重构的抗噪低速率语音编码以及基于深度自编码器的抗噪低速率语音编码这三种方案；第 7 章重点介绍了基于非负矩阵分解和基于深度学习的智能语音增强方法；第 8 章在介绍语音转换的基本原理的基础上，重点介绍了基于非负矩阵分解和基于深度神经网络的谱转换方法；第 9 章首先介绍了说话人识别系统的框架和模型，然后分别介绍了基于 i-vector 和基于深度神经网络的说话人识别方法；第 10 章在介绍骨导语音特性和骨导语音盲增强的基本原理的基础上，分别介绍了基于长短时记忆网络和基于均衡-生成组合谱映射的骨导语音盲增强方法。

第四部分是结束语，对应第 11 章，对全书进行了总结，并对智能语音处理的未来发展进行展望。

本书的内容组织结构如下图所示。

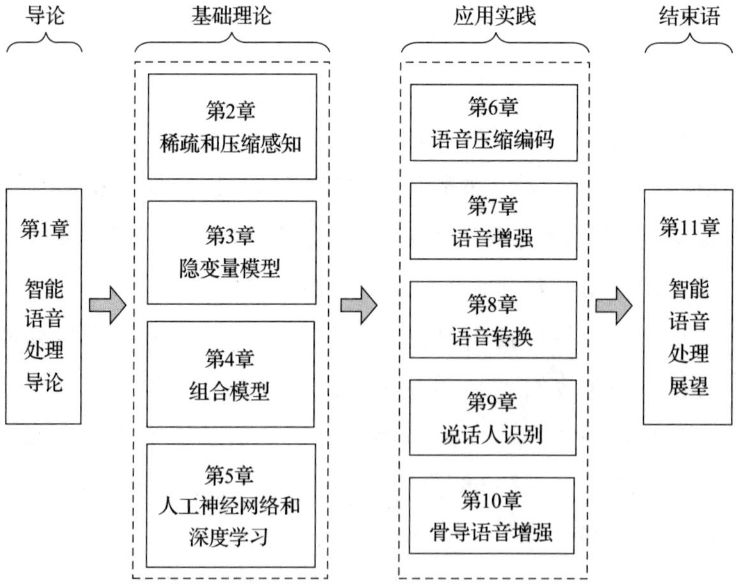

张雄伟构建了全书的内容架构，并重点编写了第 1 章及第 11 章部分内容，孙蒙编写了第 4、5、8、9 章，杨吉斌编写了第 2、3、6、7、10 章及第 11 章部分内容。本书编写过程中，曾理、陈栩杉博士参与了第 2 章的编写，孙新建博士参与了第 3 章的编写，陈栩杉博士参与了第 4 章的编写，韩伟博士参与了第 5 章的编写，曾理、闵

刚博士参与了第 6 章的编写，周彬、黄建军、韩伟博士参与了第 7 章的编写，孙健博士和博士生苗晓孔参与了第 8 章的编写，吴海佳博士以及博士生李嘉康、张星昱参与了第 9 章的编写，曹铁勇教授和郑昌艳博士参与了第 10 章的编写。

全书由张雄伟、杨吉斌、孙蒙审校，张雄伟对全书进行统校。

由于作者研究范围和水平所限，疏漏和错误之处在所难免，恳请广大读者批评指正。

作　者

2020 年 5 月于陆军工程大学（南京）

CONTENTS

目　录

CHAPTER1

第1章

智能语音处理导论

1.1 概述

语音是人与人之间进行交流时使用的最方便、最自然、最重要的信息载体。在高度信息化并且向智能化方向发展的今天，语音处理的一系列技术及其应用系统已经成为当今社会不可或缺的重要组成部分。

语音的产生是一个复杂的过程，其中包括心理和生理等方面的一系列复杂动作。当人需要通过语音表达某种语义信息时，首先是这种信息以某种抽象的形式表现在说话人的大脑里，然后转换为一组神经信号，这些神经信号作用于发声器官，从而产生携带信息的语音信号。

语音信号中除了含有语义信息外，通常还包含说话人特征、情感、性别、年龄、方言、语言类别等信息，当有外部干扰时，通常还包含有噪声等。人类的听觉感知系统对语音的表现形式和环境的变化具有良好的适应性，可以轻易过滤掉噪声及其他干扰声，并提取出其中的有用信息。

除了面对面进行语音交流外，语音通常需要经过处理后才能应用于不同场合。经典的语音信号处理多是由任务驱动的，即信号的表示取决于所面向的具体任务，如语音编码、识别、增强、分离、说话人识别、情感识别等，这就导致了语音信号表示不能灵活地适应不同说话人、不同噪声环境等因素，因此难以取得更稳健和更理想的处理效果。

语音处理是一门涉及诸多领域的交叉学科，它以生理学、心理学、语言学以及声学等学科为基础，与信息论、控制论、系统论、人工智能等密切相关，运用信号处理、统计分析、模式识别、机器学习等技术手段来解决所涉及的各种问题。

经典的语音信号处理中，语音信号的表示多采用统计建模和参数映射的方式。在分析语音信号特点的基础上，基于语音产生机理和模型，提取相应的语音特征参数，通过统计训练的方法，建立语音特征参数与相关信息的映射关系，最后利用这种映射关系来实现语音的各种应用任务。经典方法已在语音信号处理的不同领域得到了广泛应用。

神经生物学家发现，人类的大脑皮层在处理信息时具有分层机制，信息从感知器官传入大脑，经过多层神经网络传递，每一层神经元都会识别出特定的特征。这一重要发现激发了深度神经网络（Deep Neural Network，DNN）的构想，为智能语音处理提供了新的理论基础。

随着人工智能、大数据、高性能计算等技术的快速发展及其在语音处理中的应用，语音处理正迈向崭新的智能语音处理阶段。

1.2 经典语音处理

传统的语音应用系统大多基于经典的语音处理方法，经典语音处理经历了很长的发展历程，其主要特点是以语音产生和语音感知为研究重点，以语音短时平稳和线性模型为基本假设，通过语音特征参数提取和数字信号处理的手段来实现语音处理的目标。

1.2.1 语音处理的发展

对语音信号处理的研究起源于对发声器官的模拟。1939 年，美国人 H·杜德利（H. Dudley）展出了一个简单的发声过程模拟系统，该模拟系统随后逐渐发展成为声道的数字模型。利用该模型可以对语音信号进行各种频谱及参数的分析，同时也可根据分析得到的频谱特征或参数变化规律合成语音信号，实现机器的语音合成。20 世纪 80 年代以前，线性预测编码技术是语音信号处理研究领域最重要的研究成果；80 年代以后，分析合成技术、矢量量化技术、隐马尔可夫模型等极大地推动了语音编码、语音识别技术发展；90 年代以后，神经网络、小波分析、分形及混沌等新技术在语音处理领域的应用将语音信号处理的研究提高到了一个新的水平。

由于语音的特殊作用，人们历来十分重视对语音信号和语音通信的研究。人类社会的进步对语音通信提出了更高的要求，需要更高的语音质量和更低的数码率，从而推动了语音编码技术的发展。自动控制和计算机科学的发展又要求用语音实现人与机器的信息交互，要求机器能听懂人说话，能辨别说话人是谁，甚至还要模仿人说话，这又推动了对语音识别和语音合成技术的研究，使语音处理技术得到迅速发展。语音编码、语音识别、说话人识别、语音合成等技术的基础都是对语音信号特征的认识，都要利用数字信号处理的基本技术来分析和处理语音信号，而更深层次的发展涉及人的发音和听觉机理，与生理学、语言学甚至心理学有关。

尽管语音处理的研究已经经历了几十年的发展，并已取得许多成果，但语音处理的研究仍然蕴涵着巨大的潜力，还面临着许多理论和方法上的实际问题。例如，在语音编码技术方面，能否在极低速率或甚低速率下取得满意的语音质量？在语音增强技术方面，能否在极其恶劣的背景下获取干净的语音信号？在语音识别技术方面，能否进一步提高自然交流条件下的识别性能？在人机语音交互方面，能否进一步提高机器通过语音交流理解语义的能力？

1.2.2　语音基本表示方法

目前，对语音信号进行研究一般都基于语音信号的数字表示，因此，语音信号的数字表示是进行语音信号数字处理的基础。语音信号数字化的理论依据是我们熟知的奈奎斯特采样定理，即只要采样频率大于语音信号最高频率的两倍，就可以用时域上周期抽取的样点来表示一个频带受限的语音信号。

语音信号的数字表示基本上可以分为两大类：波形表示和参数表示。波形表示仅仅是通过采样和量化的过程保存模拟语音信号的“波形”；而参数表示则是把语音信号表示成语音模型的特征输出。图 1-1 给出了语音信号的基本表示方法，其中参数表示采用的是语音信号产生模型。

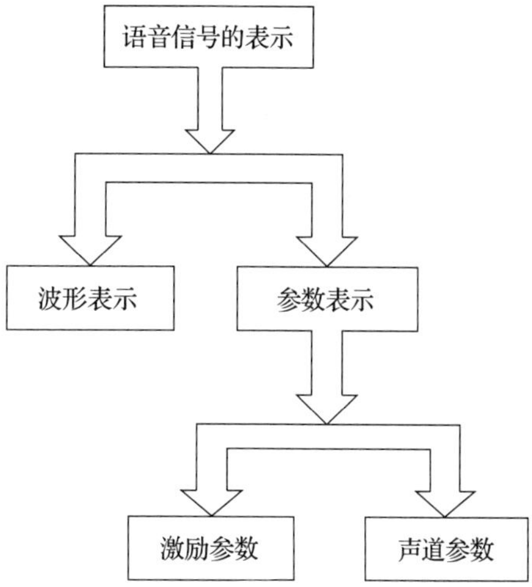

图 1-1　语音信号的基本表示方法

图 1-2 给出了常用的语音信号产生模型。

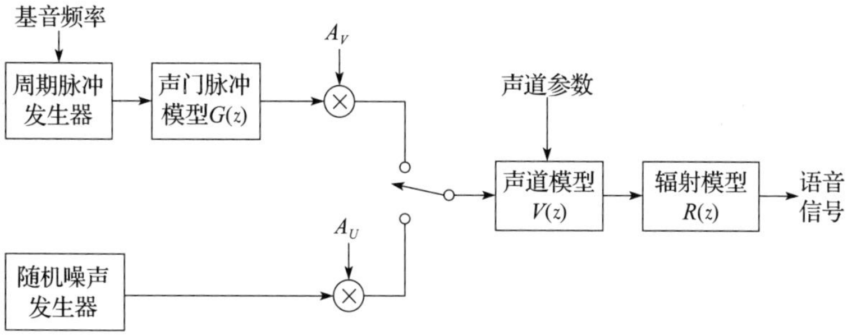

图 1-2　语音信号产生模型

该模型包括激励源、声道模型和辐射模型三个部分。进一步，可以去掉其中的辐射模型部分，则该模型可以简化为仅有激励源和声道模型两部分，因此，该模型一般也简称为“声源-滤波器（Source-Filter）”模型。图 1-2 中，开关左侧部分为激励源部分，即声源。

在该模型中，激励源分浊音和清音两个分支，按照浊音/清音开关所处的位置来决定产生的语音是浊音还是清音。在浊音的情况下，激励信号由一个周期脉冲发生器产生，产生的序列是一个频率等于基音频率的脉冲序列；在清音的情况下，激励信号由一个随机噪声发生器产生。声道模型一般可以用一个全极点滤波器来表示。

“声源-滤波器”模型的参数一般可分为两类：一类是激励参数；另一类是声道参数。激励参数包括基音频率、清/浊音开关以及能量，声道参数主要是滤波器的系数。

1.2.3　语音处理基本方法

关于经典语音处理的研究主要涉及基础理论、算法实现及实际应用等几个方面。对语音处理的基础理论及各种处理算法的研究主要包括以下两个方面[1]。

1. 基于语音产生和语音感知来研究语音

语音产生的研究涉及大脑中枢的语言活动如何转换成人发声器官的运动，从而形成声波的传播。语音感知的研究涉及人耳对声波的收集并经过初步处理后转换成神经元的活动，然后逐级传递到大脑皮层的语言中枢。语音产生和语音感知方面的研究与语音学、语言学、心理学和神经生理学等学科紧密相关。目前，对于整个语言链的物理层（包括发声器官和人耳的功能）已经研究得比较清楚。

2. 基于数字信号处理方法来研究语音

20 世纪 60 年代形成了一系列数字信号处理方法和算法，如数字滤波器、快速傅里叶变换等，这些都与语音信号处理紧密联系；后来出现的线性预测编码技术成为语音信号最有效的处理方法之一，广泛应用于语音分析合成及各个语音应用领域；20 世纪 80 年代出现的分析合成法、码激励线性预测、矢量量化等极大地推动了语音编码和语音识别等技术的发展。图 1-3 给出了经典语音处理的基本框图。

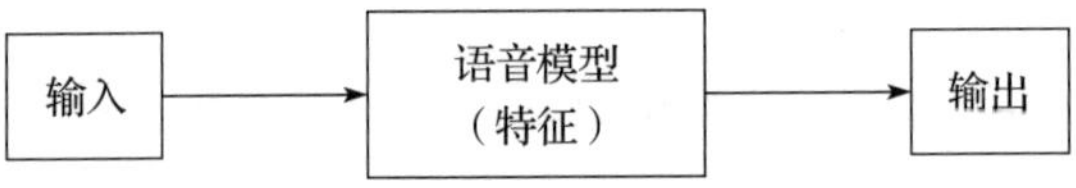

图 1-3 经典语音处理的基本框图

1.2.4 经典语音处理方法的不足

语音信号的产生是一个非常复杂的非线性过程，经典处理方法难以完美地进行处理，主要存在以下不足[2]：

1. 模型表示不够精准

传统的“声源-滤波器”模型对人类的发声系统进行了建模，可以较好地表征语音信号，但当实际系统中的语音信号受到外界噪声干扰时，基于“声源-滤波器”模型则难以准确刻画声音的变化细节。听觉模型的引入和听觉场景分析的研究，为更充分地提取特征参数奠定了基础，在语音识别、情感分析等应用中得到了较好的应用，但目前的特征表示尚不够理想，如何利用语音时频结构来构建与各种语音信息的良好映射关系还需要进一步研究。

2. 多源信息难以分离

关于人类感知语音的研究表明，人脑对语音中的语义、说话人、情感等多源信息具有可分性，因此人脑可以从混杂的语音信号中轻易提取出感兴趣的成分，如图 1-4 所示。但人的大脑对听觉信息的获取都建立在共同的听觉神经单元上，对语音中的内容、说话人信息等各种信息的处理模型具有相似性。而经典的各种语音处理系统中，对不同的应用采用了不同的模型和处理方法，使得语音处理的功能比较单一，通用性较差。

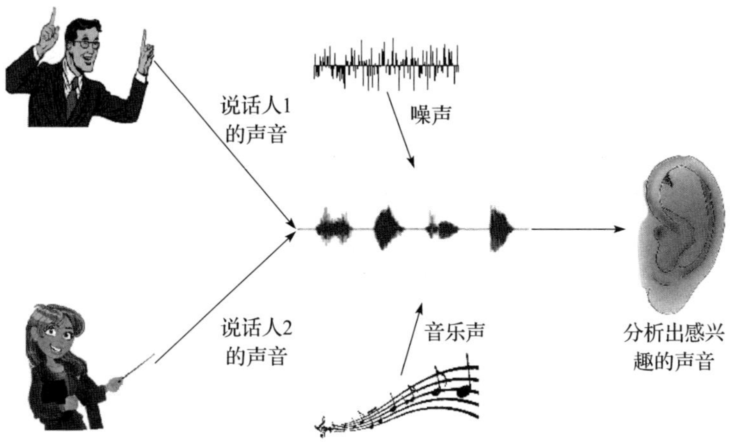

图 1-4 人的听觉感知系统能从混杂信号中分离出感兴趣的信息

1.3 智能语音处理

机器学习的快速发展，为智能语音处理奠定了坚实的理论和技术基础。智能语音处理的主要特点是从大量的语音数据中学习和发现其中蕴含的规律，可以有效解决经典语音处理难以解决的非线性问题，从而显著提升传统语音应用的性能，也为语音新应用提供性能更好的解决方案。本节将介绍智能语音处理的基本概念、基本框架和基本模型。

1.3.1 智能语音处理的基本概念

为简化处理，经典的语音处理方法一般都建立在线性平稳系统的理论基础之上，这是以短时语音具有相对平稳性为前提条件的。但是，严格来讲，语音信号是一种典型的非线性、非平稳随机过程，这就使得采用经典的处理方法难以进一步提升语音处理系统的性能，如语音识别系统的识别率等。

随着机器人技术的不断发展，以机器人智能语音交互为代表的语音新应用迫切要求发展新的语音处理技术与手段，以提高语音处理系统的性能水平。近十年来，人工智能技术正以前所未有的速度向前发展，机器学习领域不断涌现的新技术、新算法，特别是新型神经网络和深度学习技术等极大地推动了语音处理的发展，为语音处理的研究提供了新的方法和技术手段，智能语音处理应运而生。

至今为止，智能语音处理还没有一个精确的定义。广义上来说，在语音处理算法或系统实现中全部或部分采用智能化的处理技术或手段均可称为智能语音处理。

1.3.2 智能语音处理的基本框架

“声源-滤波器”模型虽然能够有效地区分声源激励和声道滤波器，对它们进行高效的估计，但语音产生时发声器官存在着协同动作，存在紧耦合关系，采用简单的线性模型无法准确描述语音的细节特征。同时，语音是一种富含信息的信号载体，它承载了语义、说话人、情绪、语种、方言等诸多信息，分离、感知这些信息需要对语音进行十分精细的分析，对这些信息的判别也不再是简单的规则描述，单纯对发声机理、信号的简单特征采用人工手段去分析并不现实。

类似于人类语言学习的思路，采用机器学习手段，让机器通过“聆听”大量的语音数据，并从语音数据中学习蕴含其中的规律，是有效提升语音信息处理性能的主要手段。与经典语音处理方法仅限于通过提取人为设定特征参数进行处理不同，智能语音处理最重要的特点就是在语音处理过程或算法中体现从数据中学习规律的思想。图 1-5 给出了智能语音处理的三种基本框架，图中虚线框部分有别于经典语音处理方法，包含了从数据中学习的思想，是智能语音处理的核心模块。其中，图 1-5a 是在经典语音处理特征提取的基础上，在特征映射部分融入了智能处理，是机器学习的经典形式，图 1-5b 和图 1-5c 是表示学习的基本框架，其中图 1-5c 是深度学习的典型框架，“深度层次化的抽象特征”是通过分层的深度神经网络结构来实现的。

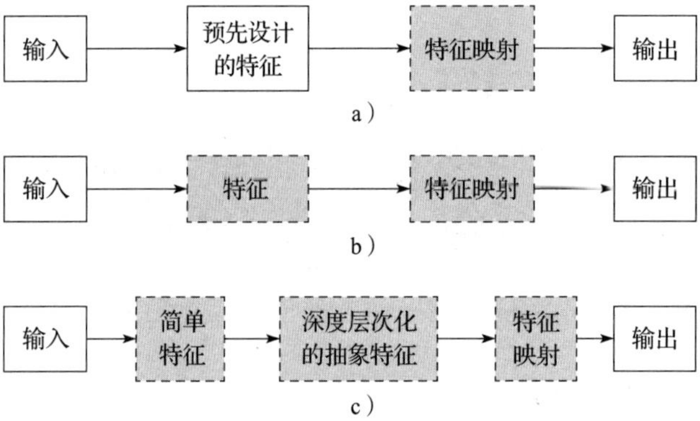

图 1-5 智能语音处理的基本框架

1.3.3 智能语音处理的基本模型

智能语音处理是智能信息处理的一个重要研究领域，智能信息处理涉及的模型、方法、技术均可应用于智能语音处理。智能语音处理的基本模型和技术主要来源于人工智能，机器学习作为人工智能的重要领域，是目前智能语音处理中最常用的手段，而机器学习中的表示学习和深度学习则是智能语音处理中目前最为成功的智能处理技术。

图 1-6 展示了人工智能（Artificial Intelligence，AI）、机器学习（Machine Learning，ML）、表示学习（Representation Learning，RL）及深度学习（Deep Learning，DL）的相互关系。

下面列出了近年来在智能语音处理中常见的模型和技术。

1. 稀疏与压缩感知

一个事物的表示形式决定了认知该事物

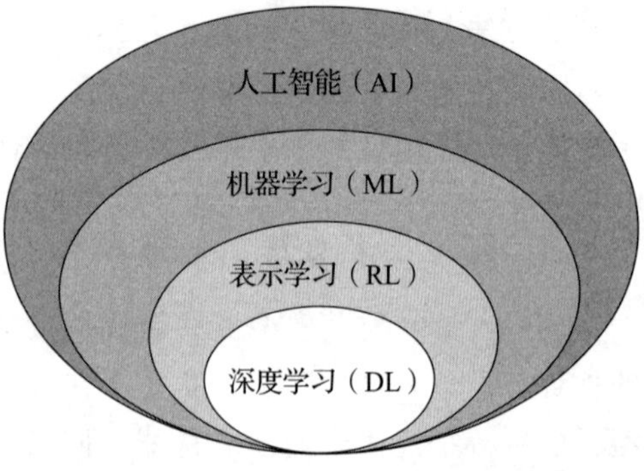

图 1-6 AI/ML/RL/DL 的关系图[3]

的难度。在信息处理中，具有稀疏特性的信号表示更易于被感知和辨别，反之则难以辨别。因此，寻找信号的稀疏表示是高效解决信息处理问题的一个重要手段。利用冗余字典，可以学习信号自身的特点，构造信号的稀疏表示，并进一步降低采样和处理的难度。这种字典学习方法为信息处理提供了新的视角。对语音信号采用字典学习，构造语音的稀疏表示，为语音编码、语音分离等应用提供了新的研究思路。

2. 隐变量模型

语音的所有信息都包含在语音波形中，隐变量模型假设这些信息是隐含在观测信号之后的隐变量。通过利用高斯建模、隐马尔可夫建模等方法，隐变量模型建立了隐变量和观测变量之间的数学描述，并给出了从观测变量学习各模型参数的方法。通过参数学习，可以将隐变量的变化规律挖掘出来，从而得到各种需要的隐含信息。隐变量模型大大提高了语音识别、说话人识别等应用的性能，在很长一段时间内都是智能语音处理的主流手段。

3. 组合模型

组合模型认为语音是多种信息的组合，这些信息可以采用线性叠加、相乘、卷积等不同方式组合在一起。具体的组合方式中需要采用一系列模型参数，这些模型参数可以通过学习方式从大量语音数据中学得。这类模型的提出，有效改善了语音分离、语音增强等应用的性能。

4. 人工神经网络与深度学习

人类面临大量感知数据时，总能以一种灵巧的方式获取值得注意的重要信息。模仿人脑高效、准确地表示信息一直是人工智能领域的核心挑战。人工神经网络（Artificial Neural Network，ANN）通过神经元连接成网的方式，模拟了哺乳类动物大脑皮层的神经通路。和生物的神经系统一样，ANN 通过对环境输入的感知和学习，可以不断优化性能。随着 ANN 的结构越来越复杂、层数越来越多，网络的表示能力也越来越强，基于 ANN 进行深度学习成为 ANN 研究的主流，其性能相对于很多传统的机器学习方法有较大幅度的提高。但同时，深度学习对输入数据的要求也越来越高，通常需要有海量数据的支撑。ANN 很早就应用到了语音处理领域，但由于早期受到计算资源的限制，神经网络层数较少，语音处理应用性能难以提升，直到近年来深层神经网络的计算资源、学习方法有了突破之后，基于神经网络的语音处理性能才有了显著的提升。深度神经网络可以学到语音信号中各种信息间的非线性关系，解决了传统语音处理方法难以解决的问题，已经成为当前智能语音处理的重要技术手段。

1.4 语音处理的应用

语音处理的应用非常广泛，最基本的应用就是语音的数字传输，即将语音进行数字化后在数字通信系统中进行传输，以实现数字语音通信。图 1-7 列出了语音处理典型的传统应用领域和新应用领域。

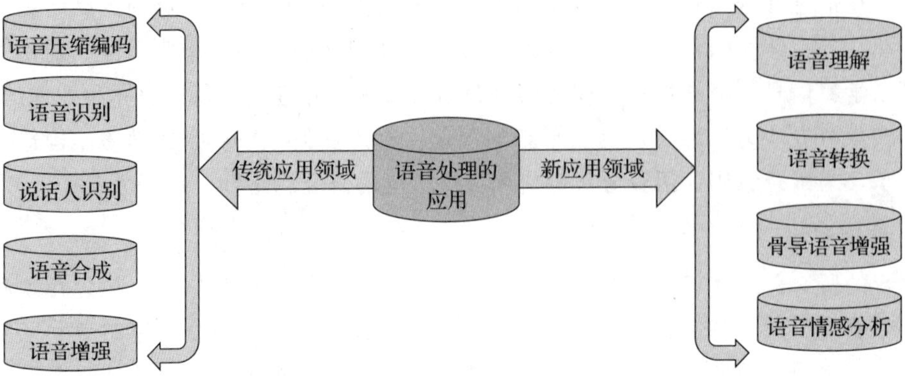

图 1-7 语音处理的典型应用

下面简要介绍一下这些应用。

1.4.1 语音处理的传统应用领域

语音处理的传统应用领域主要包括语音压缩编码、语音识别、说话人识别、语音合成、语音增强等。

1. 语音压缩编码

语音压缩编码的目的是实现语音信号数字化，是语音处理最重要的一种应用，可简称为语音编码或语音压缩。语音编码的目标是用尽可能低的比特率来获得尽可能高的合成语音质量，即在保证一定的编码语音质量的前提下高效率地进行压缩编码，或者在给定编码速率的前提下尽可能地提高编码后的合成语音质量。语音编码的主要应用包括数字语音通信、数字语音存储、语音应答等。

虽然光纤通信和微波通信等系统可以提供很宽的频带，但在很多情况下仍然需要压缩语音编码速率以节省频带。一方面，压缩编码后可以在有限带宽的信道上传输多路语音，提高信道的利用率；另一方面，可以在窄带的模拟信道（如短波或卫星）上传输数字语音。通常来说，语音编码需要在保持语音的音质、降低编码速率、减少编码时延和降低算法的运算复杂度等方面进行综合考虑和折中。

语音编码通常有两种实现方式：波形编码和参数编码。波形编码以波形逼近为原则，尽可能低失真地重构语音波形。波形编码方式可以合成出质量很高的语音，但压缩效率不高。参数编码的出发点与波形编码不同，它以语音信号模型为基础，以尽可能保持语音的可懂度为原则，通过对语音信号的模型参数进行量化编码来实现。与波形编码相比，参数编码由于模型参数编码数据量较小，因此其压缩效率很高，但语音质量不如波形编码。综合波形编码和参数编码两者的优点，采用混合编码方式可以在编码效率和语音质量两方面获得较好的折中。

根据语音采样频率，语音编码可以分为窄带（电话带宽 300～3400Hz）语音编码、宽带（7kHz）语音编码和 20kHz 的音乐带宽编码。窄带语音编码的采样频率通常为 8kHz，一般应用于语音通信中；宽带语音编码的采样频率通常为 16kHz，一般用于要求更高音质的应用中，如会议电视；而 20kHz 带宽主要适用于音乐数字化，采样频率高达 44.1kHz。窄带语音编码是最重要的一类语音编码方式，在数字通信领域具有重要的应用价值，研究最深入，研究成果也最多。

经过几十年的研究与发展，窄带语音编码技术发展得非常迅速。自 20 世纪 70 年代推出 64Kbit/s PCM 语音编码国际标准以来，已相继有 32Kbit/s ADPCM、16Kbit/s LD-CELP、8Kbit/s CS-ACELP 等国际标准推出。地区性或行业性的标准也有不少，如用于移动通信系统中的语音编码，美国国防部制定的军用 4.8Kbit/s CELP 和 2.4Kbit/s MELP 语音编码标准等，目前编码速率在 2.4Kbit/s 以上时，所合成的语音质量已得到认可，并已广泛应用。实现窄带语音编码（特别是中低速率）的设备通常称为声码器（Vocoder)，在需要进行加密传输数字语音的应用场合，声码器具有不可替代的作用。

2. 语音识别

语音识别的作用是将语音转换成相应的文字或符号等书面信息，也就是让计算机听懂人说话。语音识别可以有许多分类方法。例如，根据语音识别对象来划分，可以分为孤立词识别、连续语音识别等；根据词汇量来划分，可以分为小词汇量（100 个词以下）语音识别、中词汇量（100～500 个词）语音识别、大词汇量（500 个词以上）语音识别以及连续语音识别等；根据对说话人的要求来划分，可以分为特定说话人（speaker dependent）语音识别、多说话人语音识别和非特定说话人（speaker independent）语音识别等。语音识别是语音处理研究领域的重点和难点技术。

虽然从原理上看，实现语音识别并不困难，但在实际实现时会遇到很多困难。例如，发音的多变性，如不同人发同一个音、同一个人在不同的条件下发同一个音等，会导致不同的发音参数；发音的模糊性，在实际的连续语音流中，语音声学变量与音素变量之间不存在一一对应关系；语音流中变化多端的音变现象，这些音变对人类的听觉系统来说很容易辨认，但机器识别起来却很不容易；语音环境的变化与恶化，会使得语音识别算法难以自适应跟踪。

语音识别的应用很广，如语音录入、语音翻译、声音控制、机器人语音交互等，将语音识别与语音合成结合起来还可以实现极低比特率的语音通信系统。

近年来，随着机器学习技术在语音识别中的应用，语音识别系统已在多种场合得到成功应用。目前研究的重点是进一步提高语音识别系统的环境适应性，提高机器人人机交互、实时语音翻译等场合中语音识别的性能。

3. 说话人识别

说话人识别的作用是根据语音辨别说话人，说话人识别有时也称为“声纹识别”。说话人识别并不关注语音信号中的语义内容，而是希望从语音信号中提取出说话人的个性特征，即根据语音判别说话人是谁。语音信号既包含说话人的语言信息，同时也包含说话人本身的特征信息。每个人的发音器官都有自己的特征，说话时也都有自己的特殊语言习惯。在分析语音信号时，可以提取说话人的个性特征，进而识别说话人是谁。在进行语音识别时，要消除说话人的个性特征，以免影响识别的准确率；而在研究说话人识别时，则要专门研究说话人的个性特征，从语音信号中分析和提取个性特征，去除不含个性特征的语音信息。

说话人识别通常可分为说话人确认和说话人辨认两种类型。说话人确认是确认说话人的身份，说话人说一句或几句测试语句，算法从测试语句中提取说话人的特征参数，并与存储的特定语音的参数进行比较，最后给出“是与否”的判断。说话人辨认是要辨认待识别的说话人来自若干人中的哪一位，要将待识语音与每个说话人的语音个性特征进行比较，找出距离最近的语音所对应的说话人。从语音信号处理的角度来看，两者基本上是相同的，都需要确定选用的参数和计算距离的准则。说话人确认需要确定“是与否”的门限，说话人辨认需要与待识语音比较它们各自的距离。比较的方法与识别语音的方法相类似。参数的选择原则，一是要能反映说话人的个性，二是要兼顾识别率和复杂程度。比较简单的特征参数是基音和能量，也可以用 LPC 参数、共振峰、MFCC 参数等，也有用语谱图来识别的，称为“声纹”。

提高说话人识别准确率受制于很多因素。语音是动态变化的，与说话人所处的环境、说话时的情绪和身体状况关系很大。一个人在不同时间、不同情况下说同一句话，差异不一定比不同人小，不像“指纹”是静态的、绝对的。还有一些识别难度更大，但更有实际价值的领域，如：①用通过电话信道的语音进行“说话人识别”，由于电话频带窄、有失真、噪声大，不同信道条件各异，识别十分困难，但这方面的研究具有重要的实际价值；②在“辨认”说话人时，语句往往不能规定，在没有指定语句条件下的识别也较困难。必须有更多的样本用作训练和测试，以降低误识率。这类无指定测试语句的说话人识别称为“与文本无关”的说话人识别，而在有指定语句条件下进行的识别称为“与文本有关”的说话人识别。

4. 语音合成

语音合成的目的是将存储在计算机中的文字或符号变成声音，即让计算机说话。语音合成是语音识别的逆过程。

最简单的语音合成应当是语音响应系统，其实现技术比较简单。在计算机内建立一个语音库，将可能用到的单字、词组或一些句子的声音信号编码后存入计算机，当输入所要的单字、词组或句子代码时，就能调出对应的数码信号，并转换成声音。

规则的文字-语音合成系统是将文字转换成语音，让计算机模仿人来朗读文本。系统具有以下作用：有一个存储基本语音单元的音库；当用各种方式输入文字信息时，计算机能将文字内容按照语言规则，转换成由基本音元组成的序列；按说话时声音单元（简称“音元”）连接的规则控制音元序列，输出连续自然的声音。这种系统也称为“文本-语音转换”（TTS）系统。建立音库时对语音单元的选择是一个很重要的问题。因为一种语言的音素通常只有几十个，采用音素作为音元可以降低存储容量，但用音素合成语音非常复杂，而且自然度较差。因此一般认为，汉语中采用音节作为音元比较合适，因为汉语中一个音节就是一个字的音，汉语中只有 412 个无调音节，形成音库比较适中。也可以用单字和词组作为音元，但一个字不能只存一种发音，因为汉语中有多音字，字的发音与上下文有关，只有存储与上下文关联的几种发音，使用时按上下文关系调用，合成的语音才能比较自然，这就要求有很大的存储容量。系统中的“规则”有两层含义：一是文字变语言，如“。”要置换成“句号”；二是要按照复杂的语音规则和上下文的关系决定音调、语气、重音、音长、停顿、过渡等，组成发音控制参数序列。

要使TTS系统合成出高质量的语音，不仅要掌握语音信号的数字处理技术，而且要有语言学知识的支撑。

更高层次的合成是“按概念或意向到语音的合成”。要将“想法、意向”组成语言并变成声音，就如大脑形成说话内容并控制发声器官产生声音一样。

5. 语音增强

在实际的应用环境中，语音都会不同程度地受到环境噪声的干扰。语音增强就是对带噪语音进行处理，以降低噪声对语音的影响，改善听觉效果。有些语音编码和语音识别系统在无噪声或噪声很小的环境中性能很好，但当环境噪声增大或变化时，性能可能急剧下降。因此，尽可能降低噪声影响，改善听觉效果，是语音编码和语音识别等系统必须解决的问题。

实际语音遇到的噪声干扰可能有以下几类：①周期性噪声，如电气干扰、发动机旋转引起的干扰等，这类干扰在频域上表现为一些离散的窄峰；②脉冲噪声，如电火花、放电产生的噪声干扰，这类干扰在时域上表现为突然出现的窄脉冲；③宽带噪声，这是指高斯噪声或白噪声一类的噪声，其特点是频带宽，几乎覆盖整个语音频带；④语音干扰，如话筒中同时进入多个人的声音，或者在传输时遇到串音引起的语音噪声。

对于上述不同类型的噪声，采用的语音增强的方法也是不同的。例如，周期性噪声可以用滤波的方法滤除。脉冲噪声可以通过相邻的样本值，采取内插方法去除，或者利用非线性滤波器滤除。宽带噪声是一种难以滤除的干扰，因为它与语音具有相同的频带，在消除噪声的同时将不可避免地影响语音的质量，典型的方法有谱减法、自相关相减法、最大似然估计法、自适应抵消法等。语音干扰也是很难消除的，一般可以采用以自适应技术来跟踪某个说话人特征的方法进行消除。

语音增强仍然是目前语音处理领域的研究重点，融合传统和智能处理技术的语音增强算法也在持续研究中。

1.4.2 语音处理的新应用领域

除了传统的应用领域之外，语音理解、语音转换、骨导语音增强、语音情感分析等语音处理新应用领域也越来越受到人们的广泛关注。

1. 语音理解

语音理解是利用知识表达和组织等人工智能技术进行语句自动识别和语义理解，即让计算机理解人所说的话的含义，是实现人机交互的关键。

语音理解与语音识别的主要区别是对语法和语义知识的充分利用程度。由于人们已经掌握了很多语音知识，对要说的话能有一定的预见性，因此人对语音具有感知分析的能力。语音理解研究的核心是依靠人对语言和谈论的内容所具有的广泛知识，利用知识提高计算机理解语言的能力。

利用知识提高计算机理解能力，不仅可以排除噪声的影响，理解上下文的意思并能用它来纠正错误，澄清不确定的语义，而且能够处理不符合语法或意思不完整的语句。一个语音理解系统除了包括原语音识别所要求的部分之外，还必须增加知识处理部分。知识处理包括知识的自动收集、知识库的形成、知识的推理与检验等。当然，还希望能自动地进行知识修正。因此，语音理解可以看作信号处理与知识处理的产物。语音知识包括音位知识、音变知识、韵律知识、词法知识、句法知识、语义知识以及语用知识。这些知识涉及语音学、汉语语法、自然语言理解以及知识搜索等许多交叉学科。

实现完善的语音理解系统是非常困难的，然而面向特定任务的语音理解系统是可以实现的，例如飞机票预售系统，银行业务、旅馆业务的登记及询问系统等。

2. 语音转换

语音转换[4]的目标是把一个人的声音转换为另一个人的声音。

一般来说，人们把改变语音中说话人个性特征的语音处理技术统称为语音转换，广义的语音转换可分为非特定人语音转换和特定人语音转换两大类。非特定人语音转换是指通过技术处理，使得转换后的语音不再像原说话人的声音；而在实际研究和应用中，语音转换通常是指改变一个说话人（源说话人）的语音个性特征（如频谱、韵律等），使之具有另外一个特定说话人（目标说话人）的个性特征，同时保持语义信息不变。一般来说，特定人语音转换的技术难度要高于非特定人语音转换。

研究表明，语音中的声道谱信息、共振峰频率和基音频率等参数是表征语音个性特征的主要因素。通常一个完整的语音转换方案由反映声源特性的韵律转换和反映声道特性的频谱（或声道谱）转换两部分组成。韵律的转换主要包括基音周期的转换、时长的转换和能量的转换，而声道谱转换包括共振峰频率、共振峰带宽、频谱倾斜等转换。声道谱包含更多的声音个性特征，且转换建模相对复杂，是影响语音转换效果的主要原因。因此，目前的语音转换研究主要集中在对声道谱的转换上。

实现语音转换系统通常包含训练和转换两个阶段。在训练阶段，首先对源说话人和目标说话人的语音进行分析和特征提取，然后对提取特征进行映射处理，并对这些映射特征进行模型训练，进而得到转换模型；在转换阶段，对待转换源语音进行分析、特征提取和映射，然后用训练阶段得到的转换模型对映射特征进行特征转换，最后将转换后的特征用于语音合成，得到转换语音。

语音转换研究的相关工作最早可追溯到 20 世纪 70 年代，至今已经有约五十年的时间，但真正受到学术界和产业界广泛关注则是近十多年的事情。近年来，语音信号处理和机器学习等技术的进步以及大数据获取能力和大规模计算性能的提高有力地推动了语音转换技术的研究及发展。特别是基于人工神经网络的语音转换方法的兴起，使得转换语音的质量得到进一步提升。

3. 骨导语音增强

骨导语音增强[5]是一种改善骨导麦克风所拾取的语音质量的技术。

骨导麦克风是一种非声传感器设备，人说话时声带振动会传递到喉头和头骨等部位，骨导麦克风通过采集这种振动信号并转换为电信号来获得语音（骨导语音）。与传统的空气传导麦克风语音（气导语音）不同，背景噪声很难对这类非声传感器产生影响，所以骨导语音从声源处就屏蔽了噪声，因此非常适用于强噪声环境下的语音通信，可广泛应用于军事、消防、特勤、矿山开采、公共交通、紧急救援等领域。

虽然骨导麦克风具有很强的抗噪性能，但由于人体传导的低通性能以及传感器设备工艺水平的限制等，骨导语音听起来比较沉闷、不够清晰，骨导语音增强的目的就是对骨导语音进行处理以提高其语音质量。

与气导语音相比，骨导语音存在高频衰减严重、辅音音节损失、中低频谐波能量改变等特征差异，其中以高频成分衰减严重最为突出。针对这个问题，传统的骨导语音增强方法主要有无监督频谱扩展法和均衡法等。目前，大多数的骨导语音盲增强采用基于谱包络转换的方法。

基于谱包络转换法的骨导语音增强通常包括训练阶段和增强阶段。在训练阶段，骨导语音与气导语音数据经过分析合成模型，提取出语音的谱包络特征，通过训练构建骨导语音到气导语音的谱包络特征之间的转换模型；在增强阶段，首先提取待增强语音的激励特征和谱包络特征，然后可利用已经训练好的模型从骨导语音谱包络特征中估计出类气导语音谱包络特征，由于骨导与气导语音的激励信号近似相同，可直接将骨导语音激励信号作为估计的类气导语音激励信号，最后根据估计出的谱包络和骨导语音原始的激励特征合成出增强的语音。

4. 语音情感分析

语音情感分析就是根据语音中蕴含的情感特征来判断说话人说话时的情绪。

人在说话时，除了表达语义信息外，通常还会融入一定的情感信息。例如，说同样一句话，如果说话人表现的情感不同，在听者的感知上就可能有较大的差别，甚至会得到完全相反的感受。因此，语音情感分析成为语音处理中一个十分重要的研究分支。

情感分类是实现语音情感分析的前提，不同学者提出不同的分类方法，而最基本的情感分类是基于喜、怒、惊、悲的四情感模型。

语音情感分析通常基于语音情感特征提取和情感分类模型来实现。

语音之所以能够表达不同的情感，是因为语音中包含了能反映情感特征的参数。情感的变化通过特征参数的差异来体现。因此，从语音中提取反映情感的特征参数是实现语音情感分析的重要步骤。一般来说，语音信号中的情感特征往往通过语音韵律的变化表现出来。研究表明，可以从时间构造、振幅构造、基频构造、共振峰构造等方面来研究语音情感特征的变化，进而提取反映语音情感的特征参数。例如，当说话人处于不同情感状态时，说话的语速、音量、音调等都会发生变化。愤怒状态时，语速通常要快一些，音量会变大，音调也可能会变高[6]。

提取出反映情感信息的特征后，语音情感分析就依赖情感分类模型来实现。学者们经过研究已经找到很多情感分类方法，其中主成分分析法、混合高斯模型法、人工神经网络法可以在语音情感分析方面取得较好的识别效果。

1.5 小结

本章首先概述了语音和语音处理的基本概念，然后简要介绍了经典语音处理和智能语音处理的基本原理，最后从传统应用领域和新应用领域两个方面介绍了几种典型的语音应用。接下来，本书将系统地介绍智能语音处理涉及的基础理论、方法、技术以及典型的智能语音处理应用。

参考文献

[1] 张雄伟，陈亮，杨吉斌．现代语音处理技术及应用［M］．北京：机械工业出版社，2003.

[2] 吴海佳．面向语音处理的深度学习方法研究［D］．南京：解放军理工大学，2015.

[3] GOODFELLOW I，BENGIO Y，COURVILLE A. Deep Learning［M］．MIT Press，2016.

[4] 张雄伟，苗晓孔，曾歆，等．语音转换技术研究现状及展望［J］．数据采集与处理，2019，34（5）：753-770.

[5] 张雄伟，郑昌艳，曹铁勇，等．骨导麦克风语音盲增强技术研究现状及展望［J］．数据采集与处理，2018，33（5）：769-778.

[6] 赵力．语音信号处理［M］．北京：机械工业出版社，2003.

CHAPTER 2

第2章

稀疏和压缩感知

2.1 引言

随着信息技术的快速发展，获取信息越来越方便，获得的信息也越来越多。例如，在日常生活中，人们可以方便地用智能手机拍照、录音，如果手机容量不够大，手机的存储空间可能很快就会用完；在工业和军事上，高分辨雷达遥感成像、大规模传感器网络、高频宽带通信等会产生或传输大量的信息；人工智能新技术的应用更是需要大量的数据做支撑。因此，海量信息的传输和存储是很多领域迫切需要解决的问题。

一般而言，从自然界感知或获取的数据都需要进行模/数转换变为数字信号。根据Nyquist采样定理，采样频率需要高于信号带宽的2倍才能不失真地恢复原始信号，这样得到的数据存在大量的冗余信息。传统的方法是通过压缩编码去除冗余信息，有效降低数据量。之所以能够进行有效压缩，其中一个重要的原因是实际信号中可能只有很少的非零成分，大部分分量都为零或者接近零。信号的这种特性称为稀疏性（sparsity）。

图2-1显示的一段声音信号记录了一个短时间的撞击声。从图中可以看出，除短时间信号幅度较大外，其他大部分时间信号幅度都非常小，因此称这段信号具有稀疏性。

如果一个信号具有稀疏性，就可以称这个信号是稀疏的。为了利用信号的稀疏性，需要找到信号合适的稀疏表示（Sparse Representation，SR），即采用某种特定的表示时，信号具有稀疏性。这种稀疏表示模型的核心思想[1]自1993年被明确提出后，就受到了广泛的关注，研究成果不断涌现。

从信号采样的角度来分析，如果能直接找到信号的稀疏表示，并对其进行适当的观测，就能达到直接从信号获取信息的目的，从而避免对冗余信息的存储和处理。这成为寻找新的采样理论的出发点。压缩感知（Compressed Sensing/Compressive Sampling，CS）理论[2]指出：对于存在稀疏表示的信号，可以利用一个与变换基不相干的观测矩阵对信号进行投影得到低维观测值。这个理论突破了Nyquist定理的限制，在实际系统构建中展现出了极大的优势，并为处理高维信号提供了新的思路。

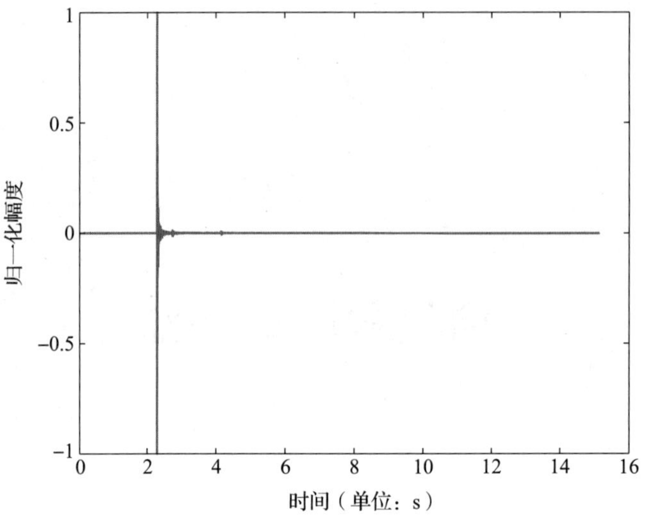

图 2-1　一段声音信号，只有很短的瞬间有较大的非零值

本章围绕稀疏和压缩感知的核心处理方法，对稀疏的概念和表示方法以及压缩感知的原理和压缩感知域信号的处理方法等展开介绍。

2.2　稀疏和稀疏表示

图 2-1 用直观的方式介绍了什么是稀疏，很多信号在时域上并不稀疏，而是在特定的表示下才具有稀疏特性，因此还需要针对这些信号研究其稀疏表示。本节将进一步给出关于稀疏的科学定义，并概要介绍常用的稀疏表示方法。

2.2.1　稀疏

广义上的信号稀疏是指信号具有如下特性：信号中只有少数元素是非零（或绝对值较大）值，其余元素均为零（或绝对值很小），即如图 2-1 所示的例子。用数学符号表示就是，给定信号 $\boldsymbol{x}\in\mathbb{R}^N$，其非零元素个数 $\|\boldsymbol{x}\|_0$ 满足：

$$\|\boldsymbol{x}\|_0 \ll N \tag{2-1}$$

即使信号在某个观测域（如时域）内不具有稀疏性，但在变换域中依然可能是稀疏的，这样的信号也称为稀疏信号。

因此，给定信号 $\boldsymbol{x}\in\mathbb{R}^N$，可以给出稀疏的两种数学定义：

①对于正交基 $\{\psi_i: i=1, 2, \cdots, N\}$，信号 $\boldsymbol{x}$ 在基上的投影（即变换系数）为 $\theta_i=\langle \boldsymbol{x}, \psi_i\rangle$。若存在实数 $0<p<2$ 以及 $R>0$，使得 l_p 范数 $\|\theta\|_p$ 满足：

$$\|\theta\| \equiv \left(\sum_i |\theta_i|^p\right)^{1/p} \leqslant R \tag{2-2}$$

则称信号在基 $\boldsymbol{\Psi}$ 上 l_p 范数稀疏[2]。

②如果信号变换系数 $\theta_i=\langle \boldsymbol{x}, \psi_i\rangle$ 的支撑域（即非零元素构成的集合）$\{i: \theta_i\neq 0\}$ 的元素个数小于等于 K，则可以说信号 $\boldsymbol{x}$ 是 K 稀疏的[3]。

信号的稀疏通常体现在某一个表征域上，因此常说信号在某表征域上是稀疏的。具有稀疏特性的表征形式称为这个信号的稀疏表示。事实上，绝大多数自然信号均存在稀疏表示。

例如，图 2-2 所示的是一段双音信号，在波形上看包络有起伏，但绝大多数采样点均不等于零，似乎没有稀疏特性。但观察它的时频谱图可以看出，在绝大多数频率上，信号的功率分布近似为零。因此，可以说该信号在频域上是稀疏的。

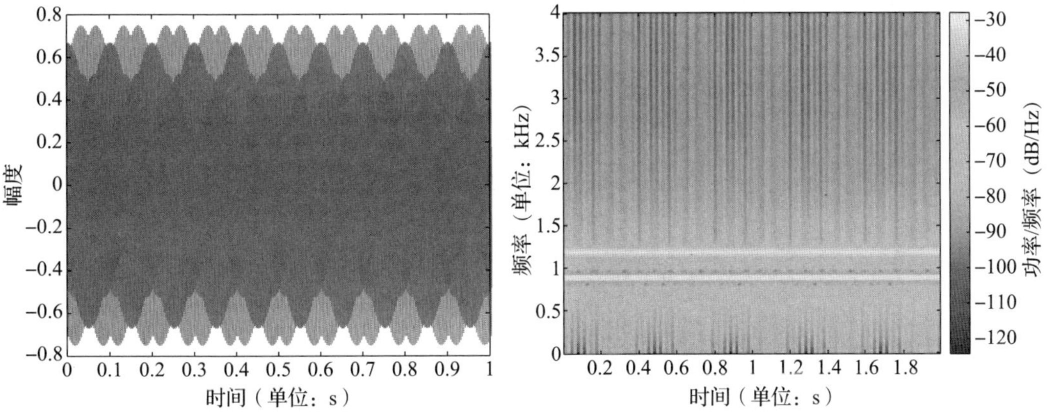

a）波形图　　b）时频谱图

图 2-2　双音信号及其时频谱图

上述定义①中使用的 l_p 范数是描述信号稀疏的一个重要概念，它是欧几里得范数（$p=2$ 时的 l_p 范数）的推广。

图 2-3 给出了在几个典型的 p 取值条件下，l_p 为常数的三维曲面。在这个曲面上的任意一点 $\boldsymbol{x}$，其坐标（x_1，x_2，x_3）满足 $\|x\|_p=L$（L 是常数）。当 $p=2$ 时，这个曲面就是常见的球面。当 $p=1$ 时，这个曲面就是八面体。当 p 取值越来越小时，曲面由“凸”变为“凹”，曲面与坐标轴的交点处各方向上的斜率越来越大。当 $p=0$ 时，曲面退化为多条与坐标轴重合的线段，此时，这个曲面上的点都至少有两个坐标分量为 0，即这些三维坐标点都满足如下的形式：（x_1，0，0）或（0，x_2，0）或（0，0，x_3）。这些点都具有了稀疏特性。

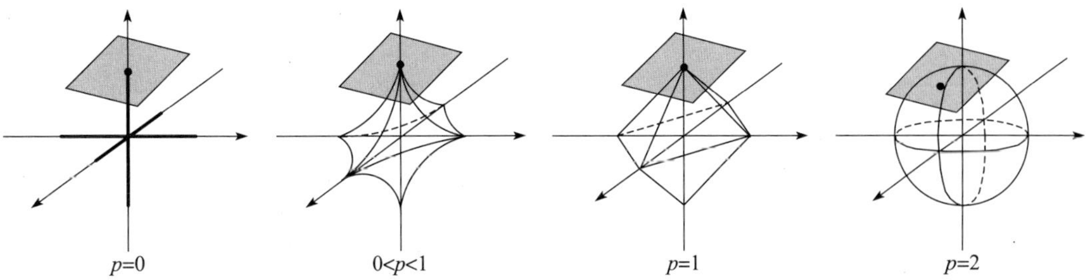

图 2-3　l_p 范数等于常数的三维曲面示意图

由上述分析可知，当 $p=0$ 时，l_p 范数对应的信号稀疏特性最严格。虽然式（2-2）

中 p 不能为 0，l_0 范数的严格定义不满足式（2-2）的形式，但由于 l_p 范数稀疏在数学推导上非常方便，因此很多情况下都直接采用 l_0 这种广义的信号稀疏定义方式。

2.2.2 稀疏表示

信号可稀疏化是利用稀疏性进行信息处理的前提。因此，寻找普适的信号稀疏化方法和特定信号的稀疏模型成为一个重要的研究方向，统称为稀疏表示。

稀疏表示最早可追溯到 19 世纪傅里叶分析方法的产生。傅里叶提出，任意周期函数都可用三角基的叠加来表示。这种利用基函数描述信号的思想，对近代数学以及物理、工程技术都产生了深远的影响。三角基是一种正交基，采用包含三角基等正交基描述信号的方法得到了广泛的应用。对一些信号采用正交基进行分解后，变换系数呈现出极大的稀疏特性。这一性质引起了研究者的兴趣。例如，利用傅里叶变换，可以得到正弦信号的频域稀疏表示，这在通信信号、音乐分析等处理中极为有用。频域分析已成为信号处理的基本方法。其他变换，如 Hadamard 变换、离散余弦变换（DCT）、Karhunen-Loeve 变换（KLT）等也广泛应用在图像处理等领域。

图 2-4 给出了稀疏表示理论发展的大致过程。

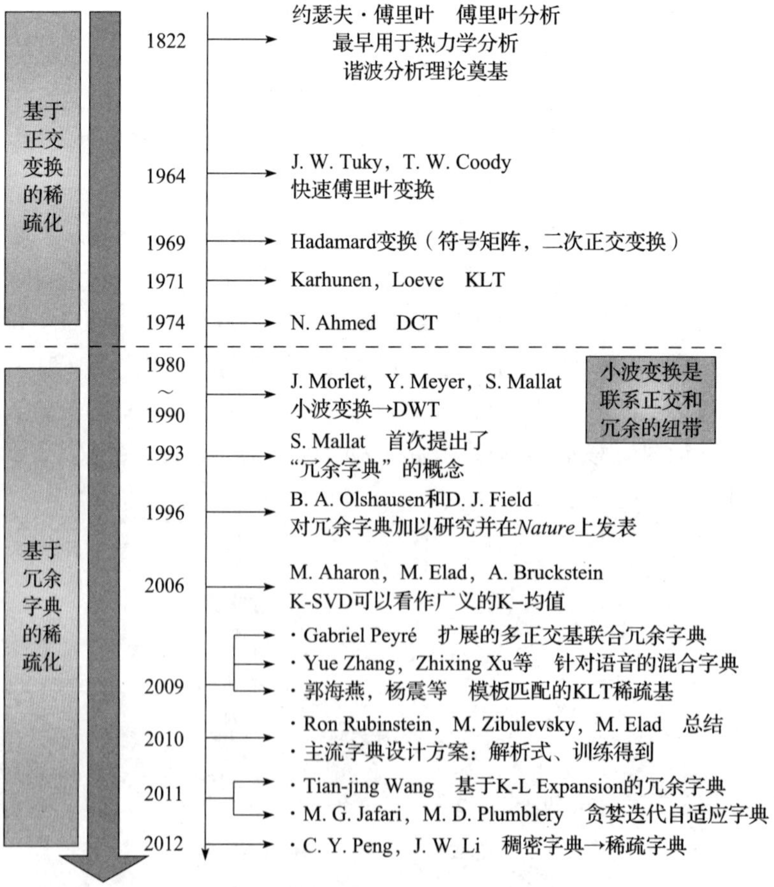

图 2-4　稀疏表示理论发展路径[4]

传统的稀疏表示基于正交线性变换，但许多信号是自然现象的混合体，复杂成分在单一的正交变换中不能非常有效地表现。在声音和图像处理方面，典型的信号描述方式是以短时傅里叶变换（STFT）、离散余弦变换（DCT）为代表的非冗余正交变换。STFT 处理的所有波形都具有正比于处理窗长的固定尺度参数，因而无法描述非平稳信号；DCT 的基函数缺乏时/空分辨率，无法有效提取具有局部性质的信号特征。20 世纪 80 年代中期，以小波理论为代表[5]的多尺度分析为信号描述指引了新方向。区别于 STFT，小波变换是一种变分辨率的时频联合分析方法：当分析低频信号时，其时间窗增大，而当分析高频信号时，其时间窗减小。这正好符合实际中高频信号时域较短、低频信号持续时间长的自然规律。然而，该理论对于边缘不连续的图像信号效果不理想[6]。为解决这个问题，文献［1］基于多尺度的小波分析方法构造了一个函数系统。这个系统不同于传统的正交基，它采用了更多的非正交函数来表示不同尺度的信号成分。由于这个函数系统中的函数数量多于正交基数量，因此被称为冗余（过完备）字典。1996 年，B. A. Olshausen 和 D. J. Field 对冗余字典进行了系统的阐述，并论证了过完备表示更符合哺乳动物视觉系统的生理学特性[7]。冗余字典理论的提出引起了广泛关注和研究，通过构造冗余字典来获取稀疏表示已成为一种通用的方法。

2.3　冗余字典

冗余字典理论可以为信号稀疏表示带来新的视角。由于冗余字典可以提供多于信号维度的表示原子，因此即使原信号并不稀疏，也可以形成特定的稀疏表示。本节重点介绍冗余字典的典型构造方法，并简要分析它们的区别，以便读者更好地理解、运用。

2.3.1　基本概念

在正交变换中，信号可以采用正交基表示。这些正交基实际上是一些标准信号形式，可以认为它们形成了一个能够准确表示信号空间中所有信号的字典。就像通过字典可以找到所有词汇一样，也可以通过“信号字典”来查明任意信号。

稀疏表示中引入了字典这个概念。假设信号 $\boldsymbol{y}\in\mathbb{R}^N$ 具有表示 $\boldsymbol{y}=\boldsymbol{D}\boldsymbol{x}$，其中 $\boldsymbol{D}\in\mathbb{R}^{N\times N}$，$\boldsymbol{x}\in\mathbb{R}^N$ 是稀疏的，则可称 $\boldsymbol{D}$ 是表示字典（简称“字典”），$\boldsymbol{x}$ 是在字典 $\boldsymbol{D}$ 中信号 $\boldsymbol{y}$ 的表示系数。$\boldsymbol{D}$ 中的元素 $\boldsymbol{d}_i=(d_{1i},\ \cdots,\ d_{Ni})^{\mathrm{T}}$ 称为原子。

从数学的角度看，一个原子就是一个表示矢量，字典是由这样的多个矢量构成的矩阵。若这 N 个 N 维原子相互正交，能够组合生成 N 维空间，则通常称为完备字典，也就是说这个字典中的原子都相互独立，无法再增加新的原子了。FFT 矩阵、DCT 矩阵都可以认为属于这类完备字典。这种字典的原子实际上都是变换空间中的正交基。

在信号的稀疏建模（稀疏表示）中，除了这种完备字典外，还可以构造其他类型的字典。比如，可以设计一个字典 $\boldsymbol{D}\in\mathbb{R}^{N\times M}$，$M>N$，此时有 $\boldsymbol{y}=\boldsymbol{D}\boldsymbol{x}$，$\boldsymbol{x}\in\mathbb{R}^M$ 是稀疏的。$\boldsymbol{D}$ 的行数小于列数，即原子的维数低于字典中原子的个数。这种字典称为冗余字典，因为这种字典中包含了过多的列来表示信号，存在冗余。如果冗余字典中的各原子能够保

证生成 N 维空间，该字典就是一个过完备字典。

图 2-5 所示是一个 $N=2$ 的例子。对于同一个信号，在两个不同的字典 $\boldsymbol{D}_1$ 和 $\boldsymbol{D}_2$ 下可以有不同的表示方法。其中，$\boldsymbol{D}_1$ 是 Hadamard 矩阵，这是一个二维正交完备字典，$\boldsymbol{D}_2$ 是冗余字典（具有扁平的形状特点，有时也称为“扁胖”矩阵）。可以看出，针对同一个信号 $\boldsymbol{y}=[3\quad 2]^{\mathrm{T}}$，在字典 $\boldsymbol{D}_2$ 中可以得到稀疏表示 $\boldsymbol{x}=[5\quad 0\quad 0\quad -2]^{\mathrm{T}}$。

$$\boldsymbol{D}_1=\begin{bmatrix}1 & 1\\ 1 & -1\end{bmatrix}\qquad \boldsymbol{D}_2=\begin{bmatrix}1 & 0 & 1 & 1\\ 0 & 1 & 1 & -1\end{bmatrix}$$

$$\begin{bmatrix}3\\ 2\end{bmatrix}=\boldsymbol{D}_1\begin{bmatrix}5/2\\ 1/2\end{bmatrix}\qquad \begin{bmatrix}3\\ 2\end{bmatrix}=\boldsymbol{D}_2\begin{bmatrix}5\\ 0\\ 0\\ -2\end{bmatrix}$$

图 2-5　二维信号表示的示例

2.3.2　字典学习

由于冗余字典中原子个数可远高于信号长度，因此可从字典中寻找原子的最佳线性组合来逼近信号，获得稀疏的表示系数。但是在冗余字典表示中，表示并不是唯一的。例如，图 2-5 中，$\boldsymbol{x}=[3\quad 2\quad 0\quad 0]^{\mathrm{T}}$ 也是一个可行的稀疏解。因此，要获得基于冗余字典的稀疏表示，需要解决两个方面的问题：一是给定一组目标信号，如何获得最佳的原子，并构造得到字典，即字典设计问题；二是对于任意一个信号，如何从这个字典中挑选出最优的一种原子组合来表示信号，即原子选择问题。

1. 字典设计

字典设计需要解决的问题是如何设计字典 $\boldsymbol{D}$，使得对于给定的一系列信号 $\{\boldsymbol{y}_i, i=1, 2, \cdots, N\}$，利用 $\boldsymbol{y}=\boldsymbol{D}\boldsymbol{x}$ 得到的表示 $\boldsymbol{x}$ 是稀疏的。当前，主流字典设计方法可以大致归结为以下两类[8]：

- 第一类方法：分析法。根据信号的先验知识来构建字典，如傅里叶、DCT、小波、曲波、带波、仿型波、复小波、方向波、组波等。用分析法构建字典相对简单，且结构特征明显，计算量小。然而，使用该类方法需要有一定的信号先验知识[9]。
- 第二类方法：学习法。这种方法无须信号先验信息，直接对信号样本进行训练得到字典。相比分析法，学习法得到的字典可带来更好的信号匹配度，得到更优的稀疏化效果。

由于分析法需要先验知识，对于成分复杂的信号或时变信号，无法保证较好的稀疏化效果。因此，目前更多地采用学习法进行字典构造。

对于一系列待训练信号 $\{\boldsymbol{y}_i, i=1, 2, \cdots, N\}$，字典学习的目标是通过训练寻找字典 $\boldsymbol{D}$，使得字典原子与训练信号相适应，从而使得信号在其上的分解系数 $\boldsymbol{x}_i$ 尽量稀疏。若将待训练信号和分解系数分别组成矩阵 $\boldsymbol{Y}$，$\boldsymbol{X}$，上述问题可表示为

$$\min_{\boldsymbol{D},\boldsymbol{X}}\sum_i\|\boldsymbol{x}_i\|_0\quad \text{s. t.}\quad \|\boldsymbol{Y}-\boldsymbol{D}\boldsymbol{X}\|_p^2\leqslant\varepsilon \tag{2-3}$$

式中，ε 表示逼近误差。如果采用稀疏效果作为约束条件，则字典学习问题还可表述为

$$\min_{\boldsymbol{D},\boldsymbol{X}}\|\boldsymbol{Y}-\boldsymbol{D}\boldsymbol{X}\|_p^2\quad \text{s. t.}\quad \forall\boldsymbol{x}_i, \|\boldsymbol{x}_i\|_0\leqslant K \tag{2-4}$$

若将约束条件抽象化，更一般地可将式（2-4）记为

$$\min_{\boldsymbol{D},\boldsymbol{X}}\|\boldsymbol{Y}-\boldsymbol{D}\boldsymbol{X}\|_p^2+\lambda G(\boldsymbol{X}) \tag{2-5}$$

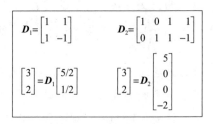

式中，$G(\boldsymbol{X})$ 表示训练过程中对分解系数 $\boldsymbol{X}$ 的约束条件。

2. 原子选择

原子选择需要解决在给定冗余字典 $\boldsymbol{D}$ 的条件下，从满足 $\boldsymbol{y}=\boldsymbol{D}\boldsymbol{x}$ 的多种可能表示 $\boldsymbol{x}$ 中找到最优的表示，这里的最优通常指的是最稀疏的，也就是在表示 $\boldsymbol{y}$ 时，用到的原子数最少。

由于 $\boldsymbol{D}$ 的行数 N 远小于列数 M，$\boldsymbol{y}=\boldsymbol{D}\boldsymbol{x}$ 的求解属于欠定方程组求解问题，一般情况下无法得到确定解。然而基于信号稀疏的前提，该问题可以转化为稀疏约束条件下的优化问题：

$$\hat{\boldsymbol{x}} = \operatorname{argmin}\|\boldsymbol{x}\|_p \quad \text{s. t.} \quad \boldsymbol{y} = \boldsymbol{D}\boldsymbol{x} \tag{2-6}$$

即满足约束条件的 l_p 范数（$p\geqslant 0$）最稀疏矢量为最优解。

在 l_p 范数稀疏的约束下寻找方程组的解，可看作求解矢量所在的超平面与 l_p 范数张成的曲面的交点，且交点应位于坐标轴上以保证解最为稀疏。此处超平面不与任意坐标平面平行。如图 2-3 所示，当 $p=0$ 时，超平面与退化后的曲面形成的切点易落在坐标轴上，因此加入 l_0 范数稀疏的约束可以实现信号重构；类似地，对于 $0<p\leqslant 1$ 的情况，超平面和曲面都容易寻找到落在坐标轴上的切点，因此在这些稀疏约束下都能找到式（2-6）的解；当 $p>1$ 时（例如 $p=2$），曲面是“凸”的，超平面与曲面的切点以绝对的大概率不落在坐标轴上，因此无法保证估计到稀疏信号。综合起来，当 $0\leqslant p\leqslant 1$ 时，在 l_p 范数稀疏的约束下都可以对欠定方程组进行求解，进而得到稀疏解。

由于采用信号的非零元素个数（即 l_0 范数）判断其稀疏性最为直观，研究者最初选择 l_0 范数约束对欠定方程进行求解。然而，这需要列出 $\boldsymbol{x}$ 中所有非零项位置的 C_N^K 种可能的线性组合，才能得到最优解。因此采用 l_0 范数求解式（2-4）属于 NP 难问题[10]。若选择 $0<p<1$，由 l_p 范数的定义，计算较为复杂，因此更多地考虑采用 l_1 范数约束进行求解。

许多算法都利用了 l_1 范数最小来求解最稀疏解的思想，它们属于凸松弛算法类别，基追踪（Basis Pursuit，BP）算法是其代表，有效性已得到了充分的理论证明[11]，但其全局搜索策略的计算复杂度较大，人们进而考虑采用贪婪算法来求解局部最优。这种思想促生了匹配追踪（Matching Pursuit，MP）算法[1]及其一系列改进算法，如正交匹配追踪（Orthogonal Matching Pursuit，OMP）[12]等。另一种贪婪算法的求解思路是对信号进行结构化采样，由分组测试快速获得信号的表示，如子空间追踪（Subspace Pursuit，SP）、迭代硬阈值法（Iterative Hard Thresholding，IHT）[13]等就是其中的代表。这类算法在计算复杂度上较凸优化算法低，然而在理论完备性上还有所欠缺[14]。图 2-6 给出了已有原子选择算法比较详细的分类。

作为一种典型的自然信号，声音信号中也包含着大量冗余。如何通过字典学习找到语音、音频信号的稀疏表示，也引起了很多研究人员的关注。例如，文献［15］结合稀疏多尺度改进型 DCT（MDCT）对音频进行建模，降低了编码比特率；文献［16］用特定源字典对音乐进行稀疏分解，实现了乐-噪分离；文献［17］结合语音信号设计了贪婪自适应字典训练方法，实现了语音增强。随着研究的推进，利用冗余字典对语音进行稀疏表示将在更多的应用中发挥作用。

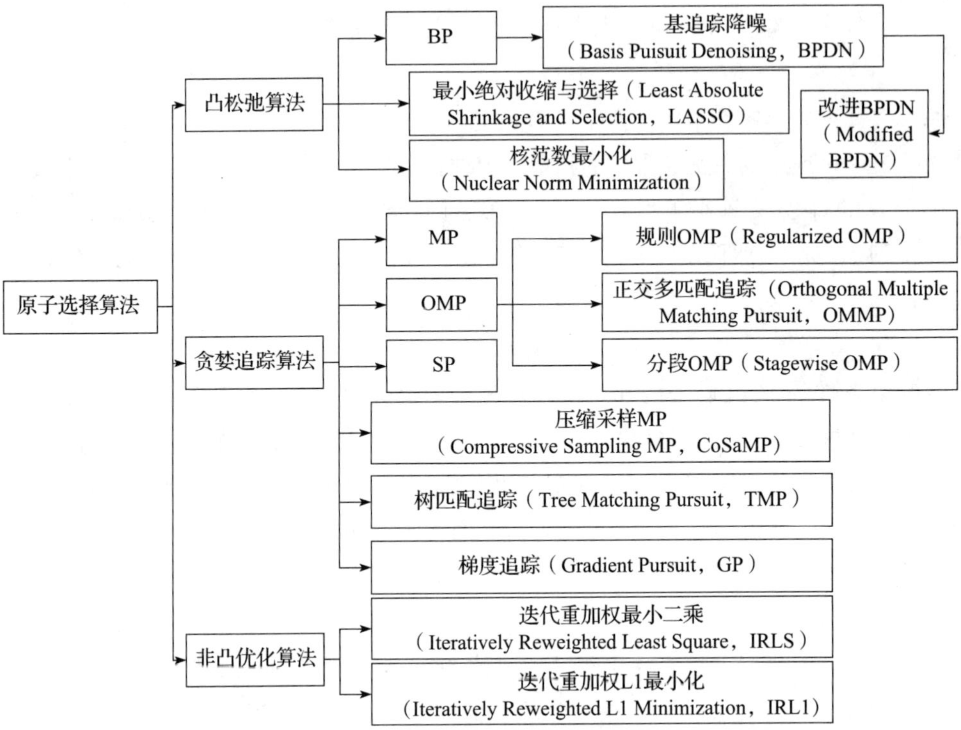

图 2-6　原子选择算法分类

2.3.3 字典学习算法

典型的字典学习算法包括主成分分析（Principal Component Analysis，PCA）、最优方向法（Method of Optimal Directions，MOD）[18]、K-均值（K-Means）算法、K-奇异值分解（K-SVD）算法[19]、贪婪自适应字典（Greedy Adaptive Dictionary，GAD）[17]等。PCA 字典学习算法通过低维子空间来联合近似表示训练样本。MOD 算法交替更新字典和分解系数，有效地得到信号的冗余字典，但是同时更新字典和系数带来了较大的构造复杂度。K-SVD 算法每次选择字典中的一列进行更新，同时引入约束矩阵，使得迭代不会搜索到局部极值。该算法可与众多稀疏编码算法相结合，形成改进算法，如短时不变字典 EKSVD[20]等。

除了上述直接从训练样本中学习字典的方法之外，另一种构建冗余字典的思想是联合冗余，即将多个字典相合并，直接得到一个更为冗余的字典。利用联合冗余字典得到的稀疏表示具有唯一性，这一点得到了理论证明[21-22]。

下面介绍较为常用的字典学习算法：K-均值、K-SVD 和 GAD 算法。

1. K-均值字典学习算法

K-均值算法实现了矢量的聚类，可应用于码书的训练，在矢量量化中应用广泛。对于给定的一批矢量数据，K-均值算法可以实现基本的按距离聚类，即同一类矢量之间的距离较短，而不同类矢量之间的距离较长，类内距离小于类间距离。整个聚类过程通过迭代实现，即利用当前聚类结果，计算同一类矢量的均值作为聚类质心，然后根据这些质心对所有矢量按距离大小重新聚类，直到迭代收敛或大于规定次数时结束。当聚类完成后，这些质心所对应的矢量就是构成码书的码字。利用码字序号可以直接表示属于该类别的任意矢量，这样就可以实现矢量降维和信号压缩。

K-均值算法的流程可用算法 2-1 描述。

算法 2-1　K-均值算法

输入： 数据集合 $\{\boldsymbol{x}_i\}_{i=1}^n$。

输出： 码书 $\boldsymbol{C}$。每个数据用码书中最靠近的码字来表示，使得总误差最小，即

$$\min_{\boldsymbol{C},\boldsymbol{S}}\|\boldsymbol{X}-\boldsymbol{CS}\|_F^2 \quad \text{s. t.} \quad \forall_i, \boldsymbol{x}_i=\boldsymbol{e}_l$$

式中，$\boldsymbol{e}_l$ 表示第 l 次迭代所对应的逼近误差矢量，$S=\{\boldsymbol{s}_i\}_{i=1}^n$ 是数据集合对应的稀疏表示集。

1）初始化，令码书矩阵 $\boldsymbol{C}^{(0)}\in\mathbb{R}^{n\times L}$，迭代次数 $J=1$。

2）循环执行步骤 3～6：

3）　稀疏逼近，将数据按码字分为 L 个集合（胞腔）

$$(R_1^{(J-1)},R_2^{(J-1)},\cdots,R_L^{(J-1)})$$

划分规则：每个数据域对应胞腔内码字距离均小于与其余码字距离，即

$$R_l^{(J-1)}=\{i\mid\forall p\neq l,\|\boldsymbol{x}_i-\boldsymbol{c}_p^{(J-1)}\|_2\leqslant\|\boldsymbol{x}_i-\boldsymbol{c}_l^{(J-1)}\|_2\}$$

4）　更新码书中每个码字：

$$\boldsymbol{c}_l^{(J)}=\frac{1}{|R_l|}\sum_{i\in R_l^{(J-1)}}\boldsymbol{x}_i$$

5）　按照每个数据到码字的最近距离更新 $\boldsymbol{S}$。更新迭代次数 $J=J+1$。

6）　停止准则。若 $\|\boldsymbol{X}-\boldsymbol{CS}\|_F^2\leqslant E_0$（预设误差门限）则停止，否则返回步骤 2。

从信号稀疏表示的角度分析，K-均值算法学习得到的码书就是一个字典。基于这个字典对任意一个矢量进行量化时，量化得到的表示矢量都只有一个元素为 1，其他元素均为 0。这种表示可看作稀疏度为 1 的信号稀疏化，表示误差较大。可以考虑以提高稀疏值为代价获得更逼真的表示。另一方面，K-均值算法采用了全部码字同时更新的迭代方式，无法较好地匹配信号。

2. K-SVD 字典学习

K-均值算法学习得到的字典，每次只能用一个原子表示信号，较为粗糙。为了解决这个问题，K-SVD 算法在借鉴 K-均值算法聚类思想的基础上采用多个原子的线性组合来表示信号，改善了字典学习的性能。为了准确地更新每个原子，避免像 K-均值算法那样一次更新全部均值，K-SVD 算法在迭代中使用奇异值分解（SVD）算法来选择每个原子所对应的更新误差，并逐个对原子进行更新。

K-SVD 算法流程可用算法 2-2 描述。

算法 2-2　K-SVD 算法

输入： 训练样本 $\boldsymbol{X}=\{\boldsymbol{x}_i\}_{i=1}^n$，初始字典 $\boldsymbol{D}$。

输出： 最终字典 $\boldsymbol{D}$，稀疏分解系数 $\boldsymbol{S}$。

1）初始化。随机得到初始化字典 $\boldsymbol{D}$，令迭代次数 $J=1$。

2）循环直到满足停止条件：

3）稀疏逼近。用已有稀疏分解算法对所有数据求出分解系数：

$$\boldsymbol{s}_i=\underset{\boldsymbol{D},\boldsymbol{S}}{\operatorname{argmin}}\|\boldsymbol{x}_i-\boldsymbol{D}\boldsymbol{s}_i\|_F^2 \quad \text{s. t.} \quad \forall i,\|\boldsymbol{s}_i\|\leqslant T_0$$

4）更新字典。对字典中每列 $\boldsymbol{d}_l$，$l=1, 2, \cdots, L$：

①定义 $\boldsymbol{S}$ 的第 l 行为 $\boldsymbol{s}_l^T$，则该行中所有非零元素使用了原子 $\boldsymbol{d}_l$，这些非零元素的下标构成的集合为

$$\omega_l=\{i \mid 1\leqslant i\leqslant n,\boldsymbol{s}_l^T(i)\neq 0\}$$

②计算当前稀疏表示误差矩阵：

$$\boldsymbol{E}_l=\boldsymbol{X}-\sum_{j\neq l}\boldsymbol{d}_j\boldsymbol{s}_j^T$$

③根据下标集合 ω_l 从 $\boldsymbol{E}_l$ 中选出稀疏表示时用到 $\boldsymbol{d}_l$ 的列，记为 $\boldsymbol{E}_l^R$。

④使用 SVD 算法计算 $\boldsymbol{E}_l^R=\boldsymbol{U\Delta V}^{\mathrm{T}}$，更新字典第 l 列 $\widetilde{\boldsymbol{d}}_l=\boldsymbol{U}(:, l)$，更新误差 $x_R^l=\boldsymbol{\Delta}(l, l)\boldsymbol{V}(:, l)$。

5）更新迭代次数 $J=J+1$。

6）停止准则：若 $\|\boldsymbol{X}-\boldsymbol{DS}\|_F^2\leqslant$ 预设误差门限，则停止；否则返回步骤 2。

K-SVD 算法每次选择字典中的一列进行更新，同时引入约束矩阵 $\boldsymbol{E}_l^R$，使得字典更新过程更加精细，且不会陷入局部极值。K-SVD 算法是目前学习型字典方案中较好的一种，字典对样本的适应性较强，无须信号先验信息即可获得较好的稀疏化效果。同时也需要注意，采用学习法的字典学习过程计算量大，学习过程复杂。

3. 贪婪自适应字典学习

K-SVD 算法从逼近误差方面（如式（2-3））约束字典学习过程，而贪婪自适应字典（Greedy Adaptive Dictionary，GAD）算法以稀疏性（如式（2-4））为约束进行字典训练，以期得到尽可能稀疏的信号表达，同时兼顾原子的稀疏性。为了得到最佳的稀疏表示字典，GAD 分析每个（残差）信号的稀疏性，每次迭代都优先选择稀疏性最好的（残差）信号作为原子。这样的迭代过程可以快速减少信号的能量，同时保证 l_1 范数降为最低。

GAD 算法的具体流程可用算法 2-3 描述。

算法 2-3 GAD 算法

1）初始化：令 $j=0$，初始字典 $\boldsymbol{D}^0=[\,]$（空矩阵），残差 $\boldsymbol{R}^0=\boldsymbol{X}$，下标集 $T^0=\varnothing$（空集）。

2）循环直到满足停止条件：

3）寻找残差中稀疏度量最低的列：

$$k^j=\underset{k\notin T^J}{\operatorname{argmin}}\left\{\frac{\|\boldsymbol{r}_k^j\|_1}{\|\boldsymbol{r}_k^j\|_2}\right\}$$

4）更新原子，即将第 j 个原子更新为归一化的 $\hat{\boldsymbol{r}}_{k^j}^j$：

$$\boldsymbol{d}^j=\frac{\hat{\boldsymbol{r}}_{k^j}^j}{\|\hat{\boldsymbol{r}}_{k^j}^j\|_2}$$

5）更新字典和下标集：

$$\boldsymbol{D}^j = [\boldsymbol{D}^{j-1} \mid \boldsymbol{d}^j], \quad T^j = T^{j-1} \cup \{k^j\}$$

6)　　计算新的误差：

$$\boldsymbol{r}_k^{j+1} = \boldsymbol{r}_k^j - \boldsymbol{d}^j \langle \boldsymbol{d}^j, \boldsymbol{r}_k^j \rangle$$

7)　　更新 $j=j+1$。

8) 若满足停止准则则停止，否则返回步骤 2。

为便于计算，在该算法中用稀疏度量（sparsity index）来衡量信号的稀疏程度：对于任意矢量 $\boldsymbol{x}$，其稀疏度量定义为

$$\xi = \frac{\|\boldsymbol{x}\|_1}{\|\boldsymbol{x}\|_2} \tag{2-7}$$

稀疏度量越低，则说明信号稀疏程度越高。举例来说，若有两个二维矢量 $\boldsymbol{x}_1=[1, 1]$，$\boldsymbol{x}_2=[0, 1]$，$\boldsymbol{x}_2$ 更为稀疏。它们的稀疏度量分别为 $\xi_1=2/\sqrt{2}=\sqrt{2}$，$\xi_2=1/1=1$，$\xi_1>\xi_2$。

另外，需要构造原始信号矩阵 $\boldsymbol{X}$。可将信号按时序分为长度为 L 的矢量 $\boldsymbol{x}_k$，相邻两矢量之间有 M 点重叠：

$$\boldsymbol{x}_k = [x((k-1)(L-M)+1), \cdots, x(kL-(K-L)M)]^{\mathrm{T}} \tag{2-8}$$

再将 K 个矢量组合为 $\boldsymbol{R}^{L\times K}$ 维矩阵 $\boldsymbol{X}$：

$$\boldsymbol{X}(l,k) = x(l+(k-1)(L-M)) \tag{2-9}$$

GAD 算法中的停止条件可灵活选择如下两种方式之一：

①获得 L 个原子形成字典方阵，即重复步骤 2～7 共 L 次。

②根据信号稀疏逼近重构误差

$$\varepsilon^j = \|\hat{\boldsymbol{x}}_i^j - \boldsymbol{x}_i^j\|_2 \leqslant \sigma \tag{2-10}$$

式中，σ 为设定的误差门限。重构信号 $\hat{\boldsymbol{x}}$ 可由当前字典得到：

$$\hat{\boldsymbol{X}}^j = \boldsymbol{D}^j(\boldsymbol{D}^j)^{\mathrm{T}}\boldsymbol{X} \tag{2-11}$$

2.3.4　原子选择算法

目前，贪婪追踪算法及变种算法种类很多，在信号稀疏化的原子选择算法中已得到成熟应用。本节以贪婪追踪算法中的匹配追踪（MP）算法和正交匹配追踪（OMP）算法为例，介绍原子选择的原理和基本流程。

原子选择算法需要在给定冗余字典的条件下，求解未知稀疏矢量 $\boldsymbol{x}$。矢量 $\boldsymbol{x}$ 需要确定两个部分——解的支撑集（非零值的位置）和支撑集上的非零值（非零值的具体大小）。贪婪追踪算法的求解聚焦于支撑集的确定，一旦确定了支撑集，$\boldsymbol{x}$ 的非零值可以很容易地用简单最小二乘估计得到。贪婪算法中的“贪婪”主要体现在搜索过程中。为避免对解空间进行费时的全面搜索，贪婪算法采用了一系列的单项更新来进行局部优化：从 $\boldsymbol{x}^0=\boldsymbol{0}$ 开始，通过每步保持一组有效的列不变、迭代构造包含 k 项的近似 $\boldsymbol{x}^k$ 的方式来扩展该集合。为了逼近原始信号 $\boldsymbol{y}$，在当前有效列的基础上，每一步都选择能最大限度地减少 l_2 残差的列，每增加一个新列后更新 l_2 残差，直到残差低于某个设定的阈值时结束。

1. MP 算法

匹配追踪的基本思想是，由于观测值可以看作感知矩阵中原子的线性组合，相比其

余原子，参与线性叠加的原子与观测矢量之间的相关性更高。因此，可以找到相关度最大的原子，去除对应分量，再寻找相关性次大的原子，依次类推。

MP 本质上是一种贪婪算法，流程可用算法 2-4 描述。

算法 2-4 MP 算法

输入： 观测信号 $\boldsymbol{y}$，字典 $\boldsymbol{D}\in\mathbb{R}^{N\times M}$。

输出： 表示矢量 $\hat{\boldsymbol{x}}$。

1）初始化：令迭代残差矢量 $\boldsymbol{r}_0=\boldsymbol{y}$，迭代次数 $i=1$，稀疏矢量 $\hat{\boldsymbol{x}}=\boldsymbol{0}$。

2）循环直到满足停止条件：

3）　搜索和残差 $\boldsymbol{r}_{i-1}$ 相关度最大的原子索引 λ_i：

$$\lambda_i = \underset{j=1,2,\cdots,M}{\operatorname{argmax}} \left|\langle \boldsymbol{r}_{i-1}, \boldsymbol{d}_j \rangle\right|$$

4）　计算稀疏矢量重构值：

$$\hat{\boldsymbol{x}}_i = \langle \boldsymbol{r}_{i-1}, \boldsymbol{d}_{\lambda_i} \rangle \boldsymbol{d}_{\lambda_i}$$

5）　更新迭代残差：

$$\boldsymbol{r}_i = \boldsymbol{r}_i - \hat{\boldsymbol{x}}_i$$

6）　更新迭代次数：$i=i+1$，若 $i=T$（预设迭代次数），迭代结束，进入步骤 7，否则返回步骤 2。

7）得到稀疏矢量 $\hat{\boldsymbol{x}}$。

MP 算法需要其迭代残差 $\boldsymbol{r}_i$ 与当次所选原子 $\boldsymbol{d}_{\lambda_i}$ 的正交性来保证算法收敛，即

$$\langle \boldsymbol{r}_i, \boldsymbol{d}_{\lambda_i} \rangle = \langle \boldsymbol{r}_{i-1} - \hat{\boldsymbol{x}}_i, \boldsymbol{d}_{\lambda_i} \rangle = 0 \tag{2-12}$$

但这无法保证 $\boldsymbol{r}_i$ 与之前所选择的原子集合 $\{\boldsymbol{d}_{\lambda_1}, \boldsymbol{d}_{\lambda_2}, \cdots, \boldsymbol{d}_{\lambda_{i-1}}\}$ 的正交性，导致原子搜索常常陷入局部最优。这也是 MP 算法需要较多的迭代次数才能保证收敛的原因。

2. OMP 算法

OMP 算法通过递归对已选择原子集合进行正交化，有效克服了 MP 的不足。OMP 算法的具体流程参见算法 2-5。

算法 2-5 OMP 算法

输入： 观测信号 $\boldsymbol{y}$，字典 $\boldsymbol{D}\in\mathbb{R}^{N\times M}$。

输出： 表示矢量 $\hat{\boldsymbol{x}}$。

1）初始化：令迭代残差矢量 $\boldsymbol{r}_0=\boldsymbol{y}$，迭代次数 $i=1$，稀疏矢量 $\hat{\boldsymbol{x}}=\boldsymbol{0}$，支撑集下标集 $\Lambda_0=\varnothing$。

2）循环直到满足停止条件：

3）　搜索和残差 $\boldsymbol{r}_{i-1}$ 相关度最大的原子索引 λ_i：

$$\lambda_i = \underset{j=1,2,\cdots,M}{\operatorname{argmax}} \left|\langle \boldsymbol{r}_{i-1}, \boldsymbol{x}\boldsymbol{d}_j \rangle\right|$$

4）　更新支撑集原子和下标集：

$$\Lambda_i = \Lambda_{i-1} \cup \{\lambda_i\}$$

$$\boldsymbol{\Theta}_i = [\boldsymbol{\Theta}_{i-1} \boldsymbol{d}_{\lambda_i}]$$

5）　计算稀疏矢量重构值：

$$\hat{\boldsymbol{x}}_i = \underset{x:\mathrm{supp}(x)\subseteq\Lambda_i}{\mathrm{argmin}} \|\boldsymbol{y}-\boldsymbol{\Theta}_i\boldsymbol{x}\|_2$$

6) 更新迭代残差：

$$\boldsymbol{r}_i = \boldsymbol{y}-\boldsymbol{\Theta}_i\hat{\boldsymbol{x}}_i$$

7) 更新迭代次数：$i=i+1$，若 $i=T$（预设迭代次数），则迭代结束，进入步骤 8，否则返回步骤 2。

8) 得到稀疏表示信号 $\hat{\boldsymbol{x}}$。

比较算法 2-4 的步骤 4 与算法 2-5 的步骤 5 可知，OMP 每次计算重构信号都对之前选出的所有原子进行了“回溯”，同时对之前入选原子进行同步检验，可以最大限度地保证重构的全局最优性。

2.4 压缩感知

压缩感知是稀疏处理技术的一个重要分支，其理论的发展非常迅速。由于压缩感知改变了传统先采样再压缩的处理过程，在通信、雷达以及音视频处理中都得到了应用和推广。本节主要介绍该技术的基本概念、模型和核心问题。

2.4.1 基本概念

在自然界和工业领域中，存在着大量如前面图 2-1 所示的稀疏信号，由于这些信号的绝大多数样点值都接近零值，所以只需记录极少数非零值的位置和幅度就可以无失真地恢复原信号。按照 Nyquist 采样速率对这类信号采样（通常称为全采样）后，虽然能够无失真地恢复原有信号，但同时会得到没有有用信息的采样值，增加了传输和存储的负担。为了减少这些无用信息，通常需要做进一步压缩处理。那么，能不能简化全采样后再压缩的处理过程（如图 2-7a 所示），直接在低于 Nyquist 速率的情况下采样，同时还能得到无失真的信号呢？压缩感知理论就回答了这个问题。由于压缩感知理论重点解决了采样问题，因此有的文献也称之为压缩采样理论。在详细介绍压缩感知模型前，先通过实例简单介绍压缩感知的处理过程（如图 2-7b 所示）。

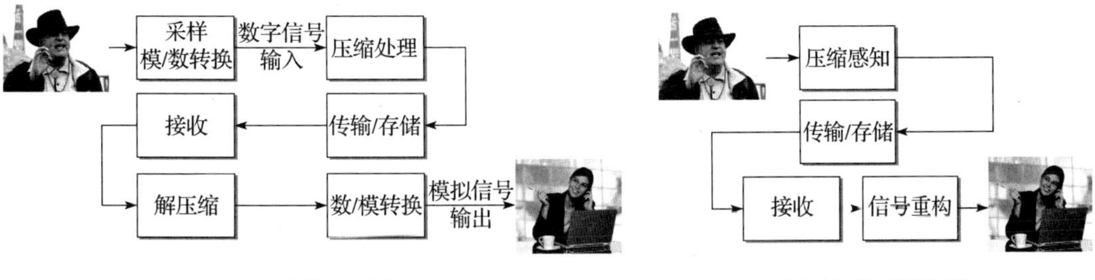

a）传统全采样-压缩处理过程　　b）压缩感知处理过程

图 2-7 不同采样处理过程的示意图

例如，有一个脉冲信号 $\boldsymbol{x}=[1, 0, \cdots, 0]^{\mathrm{T}}$，其长度为 100，只有一个非零元素。如果采用一个 50×100 的采样矩阵 $\boldsymbol{D}$ 去采样，那么得到的采样 $\boldsymbol{y}=\boldsymbol{D}\boldsymbol{x}$，样点只有 50 个。存

储、传输这 50 个样点，耗费的资源都降低了。经过传输、存储之后的 $\boldsymbol{y}$ 能恢复 $\boldsymbol{x}$ 吗？根据 2.3.4 节的介绍，由于 $\boldsymbol{x}$ 是稀疏的，$\boldsymbol{D}$ 是“扁胖”的，那么在一定条件下是可以无失真恢复 $\boldsymbol{x}$ 的。

再如，有一个频率为 200Hz 的单频信号，对应的 Nyquist 采样速率大于等于 400Hz。截取一秒的全采样信号，构成信号矢量 $\boldsymbol{x}$，其维度为 400×1。如图 2-8 所示，虽然在时域上 $\boldsymbol{x}$ 并不稀疏，但通过傅里叶变换可以得到其在频域上的稀疏表示 $\boldsymbol{s}$，有 $\boldsymbol{x}=\boldsymbol{\Psi s}$。此时，如果采用一个“扁胖”的采样矩阵 $\boldsymbol{D}$ 对信号矢量 $\boldsymbol{x}$ 进行采样，得到的采样值 $\boldsymbol{y}=\boldsymbol{Dx}$ 的样点数就少于 400，采样速率将低于 Nyquist 速率。由于傅里叶变换矩阵 $\boldsymbol{\Psi}$ 是方阵，因此 $\boldsymbol{D\Psi}$ 依然是“扁胖”的。同样，由于 $\boldsymbol{x}$ 是稀疏的，在一定条件下可以无失真恢复 $\boldsymbol{s}$，之后再重构得到 $\boldsymbol{x}$。

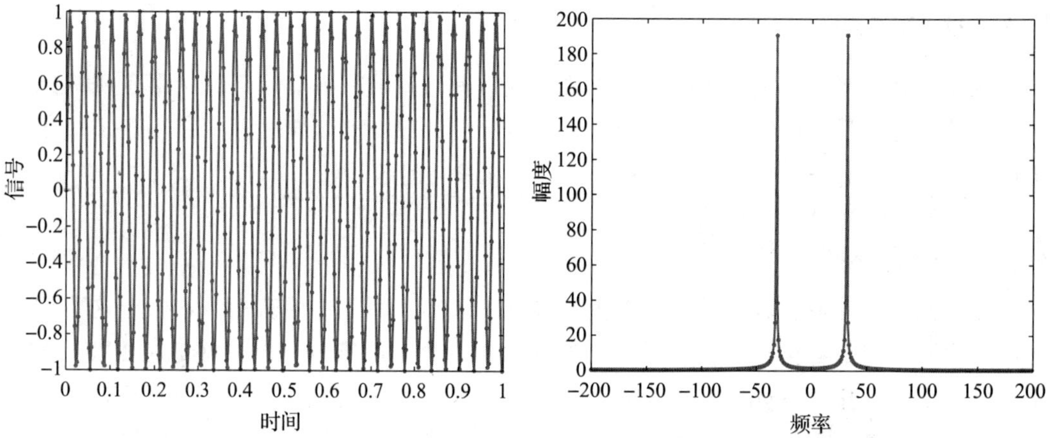

a）时域Nyquist采样信号　　b）频域表示

图 2-8 单频信号实例

上述示例说明了压缩感知的基本思路。由于利用了信号稀疏的先验信息，压缩感知可以实现欠 Nyquist 采样，降低了采样过程的复杂度，不再需要先进行全采样再压缩（如图 2-9 所示），具有很强的实用价值。该理论提出伊始，就作为核磁共振成像（Magnetic Resonance Imaging，MRI）图像处理的新方案得到了讨论[23]。单像素相机[24]、Xampling[25]样机等都是一些成功的应用。

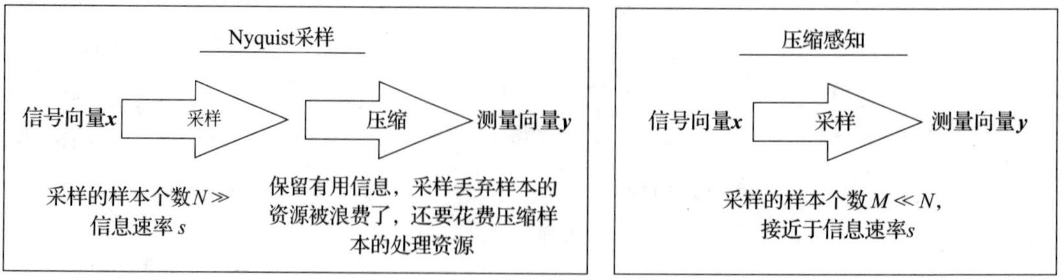

图 2-9 不同采样过程的输入/输出对比

2.4.2　压缩感知模型

本小节主要介绍压缩感知的数学模型。从上一小节的介绍可以知道，压缩感知观测过程需要信号具有稀疏特性。同时，还对采用的采样矩阵有所要求。由此，可以对压缩感知进行如下建模：

1）假设信号 $\boldsymbol{x}\in\mathbb{R}^N$ 满足 $\boldsymbol{x}=\boldsymbol{\Psi s}$，其中变换域 $\boldsymbol{\Psi}$ 中的每一列都是 $\mathbb{R}^N$ 中的一个可能信号。矢量 $\boldsymbol{s}$ 是稀疏的，满足 $\|\boldsymbol{s}\|_0\leqslant K$。这是关于 $\boldsymbol{x}$ 的稀疏表示模型。

2）考虑线性系统，其采用了一个与变换域 $\boldsymbol{\Psi}$ 不相关的采样（观测）矩阵 $\boldsymbol{\Phi}\in\mathbb{R}^{M\times N}(M\ll N)$ 对信号 $\boldsymbol{x}$ 进行投影，得到维数远小于原信号的观测矢量 $\boldsymbol{y}$。称观测矩阵 $\boldsymbol{\Phi}$ 与变换矩阵 $\boldsymbol{\Psi}$ 相乘的矩阵为感知矩阵 $\boldsymbol{\Omega}=\boldsymbol{\Phi\Psi}$，有 $\boldsymbol{y}=\boldsymbol{\Omega s}$。因此，观测矢量 $\boldsymbol{y}$ 也可被看作感知矩阵中 K 个列矢量的线性组合，如图 2-10 所示。

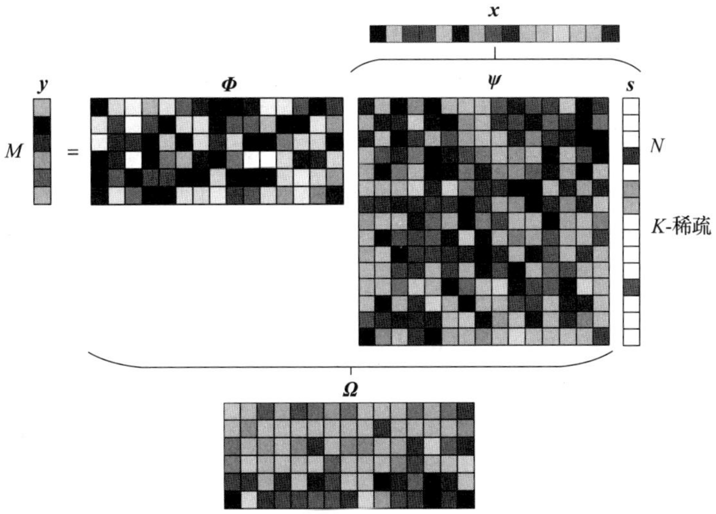

图 2-10　CS 模型示意图

从信号采样的角度解释该过程，可以知道，在对信号 $\boldsymbol{x}$ 实施了非相干观测（即观测矩阵 $\boldsymbol{\Phi}$ 和信号 $\boldsymbol{x}$ 具有的内在生成特性 $\boldsymbol{\Psi}$ 不相关）后，得到的观测信号 $\boldsymbol{y}$ 的维数远小于信号 $\boldsymbol{x}$ 的维数，即得到了远少于原始信号的采样值，实现了信号降维。

需要注意的是，在压缩感知的过程中，其能成功作用的前提是信号需要具备稀疏性。

实用的压缩感知框架如图 2-11 所示，一般来说需满足以下要求：

1）良好的稀疏化效果。压缩感知的一个主要目的是用尽可能少的观测次数来获取信号的所有信息，同时，这些观测值必须保证信号得到精确重构。现有研究表明：保证精确重构的最低观测次数与信号稀疏值正相关，因此，稀疏值越低的建模方式，可以得到越好的观测压缩比。

2）与稀疏基、信号均不相干的普适观测矩阵。非相干观测是压缩感知成功的前提，不相干的程度越高，对信息“拉伸”的程度越好。

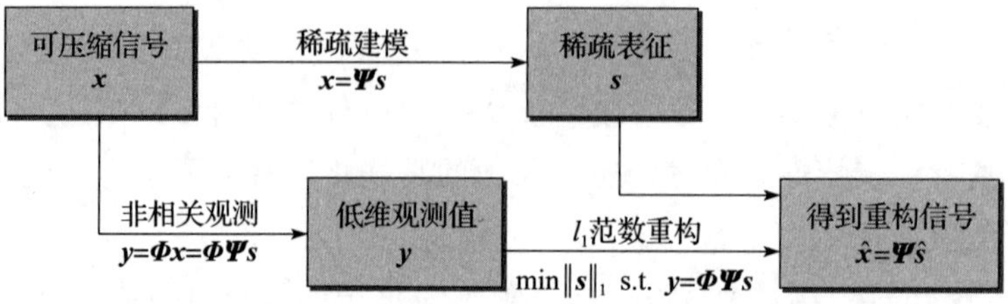

图 2-11 基于 CS 的信号采样流程图

3）高精度的重构。类噪声的观测值不包含任何特征，经存储或传输后，还需要从低维信号重构出高维信号。

因此，信号稀疏表示、观测矩阵设计和重构算法几个关键问题对压缩感知框架的总体性能起到关键作用。信号稀疏表示在 2.2 节已经介绍。下面将重点介绍观测矩阵设计和重构算法问题。

2.4.3 观测矩阵

压缩感知非相干观测的特点，使得观测矩阵需要满足一定的条件才能确保压缩感知的成功实现。那么，观测矩阵需要满足什么样的条件？如何构造观测矩阵呢？压缩感知的理论研究回答了这些问题。

1. 约束等距条件

由于同一信号不能分别在两个不相关的正交基上获得最稀疏表示，而观测矢量 $\boldsymbol{y}$ 也可看作感知矩阵中 K 个列矢量的线性组合，因此，为保证观测矩阵不会把两个不同的稀疏信号映射为同一个采样集合，要求观测矩阵是非奇异的。Candès 和陶哲轩从能量角度提出了观测矩阵需要满足归一化测不准原则（Uniform Uncertainty Principle，UUP）：

$$C_1\frac{M}{N}\leqslant\gamma_{\min}(\boldsymbol{\Phi}^{\mathrm{T}}\boldsymbol{\Phi})\leqslant\gamma_{\max}(\boldsymbol{\Phi}^{\mathrm{T}}\boldsymbol{\Phi})\leqslant C_2\frac{M}{N}\tag{2-13}$$

式中，$\gamma_{\min/\max}(\cdot)$ 表示矩阵最小/最大奇异值操作，常数 $0<C_1\leqslant1\leqslant C_2$。该条件的一种更加便于计算的等价条件为：对于 K-稀疏信号 $\boldsymbol{x}$，保证非相干观测和精确重构的观测矩阵应满足

$$C_1\frac{M}{N}\|\boldsymbol{x}\|_2^2\leqslant\|\boldsymbol{\Phi x}\|_2^2\leqslant C_2\frac{M}{N}\|\boldsymbol{x}\|_2^2\tag{2-14}$$

由式（2-14）可知，线性测量需要具有稳定的能量性质，能够保持 K 个重要分量的长度。因此，如果信号 $\boldsymbol{x}$ 稀疏，则观测矩阵 $\boldsymbol{\Phi}$ 必须“稠密”以保证能量的稳定。

为了更加直观，在 UUP 的基础上 Candès 等又提出了约束等距性质（Restricted Isometry Property，RIP）：若存在常数 $\delta_K\in[0,1]$，使得

$$(1-\delta_K)\|\boldsymbol{x}\|_2^2\leqslant\|\boldsymbol{\Phi x}\|_2^2\leqslant(1+\delta_K)\|\boldsymbol{x}\|_2^2\tag{2-15}$$

成立，则称矩阵 $\boldsymbol{\Phi}$ 满足 K 阶 RIP 条件，其中 δ_K 为约束等距常数（Restricted Isometry Constant，RIC）。考虑极限情况，取 $\delta_K=0$，则不等式变为等式，矩阵 $\boldsymbol{\Phi}$ 为标准正交矩阵，因而也是一个方阵。然而，根据压缩感知理论，$\boldsymbol{\Phi}\in\mathbb{R}^{M\times N}$ 是一个“扁胖”矩阵，若

要满足式（2-15），则需要尽量保持正交矩阵的特性，即 $\boldsymbol{\Phi}$ 中的列矢量相互高度不相关。因此，RIP 条件及 RIP 常数实际上刻画了从矩阵 $\boldsymbol{\Phi}$ 中任意抽取 K 列所形成的 $M\times K$ 维矩阵接近于正交矩阵的程度。RIP 常数 δ_K 越接近零，对应的 $\boldsymbol{\Phi}$ 就越近似于正交阵，相应地矩阵性能也越好。

2. 观测矩阵的构造

压缩感知中的观测矩阵必须满足 RIP 性质。目前，观测矩阵大致可以分成随机矩阵、欠采样酉矩阵、结构化矩阵、确定性矩阵四大类。随机观测矩阵由于其无结构的特性，在理论和实验中得到了普遍应用。随着应用的推进，结构化观测矩阵的优势得以凸显，因此，寻找确定性矩阵成为近年来压缩感知理论研究的热门方向。下面介绍几种经典随机观测矩阵以及近年来出现的结构化观测矩阵。

（1）随机观测矩阵

①高斯矩阵。高斯随机矩阵是最早被论证和使用的随机观测矩阵，其原子服从正态分布 $N(\mu,\ \sigma^2)$。该矩阵的特点在于其普适性，可保证与几乎所有的稀疏基具有低互相关性，甚至与另一高斯矩阵也不相关。另一方面，高斯矩阵也易于在仿真中实现。

②符号随机矩阵。这类矩阵的元素为 $\pm\dfrac{1}{\sqrt{n}}$，元素符号独立获得，且在统计意义上，正元素与负元素等概率出现。

③部分 Hadamard 矩阵。Hadamard 矩阵 $\boldsymbol{H}$ 仅包含 ±1 两种元素，且满足

$$\boldsymbol{H}^{\mathrm{T}}\boldsymbol{H} = N\boldsymbol{I} \tag{2-16}$$

式中，N 为矩阵维数，$\boldsymbol{I}$ 表示 N 维单位矩阵。部分 Hadamard 矩阵由 Hadamard 矩阵随机抽取 M 列得到，M 对应压缩感知观测次数。

④部分傅里叶矩阵。部分傅里叶矩阵的构造原理和部分 Hadamard 矩阵的构造原理类似，即从傅里叶变换对应的方阵中随机抽取 M 列得到。

（2）结构化观测矩阵

①Toeplitz 矩阵。为了借鉴随机矩阵中元素相互独立的特性，考虑采用特定的矩阵结构结合相互独立的元素来构造观测矩阵。Toeplitz 型观测矩阵即为上述思想指导下的一种结构化矩阵方案：从某种分布或变量中随机独立抽取标量 r_i 作为元素，再用这些元素构造 Toeplitz 矩阵作为观测矩阵。

$$\boldsymbol{\Phi} = \begin{bmatrix} \phi_{11} & \phi_{12} & \cdots & \phi_{1N} \\ \phi_{21} & \phi_{22} & \cdots & \phi_{1(N-1)} \\ \vdots & \vdots & & \vdots \\ \phi_{N1} & \phi_{N2} & \cdots & \phi_{NN} \end{bmatrix} \tag{2-17}$$

式（2-17）中，$\boldsymbol{\Phi}$ 的元素满足

$$\begin{cases} \phi_{(i+j)(1+j)} = \phi_{i1} & i = 1,\cdots,N \\ \phi_{(1+j)(i+j)} = \phi_{1i} & j = 1,\cdots,N-i \end{cases} \tag{2-18}$$

Toeplitz 观测矩阵的元素具有固定结构，可以减少观测矩阵的存储开销。在硬件计算矩阵相乘时，Toeplitz 结构的矩阵具有多种快速算法，且这种结构还存在于多种工程

问题中，易与实际应用相结合。

②混沌矩阵。混沌矩阵的思路类似于 Toeplitz 矩阵的思路，也是用可获得的相互独立的原子结合固有结构得到观测矩阵。在该方案中，元素从混沌序列中以一定的间隔进行抽取，保证相互独立，再将这些元素按一定模式排列组成观测矩阵（同式（2-17））。

③结构化随机矩阵。结构化随机矩阵采用人为的方式来提高观测矩阵与信号的非相干性。首先将正交矩阵 $\boldsymbol{F}\in\mathbb{R}^{N\times N}$ 和置乱矩阵 $\boldsymbol{R}\in\mathbb{R}^{N\times N}$ 相乘，再从中随机抽取 M 列获得观测矩阵。

$$\boldsymbol{\Phi}=\sqrt{\frac{N}{M}}\boldsymbol{DFR} \tag{2-19}$$

式中，$\boldsymbol{D}$ 为随机抽取 $\boldsymbol{FR}$ 的矩阵，各列可从单位矩阵中随机抽取得到。$\sqrt{\frac{N}{M}}$ 为能量因子，使得置乱前后信号能量保持稳定。置乱矩阵 $\boldsymbol{R}$ 可以选择乱序矩阵（称为全局置乱）或者对角线随机矩阵（称为本地置乱）。本地置乱方式可认为与混合 Hadamard 观测矩阵方案相同。

2.4.4 信号重构

低维观测值包含了原信号的所有信息，但是已消除了原信号在变换域的特征，呈现类噪声特性，如图 2-12 所示。在使用信号时，还需要通过一定重构手段还原出原始信号。

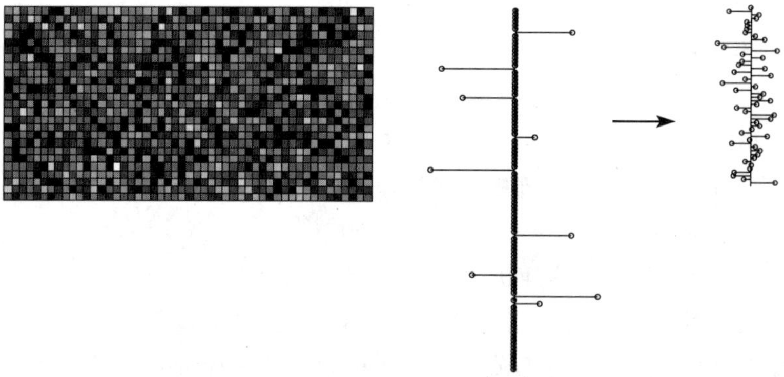

图 2-12 压缩感知的信号观测及结果示意

信号重构需要根据观测值 $\boldsymbol{y}$ 和压缩测量矩阵 $\boldsymbol{\Phi}$ 求出原信号 $\boldsymbol{x}$。若信号 $\boldsymbol{x}$ 在稀疏基 $\boldsymbol{\psi}\in\mathbb{R}^{N\times N}$ 下是 K 稀疏的，$\boldsymbol{s}$ 是其对应的稀疏表示，则感知矩阵为 $\boldsymbol{\Omega}=\boldsymbol{\Phi\psi}\in\mathbb{R}^{M\times N}$，有

$$\boldsymbol{y}=\boldsymbol{\Phi\psi s}=\boldsymbol{\Omega s} \tag{2-20}$$

对于式（2-20），可以利用 l_0 范数约束 $\boldsymbol{s}$ 的稀疏性来将重构问题转化为稀疏表示的估计问题：

$$\hat{\boldsymbol{s}}=\underset{\boldsymbol{s}}{\operatorname{argmin}}\|\boldsymbol{s}\|_0 \quad \text{s. t.} \quad \boldsymbol{y}=\boldsymbol{\Omega s} \tag{2-21}$$

已有理论研究指出，若感知矩阵 $\boldsymbol{\Omega}$ 满足等距约束性条件且 $\delta_{2K}<1$，则式（2-21）的 K 稀疏解是唯一的。若考虑测量过程中的噪声 $\boldsymbol{e}$，则式（2-21）变为

$$\boldsymbol{y}=\boldsymbol{\Phi}\boldsymbol{\psi}\boldsymbol{s}+\boldsymbol{e}=\boldsymbol{\Omega}\boldsymbol{s}+\boldsymbol{e} \tag{2-22}$$

此时，信号的重构问题通过求解如下方程解决：

$$\hat{s}=\underset{s}{\operatorname{argmin}}\|\boldsymbol{s}\|_0 \quad \text{s. t.} \quad \|\boldsymbol{y}-\boldsymbol{\Omega}\boldsymbol{s}\|_2<\varepsilon \tag{2-23}$$

由式（2-23）可知，该问题即为原子选择问题，可以采用前述介绍的 MP、OMP 等算法求解。

已有理论研究指出，若观测矩阵 $\boldsymbol{\Phi}$ 和稀疏基 $\boldsymbol{\Psi}$ 不相关，则求解 l_1 范数优化问题可以得到与 l_0 范数约束相同的解，这个结论从理论上保证了采用 l_1 范数约束进行重构的合理性。同时，基于 l_p 范数稀疏约束的重构方法具备更好的抗噪特性，因此在实用压缩感知系统中，广泛采用基于 l_p 范数稀疏约束的重构方法。

可以采用 l_1 范数来帮助理解（如图 2-13 所示）：解矢量对应直线为 $\boldsymbol{y}=\boldsymbol{\Phi x}$，在带噪情况下，由 $\|\boldsymbol{y}-\boldsymbol{\Phi x}\|_2<\varepsilon$ 的约束，超平面旋转成为以解矢量为轴心的圆柱体。该圆柱体与范数张成的曲面相切后，交点的位置由一个点变为一个区域，该区域同时包含了无噪声干扰时的最优解。从另一个角度，可以理解为带噪时的最优解被限制在无噪最优解附近的一小块区域中。因此，最终得到的解矢量与精确解是非常接近的，这就保证了重构的鲁棒性。文献［26］已证明，在观测值受到污染时，重构信号误差与噪声能量呈线性关系，即

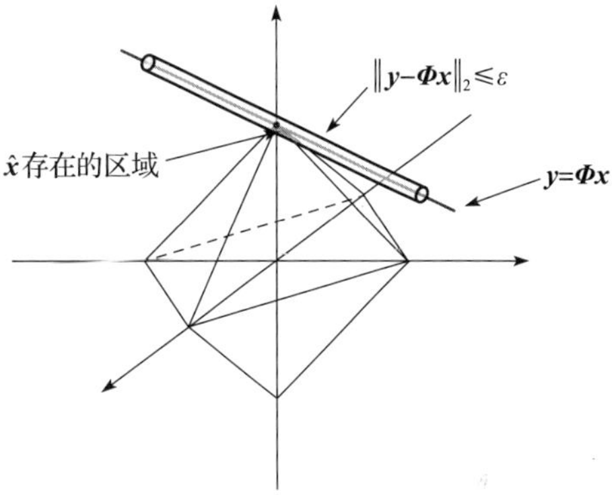

图 2-13 噪声条件下鲁棒重构的几何示意

$$\|\hat{\boldsymbol{x}}-\boldsymbol{x}\|_2\leqslant C\varepsilon \tag{2-24}$$

2.5 小结

本章对稀疏和稀疏表示的相关概念、原理进行了分析，在此基础上重点介绍了如何进行冗余字典的学习。作为一个重要的处理方法，压缩感知改变了信号处理的传统框架，在对信息的处理上也有一定的创新。本章对压缩感知处理方法、观测矩阵构造、信号重构方法等也进行了详细的阐述。要深入了解其中的原理和细节，读者可以参考文献［27-29］。

参考文献

［1］ MALLAT S G，ZHANG Z F. Matching pursuits with time-frequency dictionaries［J］. IEEE Transactions on Signal Processing，1993，41（12）：3397-3415.

［2］ DONOHO D L. Compressed Sensing［J］. IEEE Transactions on Information Theory，2006，51（4）：1289-1306.

［3］ CANDÈS E J. Compressive Sampling［C］. Proceedings of the international congress of mathematicians，2006，1433-1452.

[4] 曾理. 压缩感知关键技术及应用研究 [D]. 南京：解放军理工大学，2014.

[5] MORLET J，GROSSMAN A. Decomposition of Hardy functions into square integrable wavelets of constant shape [J]. SIAM Journal of Mathematics Analysis，1984，15：723-736.

[6] 张春梅，尹忠科，肖明霞. 基于冗余字典的信号超完备表示与稀疏分解 [J]. 科学通报，2006，51 (6)：628-633.

[7] OLSHAUSEN B A，FIELD D J. Sparse coding with an overcomplete basis set：A strategy employed by V1 [J]. Vision Research，1997，37 (23)：3311-3325.

[8] RUBINSTEIN R，BRUCKSTEIN A M，ELAD M. Dictionaries for Sparse Representation Modeling [C]. Proceedings of the IEEE，2010，98 (6)：1045-1057.

[9] RUBINSTEIN R，ZIBULEVSKY M，ELAD M. Double Sparsity：Learning Sparse Dictionaries for Sparse Signal Applroximation [J]. IEEE Transactions on Signal Processing，2010，58 (3)：1553-1564.

[10] BARANIUK R G. Lecture Notes：Compressive Sensing [J]. IEEE Signal Processing Magazine，2007，24 (4)：118-121.

[11] LI Y，AMARI S. Two conditions for equivalence of 0-Norm solution and 1-Norm solution in sparse representation [J]. IEEE Transactions on Neural Networks，2010，21 (7)：1189-1196.

[12] GILBERT A C. Signal recovery from random Measurements via orthogonal matching pursuit [J]. IEEE Transactions on Information Theory，2007，53 (12)：4655-4666.

[13] BLUMENSATH T，DAVIES M E. Iterative hard thresholding for compressed sensing [J]. Applied and Computational Harmonic Analysis，2009，27 (3)：265-274.

[14] 方红，杨海蓉. 贪婪算法与压缩感知理论 [J]. 自动化学报，2011，37 (12)：1413-1421.

[15] RAVELLI E，RICHARD G，DAUDET L. Audio Signal Representations for Indexing in the Transform Domian [J]. IEEE Transactions on Audio，Speech，and Language Processing，2010，18 (3)：434-446.

[16] CHO N，KUO C J. Sparse Music Representation with Source-Specific Dictionaries and Its Application to Signal Separation [J]. IEEE Transactions on Audio，Speech，and Language Processing，2011，19 (2)：337-348.

[17] JAFARI M G，PLUMBLEY M D. Speech Denoising Based on a Greedy Aadaptive Dictionary Algorithm [C]. 17th European Signal Processing Conference (EUSIPCO 2009)，2009，8：1423-1426.

[18] ENGAN K，AASE S O，HUSOY J H. Method of optimal directions for frame design [C]. ICASSP，1999，5：2443-2446.

[19] AHARON M，ELAD M，BRUKSTEIN A. K-SVD：An algorithm for designing overcomplete dictionaries for sparse representation [J]. IEEE Transactions on Signal Processing. 2006，54 (11)：4311-4322.

[20] MAILHÉ B，LESAGE S，GRIBOVAL R. Shift-invariant dictionary learning for sparse representations：Extending KSVD [C]. Proceedings in European Conference on Signal Processing，2008，4-8.

[21] ELAD M，BRUCKSTEIN A M. A Generalized Uncertainty Principle and Sparse Representation in Pairs of Bases [J]. IEEE Transactions on Information Theory，2002，48 (9)：2558-2567.

[22] FIUER A，NEMIROVSKI A. On sparse representation in pairs of bases [J]. IEEE Transactions on Information Theory，2003，49 (6)：1579-1581.

[23] LUSTIG M, DONOHO D, PAULY J M. Sparse MRI: the application of compressed sensing for rapid MR Image [J] . Magnetic Resonance in Medicine, 2007, 58 (6): 1182-1195.

[24] DUARTE M F, DAVENPORT M A, TAKHAR D, LASKA J N, SUN T, KELLY K F, BARANIUK R G. Single-Pixel Imaging via Compressive Sampling [J] . IEEE Signal Processing Magazine, 2008, 25 (2): 83-91.

[25] MISHALI M, ELDAR Y C, DOUNAEVSKY O, et al. Xampling: Analog to digital at sub-Nyquist rates [J] . IET Circuits Devices & Systems, 2011, 5 (1): 8-20.

[26] ELAD M. Why simple shrinkage is still relevant for redundant representations? [J] . IEEE Transactions on Image Processing, 2006, 52 (12): 5559-5569.

[27] ELAD M. 稀疏和冗余表示：理论及其在信号与图像处理中的应用 [M] . 曹铁勇，杨吉斌，赵斐，李莉，译 . 北京：国防工业出版社，2016.

[28] SUNDMAN D. Compressed Sensing Algorithms and Applications [D] . Royal Institute of Technology, KTH Stockholm, Sweden, 2012.

[29] 陈栩杉 . 频谱稀疏信号检测和参数估计关键技术研究 [D] . 南京：解放军理工大学，2016.

CHAPTER 3

第3章 隐变量模型

3.1 引言

在实际生活中，可以直接对很多现象和变化进行观测，并得到一系列的观测值。例如气温观测、人体血压或心率监测等。利用这些观测值，可以知道天气的冷暖、血压的高低和心率的快慢。但是，有很多的因素或变量是无法与观测值一一对应的。例如，在室内可以通过测量空气湿度知道天气是否干燥（潮湿）、舒适，但是却无法直接判断室外有没有在下雨。这时，空气湿度是一个可观测量，是否下雨是一个不可观测的随机变量，但两者之间存在着一定的概率关系。

在统计理论中，通常将不可观测到的变量称为隐变量。为了能够挖掘隐变量包含的信息，需要建立隐变量模型，并利用可观测变量的样本对隐变量做出推断。

语音中包含了非常丰富的信息，但是通过麦克风可以直接观测到的只是语音波形。处理语音信息需要将隐藏在波形中的语义信息、说话人信息、情感信息、语种信息、方言信息提取出来，需要采用适当的隐变量模型来对这些信息进行建模，以建立起它们与波形之间的描述关系。因此，隐变量模型在语音信息处理中被广泛应用。

本章将以语音信息处理中广泛使用的高斯混合模型（Gaussian Mixture Model，GMM）[1]、隐马尔可夫模型（Hidden Markov Model，HMM）[2-3]和高斯过程隐变量模型（Gaussian Process Latent Variable Model，GPLVM）[4]为代表，介绍隐变量模型的基本概念和主要研究问题。

3.2 高斯混合模型

高斯分布是最常用的概率分布形式，GMM 利用多个高斯分布来刻画较为复杂的概率分布，在计算上可以充分利用高斯分布的性质，使用非常广泛。本节简要介绍 GMM 的概念和 GMM 参数估计中的期望-最大化算法。

3.2.1 基本概念

GMM 是一种常见的概率参数模型，它利用多个高斯分布线性加权求和的方式对数据进行建模。对于观测变量 $\boldsymbol{x}$，它的概率密度函数表示为

$$p(\boldsymbol{x}) = \sum_{i=1}^{Q} \alpha_i \mathcal{N}(\boldsymbol{x};\boldsymbol{\mu}_i,\boldsymbol{\Sigma}_i) \tag{3-1}$$

其中，$\mathcal{N}(\boldsymbol{x};\boldsymbol{\mu}_i,\boldsymbol{\Sigma}_i)$ 表示均值为 $\boldsymbol{\mu}_i$、协方差矩阵为 $\boldsymbol{\Sigma}_i$ 的高斯分布，Q 是 GMM 包含的高斯成分个数，α_i 是高斯成分的权值，且 $\sum_{i=1}^{Q}\alpha_i=1$，$\alpha_i \geqslant 0$。

从式（3-1）可以知道，变量 $\boldsymbol{x}$ 的概率表达非常复杂。那么为什么要使用这样的表示呢？基本的高斯分布是一个单峰结构，均值表示峰值的位置，方差（协方差阵）刻画峰值的宽度。这在刻画服从简单分布的常见变量时非常有效，如图 3-1a 所示。但是，当需要描述复杂分布时，由于可能在不同的位置存在多个峰值的情况，因此已无法使用基本的高斯分布进行描述，如图 3-1b 所示。

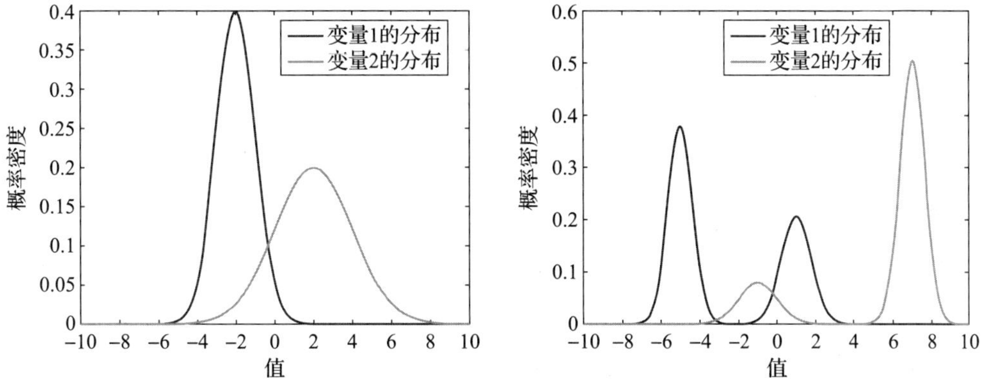

a）简单高斯分布示意图，变量的分布都是单峰的　　b）复杂分布示意图，变量的分布是多峰的

图 3-1 随机变量的概率密度分布图，为简化示意，此处均采用一维随机变量。图 a 中两个变量服从高斯分布，均值分别为 −2 和 2，方差分别为 1 和 4；图 b 中两个变量的分布呈现多峰形式，可以用多个高斯分布的混合形式表示

理论已证明，采用任意多的高斯分布，可以拟合任意的概率分布函数。虽然也可以使用其他形式的概率分布来进行拟合，但由于高斯分布具有非常好的数学性质，其相关推导也十分成熟，因此采用高斯混合模型来描述复杂的高维概率分布非常方便。

3.2.2 GMM 参数估计

GMM 模型中包含有 Q 组高斯参数，每一组参数都可以用一个三元组表示（α_i，$\boldsymbol{\mu}_i$，$\boldsymbol{\Sigma}_i$），$i=1$，2，…，Q。当知道了这些参数 $\theta=\{(\alpha_i,\boldsymbol{\mu}_i,\boldsymbol{\Sigma}_i), i=1,2,\cdots,Q\}$ 后，可以利用式（3-1）快速地计算出观测数据的概率密度。相反，给定一批观测数据，如何估计得到描述它的 GMM 模型参数却不是那么容易。因此，模型参数估计问题是 GMM 应用的一个关键问题。

由于缺少各混合分量的具体描述，GMM 参数估计是一个典型的无监督学习问题。可以从单高斯模型中的参数估计问题开始确定 GMM 参数估计的求解思路。假设每个观测数据都是独立的，那么观测一批数据就相当于进行多次重复试验。每次试验中出现观测值 $\boldsymbol{x}_j$ 的概率密度为 $p(\boldsymbol{x}_j|\theta)$，$j=1, 2, \cdots, N$，$N$ 是观测值数量。这时可以采用最大似然法（Maximum Likelihood）来估计参数 θ 的值，似然函数由式（3-2）给出。

$$L(\theta) = \prod_{j=1}^{N} p(\boldsymbol{x}_j|\theta) \tag{3-2}$$

为便于计算，通常采用对数似然（Log Likelihood，LL）来替换似然函数，因此单高斯模型的参数估计就可以通过求解优化式（3-3）实现。

$$\theta = \underset{\theta}{\operatorname{argmax}} \log L(\theta) = \underset{\theta}{\operatorname{argmax}} \sum_{j=1}^{N} \log p(\boldsymbol{x}_j|\theta) \tag{3-3}$$

由于 $p(\boldsymbol{x}_j|\theta)$ 服从高斯分布，因此可以非常方便地推导出对数及求和结果，得到参数 θ 的最优估计。

从单高斯模型变化到 GMM 时，对数似然的表达式变为式（3-4），同时由于存在隐含的多个高斯分量，每个观测值属于各分量的概率并不明确，因此无法直接转化为最大对数似然进行计算。

$$L(\theta) = \sum_{j=1}^{N} \log \sum_{i=1}^{Q} \alpha_i N(\boldsymbol{x}_j; \boldsymbol{\mu}_i, \boldsymbol{\Sigma}_i) \tag{3-4}$$

为解决这个问题，Dempster 等人于 1977 年提出了一个迭代算法——期望-最大化（Expectation-Maximization，EM）算法[5]。该算法通过迭代的方式，分步求解概率估计和似然最大化的求解问题，很好地解决了 GMM 的参数估计问题。

EM 算法的核心迭代过程包含了求期望（E）和求极值（M）两个步骤，具体见算法 3-1。

算法 3-1 EM 算法

输入： 观测变量 $\{\boldsymbol{x}_j\}$，$j=1, 2, \cdots, N$，Q，误差 ε，迭代次数 M。

输出： $\theta=\{(\alpha_i, \boldsymbol{\mu}_i, \boldsymbol{\Sigma}_i)\}$，$i=1, 2, \cdots, Q\}$。

1）初始化参数，$\theta_i^0=\{(\alpha_i^0, \boldsymbol{\mu}_i^0, \boldsymbol{\Sigma}_i^0)\}$，令 $m=1$；

2）迭代：

①E 步骤——利用统计平均思想，计算观测值 $\boldsymbol{x}_j$ 来自第 i 个模型的概率：

$$\gamma_{ji}^{m} = \frac{\alpha_i^{m-1} p(\boldsymbol{x}_j|\theta_i^{m-1})}{\sum_{i=1}^{Q} \alpha_i^{m-1} p(\boldsymbol{x}_j|\theta_i^{m-1})} \tag{3-5}$$

②M 步骤——利用计算得到的概率估计，计算最大似然对应的模型参数：

$$\boldsymbol{\mu}_i^m = \frac{\sum_{j=1}^{N} \gamma_{ji}^m \boldsymbol{x}_j}{\sum_{j=1}^{N} \gamma_{ji}^m} \tag{3-6a}$$

$$\boldsymbol{\Sigma}_i^m = \frac{\sum_{j=1}^{N} \gamma_{ji}^m (\boldsymbol{x}_j - \boldsymbol{\mu}_i^m)(\boldsymbol{x}_j - \boldsymbol{\mu}_i^m)^{\mathrm{T}}}{\sum_{j=1}^{N} \gamma_{ji}^m} \tag{3-6b}$$

$$\alpha_i^m = \frac{\sum_{j=1}^{N}\gamma_{ji}^m}{N} \tag{3-6c}$$

③若 $m \geqslant M$，则跳至步骤 3；否则计算参数迭代误差，若 $\|\theta^m - \theta^{m-1}\| \leqslant \varepsilon$，则跳至步骤 3，否则 $m=m+1$，返回步骤 2 中第 1 步继续迭代；

3）输出最后的 θ_i^m，即为估计结果。

理论已证明，EM 算法能够收敛到局部最大值，但并不保证找到全局最大值，而且初始值的设置对 EM 算法的结果有影响。因此，通常需要设置几次不同的初始化参数，分别进行迭代，然后取结果最好的估计值作为最后的模型参数。

3.3 隐马尔可夫模型

隐马尔可夫模型可以有效地将动态规划方法融入时间序列的分析中，因此在处理离散时间观测数据时，该模型得到了极其广泛的应用。

3.3.1 基本概念

1. 马尔可夫链

给定随机过程 $\{X(t), t\in T\}$，若它满足如下马尔可夫性质，则称 $\{X(t), t\in T\}$ 为马尔可夫过程。状态离散的马尔可夫过程简称为马尔可夫链。假设 $X_1^n=(X_1, X_2, \cdots, X_n)$ 是一马尔可夫链，根据贝叶斯规则，有

$$\begin{aligned} P(X_1,X_2,\cdots,X_n) &= P\{X(t_1)=i_1, X(t_2)=i_2,\cdots,X(t_n)=i_n\} \\ &= P(X_1)\prod_{i=2}^{n}P(X_i|X_1^{i-1}) = P(X_1)\prod_{i=2}^{n}P(X_i|X_{i-1}) \end{aligned}$$

其中，$X_1^{i-1}=(X_1, X_2, \cdots, X_{i-1})$，最后一个等式即为马尔可夫性质：

$$P(X_i|X_1^{i-1}) = P(X_i|X_{i-1}) \tag{3-7}$$

马尔可夫性质又称无后效性，即 i 时刻的条件概率分布只和其先前 $i-1$ 时刻的状态有关。

以每日的天气状况为例，天气在晴、多云或阴雨几种状态下变化。若假设当天的天气状况只和前一天的天气状况有关，那么天气状况就可以用马尔可夫链表示。当然，实际天气状况可能远比这种假设复杂，可能要回溯好几天的天气状况。因此，也存在更为宽松的马尔可夫假设，即 i 时刻的条件概率分布只和其先前 $i-n$ 时刻的状态有关，这种情况下的马尔可夫链称为 n 阶马尔可夫链。

当不考虑时间序号 i 时，可以将马尔可夫链描述成一个有限状态过程，状态 X_i 间的转移用概率函数 $P(s|s')$ 描述，这时可以用来对平稳系统进行建模：

$$P(X_i=s|X_{i-1}=s') = P(s|s') \tag{3-8}$$

考虑有 N 个离散状态 $\{1, 2, \cdots, N\}$ 的马尔可夫链，时刻 t 时所处的状态记为 s_t。该马尔可夫链共有 N^2 种状态转移，每一个状态转移都有一个概率值，称为状态转移概

率——这是从一个状态转移到另一个状态的概率。同时，每个状态还有一个初始概率，因此马尔可夫链的参数可以定义为

$$a_{ij} = P(s_t = j | s_{t-1} = i), \quad 1 \leqslant i, j \leqslant N \tag{3-9a}$$

$$\pi_i = P(s_1 = i), \quad 1 \leqslant i \leqslant N \tag{3-9b}$$

其中，a_{ij} 是从状态 i 变化到状态 j 的转移概率，π_i 是马尔可夫链从状态 i 开始的初始概率。所有的概率都满足约束条件：

$$\sum_{j=1}^{N} a_{ij} = 1 (1 \leqslant i \leqslant N), \quad \sum_{j=1}^{N} \pi_j = 1$$

仍以天气为例。经过观测，晴、多云和阴雨三个状态的转移概率如表 3-1 所示，那么根据某一天的观测，就可以计算出若干天后天气状况的概率了。例如，今天天气晴朗，那么明天还是晴天的可能性就为 50%。

表 3-1 马尔可夫链状态转移概率矩阵

当天	第二天		
	晴	多云	阴雨
晴	0.5	0.2	0.3
多云	0.3	0.4	0.3
阴雨	0.3	0.5	0.2

马尔可夫链之间的状态转移也常用图 3-2 所示的状态图表示，其中各节点之间的有向连线表示转移关系，连线旁的数字表示转移概率。指向节点自身的连线表示状态没有改变。使用状态图，可以很方便地分析多步转移的情况。例如，今天是晴天，那么后天依然是晴天的概率是多少呢？从图 3-2 中可以看出，从“晴”状态出发的路径有三条，再次回到“晴”的路径也是三条，因此经过两步返回晴天的情况就分为三种，即“晴、晴、晴”，“晴、多云、晴”和“晴、阴雨、晴”。那么根据加法原理和乘法原理，可以计算得到概率为 $0.5 \times 0.5 + 0.2 \times 0.3 + 0.3 \times 0.3 = 0.4$。

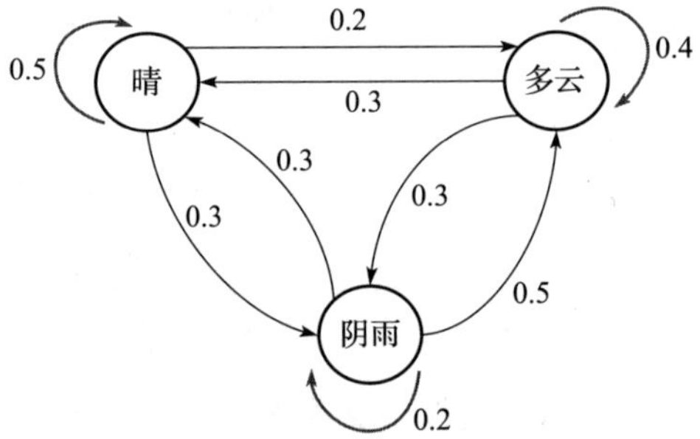

图 3-2 马尔可夫链状态转移图

对于更长时间的状态转移，还可以利用状态转移网格图进行示意。图 3-3 所示即为对应图 3-2 的天气状况状态转移网格图。图 3-2 中同一时刻的所有状态按列排列，相邻时刻的状态通过连线相连，可以根据需要对该图延伸以涵盖足够长的时间片段。根据该图去分析状态间的转移，可以绘制出不同阶段的多条可能路径，便于分析和计算。图 3-3 中，用加粗线条标识了由“晴”状态经过两步以后到达“晴”状态的可能路径。

2. HMM

在上述例子中，天气的阴晴是可以直接观测到的。也就是说，在观测事件序列 X 和马尔可夫链状态序列 $S = \{s_1, s_2, \cdots, s_n\}$ 间存在着一一对应的关系。然而在更多的实际问题中，时间序列的状态输出都无法和状态一一对应，它们只在给定的状态下随机地输

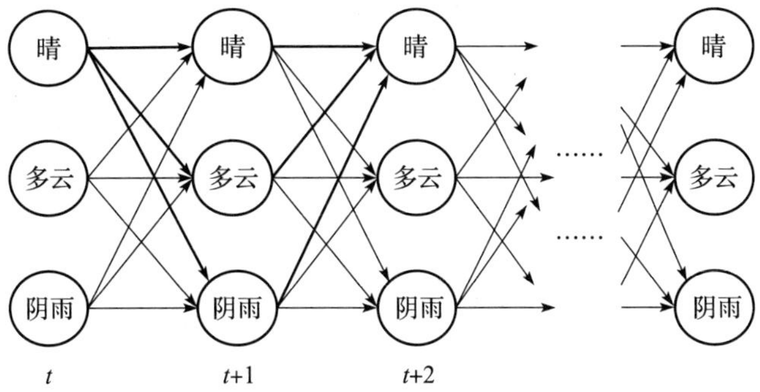

图 3-3　马尔可夫链状态转移网格图

出观测。例如，如果只有湿度状态的记录，人们无法直接判断是否下雨，但可以直观地估计降雨的概率。此时，湿度状态是一个观测变量，而是否下雨这个事件就是一个隐含变量，它和观测变量之间存在着概率关系。

为描述上述过程，可将马尔可夫链推广为隐马尔可夫模型（HMM）。与基本马尔可夫链不同，HMM 的输出观测值是根据每个状态对应的输出概率函数产生的随机变量 X。因此，与基本马尔可夫链相比，HMM 的参数多了输出概率矩阵。

$O=\{o_1, o_2, \cdots, o_M\}$ 是输出的观测符号集。观测到的符号对应于模型描述的系统的物理输出；

$\Omega=\{1, 2, \cdots, N\}$ 表示系统的状态空间，时刻 t 时系统所处的状态 s_t 位于该集合中；

$A=\{a_{ij}\}$ 是系统转移概率矩阵，其中 a_{ij} 是从状态 i 变化到状态 j 的转移概率，它满足 $a_{ij}=P(s_t=j \mid s_{t-1}=i)$，其中 $1\leqslant i, j\leqslant N$；

$B=\{b_i(k)\}$ 是输出概率矩阵，其中 $b_i(k)$ 表示系统处于状态 i 时产生输出 o_k 的概率，它的定义为 $b_i(k)=P(X_t=o_k \mid s_t=i)$，其中 X_t 表示 HMM 在时刻 t 的观测输出；

$\Pi=\{\pi_j\}$ 是初始分布，其中 $\pi_j=P(s_0=i)$，$1\leqslant i\leqslant N$。

由于 a_{ij}、$b_i(k)$ 和 π_j 都是概率，因此它们必须满足归一化条件。

为便于表示，使用三元组记号 $\Phi=(A, B, \Pi)$ 来描述整个 HMM，有时也可简记为 Φ。

在 HMM 中，除了一个马尔可夫性质的假设外，还有一个输出独立假设，即 $P(X_t \mid X_1^{t-1}, s_1^t)=P(X_t \mid s_t)$。输出独立假设说明在时刻 t 产生的特定符号的概率只依赖于当前模型所处的状态，而与过去的模型输出观测值相独立。虽然采用上述两个假设降低了对实际过程建模的准确性，但由于它们最大限度地降低了 HMM 的记忆性，减少了需要估计的参数数量，因此在使用时非常有效。

下面举例说明。对于天气状况来说，依然可用三个状态（晴、多云、阴雨）来描述天气的变化。一般空气湿度可以分为干燥、舒适、潮湿三个等级，这与家用温湿度计上的常用标记方式相对应，可以直接观测到。构造一个包含三个隐含状态和三个观测状态的 HMM 模型来刻画天气状况。在实际系统中，隐含状态和观测状态的数量不一定相等，例如空气湿度可以采用干燥、稍干、舒适、潮湿、高湿等更多状态来描述。

图 3-4 显示了天气 HMM 中的隐含状态和观测状态。假设天气的阴晴变化可以用一个简单的马尔可夫链描述，那么隐含状态之间的转移使用有向曲线连接，隐含状态和观测状态之间的概率关系用无向连线连接。各条连线边的数值是对应的概率值。隐含状态转移概率取值和表 3-1 中的相同。输出概率取值如表 3-2 所示。

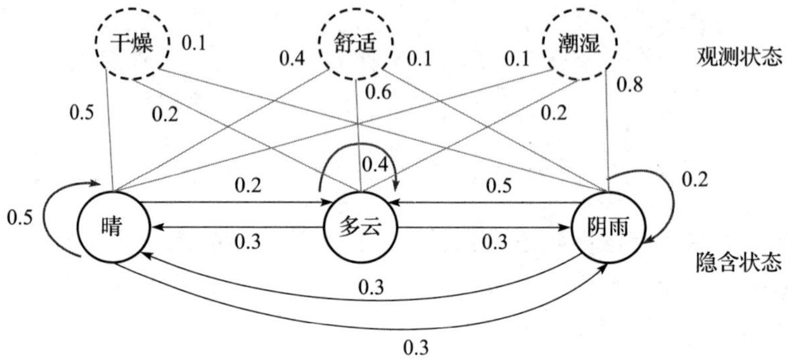

图 3-4　HMM 转移关系示意图

表 3-2　HMM 输出概率矩阵

观测状态	隐含状态		
	干燥	舒适	潮湿
晴	0.5	0.4	0.1
多云	0.2	0.6	0.2
阴雨	0.1	0.1	0.8

另一个实际的例子是语音识别。语音识别系统将语音作为观测数据，需要找到语音与其内容的对应关系。由于发声内容受声带、喉咙、舌头位置等发声器官状态的控制，直接采用这些器官的生理参数来描述发声状态较为复杂，并且麦克风也无法直接观测这些发声器官的状态，因此一般按照独立发音建立隐含状态，为语音构造 HMM。例如，在英语语音识别中，可以用 80 个音素来描述，因此可以相应地选择 80 个隐含状态。在汉语语音识别中，也可以用音节来描述，因此也可以选择音节作为隐含基本单元。在建立 HMM 之后，语音识别的任务就变成根据观测到的状态序列去估计隐含状态序列的问题。

3.3.2　HMM 关键问题

一个 HMM 可以用一个三元组 Φ 来表示。围绕这个三元组和观测值，存在下面三个基本问题。

- 评估问题：给定模型参数和观测序列，推断出观测序列的可能概率。当存在多个模型时，比较它们对应的概率，可以确定描述该观测序列最合适的 HMM。
- 解码问题：给定模型参数和观测序列，推断出最可能经历的隐含状态。
- 学习问题：给定观测序列，学习得到最适合的 HMM 参数。

上述三个问题在统一的概率模型下紧密联系，但侧重点各有不同。解决这些问题都要使用动态规划的基本原则，即将多步决策的过程拆分为多个单步状态的级联，从而将复杂问题转化为每步状态决策问题来解决。在 HMM 中，观测序列和隐含序列包含了多步的转移，要求取整个序列的优化目标，可以转化成单步优化的子问题逐个解决。

1. 评估问题

给定一个 HMM 系统 Φ，根据观测序列 $X=(X_1, X_2, \cdots, X_T)$，估计概率 $P(X|\Phi)$，这时最基本的方法是将所有可能的状态序列的概率相加：

$$P(X|\Phi) = \sum_{S} P(S|\Phi)P(X|S,\Phi) \tag{3-10}$$

对于特定的状态序列 $S=(s_1, s_2, \cdots, s_T)$，可以根据马尔可夫性质计算该序列的联合概率，再利用输出独立假设，可以计算得到如下概率：

$$P(X|\Phi) = \sum_{S} a_{s_0 s_1} b_{s_1}(X_1) a_{s_1 s_2} b_{s_2}(X_2) \cdots a_{s_{T-1} s_T} b_{s_T}(X_T) \tag{3-11}$$

其中为了统一，已将计算公式中应该包含的初始概率 π_{s_1} 改写为 $a_{s_0 s_1}$。

仍然以天气为例，图 3-5 中绘制出了连续 5 天的隐含状态转移网格图。此时对应的观测序列为“干燥、干燥、舒适、舒适、潮湿”。由于每种隐含状态下都可能出现三种观测状态，因此每个观测状态的概率计算都要包含三种可能性。要计算连续 5 天观测序列的概率，就需要先遍历 $3^5=243$ 种可能的隐含状态转移路径，再将所有可能的隐含状态转移路径对应概率累加。例如，如果隐含状态为“晴、晴、多云、多云、阴雨”，则在此条件下产生该观测序列的概率为（假设第一天为晴天的初始概率为 0.6）：

$$\begin{aligned}
& P(X|\text{晴},\text{晴},\text{多云},\text{多云},\text{阴雨}) \\
&= P(s_0=\text{晴})P(X_0=\text{干燥}|s_0=\text{晴})P(s_1=\text{晴}|s_0=\text{晴}) \\
&\quad P(X_1=\text{干燥}|s_1=\text{晴})P(s_2=\text{多云}|s_1=\text{晴}) \\
&\quad P(X_2=\text{舒适}|s_2=\text{多云})P(s_3=\text{多云}|s_2=\text{多云}) \\
&\quad P(X_3=\text{舒适}|s_3=\text{多云})P(s_4=\text{阴雨}|s_3=\text{多云}) \\
&\quad P(X_4=\text{潮湿}|s_4=\text{阴雨}) \\
&= 0.6\times0.5\times0.5\times0.5\times0.2\times0.6\times0.4\times0.6\times0.3\times0.8 \\
&\approx 5.2\times10^{-4}
\end{aligned}$$

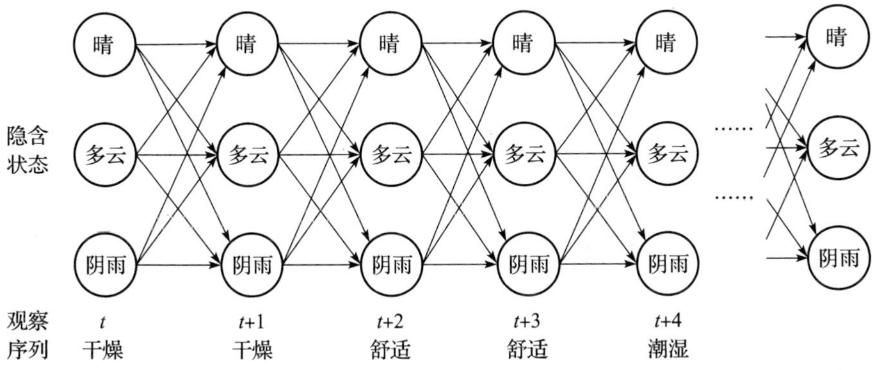

图 3-5 对应观测序列的 HMM 隐含状态转移网格图

显然，当参数值很大时，这种计算的计算量巨大。需要采用合适的方法减少计算量。

从上面的计算实例中可以观测到，由于所有的转移概率、输出概率都不随时间变化，因此可以利用马尔可夫性质和输出独立假设，将相邻两个时刻的局部输出概率计算出来。可以通过前向迭代快速计算观测序列的概率。前向算法（Forward Algorithm）就是遵循了这样一个思路。可以定义前向概率参数为

$$\alpha_t(i) = P(X_1^t, s_t = i | \Phi) \tag{3-12}$$

它表示 HMM 在时刻 t 时，处于状态 i 下产生观测序列 $X_1^t(X_1 X_2 \cdots X_t)$ 的概率。对应到实例中，就是今天是阴雨天，而且先前几天的观测序列概率是图 3-5 中观测序列的概率。

根据 HMM 的两个假设，前向概率的计算只涉及相邻两天的状态转移概率 $P(s_t | s_{t-1}, \Phi)$ 和当天的输出概率 $P(X_t | s_t, \Phi)$，即仅依赖参数 s_{t-1}，s_t 和 X_t，因此时刻 $t=T$ 的 $P(X|\Phi)$ 可以按算法 3-2 迭代计算，示意图如图 3-6 所示。

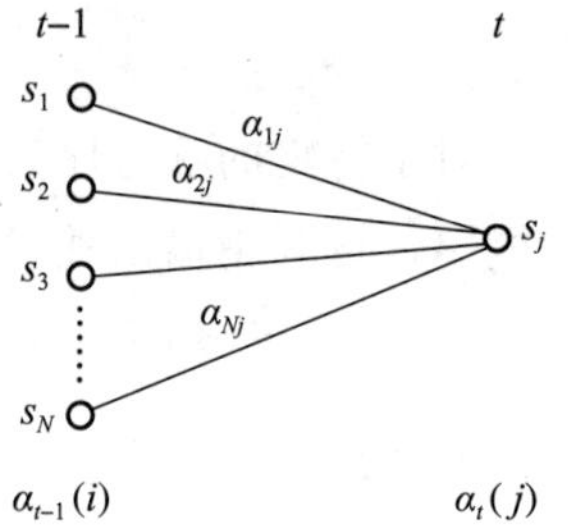

图 3-6 前向概率计算示意图

算法 3-2 前向算法

输入： 观测变量 $\{\boldsymbol{x}_j\}$，$j=1, 2, \cdots, T$，Φ。

输出： $P(X|\Phi)$。

1）初始化，$\alpha_1(i)=\pi_i b_i(X_1)(1 \leqslant i \leqslant N)$，令 $t=1$。

2）迭代：

①计算前向概率：

$$\alpha_t(j) = \left[\sum_{i=1}^{N} \alpha_{t-1}(i) a_{ij}\right] b_j(X_t), \quad 2 \leqslant t \leqslant T, \quad 1 \leqslant j \leqslant N$$

②$t=t+1$。

③若 $t \geqslant T$，则跳至步骤 3；否则返回步骤 2 中第 1 步继续迭代。

3）输出 $P(X|\Phi)=\sum_{i=1}^{N} \alpha_T(i)$，即为估计结果。

使用前向算法计算前向概率时，只利用了前一个时刻的前向概率值。也就是说，如果知道了昨天各种天气的前向概率，以及今天的湿度观测值，那么在计算今天的前向概率时，只要遍历当前的所有状态就可以了。由于充分利用了局部路径的概率，用前向算法计算最终概率时只需要将当前时刻的所有前向概率相加即可，不需要再遍历所有的可能性，复杂度大幅下降。

在很多应用场合中，可能同时存在多个 HMM，这时利用前向算法可以计算在给定每个 HMM 的条件下一个观测序列的概率，并由此来选择最适合这个序列的 HMM。例如，在孤立词语音识别中，每个单词都可以定义一个 HMM，因此可以得到数量较多的 HMM。当检测到一段语音信号时，根据前向算法计算得到每个 HMM 下该语音出现的概率，就能通过寻找对应此观测序列最可能的 HMM 来识别这个单词。

2. 解码问题

给定一个 HMM 系统 Φ，以及由系统产生的观测序列 $X_1^T=(X_1, X_2, \cdots, X_T)$，估计该系统产生此观测序列时最可能经历的状态序列 $S_1^T=(s_1, s_2, \cdots, s_T)$。对应上节的天气示例，HMM 的解码过程也就是要在所有可能的 243 种路径中确定一条最佳路径，这条最佳路径对应的就是解码问题的答案——最佳状态序列。

使用得最广的最佳状态序列定义为在给定观测序列 X 的前提下，概率 $P(S|X, \Phi)$ 最大的状态序列 $S_1^T=(s_1, s_2, \cdots, s_T)$。显然，遍历所有可能路径，直接穷举对比的方法肯定不实用。与前向算法类似，根据 HMM 参数中概率不随时间改变的特点以及 HMM 的马尔可夫性质，可以知道，当前时刻最佳状态的概率只和前一个时刻的各状态的最佳概率以及一步转移概率有关。这个性质和动态规划思想很相似，因此可以使用 Viterbi 算法来确定 HMM 中的最佳状态序列。

定义最佳路径概率：

$$V_t(i) = \max_{S_1^{t-1}} P(X_1^t, S_1^{t-1}, s_t = i | \Phi) \tag{3-13}$$

它是所有在时刻 t 时产生了观测序列 X_1^t，并且结束状态为 i 的状态序列中的最大概率，其迭代计算公式为

$$\begin{aligned} V_{t+1}(j) &= \max_{S_1^t} P(X_1^{t+1}, S_1^t, s_{t+1} = j | \Phi) \\ &= \max_{S_1^{t-1}, i} P(X_1^t, X_{t+1}, S_1^{t-1}, s_t = i, s_{t+1} = j | \Phi) \\ &= [\max_i V_t(i) a_{ij}] b_j(X_{t+1}) \end{aligned} \tag{3-14}$$

式中，第三个等号两侧使用了最佳路径概率的定义式和输出独立假设。最佳路径概率和前向算法中的局部概率并不相同，最佳路径概率对应的是最可能的路径概率，而局部概率是所有概率的累加。

为了得到完整的最佳路径，必须对每个 i 和 j 进行路径跟踪。定义 $B_t(j)$ 为 t 时刻结束状态为 j 的最佳路径上，前一个时刻的状态序号。$B_t(j)$ 可以记录最佳路径下的状态邻接关系，起到了后向指针的作用。例如，在图 3-5 所示的观测序列条件下，今天是阴雨天对应的最佳隐含状态序列是晴、晴、多云、多云、阴雨，那么 $B_t(j)$ 对应记录的就是前一天是多云天。

寻找最佳路径的 Viterbi 算法的计算步骤见算法 3-3。

算法 3-3 Viterbi 算法

输入： 观测变量 $\{\boldsymbol{x}_t\}$，$t=1, 2, \cdots, T$，Φ。

输出： 隐含状态序列 $\{s_t\}$。

1）初始化，$V_1(i)=\pi_i b_i(X_1)(1\leqslant i\leqslant N)$，$B_1(i)=0$，令 $t=1$。

2）迭代。

①计算前向概率：

$$V_t(j) = \max_{1\leqslant i\leqslant N} [V_{t-1}(i)a_{ij}]b_j(X_t) \quad 1\leqslant j\leqslant N$$

②更新前一时刻对应的状态序号：

$$B_t(j) = \arg\max_{1\leqslant i\leqslant N} \lfloor V_{t-1}(i)a_{ij} \rfloor \quad 1\leqslant j\leqslant N$$

③$t=t+1$；

④若 $t\geqslant T$，则跳至步骤 3，否则返回步骤 2 中第 1 步继续迭代。

3）计算全局最佳路径概率 $P=\max_{1\leqslant i\leqslant N}[V_T(i)]$，得到最终状态估计：

$$s_T^* = \arg\max_{1\leqslant i\leqslant N}[B_T(i)]$$

4）路径回溯：

$$s_t^* = B_{t+1}(s_{t+1}^*), \quad t = T-1, T-2, \cdots, 1$$

Viterbi 算法采用了回溯方法对观测序列全体进行匹配，"通盘"考虑了观测序列的情况，可以有效降低噪声带来的干扰。

3. 学习问题

对一个未知的 HMM 系统 Φ，根据系统产生的观测序列 $X_1^T=(X_1, X_2, \cdots, X_T)$，确定使系统联合概率 $\prod_X P(X|\Phi)$ 最大的模型参数。

评估问题是利用已知的模型参数计算给定隐含状态序列的概率，解码问题是利用已知的模型参数找到最佳的隐含状态序列，它们都依赖于已知的 HMM 参数。但是对于很多问题来说，人们无法预先知道 HMM 的参数，只能依靠实际观测来推测 Φ 中的各种参数。这个问题是 HMM 相关问题中最难的。

HMM 学习问题是无监督学习的典型实例，其中只有观测数据，缺少对状态的描述，因此和 GMM 的参数估计一样，可以使用 EM 算法解决。虽然使用现有理论还无法给出一个完整的表达式来得到使观测数据概率最大的模型参数，但依然可以选择最大似然作为最优化目标，使用 Baum-Welch 迭代算法来估计模型参数。Baum-Welch 算法是 Baum 于 1972 年在 EM 算法的基础上提出的，又由于它同时使用了前向概率和后向概率，因此通常又称为前向-后向算法。

仿照前向概率，可以定义后向概率为

$$\beta_t(i) = P(X_{t+1}^T \mid s_t = i, \Phi) \tag{3-15}$$

其中，$\beta_t(i)$ 是在 t 时刻 HMM 的状态为 i 的条件下，HMM 产生部分观测序列 $X_{t+1}^T(x_{t+1}, x_{t+2}, \cdots, x_T)$ 的概率。此时观测序列都是出现在当前时刻之后，因此后向概率考察的是当前时刻下未来的可能性。

$\beta_t(i)$ 的递归计算需要"由后向前"迭代，如图 3-7 所示，方法如下。

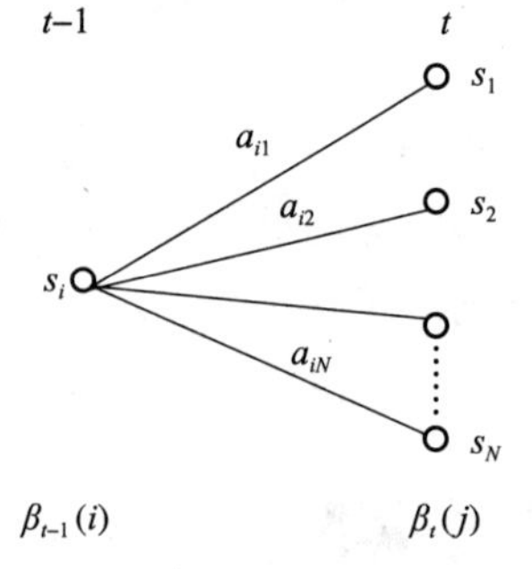

图 3-7 后向概率计算示意图

初始化：
$$\beta_T(i) = 1/N, \quad 1\leqslant i\leqslant N \tag{3-16a}$$

迭代：
$$\beta_{t-1}(i) = \sum_{j=1}^{N} a_{ij} b_j(X_t) \beta_t(j), \quad t = T, T-1, \cdots, 2 \tag{3-16b}$$

为描述参数重估计过程，定义 $\gamma_t(i, j)$ 表示在模型和观测序列确定的条件下，时刻 t 时 HMM 从状态 i 转移到状态 j 的概率：

$$\gamma_t(i,j)=P(s_t=i,s_{t+1}=j\,|\,X_1^T,\Phi)=\frac{P(s_t=i,s_{t+1}=j,X_1^T\,|\,\Phi)}{P(X_1^T\,|\,\Phi)}$$
$$=\frac{\alpha_t(i)a_{ij}b_j(X_{t+1})\beta_{t+1}(j)}{\sum_{i=1}^{N}\sum_{j=1}^{N}\alpha_t(i)a_{ij}b_j(X_{t+1})\beta_{t+1}(j)} \tag{3-17}$$

满足 $\gamma_t(i,j)$ 条件的路径如图 3-8 所示，其中前向概率 α 从左到右计算，后向概率 β 从右到左计算。

式（3-17）实际计算的是在当前时刻 t 时状态 i 向状态 j 的转移占所有状态转移概率的比值。这样可以满足概率的归一化条件。

同样地，类似 $\gamma_t(i,j)$，可以定义在模型和观测序列确定的条件下，时刻 t 时 HMM 处于隐含状态 i 的概率为 $V_t(i)$：

$$V_t(i)=P(s_t=i\,|\,X_1^T,\Phi)$$
$$=\frac{P(s_t=i,X_1^t\,|\,\Phi)P(s_t=i,X_{t+1}^T\,|\,\Phi)}{P(X_1^T\,|\,\Phi)}$$
$$=\frac{\alpha_t(i)\beta_t(i)}{\sum_{j=1}^{N}\alpha_t(j)\beta_t(j)} \tag{3-18}$$

根据式（3-17）和式（3-18）以及两个概率的含义，可以得到 $V_t(i)=\sum_{j=1}^{N}\gamma_t(i,j)$。两个公式中都同时包含了前向和后向因素，前向-后向算法的得名就源于此。

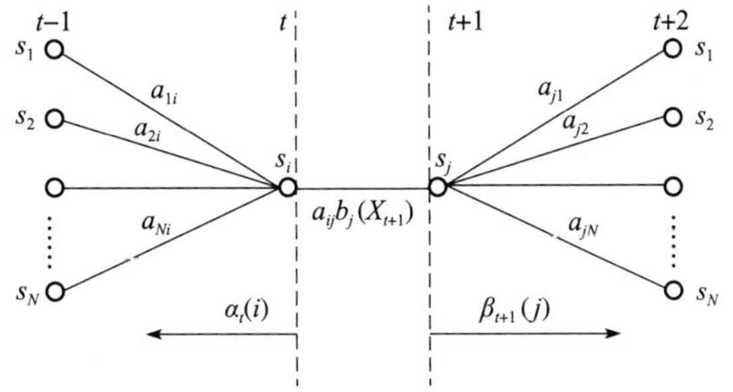

图 3-8　前向-后向概率计算示意图

由此可以根据观测序列来计算各参数的期望频度，并作为 HMM 参数的估计，如表 3-3 所示。

表 3-3　HMM 参数估计列表

参数	含义	估计方法
π_j	初始处于状态 j 的概率	在初始时刻处于状态 j 的最佳路径概率
a_{ij}	从状态 i 转移到状态 j 的概率	期望值：在所有时刻中，状态 i 向状态 j 的转移占所有从状态 i 出发的转移的比例
$b_i(k)$	在状态 i 产生观测 k 的概率	期望值：在所有时刻中，在状态 j 下产生观测符号 o_k 的概率和与处于状态 j 下的概率和之比

估计公式为

$$\hat{\pi}_j = V_1(j) \tag{3-19a}$$

$$\hat{a}_{ij} = \frac{\sum_{t=1}^{T-1}\gamma_t(i,j)}{\sum_{t=1}^{T-1}V_t(i)} \tag{3-19b}$$

$$\hat{b}_j(k) = \frac{\sum_{t\in[1,T],\ X_t=o_k} V_t(j)}{\sum_{t=1}^{T}V_t(j)} \tag{3-19c}$$

其中，$\sum_{t=1}^{T-1}V_t(i)$ 表示在观测序列确定的情况下从状态 i 出发的转移个数的数学期望，$\sum_{t=1}^{T-1}\gamma_t(i,j)$ 表示在观测序列确定的情况下，从状态 i 转移到状态 j 的转移个数的数学期望。

根据 EM 算法的性质，在得到模型参数的估计后，可以利用参数估计值替换原来的模型参数重新进行估计。Baum 等已经证明，利用估计值$\hat{\Phi}=(\hat{A},\ \hat{B},\ \hat{\Pi})$ 重新估计，可得 $P(X_1^T|\hat{\Phi})>P(X_1^T|\Phi)$，因此如果迭代地计算式（3-19）的三个式子，不断循环估计，那么可以得到最大似然意义下的最优模型参数。前向-后向算法得到的最优估计结果只是一个局部最优解，无法保证全局最优。

3.4 高斯过程隐变量模型

高斯过程隐变量模型是一种高效的数据降维工具，它具有过滤样本间误差及个体差异的能力，被广泛应用于模式识别、机器学习等领域。本节介绍高斯过程隐变量模型的概念和基本的理论推导，并给出基本的训练算法[10]。

3.4.1 基本模型

从一般意义上考虑，当存在一组观测数据$\boldsymbol{Y}=[\boldsymbol{y}_1,\ \boldsymbol{y}_2,\ \cdots,\ \boldsymbol{y}_n,\ \cdots,\ \boldsymbol{y}_N]$，其中$\boldsymbol{y}_n\in\mathbb{R}^D$是一个观测向量，$\boldsymbol{X}=[\boldsymbol{x}_1,\ \boldsymbol{x}_2,\ \cdots,\ \boldsymbol{x}_n,\ \cdots,\ \boldsymbol{x}_N]$ 表示 $\boldsymbol{Y}$ 对应的一组隐变量，其中 $\boldsymbol{x}_n\in\mathbb{R}^q(q\leqslant D)$是与 $\boldsymbol{y}_n\in\mathbb{R}^D$ 对应的隐变量时，可以利用概率框架为两者建立一种从隐变量空间到观测空间的映射，表示为[6]：

$$\boldsymbol{y}_n = g(\boldsymbol{x}_n;\boldsymbol{W}) + \boldsymbol{\eta}_{n,y} \tag{3-20}$$

其中，$\boldsymbol{W}$ 是映射函数 g 的一组参数，$\boldsymbol{\eta}_{n,y}\in\mathbb{R}^D$ 代表噪声，并假设其服从均值为零的高斯分布，$\boldsymbol{\eta}_{n,y}\sim\mathcal{N}(0,\ \beta^{-1}\boldsymbol{I})$，$\beta^{-1}$为噪声方差。这种模型称为一般意义上的隐变量模型。

由于 $q\leqslant D$，隐变量的维度小于观测向量，因此可以利用隐变量模型进行数据降维。它能够过滤样本间误差及个体差异，被广泛应用于模式识别、机器学习等领域[4]。

在具体应用时，为便于计算，可以考虑利用一组基函数的线性组合来表示函数 g：

$$g(\boldsymbol{x}_n;\boldsymbol{W}) = \sum_i \boldsymbol{w}_i\phi_i(\boldsymbol{x}_n) \tag{3-21}$$

其中，ϕ_i 为一组基函数，$\boldsymbol{W}=[\boldsymbol{w}_1, \boldsymbol{w}_2, \cdots]$ 是基函数的投影矩阵，$\boldsymbol{w}_i \in \mathbb{R}^D$。

对于式（3-21），假设 $\boldsymbol{W}$ 的每一个行向量都服从高斯分布，$\boldsymbol{W}_{d,:} \sim \mathcal{N}(0, \boldsymbol{I})$，即从所有的隐变量到观测变量的每一维建立映射时，给每个映射都赋予一个高斯过程先验，则观测数据 $\boldsymbol{Y}$ 第 d 行向量 $\boldsymbol{Y}_{d,:}$ 的似然函数可以表示为[7]

$$p(\boldsymbol{Y}_{d,:} \mid \boldsymbol{X}, \Theta) = \frac{1}{(2\pi)^{\frac{N}{2}} \left| \boldsymbol{K}_Y \right|^{\frac{1}{2}}} \exp\left(-\frac{1}{2} (\boldsymbol{Y}_{d,:} \boldsymbol{K}_Y^{-1} \boldsymbol{Y}_{d,:}^{\mathrm{T}}) \right) \tag{3-22}$$

其中，$\boldsymbol{K}_Y$ 为核矩阵，Θ 是与 $\boldsymbol{K}_Y$ 相关的参数集，$\boldsymbol{K}_Y$ 中的元素由核函数 $(\boldsymbol{K}_Y)_{i,j} = k(\boldsymbol{x}_i, \boldsymbol{x}_j)$ 定义，其计算公式为

$$k(\boldsymbol{x}, \boldsymbol{x}') = \sum_i \phi_i(\boldsymbol{x}) \phi_i(\boldsymbol{x}') + \beta^{-1} \delta_{\boldsymbol{x},\boldsymbol{x}'} \tag{3-23}$$

其中，$\delta_{\boldsymbol{x},\boldsymbol{x}'}$ 为 Kronecker δ 函数，即 $\boldsymbol{x}=\boldsymbol{x}'$ 时，δ 的值为 1，$\boldsymbol{x} \neq \boldsymbol{x}'$ 时，δ 的值为 0。

从式（3-23）可以看出，基函数的选择与核函数形式密切相关，例如，当基函数选择为线性时，即 $\phi_i(\boldsymbol{x}) = \boldsymbol{x}$，核函数的形式变为

$$k(\boldsymbol{x}, \boldsymbol{x}') = \boldsymbol{x}^{\mathrm{T}} \boldsymbol{x}' + \beta^{-1} \delta_{\boldsymbol{x},\boldsymbol{x}'} \tag{3-24}$$

还可以通过选择合适的基函数，使核函数变为径向基函数（Radial Basis Function，RBF）形式：

$$k(\boldsymbol{x}, \boldsymbol{x}') = \theta_1 \exp\left(-\frac{\beta_1^{-1}}{2} \| \boldsymbol{x} - \boldsymbol{x}' \|^2 \right) + \theta_2 + \beta_2^{-1} \delta_{\boldsymbol{x},\boldsymbol{x}'} \tag{3-25}$$

其中，θ_1，θ_2，β_1 和 β_2 是 RBF 中的参数。

隐变量模型有一个很重要的性质是条件独立，即在给定隐变量的时候，观测变量的各维之间是独立的，因此观测数据的似然概率可以表示为各维似然概率的乘积[7]：

$$p(\boldsymbol{Y} \mid \boldsymbol{X}, \Theta) = \prod_{d=1}^{D} p(\boldsymbol{Y}_{d,:} \mid \boldsymbol{X}, \Theta) = \frac{1}{(2\pi)^{\frac{DN}{2}} \left| \boldsymbol{K}_Y \right|^{\frac{D}{2}}} \exp\left(-\frac{1}{2} \mathrm{tr}(\boldsymbol{K}_Y^{-1} \boldsymbol{Y}^{\mathrm{T}} \boldsymbol{Y}) \right) \tag{3-26}$$

以上建立的隐变量模型由于从低维的隐空间到高维的观测空间的映射是一个高斯过程，因此称为高斯过程隐变量模型（GPLVM）[8]。GPLVM 的一个显著特征就是利用核函数可以把线性降维拓展到非线性，因此模型精度更高，而且可以处理小样本的高维数据。

3.4.2 GPLVM 的理论来源

GPLVM 的初衷和 GMM、HMM 并不相同，它起源于概率 PCA（Probabilistic Principal Component Analysis），更主要的是为了解决高维数据的降维问题，特别是在无法确定高低维空间映射关系的情况下的降维问题。

PCA 是一个实现数据降维的高效方法（详见第 4 章），它本质上是将方差最大的方向作为主要特征，并在各个正交方向上将数据“去相关”，通过保留能量最大的特征向量上的分量实现数据降维。

PCA 方法的有效性可以从不同的角度解释。Tipping 和 Bishop 从概率的角度分析 PCA 的处理过程，并提出了概率 PCA。给定 N 个 D 维观测数据 $\boldsymbol{Y}=[\boldsymbol{y}_1, \boldsymbol{y}_2, \cdots, \boldsymbol{y}_n, \cdots, \boldsymbol{y}_N]$，希望找到它们在低维空间 $\mathbb{R}^q$ 中的表示 $\boldsymbol{X}=[\boldsymbol{x}_1, \boldsymbol{x}_2, \cdots, \boldsymbol{x}_n, \cdots, \boldsymbol{x}_N]$。同样地，假设高维

和低维空间对应的两个点的关系满足：

$$\boldsymbol{y}_n = \boldsymbol{W}\boldsymbol{x}_n + \boldsymbol{\eta}_n \tag{3-27}$$

其中，$\boldsymbol{W}$ 是从低维向高维的映射。$\boldsymbol{\eta}_n \in \mathbb{R}^D$，服从均值为零的高斯分布，$\boldsymbol{\eta}_n \sim \mathcal{N}(0, \beta^{-1}\boldsymbol{I})$，$\beta^{-1}$ 为噪声方差。概率 PCA 的目标就是解出这个映射 $\boldsymbol{W}$。

该问题可以通过最大似然估计来求解。在已知 $\boldsymbol{X}$、$\boldsymbol{W}$ 和 β^{-1} 的条件下，$\boldsymbol{y}_n$ 的条件分布为 $p(\boldsymbol{y}_n|\boldsymbol{x}_n, \boldsymbol{W}, \beta^{-1}) = \mathcal{N}(\boldsymbol{y}_n|\boldsymbol{W}\boldsymbol{x}_n, \beta^{-1}\boldsymbol{I})$。进一步，假设 $\boldsymbol{x}_n$ 也服从正态分布 $\mathcal{N}(\boldsymbol{x}_n|\boldsymbol{0}, \boldsymbol{I})$，则可以计算 $\boldsymbol{y}_n$ 的边缘分布为

$$p(\boldsymbol{y}_n|\boldsymbol{W},\beta^{-1}) = \mathcal{N}(\boldsymbol{y}_n|\boldsymbol{0},\boldsymbol{W}\boldsymbol{W}^{\mathrm{T}} + \beta^{-1}\boldsymbol{I}) \tag{3-28}$$

可以证明，基于式（3-28）计算令观测数据 $\boldsymbol{Y}$ 似然最大化的映射，所得的就是 PCA 的解。

从上述过程可以看出，GPLVM 和概率 PCA 在模型上极为相似，两者存在紧密的联系。所不同的是，GPLVM 将高低维空间的映射视为服从高斯分布的概率形式，采用的函数从线性函数形式推广至概率核函数形式，这样可以减少对模型先验的要求，只要设置待求空间的协方差函数，就能学习到更为丰富的函数形式。具体分析可以进一步阅读相关论文[8]。

3.4.3 GPLVM 模型训练

GPLVM 中需要确定的模型参数包括核函数中的超参数 Θ 和隐变量 $\boldsymbol{X}$。对 GPLVM 训练最直接的方法就是使观测数据 $\boldsymbol{Y}$ 的对数似然负数最小：

$$\mathcal{L} = -\ln p(\boldsymbol{Y}|\boldsymbol{X},\Theta) = \frac{DN}{2}\ln(2\pi) + \frac{D}{2}\ln|\boldsymbol{K}_Y| + \frac{1}{2}\mathrm{tr}(\boldsymbol{K}_Y^{-1}\boldsymbol{Y}^{\mathrm{T}}\boldsymbol{Y}) \tag{3-29}$$

采用的优化算法是尺度共轭梯度（Scaled Conjugate Gradient，SCG）优化算法[9]。

对于超参数 Θ，其梯度表示为

$$\nabla\mathcal{L}(\Theta) = \frac{\partial\mathcal{L}}{\partial\Theta} = \frac{\partial\mathcal{L}}{\partial\boldsymbol{K}_Y}\frac{\partial\boldsymbol{K}_Y}{\partial\Theta} \tag{3-30}$$

其中，$\frac{\partial\mathcal{L}}{\partial\boldsymbol{K}_Y} = \boldsymbol{K}_Y^{-1}\boldsymbol{Y}^{\mathrm{T}}\boldsymbol{Y}\boldsymbol{K}_Y^{-1} - D\boldsymbol{K}_Y^{-1}$。

利用 SCG 算法计算 Θ 的具体步骤见算法 3-4。

算法 3-4 SCG 算法

输入： 观测变量 $\boldsymbol{Y}$，$\varepsilon > 0$。

输出： 模型超参数 Θ。

1）初始化，选取初始点 Θ^1，令 $t=1$。

2）迭代：

①按照式（3-30）计算对数似然的梯度。

②若 $\|\nabla\mathcal{L}(\Theta^t)\| \leqslant \varepsilon$，则转到步骤 3；否则转到下一步。

③令 $g^t = -\nabla\mathcal{L}(\Theta^t)$。

④计算 $s^t = -g^t + \lambda^t s^t$，其中 $\lambda^t = \frac{\|g^t\|}{\|g^{t-1}\|}$。

⑤令 $\Theta^{t+1}=\Theta^t+\lambda^t s^t$，$g^{t+1}=-\nabla\mathcal{L}(\Theta^{t+1})$。

⑥令 $t=t+1$。

⑦若 $\|g^t\|\leqslant\varepsilon$，则转到步骤 3；否则转到步骤 2 的第 4 步。

3）输出 $\hat{\Theta}=\Theta^t$。

SCG 算法收敛时，得到对应的超参数的值。对隐变量 $\boldsymbol{X}$ 的优化与超参数类似。GPLVM 整个训练过程采用对 Θ 和 $\boldsymbol{X}$ 的交替优化进行。

3.5 小结

为了更好地挖掘出各种观测现象之中包含的信息，通常可以对隐含在现象背后的因素或参数进行建模。隐变量模型就是这样一种方法，它构建起了观测变量和隐含变量之间的映射关系，为更好地描述观测、分析信息提供了有力的手段。本章围绕最常用的三种隐变量模型展开介绍，并通过一些典型实例来介绍基本原理以及各个模型中需要重点解决的训练问题。受篇幅所限，本章以给出方法和结论为主，并未涉及过多的推导过程。读者如果需要深入学习，请进一步参考相应的参考文献。

参考文献

[1] YU D，DENG L. Automatic Speech Recognition：A Deep Learning Approach [M]. New York：Springer. 2014.

[2] RABINER L，JUANG B. Fundamentals of Speech Recognition（影印版）[M]. 北京：清华大学出版社. 1999.

[3] 张雄伟，陈亮，杨吉斌. 现代语音处理技术及应用 [M]. 北京：机械工业出版社，2003.

[4] 王秀美. 隐变量模型的建模与优化 [D]. 西安：西安电子科技大学，2010.

[5] 周志华. 机器学习 [M]. 北京：清华大学出版社，2016.

[6] BISHOP C M. Latent Variable Models [M]. MIT Press，1999：371-403.

[7] RASMUSSEN C E，WILLIAMS C K I. Gaussian Processes for Machine Learning [M]. MIT Press，2006.

[8] LAWRENCE N. Probabilistic Non-linear Principal Component Analysis with Gaussian Process Latent Variable Models [J]. Journal of Machine Learning Research，2005，6：1783-1816.

[9] MØLLER M F. A Scaled Conjugate Gradient Algorithm for Fast Supervised Learning Supervised Learning [J]. Neural Networks，1993，6：525-533.

[10] 孙新建. 基于说话人特征替换的语音转换技术研究 [D]. 南京：解放军理工大学，2013.

CHAPTER 4

第4章

组合模型

4.1 引言

在大数据背景下，往往需要用多个变量对事物进行描述，并通过收集大量数据来分析和寻找蕴含在数据中的规律。多变量、大样本为研究和应用提供了丰富的信息，但同时也在一定程度上增加了问题的复杂度。

在实际情况中，诸多变量之间可能存在相关性，即某些变量与其他变量之间可能存在线性或其他类型的函数关系，从而带来了变量的冗余，不利于在数据中寻找规律。因此，如何在合理减少描述事物的变量个数的同时，尽可能地降低信息损失，是寻找数据内部规律性表示所追求的目标。数据表示的维度越少，内部规律性的呈现就越直观，而实现维度减少的过程就是数据降维。数据降维不仅可以降低模型复杂度、减少存储空间，还可以提高算法鲁棒性、减少冗余信息以及有助于数据的可视化。

目前在语音信号处理中，一般采用时频分析方法来提取语音信号的时频表示特征，在此基础上进一步进行相应的处理。语音信号的时频表示特征一般具有较高的维数（例如256点STFT之后的幅度谱系数维度为129，常用的梅尔倒谱系数维度为39等），这种高维度表示虽然能很好地包含语音信息，但会导致后续处理模型更为复杂，语音内部蕴含的规律也无法直观地呈现。通过数据降维可以去除冗余信息，发现语音特征中潜在低维结构的规律性，从而为后续的智能处理任务提供有力支持。

数据降维可以通过线性映射和非线性映射来实现。这两类方法的本质是将原数据表示进行线性或非线性组合以获取简约的表示，从而实现数据降维。线性映射方法的代表方法有主成分分析、线性判别分析、非负矩阵分解等，非线性映射方法的代表方法有核方法、流形学习等。

本章首先介绍两种典型的组合模型，即正交表示下的组合模型（主成分分析）和非正交表示下的组合模型（非负矩阵分解）的基本模型、求解方法和优缺点；然后，针对两类组合模型对噪声较为敏感的问题，介绍两类鲁棒的组合模型，以提高组合模型抵抗噪声的能力。

4.2　主成分分析

主成分分析本质上是一种统计方法，它通过正交变换将一组可能存在相关关系的变量转换为一组线性无关的变量，转换后的这组变量叫作主成分。在语音处理中，为了准确描述语音信号，一般需要像功率谱、幅度谱或梅尔倒谱等形式的矢量描述。主成分分析就是挖掘和利用上述矢量之间潜在相关关系的一种常用方法。

4.2.1　基本模型

在分析语音等数据之前，为了便于表达，一般先将数据表示为欧氏空间中的点，如果采用标准正交坐标系，则有

$$\boldsymbol{x} = (x_1, x_2, \cdots, x_n) \tag{4-1}$$

其中，$\boldsymbol{x}$ 为数据矢量，$x_j(j=1, 2, \cdots, n)$ 为第 j 个维度上的取值，n 为数据维度。

为了发现数据内部的隐含结构，主成分分析（PCA）将原坐标系下的 n 维特征映射到 k 维空间（$k \leqslant n$），这 k 维空间的基础矢量是全新的正交矢量，称为主成分，如图 4-1 中 $\boldsymbol{P}_1$ 和 $\boldsymbol{P}_2$ 所示，其中 $\boldsymbol{P}_1$ 和 $\boldsymbol{P}_2$ 相互正交，分别表示两个新的基底矢量。

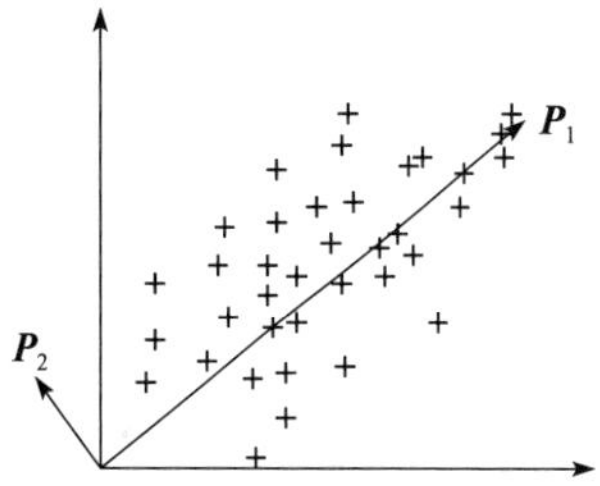

图 4-1　主成分分析的几何图示

下面通过数学推导给出主成分分析的基本原理。

假设上述映射前的第 i 个 n 维数据为

$$\boldsymbol{x}^i = (x_1^i, x_2^i, \cdots, x_n^i) \tag{4-2}$$

并假设已经对数据做零均值归一化处理，即原数据的任一维取值的均值为 0：

$$\sum_{i=1}^{m} x_j^i = 0, \ \forall j \in \{1, 2, \cdots, n\} \tag{4-3}$$

矢量形式为

$$\sum_{i=1}^{m} \boldsymbol{x}^i = \boldsymbol{0} \tag{4-4}$$

若降维后空间的 k 个标准正交基为 $\{\boldsymbol{w}_1, \boldsymbol{w}_2, \cdots, \boldsymbol{w}_k\}$，则基矩阵 $\boldsymbol{W}$ 为

$$\boldsymbol{W} = [\boldsymbol{w}_1, \boldsymbol{w}_2, \cdots, \boldsymbol{w}_k] \tag{4-5}$$

那么，第 i 个样本 $\boldsymbol{x}^i$ 将被映射为

$$\boldsymbol{z}^i = \boldsymbol{W}\boldsymbol{x}^i \tag{4-6}$$

其中：

$$\boldsymbol{z}^i = (z_1^i, z_2^i, \cdots, z_k^i) \tag{4-7}$$

而 z_k^i 表示 $\boldsymbol{x}^i$ 在新空间第 k 维上的投影。

下面利用 $\boldsymbol{x}^i$ 与其从 $\boldsymbol{z}^i$ 重构的误差来推导降维后空间的基矩阵 $\boldsymbol{W}$ 与原始样本点数据协方差的特征矢量之间的关系。

首先，利用 $\boldsymbol{z}^i$ 和 $\boldsymbol{W}$ 重构出 $\boldsymbol{x}^i$，记为

$$\overline{\boldsymbol{x}}^i = \boldsymbol{W}\boldsymbol{z}^i \tag{4-8}$$

对 m 个样本点，最小化样本点到降维超平面的距离，其中重构点是原始点在超平面上的投影，即

$$\min \sum_{i=1}^{m} \| \overline{\boldsymbol{x}}^i - \boldsymbol{x}^i \| \tag{4-9}$$

代入重构公式，可得：

$$\begin{aligned}
\sum_{i=1}^{m} \| \overline{\boldsymbol{x}}^i - \boldsymbol{x}^i \|_2^2 &= \sum_{i=1}^{m} \| \boldsymbol{W}\boldsymbol{z}^i - \boldsymbol{x}^i \|_2^2 \\
&= \sum_{i=1}^{m} (\boldsymbol{W}\boldsymbol{z}^i)^{\mathrm{T}}(\boldsymbol{W}\boldsymbol{z}^i) - 2\sum_{i=1}^{m} (\boldsymbol{W}\boldsymbol{z}^i)^{\mathrm{T}} x^i + \sum_{i=1}^{m} (\boldsymbol{x}^i)^{\mathrm{T}}(\boldsymbol{x}^i) \\
&= \sum_{i=1}^{m} (\boldsymbol{z}^i)^{\mathrm{T}}\boldsymbol{W}^{\mathrm{T}}\boldsymbol{W}(\boldsymbol{z}^i) - 2\sum_{i=1}^{m} (\boldsymbol{z}^i)^{\mathrm{T}}\boldsymbol{W}^{\mathrm{T}}\boldsymbol{x}^i + \sum_{i=1}^{m} (\boldsymbol{x}^i)^{\mathrm{T}}(\boldsymbol{x}^i) \\
&= \sum_{i=1}^{m} (\boldsymbol{z}^i)^{\mathrm{T}}(\boldsymbol{z}^i) - 2\sum_{i=1}^{m} (\boldsymbol{z}^i)^{\mathrm{T}}(\boldsymbol{z}^i) + \sum_{i=1}^{m} (\boldsymbol{x}^i)^{\mathrm{T}}(\boldsymbol{x}^i) \\
&= -\sum_{i=1}^{m} (\boldsymbol{z}^i)^{\mathrm{T}}(\boldsymbol{z}^i) + \sum_{i=1}^{m} (\boldsymbol{x}^i)^{\mathrm{T}}(\boldsymbol{x}^i) \\
&= -\operatorname{tr}\left(\boldsymbol{W}^{\mathrm{T}} \sum_{i=1}^{m} (\boldsymbol{x}^i)(\boldsymbol{x}^i)^{\mathrm{T}}\boldsymbol{W}\right) + \sum_{i=1}^{m} (\boldsymbol{x}^i)^{\mathrm{T}}(\boldsymbol{x}^i) \\
&= -\operatorname{tr}(\boldsymbol{W}^{\mathrm{T}}\boldsymbol{X}\boldsymbol{X}^{\mathrm{T}}\boldsymbol{W}) + \sum_{i=1}^{m} (\boldsymbol{x}^i)^{\mathrm{T}}(\boldsymbol{x}^i)
\end{aligned} \tag{4-10}$$

式（4-10）右边第二项是常数，因此最小化式（4-10）等价于：

$$\underset{\boldsymbol{W}}{\operatorname{argmin}} - \operatorname{tr}(\boldsymbol{W}^{\mathrm{T}}\boldsymbol{X}\boldsymbol{X}^{\mathrm{T}}\boldsymbol{W}) \quad \text{s. t.} \quad \boldsymbol{W}^{\mathrm{T}}\boldsymbol{W} = I \tag{4-11}$$

其中，tr 表示矩阵的迹，利用拉格朗日乘子法，可得：

$$J(\boldsymbol{W}) = -\operatorname{tr}(\boldsymbol{W}^{\mathrm{T}}\boldsymbol{X}\boldsymbol{X}^{\mathrm{T}}\boldsymbol{W}) + \lambda(\boldsymbol{W}^{\mathrm{T}}\boldsymbol{W} - I) \tag{4-12}$$

对 $\boldsymbol{W}$ 求导整理，可得：

$$\boldsymbol{X}\boldsymbol{X}^{\mathrm{T}}\boldsymbol{W} = \lambda\boldsymbol{W} \tag{4-13}$$

实际上，数据 $\boldsymbol{x}^i$、$\boldsymbol{x}^j$ 的协方差矩阵为

$$\boldsymbol{\Sigma}_{ij} = \operatorname{cov}(\boldsymbol{x}^i, \boldsymbol{x}^j) = E[(\boldsymbol{x}^i - E(\boldsymbol{x}^i))(\boldsymbol{x}^i - E(\boldsymbol{x}^i))^{\mathrm{T}}] \tag{4-14}$$

考虑到数据已经归一化，即 $E(\boldsymbol{x}) = \boldsymbol{0}$，因此原数据的协方差矩阵为

$$\boldsymbol{\Sigma} = \frac{1}{m}\sum_{i=1}^{m} \boldsymbol{x}^i (\boldsymbol{x}^i)^{\mathrm{T}} = \frac{1}{m}\boldsymbol{X}\boldsymbol{X}^{\mathrm{T}} \tag{4-15}$$

至此，通过数学推导说明了主成分分析的原理和基本模型，即本质上是优化原数据点与其在降维超平面上投影之间的距离。实际上，$\boldsymbol{W}$ 中所选择的 k 个正交矢量是样本数据协方差矩阵 $\boldsymbol{X}\boldsymbol{X}^{\mathrm{T}}$ 的前 k 个特征矢量，而拉格朗日常数 λ 是其特征值。

4.2.2　求解算法

主成分分析的求解方法有特征值分解、奇异值分解（SVD）等。在 4.2.1 节关于主成分分析的介绍中，为了求数据矩阵 $\boldsymbol{X}$ 的主特征方向，通过求协方差矩阵 $\boldsymbol{X}\boldsymbol{X}^{\mathrm{T}}$ 的特征矢

量来表示样本数据 **X** 的主特征矢量。此外，也可以通过对 **X** 进行奇异值分解得到主特征方向。

下面，首先比较特征值分解和奇异值分解，然后分析特征值和奇异值的关系以及奇异值分解在主成分分析中的应用。

1. 特征值分解

特征值分解是矩阵正交化的过程，如果被分解的矩阵是对称矩阵，则可以表示为

$$\begin{aligned} \boldsymbol{A}\boldsymbol{v} &= \lambda\boldsymbol{v} \\ \boldsymbol{A} &= \boldsymbol{Q}\boldsymbol{\Sigma}\boldsymbol{Q}^{-1} \end{aligned} \tag{4-16}$$

其中，$\boldsymbol{Q}$ 是由 $\boldsymbol{A}$ 的特征矢量构成的矩阵，$\boldsymbol{Q}$ 中的列矢量都是正交的，$\boldsymbol{\Sigma}$ 是对角阵，对角线上的元素是 $\boldsymbol{A}$ 的特征值。由于 $\boldsymbol{Q}$ 的正交性，有 $\boldsymbol{Q}^{-1}=\boldsymbol{Q}^{\mathrm{T}}$。

2. 奇异值分解

对于任意矩阵，奇异值分解是一种拓展了的特征值分解，即

$$\boldsymbol{A}_{m\times n} = \boldsymbol{U}_{m\times m}\boldsymbol{\Sigma}_{m\times n}\boldsymbol{V}_{n\times n}^{\mathrm{T}} \tag{4-17}$$

其中，$\boldsymbol{U}$ 是左奇异矩阵，$\boldsymbol{V}$ 是右奇异矩阵，两个矩阵均是正交矩阵，$\boldsymbol{\Sigma}$ 是对角阵，对角线元素就是奇异值。

在处理含有冗余信息的低维数据时，前 10%，甚至前 1%的奇异值之和便可能占据了全部奇异值之和的 90%以上。因此，当利用奇异值分解对数据进行压缩时，可以用前 r 个大的奇异值来近似描述原数据矩阵：

$$\boldsymbol{A}_{m\times n} \approx \boldsymbol{U}_{m\times r}\boldsymbol{\Sigma}_{r\times r}\boldsymbol{V}_{r\times n}^{\mathrm{T}} \tag{4-18}$$

3. 奇异值分解和特征值分解的关系

首先，$\boldsymbol{A}^{\mathrm{T}}\boldsymbol{A}$ 的特征值分解式如下：

$$(\boldsymbol{A}^{\mathrm{T}}\boldsymbol{A})\boldsymbol{v}_i = \lambda\boldsymbol{v}_i \tag{4-19}$$

其中，矢量 $\boldsymbol{v}$ 就是奇异值分解公式中的矢量 $\boldsymbol{v}$，假设 σ 是奇异值，奇异值是特征值的平方根，则有

$$\begin{aligned} \sigma_i &= \sqrt{\lambda_i} \\ \sigma_i &= \boldsymbol{A}\boldsymbol{v}_i/u_i \\ u_i &= \boldsymbol{A}\boldsymbol{v}_i/\sigma_i \end{aligned} \tag{4-20}$$

因此，可以首先通过特征值分解求取 m 和 n 较小的那个维度的特征矢量，然后根据上述关系来求解其余部分，从而避免大规模矩阵的特征值分解问题。

4. 主成分分析和奇异值分解的关系

主成分分析通过降维空间的基矩阵 $\boldsymbol{W}$，将原始数据 $\boldsymbol{X}$ 降维到 $\boldsymbol{Z}$，$\boldsymbol{X}$ 是 $m\times n$ 维的，$\boldsymbol{W}$ 是 $n\times k$ 维的，$\boldsymbol{Z}$ 是 $m\times k$ 维的：

$$\boldsymbol{Z} = \boldsymbol{X}\boldsymbol{W} \tag{4-21}$$

其中，矩阵 $\boldsymbol{W}$ 是由原数据 $\boldsymbol{X}$ 的协方差矩阵 $\boldsymbol{X}^{\mathrm{T}}\boldsymbol{X}$ 的前 k 个特征矢量构成的。通过投影，便完成了对数据的降维。

实际上，也可以直接通过奇异值分解将 **X** 降维到 **Z**，如式（4-22）所示：

$$\begin{aligned}\boldsymbol{X}_{m\times n} &= \boldsymbol{U}_{m\times k}\boldsymbol{\Sigma}_{k\times k}\boldsymbol{V}_{n\times k}^{\mathrm{T}} \\ \boldsymbol{X}_{m\times n}\boldsymbol{V}_{n\times k} &= \boldsymbol{U}_{m\times k}\boldsymbol{\Sigma}_{k\times k}\boldsymbol{V}_{n\times k}^{\mathrm{T}}\boldsymbol{V}_{n\times k} \\ \boldsymbol{X}_{m\times n}\boldsymbol{V}_{n\times k} &= \boldsymbol{U}_{m\times k}\boldsymbol{\Sigma}_{k\times k}\end{aligned} \tag{4-22}$$

可以看出，直接将原数据矩阵 **X** 进行奇异值分解，**X** 乘以右奇异矩阵 **V** 便可将 $m\times n$ 维的数据压缩到 $m\times k$ 维，完成对列的压缩，不需要进行特征值分解，直接进行奇异值分解便可完成数据压缩。

同理，也可以按照下面的方式对数据的行进行压缩：

$$\begin{aligned}\boldsymbol{X}_{m\times n} &= \boldsymbol{U}_{m\times k}\boldsymbol{\Sigma}_{k\times k}\boldsymbol{V}_{n\times k}^{\mathrm{T}} \\ \boldsymbol{U}_{m\times k}^{\mathrm{T}}\boldsymbol{X}_{m\times n} &= \boldsymbol{U}_{m\times k}^{\mathrm{T}}\boldsymbol{U}_{m\times k}\boldsymbol{\Sigma}_{k\times k}\boldsymbol{V}_{n\times k}^{\mathrm{T}} \\ \boldsymbol{U}_{m\times k}^{\mathrm{T}}\boldsymbol{X}_{m\times n} &= \boldsymbol{\Sigma}_{k\times k}\boldsymbol{V}_{n\times k}^{\mathrm{T}}\end{aligned} \tag{4-23}$$

因此可得出结论：可以直接对原数据矩阵 **X** 进行奇异值分解来完成数据降维，不需要求协方差矩阵的特征矢量即可对数据进行降维。

主成分分析在分解诸如图像、语音频谱等非负数据时，尚存在所得负数意义不明确、对噪声敏感等缺点。对于主成分分析所得负数元素物理意义不明确的问题，将尝试通过 4.3 节介绍的非负矩阵分解来解决；对于噪声敏感问题，则通过鲁棒主成分分析的思想来减少幅度较大的噪声的影响，详见 4.4 节。

4.3 非负矩阵分解

非负矩阵分解是一种对所有变量施加非负约束的矩阵降维方法，它通过优化特定目标函数寻找一组新的非负的矢量作为基底，以非负基底的凸组合来表示数据。由于引入了非负性，数据本身的物理属性（如语音谱能量、图像灰度、统计频度等）得到保证，因此，非负矩阵分解是一种可解释的组合模型。

4.3.1 基本模型

在分解诸如图像、语音谱等非负数据时，为了保持良好的物理意义和可解释性，希望分解后所得的元素仍具有非负性。在分解过程中，可通过施加非负约束来实现元素非负，这就是非负矩阵分解（Non-negative Matrix Factorization，NMF）。

非负矩阵问题可以简单表述为

$$\boldsymbol{V}_{M\times N} \approx \boldsymbol{W}_{M\times R}\boldsymbol{H}_{R\times N} \tag{4-24}$$

其中，M、R 和 N 是矩阵的维数。矩阵 **V** 共有 N 列，每一列都是一个 M 维矢量，表示一个数据样本，N 列共含有 N 个数据样本。然后这个矩阵被分解成一个 $M\times R$ 的矩阵 **W** 和一个 $R\times N$ 的矩阵 **H**。在上述过程中，模型从 N 个观察到的样本（**V** 的列）中提取出 R 个因子（**W** 的列）。R 是远小于 M 和 N 的值，以获得原始数据矩阵的低阶近似值。其中所涉及的元素都是非负的。

通过非负矩阵分解可以发现数据内部的隐含结构。在原坐标系下第一卦限寻找 k 个矢量，用它们的凸组合来表示原数据集，如图 4-2 中 $\boldsymbol{W}_1$ 和 $\boldsymbol{W}_2$ 所示，任意数据点（+号）为 $\boldsymbol{W}_1$ 和 $\boldsymbol{W}_2$ 的非负组合所得，其中 $\boldsymbol{W}_1$ 和 $\boldsymbol{W}_2$ 分别表示两个新的基底矢量。

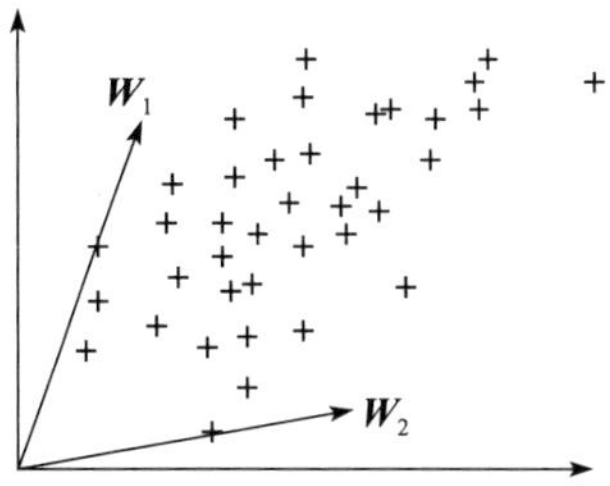

图 4-2　非负矩阵分解几何图示

为了量化非负矩阵分解的性能，需要定义 $\boldsymbol{V}$ 及其重构值 $\boldsymbol{WH}$ 之间的相似性度量。通常使用 Frobenius 范数（Frobenius Norm）或相对熵（Kullback-Leilber Divergence，KLD）来实现，分别如式（4-25）和式（4-26）所示。

$$\|\boldsymbol{V}-\boldsymbol{WH}\|_F^2=\sum_{m,n}(V_{mn}-(WH)_{mn})^2 \tag{4-25}$$

$$\mathrm{KLD}(\boldsymbol{V}\|\boldsymbol{W},\boldsymbol{H})=\sum_{m,n}V_{mn}\log\frac{V_{mn}}{(WH)}-V_{mn}+(WH)_{mn} \tag{4-26}$$

Frobenius 范数来源于高斯噪声假设，适用于功率谱和灰度图像等数据。设 V_{mn} 为样本 n 中特征 m 的取值的随机变量，假定它服从高斯分布 $N((WH)_{mn},\sigma)$。概率密度函数为

$$\mathrm{P}(\zeta_{mn}=V_{mn};(WH)_{mn},\sigma)=\frac{1}{\sqrt{2\pi}\sigma}\mathrm{e}^{-\frac{1}{2\sigma^2}(V_{mn}-(WH)_{mn})^2} \tag{4-27}$$

给定一组观测值 V_{mn}，则 $(WH)_{mn}$ 的最大似然估计等同于最大化目标函数：

$$\sum_{mn}\log\mathrm{P}(\zeta_{mn}=V_{mn};(WH)_{mn},\sigma)=\sum_{m,n}-\log(\sqrt{2\pi}\sigma)-\frac{1}{2\sigma^2}(V_{mn}-(WH)_{mn})^2 \tag{4-28}$$

在不考虑加法常数 $\log(\sqrt{2\pi}\sigma)$ 和比例因子 $1/2\sigma^2$ 的情况下，寻求式（4-28）的最大值等价于寻求 Frobenius 范数的最小值。

相对熵基于泊松噪声的假设，适用于计数型数据。假设 V_{mn} 为样本 n 中特征 m 取值的随机变量 ζ_{mn}，并假设其服从泊松分布 $\mathrm{P}((WH)_{mn})$，则 ζ_{mn} 的概率密度函数为

$$\mathrm{P}(\zeta_{mn}=V_{mn};(WH)_{mn})=\frac{((WH)_{mn})^{V_{mn}}}{V_{mn}!}\mathrm{e}^{-(WH)_{mn}} \tag{4-29}$$

给定一组观测值 V_{mn}，则 $(WH)_{mn}$ 的最大似然估计等同于将目标函数最大化：

$$\sum_{m,n}\log\mathrm{P}(\zeta_{mn}=V_{mn};(WH)_{mn})=\sum_{m,n}V_{mn}\log(WH)_{mn}-(WH)_{mn} \tag{4-30}$$

与式（4-26）对比可以发现，除了常数项 $\sum_{m,n}V_{mn}\log V_{mn}-V_{mn}$ 之外，寻求上述目标函数的最大值等价于寻求相对熵的最小值。

4.3.2　求解算法

求解 NMF 问题的难点在于，在优化目标函数的同时要保持元素 $\boldsymbol{W}$ 和 $\boldsymbol{H}$ 的非负性。为达到这个目的，必须对传统的梯度下降法进行修改。对于 NMF 优化，可以使用 Lee 和 Seung 提出的乘法更新算法。根据 Frobenius 范数以及相对熵，可分别得到 NMF 的相关算法。

以最小化 Frobenius 范数（见式（4-25））为目标函数的 NMF 算法中，$\boldsymbol{H}$ 和 $\boldsymbol{W}$ 两个

矩阵元素的迭代公式为

$$H_{rn} \leftarrow H_{rn} \frac{(W^{\mathrm{T}}V)_{rn}}{(W^{\mathrm{T}}WH)_{rn}}, \quad W_{mr} \leftarrow W_{mr} \frac{(VH^{\mathrm{T}})_{mr}}{(WHH^{\mathrm{T}})_{mr}} \tag{4-31}$$

以最小化相对熵（见式（4-26））为目标函数的 NMF 算法中，$\boldsymbol{H}$ 和 $\boldsymbol{W}$ 两个矩阵元素的迭代公式为

$$H_{rn} \leftarrow H_{rn} \frac{\sum_{i} W_{ir} V_{in} / (WH)_{in}}{\sum_{i} W_{ir}}, \quad W_{mr} \leftarrow W_{mr} \frac{\sum_{i} H_{rj} V_{mj} / (WH)_{mj}}{\sum_{j} H_{rj}} \tag{4-32}$$

这两组算法的共同属性如下。

1. 对应元素相乘

算法所涉及的操作包括“矩阵—矢量”乘法和“对应元素相乘”。因此，该算法对于并行计算十分有效。根据该属性，数据矩阵 $\boldsymbol{V}$ 将通过从 $O(MNR)$ 降低到 $O(pNR)$ 的稀疏运算来减少计算的复杂性，其中 p 是 $\boldsymbol{V}$ 列中非零元素的个数，M、N、R 分别为矩阵的维度。

2. 乘法迭代更新

从求解算法可以看出，$\boldsymbol{W}$ 和 $\boldsymbol{H}$ 的求解采用的是乘法更新的方式，即更新后的变量是由其之前的值和另一项的乘积所产生的。乘法更新能够确保原来的 $\boldsymbol{W}$ 或 $\boldsymbol{H}$ 中的零位置仍然为零，该属性称为零锁定，这在保留初始解指定的稀疏结构以及获取稀疏解时具有重要作用。

3. 缩放模糊

无论是以 Frobenius 范数还是以相对熵作为目标函数，实际上是比较 $\boldsymbol{V}$ 和 $\boldsymbol{WH}$ 的近似程度。然而，假设有非负矩阵 $\boldsymbol{S}$，并且其逆矩阵也是非负矩阵，$\boldsymbol{WS}$ 是对 $\boldsymbol{W}$ 的缩放，或 $\boldsymbol{S}^{-1}\boldsymbol{H}$ 是对 $\boldsymbol{H}$ 的缩放。容易看出，经过对 $\boldsymbol{W}$ 和 $\boldsymbol{H}$ 的上述缩放，虽然改变了 $\boldsymbol{W}$ 和 $\boldsymbol{H}$，却不会改变目标函数的值。特别地，当 $\boldsymbol{S}$ 是对角矩阵时，这个现象称为缩放模糊，即同一目标函数值可以对应多种 $\boldsymbol{W}$ 和 $\boldsymbol{H}$ 的解。

虽然 NMF 算法的收敛性得到了证实，但是由于对 $\{\boldsymbol{W}, \boldsymbol{H}\}$ 的优化问题的非凸性，无法保证其全局最优解，因此该算法只能给定初值不断迭代后收敛到局部最优解，因此，它不具备像主成分分析那样良好的正交性，从而不能保证最优解的唯一性。

此外，与主成分分析一样，NMF 也容易受到噪声的干扰导致较差的分解结果，特别是在个别数据噪声很大时，将可能导致分解失败。这些问题可以通过 NMF 的鲁棒分解减轻。

4.3.3 NMF 与其他数据表示模型的关系

1. K-均值聚类和矢量量化

以聚类的观点来看，NMF 中 $\boldsymbol{W}$ 的列可以被看作聚类中心。假设 $\boldsymbol{V}=[V_1, \cdots, V_N]$，$\boldsymbol{W}=[W_1, \cdots, W_R]$，$\boldsymbol{H}=[\boldsymbol{H}_1, \cdots, \boldsymbol{H}_N]$，那么基于 Frobenius 范数最小化的非负矩阵

分解实际上是对式（4-33）最小化：

$$\|\boldsymbol{V}-\boldsymbol{W}\boldsymbol{H}\|_F^2=\sum_n\|\boldsymbol{V}_n-\boldsymbol{W}_r H_{rn}\|^2 \tag{4-33}$$

如果 H_{rn} 是二元的，即要么取 0 要么取 1，且满足 $\sum_r H_{rn}=1$，则式（4-33）可表示为

$$\sum_n\sum_r H_{rn}\|\boldsymbol{V}_n-\boldsymbol{W}_r\|_2^2 \tag{4-34}$$

这正对应了 K-均值聚类中的类内距。因此，在 $\boldsymbol{H}$ 的列满足特定约束条件时，以 Frobenius 范数为代价函数的 NMF 与 K-均值聚类是等价的。在获得了聚类中心后，NMF 和 VQ 便可以应用于数据样本实现数据降维和压缩。

2. 概率潜在语义分析

概率潜在语义分析（Probabilistic Latent Semantic Analysis，PLSA）是一种描述词和文档生成的概率模型。PLSA 通过构造一个低维的语义空间，将词和文档都与这个语义空间以条件概率的形式关联起来。为了更准确地描述 PLSA，首先做如下定义：$P(d_j)$ 表示所有文档的集合中某篇文档被选中的概率，$P(w_i|d_j)$ 表示词 w_i 在给定文档 d_j 中出现的概率，$P(z_k|d_j)$ 表示某个具体的语义主题 z_k 在给定文档 d_j 下出现的概率，$P(w_i|z_k)$表示某个词 w_i 在给定语义主题 z_k 下出现的概率，与主题关系越密切的词，其条件概率应当越大。

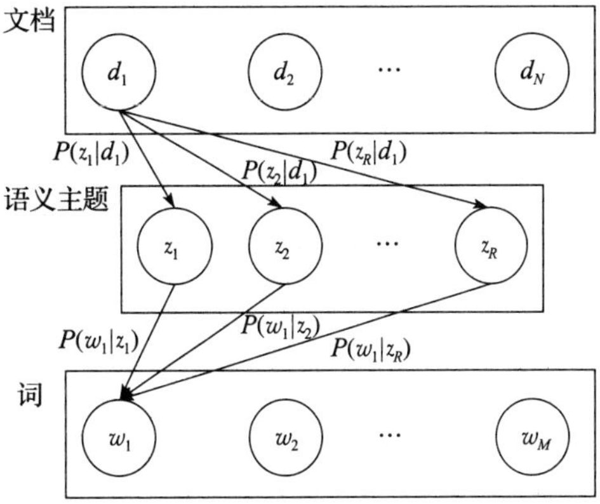

图 4-3 概率潜在语义分析

接下来，可以按照以下步骤构建从文档到词的生成模型，其过程如图 4-3 中箭头方向所示：

1）按照概率 $P(d_j)$ 选择一篇文档 d_j；

2）选定文档 d_j 后，从主题分布中按照概率 $P(z_k|d_j)$ 选择一个隐含的主题类别 z_k；

3）选定 z_k 后，从词分布中按照概率 $P(w_i|z_k)$ 选择一个词 w_i；

4）用数学公式表示就是

$$P(w_i|d_j)=\sum_{k=1}^{R}P(w_i|z_k)P(z_k|d_j) \tag{4-35}$$

实际上，最小化相对熵的非负矩阵分解与 PLSA 是等价的，下面给出详细的解释。

首先，定义 $V_{ij}:=P(w_i|d_j)$，$W_{i,r}:=P(w_i|z_r)$，$H_{r,j}:=P(z_r|d_j)$，考虑到 PLSA 的最大似然解是使用如下期望最大算法得到的：

$$P(w_i|z_r)\leftarrow\frac{\sum_j V_{ij}P(z_r|w_i,d_j)}{\sum_i\sum_j V_{ij}P(z_r|w_i,d_j)} \tag{4-36}$$

$$P(z_r|d_j)\leftarrow\frac{\sum_i V_{ij}P(z_r|w_i,d_j)}{\sum_r\sum_i V_{ij}P(z_r|w_i,d_j)} \tag{4-37}$$

其中：

$$P(z_r|w_i,d_j)=\frac{P(w_i|z_r)P(z_r|d_j)P(d_j)}{\sum_r P(w_i|z_r)P(z_r|d_j)P(d_j)} \tag{4-38}$$

那么，根据 $\boldsymbol{W}$ 和 $\boldsymbol{H}$ 的定义，容易得出：

$$P(z_r|w_i,d_j)=\frac{W_{ir}H_{rj}}{\sum_r W_{ir}H_{rj}} \tag{4-39}$$

因此，有如下更新公式：

$$W_{ir}\leftarrow \sum_j V_{ij}\frac{W_{ir}H_{rj}}{\sum_r W_{ir}H_{rj}},\quad W_{ir}\leftarrow \frac{W_{ir}}{\sum_i W_{ir}} \tag{4-40}$$

$$H_{rj}\leftarrow \sum_i V_{ij}\frac{W_{ir}H_{rj}}{\sum_r W_{ir}H_{rj}},\quad H_{rj}\leftarrow \frac{H_{rj}}{\sum_r H_{rj}} \tag{4-41}$$

至此，可以发现在 $\boldsymbol{V}$ 和 $\boldsymbol{W}$ 列矢量归一化的情况下，相对熵 NMF 与 PLSA 等价。

3. 字典学习

字典学习是一种能有效实施数据表示的方法。该方法包括：原始样本，用数据矩阵 $\boldsymbol{V}$ 表示；“字典”，用矩阵 $\boldsymbol{W}$ 表示，$\boldsymbol{W}$ 的列称为基或原子，每一列 $\boldsymbol{W}_r$ 表示一个基或原子；查字典的结果，即如何用 $\boldsymbol{W}$ 有效地解释 $\boldsymbol{V}$，用 $\boldsymbol{H}$ 表示；查字典的过程是求解 $\boldsymbol{H}$ 的过程，即寻找 $\boldsymbol{H}$，使其在特定准则下满足 $\boldsymbol{V}\approx\boldsymbol{WH}$。

在 NMF 中，每个数据矢量 $\boldsymbol{V}_n$ 也是由 $\boldsymbol{W}$ 的列的线性组合来建模的，即 $\boldsymbol{V}_n\approx\boldsymbol{WH}_n$，其中 n 是数据矢量的索引。$\boldsymbol{W}$ 的列通常称为基或原子，而 $\boldsymbol{W}$ 列的集合称为一个字典。然而，NMF 限制了 $\boldsymbol{W}$ 和 $\boldsymbol{H}_n$ 的取值，即在不允许做减法的情况下，它们必须是非负的。除此之外，为了保证 NMF 的求解效果，基的数量 R 应该比原始数据矩阵 $\boldsymbol{V}$ 的维度 M 和 N 少得多。但是字典学习并没有限制基的数量。例如，一个过完备字典中基的数量可以比数据样本数量多，即 $R\geqslant N$，如图 4-4 所示，NMF 的一个基本条件是“低秩”近似，即将一个“胖”矩阵分解为两个“瘦”矩阵的乘积；但是字典学习没有这种约束，它可以产生比数据样本更多的基。

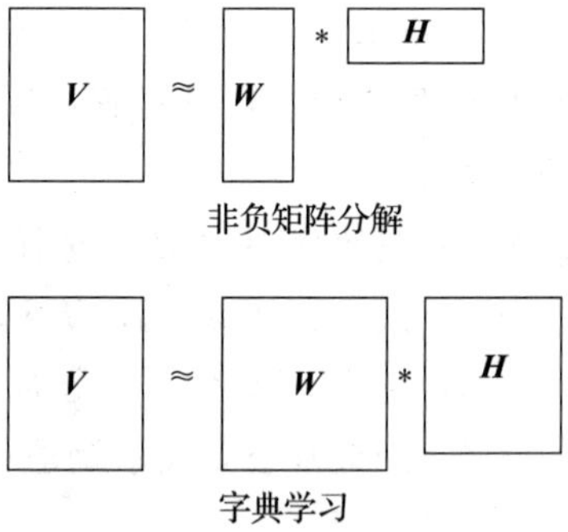

图 4-4 非负矩阵分解和字典学习的维度对比

4.4 鲁棒组合模型

4.2 节和 4.3 节所述模型的一个重要前提是数据是纯净的或者仅受到高斯白噪声的干扰。然而，真实测量数据中往往含有不规则的异常噪声，为了能对这种情况有效建模，考虑将数据矩阵分解为两个矩阵相加：一个是用主成分分析或非负矩阵分解实施的低秩重构，另一个是局部含有噪声的稀疏矩阵，这种模型称为鲁棒组合模型。本节介绍鲁棒组合模型中的鲁棒主成分分析和鲁棒非负矩阵分解。

4.4.1　组合模型的鲁棒性分析

前两节介绍的两类组合模型 PCA 和 NMF 在数据噪声较小的情况下可以取得较好的效果，但当数据中含有幅度较大的噪声时，会导致 PCA 和 NMF 的求解出现问题。严重受到噪声污染的数据点会造成 PCA 和 NMF 的目标函数出现较大的误差值，使得 PCA 求解得到的特征矢量或 NMF 求解得到的基矢量不能很好地刻画数据本身的低维规律，从而使得组合模型的降维性能下降。

考虑到数据中可能含有噪声，因此，在原有数据降维表示的基础上，引入额外的项来表示噪声，则有

$$\boldsymbol{M} = \boldsymbol{L}_0 + \boldsymbol{N}_0 \tag{4-42}$$

其中，$\boldsymbol{L}_0$ 是低秩矩阵，用于发掘数据内在的低维规律，$\boldsymbol{N}_0$ 是一个小的扰动矩阵，用于对噪声建模。PCA 利用下列优化方法寻找秩为 k 的 $\boldsymbol{L}_0$ 估计：

$$\min \|\boldsymbol{M} - \boldsymbol{L}_0\| \quad \text{s. t.} \quad \operatorname{rank}(\boldsymbol{L}_0) \leqslant k \tag{4-43}$$

其中，$\|\cdot\|$表示 2-范数，即矩阵的最大奇异值。当 $\boldsymbol{N}_0$ 是很小的独立同分布的高斯噪声时，该问题可以通过 SVD 来求解。PCA 已经成为目前应用最广泛的数据分析和降维的统计工具，但当数据矩阵 $\boldsymbol{M}$ 中的元素受到严重污染时，估计出的$\hat{\boldsymbol{L}}_0$ 会大大偏离真实值 $\boldsymbol{L}_0$。针对这一问题，研究者提出许多改进 PCA 的方法来增强噪声条件下 PCA 算法的鲁棒性，最具代表性的是鲁棒主成分分析（Robust PCA，RPCA），该方法可以从被严重污染的观测数据 $\boldsymbol{M}$ 中恢复出低秩矩阵 $\boldsymbol{L}_0$，与经典 PCA 不同的是，RPCA 并不要求 $\boldsymbol{N}_0$ 是很小的噪声项，而是将数据矩阵 $\boldsymbol{M}$ 分解为低秩矩阵 $\boldsymbol{L}_0$ 和稀疏矩阵 $\boldsymbol{S}_0$ 之和，$\boldsymbol{S}_0$ 中元素的幅度可以任意大。因此 RPCA 适用于感兴趣的数据成分是低秩部分或者稀疏部分的情况，如视频监控、人脸识别、潜在语义索引、排序和协同过滤系统等。

对式（4-42）中三个矩阵的元素施加非负约束后，即为鲁棒非负矩阵分解，即在满足非负约束的条件下，寻找数据本身的低秩描述和噪声的稀疏表示。

4.4.2　鲁棒主成分分析

主成分分析通过寻找若干相互正交的矢量作为“主方向”实现数据的降维。实践发现，当数据中含有较大幅度的噪声时，该方法表现欠佳。通常，被较大幅度噪声影响的样本会产生“离群”的现象，而主成分分析难以对这些数据有效建模。因此，考虑引入额外的变量对潜在的较大幅度噪声进行建模，从而容忍具有较大观测噪声的数据。

给定观测数据矩阵 $\boldsymbol{M} \in \mathbb{R}^{n_1 \times n_2}$，令 $\|\boldsymbol{M}\|_* = \sum_i \sigma_i(\boldsymbol{M})$ 表示矩阵 $\boldsymbol{M}$ 的核范数，即矩阵 $\boldsymbol{M}$ 所有奇异值之和，通过下列主成分追踪（Principal Component Pursuit，PCP）方法可以精确重构低秩矩阵 $\boldsymbol{L}_0$ 和稀疏矩阵 $\boldsymbol{S}_0$。

$$\min \|\boldsymbol{L}_0\|_* + \lambda \|\boldsymbol{S}_0\|_1 \quad \text{s. t.} \quad \boldsymbol{L}_0 + \boldsymbol{S}_0 = \boldsymbol{M} \tag{4-44}$$

假设 $\boldsymbol{M} = \boldsymbol{e}_1 \boldsymbol{e}_1^*$，此时 $\boldsymbol{M}$ 既是低秩矩阵，又是稀疏矩阵，为了使上述分解有意义，必

须利用非相干性条件来保证低秩矩阵 $\boldsymbol{L}_0$ 不稀疏。进一步，可将 $\boldsymbol{L}_0 \in \mathbb{R}^{n_1 \times n_2}$ 的奇异值分解为

$$\boldsymbol{L}_0 = \boldsymbol{U\Sigma V}^* = \sum_{i=1}^{r} \sigma_i \boldsymbol{u}_i \boldsymbol{v}_i^* \tag{4-45}$$

其中，r 是矩阵的秩，σ_1，…，σ_r 是正的奇异值，$\boldsymbol{U}=[\boldsymbol{u}_1, \cdots, \boldsymbol{u}_r]$ 和 $\boldsymbol{V}=[\boldsymbol{v}_1, \cdots, \boldsymbol{v}_r]$ 分别表示左奇异矢量和右奇异矢量。非相干性条件可以表示为

$$\max_i \|\boldsymbol{U}^* \boldsymbol{e}_i\|^2 \leqslant \frac{\mu r}{n_1}, \quad \max_i \|\boldsymbol{V}^* \boldsymbol{e}_i\|^2 \leqslant \frac{\mu r}{n_2} \tag{4-46}$$

$$\|\boldsymbol{UV}^*\|_\infty \leqslant \sqrt{\frac{\mu r}{n_1 n_2}} \tag{4-47}$$

其中，$\|\boldsymbol{UV}^*\|_\infty = \max_{i,j} |\boldsymbol{M}_{ij}|$ 是矩阵 $\boldsymbol{M}$ 的 l_∞ 范数。由于 $\boldsymbol{U}$ 的列空间的正交投影 $\boldsymbol{P}_U$ 满足 $\boldsymbol{P}_U = \boldsymbol{UU}^*$，上式等价于 $\max_i \|\boldsymbol{P}_U \boldsymbol{e}_i\|^2 \leqslant \mu r / n_1$，同理 $\max_i \|\boldsymbol{P}_V \boldsymbol{e}_i\|^2 \leqslant \mu r / n_2$。令 $n_{(1)} = \max(n_1, n_2)$，$n_{(2)} = \min(n_1, n_2)$，可得定理 4-1。

定理 4-1 假设 $\boldsymbol{L}_0$ 是 $n_1 \times n_2$ 维的矩阵且满足约束条件，矩阵 $\boldsymbol{S}_0$ 中的非零元素均匀分布且非零元素个数为 m，存在常数 c，$\lambda = 1/\sqrt{n_{(1)}}$，主成分追踪至少以概率 $1 - cn_{(1)}^{-10}$ 精确重构，即 $\hat{\boldsymbol{L}} = \boldsymbol{L}_0$ 和 $\hat{\boldsymbol{S}} = \boldsymbol{S}_0$，当

$$\operatorname{rank}(\boldsymbol{L}_0) \leqslant \rho_r n_{(2)} \mu^{-1} (\log n_{(1)})^{-2}, \quad m \leqslant \rho_s n_1 n_2 \tag{4-48}$$

主成分追踪可以利用增广拉格朗日乘子法（Augmented Lagrange Multiplier，ALM）进行求解，构造下列增广拉格朗日函数：

$$\mathcal{L}(\boldsymbol{L},\boldsymbol{S},\boldsymbol{Y}) = \|\boldsymbol{L}\|_* + \lambda \|\boldsymbol{S}\|_1 + \langle \boldsymbol{Y}, \boldsymbol{M}-\boldsymbol{L}-\boldsymbol{S} \rangle + \frac{\mu}{2} \|\boldsymbol{M}-\boldsymbol{L}-\boldsymbol{S}\|_F^2 \tag{4-49}$$

令 $\mathcal{S}_\tau$：$\mathbb{R} \to \mathbb{R}$ 表示收缩算子 $\mathcal{S}_\tau[\boldsymbol{x}] = \operatorname{sgn}(\boldsymbol{x})\max(|\boldsymbol{x}|-\tau, 0)$，$\mathcal{D}_\tau(\boldsymbol{X})$ 表示奇异值阈值算子 $\mathcal{D}_\tau(\boldsymbol{X}) = \boldsymbol{U}\mathcal{S}_\tau(\boldsymbol{\Sigma})\boldsymbol{V}^*$，通过下列迭代步骤求解鲁棒分解问题：

$$\operatorname*{argmin}_{\boldsymbol{S}} \mathcal{L}(\boldsymbol{L},\boldsymbol{S},\boldsymbol{Y}) = \mathcal{S}_{\lambda\mu^{-1}}(\boldsymbol{M}-\boldsymbol{L}+\mu^{-1}\boldsymbol{Y}) \tag{4-50}$$

$$\operatorname*{argmin}_{\boldsymbol{L}} \mathcal{L}(\boldsymbol{L},\boldsymbol{S},\boldsymbol{Y}) = \mathcal{D}_{\mu^{-1}}(\boldsymbol{M}-\boldsymbol{S}+\mu^{-1}\boldsymbol{Y}) \tag{4-51}$$

具体的算法伪代码如算法 4-1 所示。

算法 4-1 基于 ALM 的 RPCA

初始化： $\boldsymbol{S}_0 = \boldsymbol{Y}_0 = \boldsymbol{0}$，$\mu > 0$。
迭代：
  While（不满足停止条件时）
    计算 $\boldsymbol{L}_{k+1} = \mathcal{D}_{\mu^{-1}}(\boldsymbol{M}-\boldsymbol{S}+\mu^{-1}\boldsymbol{Y})$；
    计算 $\boldsymbol{S}_{k+1} = \mathcal{S}_{\lambda\mu^{-1}}(\boldsymbol{M}-\boldsymbol{L}+\mu^{-1}\boldsymbol{Y})$；
    计算 $\boldsymbol{Y}_{k+1} = \boldsymbol{Y}_k + \mu(\boldsymbol{M}-\boldsymbol{S}_{k+1}-\boldsymbol{L}_{k+1})$；
  end while
输出： $\boldsymbol{L}$，$\boldsymbol{S}$。

从算法 4-1 中可以看出，每次迭代的主要开销在于用 SVD 计算 $\boldsymbol{L}_{k+1}$，即计算 $\boldsymbol{M}-\boldsymbol{S}+$

$\mu^{-1}\boldsymbol{Y}$ 超过阈值 μ^{-1} 的奇异值对应的奇异矢量，这些奇异值的个数由 $\mathrm{rank}(\boldsymbol{L}_0)$ 决定，计算复杂度为 $O(n^3)$。

通过引入 S 项就增加了模型变量，则模型具备了对潜在的较大幅度的噪声建模的能力，从而提高了模型的鲁棒性。

4.4.3 鲁棒非负矩阵分解

非负矩阵分解通过寻找若干矢量并通过这些矢量的凸组合形成“锥体”实现数据的降维。实践发现，同主成分分析一样，当数据中含有较大幅度的噪声时，该方法表现欠佳。通常，被较大幅度噪声影响的样本会产生“离群”的现象，而非负矩阵分解难以对这些数据有效建模。因此，考虑引入额外的模型变量对潜在的较大幅度噪声进行建模，从而容忍具有较大观测噪声的数据。

鲁棒非负矩阵分解也可以用类似 RPCA 的导出思路构造出来，本节介绍一种 KL 散度条件下的鲁棒非负矩阵分解方法。以分解含较大噪声的数据矩阵 $\boldsymbol{Y}$ 为例，假设干净数据矩阵的初步估计 $\hat{\boldsymbol{S}}$ 和噪声基矩阵 $\boldsymbol{W}^{(n)}$ 已经通过其他方法得到，作为输入变量，那么其最优化模型为

$$
\begin{aligned}
&\underset{\boldsymbol{W}^{(s)},\boldsymbol{H}^{(s)},\boldsymbol{H}^{(n)}}{\operatorname{argmin}}\ \mathrm{KLD}\left(\boldsymbol{Y}\,\middle\|\,[\boldsymbol{W}^{(n)}\boldsymbol{W}^{(s)}]\begin{bmatrix}\boldsymbol{H}^{(n)}\\ \boldsymbol{H}^{(s)}\end{bmatrix}\right)+\alpha\mathrm{KLD}(\hat{\boldsymbol{S}}\|\boldsymbol{W}^{(s)}\boldsymbol{H}^{(s)})\\
&\text{s. t.}\qquad W_{f,r}^{(s)}\geqslant 0,\ \ \sum_f W_{f,r}^{(s)}=1,\ \ \forall r\\
&\qquad\qquad H_{r,t}^{(s)}\geqslant 0,\ \ \sum_{r,t} H_{r,t}^{(s)}=\sum_{f,t}\hat{S}_{f,t}\\
&\qquad\qquad H_{r,t}^{(n)}\geqslant 0,\ \ \sum_{r,t} H_{r,t}^{(n)}=\sum_{f,t} Y_{f,t}-\hat{S}_{f,t}
\end{aligned}
\tag{4-52}
$$

其目标函数分为两部分的和，第一部分是含噪数据矩阵 $\boldsymbol{Y}$ 与其重构 $\boldsymbol{W}^{(n)}\boldsymbol{H}^{(n)}+\boldsymbol{W}^{(s)}\boldsymbol{H}^{(s)}$ 之间的 KL 散度；第二部分是以 α 加权后的干净数据矩阵的初步估计 $\hat{\boldsymbol{S}}$ 与其重构 $\boldsymbol{W}^{(s)}\boldsymbol{H}^{(s)}$ 之间的 KL 散度，$\boldsymbol{W}^{(s)}$，$\boldsymbol{H}^{(s)}$ 和 $\boldsymbol{H}^{(n)}$ 的迭代公式如下：

$$
\begin{aligned}
\boldsymbol{H}^{(n)}&\leftarrow\boldsymbol{H}^{(n)}\otimes((\boldsymbol{W}^{(n)})^{\mathrm{T}}*(\boldsymbol{Y}\oslash(\boldsymbol{W}\boldsymbol{H})))\\
\boldsymbol{W}^{(s)}&\leftarrow\boldsymbol{W}^{(s)}\otimes(((\boldsymbol{Y}+\alpha\hat{\boldsymbol{S}})\oslash(\boldsymbol{W}\boldsymbol{H}))*(\boldsymbol{H}^{(s)})^{\mathrm{T}})\\
\boldsymbol{H}^{(s)}&\leftarrow\boldsymbol{H}^{(s)}\otimes((\boldsymbol{W}^{(s)})^{\mathrm{T}}*((\boldsymbol{Y}+\alpha\hat{\boldsymbol{S}})\oslash(\boldsymbol{W}\boldsymbol{H})))
\end{aligned}
\tag{4-53}
$$

其中，$\boldsymbol{W}:=[\boldsymbol{W}^{(n)}\boldsymbol{W}^{(s)}]$ 和 $\boldsymbol{H}:=\begin{bmatrix}\boldsymbol{H}^{(n)}\\ \boldsymbol{H}^{(s)}\end{bmatrix}$，$\boldsymbol{W}^{(s)}$ 的每一列在每次迭代后被归一化，α 取值小于 1，最终的数据矩阵估计为

$$
\hat{\boldsymbol{S}}_{rnmf}=\boldsymbol{Y}\otimes(\boldsymbol{W}^{(s)}\boldsymbol{H}^{(s)})\oslash(\boldsymbol{W}^{(s)}\boldsymbol{H}^{(s)}+\boldsymbol{W}^{(n)}\boldsymbol{H}^{(n)})
\tag{4-54}
$$

前述算法中要求干净数据矩阵的初步估计 $\hat{\boldsymbol{S}}$ 和噪声基矩阵 $\boldsymbol{W}^{(n)}$ 已经获取，接下来介绍二者的求解方法。首先设置 $\boldsymbol{S}=\boldsymbol{0}$，然后运行非负矩阵分解中 $\boldsymbol{W}^{(n)}$ 和 $\boldsymbol{H}^{(n)}$ 的迭代公式若干次，从而得到 $\boldsymbol{W}^{(n)}$ 和 $\boldsymbol{H}^{(n)}$ 的初始粗略估计，再通过对 $\boldsymbol{Y}$ 和 $\boldsymbol{W}^{(n)}\boldsymbol{H}^{(n)}$ 对应元素的比值施加阈值 η：

$$S = (Y \oslash (W^{(n)} H^{(n)}) \geqslant \eta) \tag{4-55}$$

来决定每个元素取 0 或 1，阈值 η 的取值大于 1，如 η 取值为 2。

与鲁棒 PCA 类似，通过引入 S 项增加模型变量，使模型具备了对潜在的较大幅度的噪声建模的能力，从而提高了非负矩阵分解模型的鲁棒性。

4.5 小结

本章介绍了主成分分析和非负矩阵分解两种常见的组合模型，两种模型都对数据整体分布进行建模，通过将数据整体描述成各个部分的组合来分析数据。主成分分析做出了各个成分之间互相正交的假设，而非负矩阵分解则利用了数据的非负性质，两种模型都在一些应用场景中成功应用。

参考文献

[1] 周志华 . 机器学习 [M] . 北京：清华大学出版社，2016.

[2] JOLLIFFE I T. Principal Component Analysis [M] . Springer-Verlag New York，Secaucus，NJ，2002.

[3] LEE D D，SEUNG H S. Learning the Parts of Objects by Non-negative Matrix Factorization [J]. Nature，1999，401 (6755)：788-791.

[4] LEE D D，SEUNG H S. Algorithms for Nonnegative Matrix Factorization [J] . Neural Inf. Process. Systems，2001，556-562.

[5] LU W，PRATHAPASINGHE D，OLAV T. Multiple Primary User Spectrum Sensing in the Low SNR Regime [J] . IEEE Transactions on Communications，2013，61 (5)：1720-1731.

[6] ZHOU T，TAO D. GoDec. Randomized Low Rank & Sparse Matrix Decomposition in Noisy Case [C] //International Conference on Machine Learning. 2011：33-40.

[7] SUN M，LI Y，GEMMEKE J F，ZHANG X. Speech Enhancement Under Low SNR Conditions Via Noise Estimation Using Sparse and Low-Rank NMF with Kullback-Leibler Divergence [J]. IEEE/ACM Trans. Audio，Speech & Language Processing，2015，23 (7)：1233-1242.

[8] 陈栩杉 . 频谱稀疏信号检测和参数估计关键技术研究 [D] . 南京：解放军理工大学，2016.

CHAPTER 5

第5章

人工神经网络和深度学习

5.1 引言

在机器学习和认知科学领域，人工神经网络（Artificial Neural Network，ANN）是一种模仿生物神经网络的结构和功能的数学和计算模型，一般也可简称为神经网络。ANN 模型可用于对任意数学函数进行估计、近似或逼近，从而完成回归或分类任务。与生物神经网络一样，ANN 也是由大量的神经元联结而成的。

典型的 ANN 包含网络结构、激励函数和学习规则三个要素。

1. 网络结构（network architecture）

网络结构指的是网络中神经元的拓扑关系，由神经元的数目和神经元之间的连接关系及其权重来刻画。

2. 激励函数（activity function）

神经元在接收信息的同时，也担负着向其他神经元传导信息的任务。对接收信息进行加工得到输出信息的过程是由神经元的激励函数来完成的，激励函数的数学形式决定了神经网络的非线性程度和信息表示能力。

3. 学习规则（learning rule）

学习规则指的是神经网络中的权重如何随着时间的推进而调整。一般情况下，学习规则是在给定网络结构和激励函数的条件下，通过调节权重使输出值和目标值尽可能接近。

神经网络的结构是决定网络功能的重要因素。从理论上说，通过构造不同结构的神经网络，几乎可以逼近任意形式的函数，也可以实现任意复杂的分类边界，从而无误差地表示数据或实现数据分类。

本章主要介绍人工神经网络和深度学习的基础知识以及深度神经网络的典型结构。

5.2 神经网络基础

受生物神经网络的启发，人工神经网络中的基本单位也是神经元，只不过是以运算符的形式予以呈现。本节首先简要介绍神经元模型，然后给出浅层神经网络和深度神经网络的解释和说明，为下文的深度学习奠定基础。

5.2.1 神经元模型

图 5-1 所示是单个神经元（neuron）的生理结构示意图，可分为细胞体（soma）和突起（neurite）两部分。细胞体由细胞核、细胞膜、细胞质组成，具有联络、整合和传递信息的作用。突起有树突（dendrite）和轴突（axon）两种：树突短而分支多，直接由细胞体扩张突出，形成树枝状，其作用是接收其他神经元轴突传来的神经冲动（nerve impulse）并传给细胞体；轴突长而分支少，为粗细均匀的细长突起，常起于轴丘（axon hillock），其作用是接收外来刺激，再由细胞体传出。

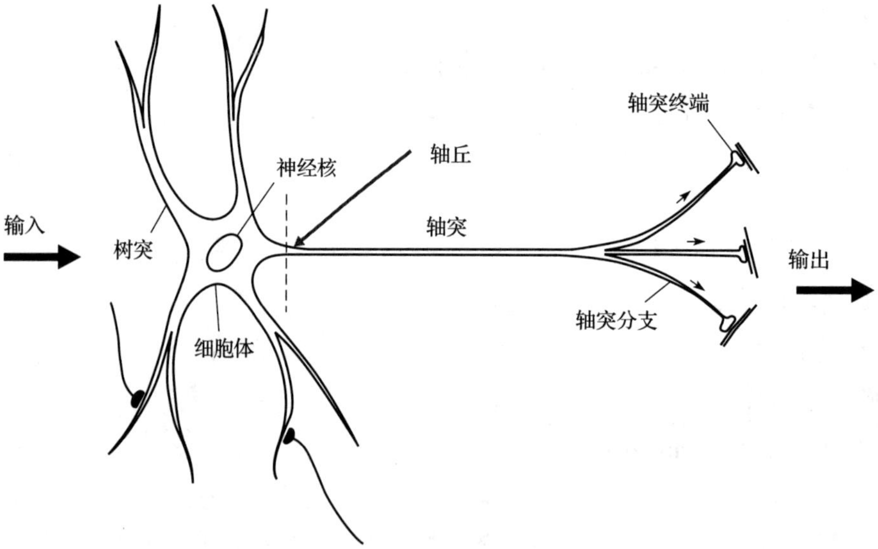

图 5-1 单个神经元的生理结构图

为了模仿生理神经元结构，人们发明了单个神经元的数学模型。图 5-2 所示是单个人工神经元的示意图，可以看出，它是对神经元生理结构的简化和模仿。

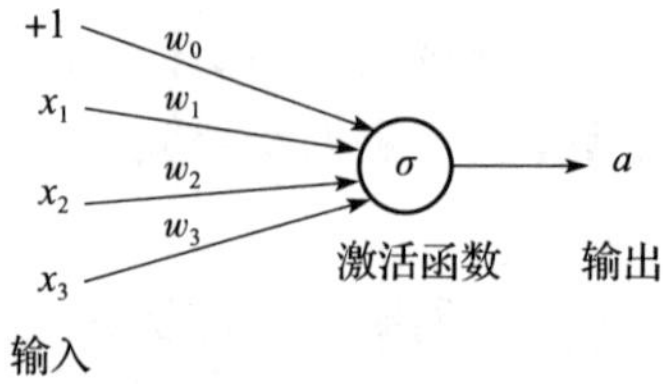

图 5-2 单个人工神经元的示意图

神经元的输出是对输入经过缩放、偏移和累加后，再经过激活运算得到的。图 5-2 中，x_1，x_2，x_3 代表输入（input）变量；+1 代表偏置（bias），以调节输入输出在幅度值上的差异；w_0，w_1，w_2，w_3 代表权重（weight）参数，是各个输入变量的缩放系数。神经元激活值的输入一般采用加权求和法计算，即线性代数里典型的向量乘法运算，如式（5-1）所示。

$$a=\sigma(w_0+w_1x_1+w_2x_2+w_3x_3) \tag{5-1}$$

式（5-1）中，a 为神经单元的激活值，σ 为激活函数，激活函数有很多种，如 Sigmoid、Tanh、ReLU 等。

5.2.2　浅层神经网络

神经网络是由多个神经元组合形成的。神经元的组合有多种形式，图 5-3 中给出了几种比较常见的网络结构。

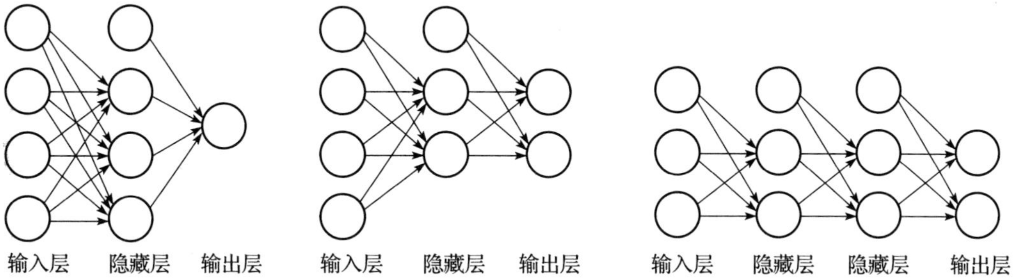

a）典型的三层网络结构　b）输出层有两个节点的三层网络　c）包含两个隐藏层的四层网络

图 5-3　典型的神经网络示意图

通常，根据各神经元与输入、输出的相对连接关系，将网络分为输入层、输出层和隐藏层，如图 5-3 所示。其中，每个圆表示一个神经元，也叫节点；连线表示神经元之间的连接关系，箭头表示信息的传递方向。

每个神经网络最左边的一列神经元称为“输入层”，最右边的一列神经元称为“输出层”，中间的不管有多少层都称为“隐藏层”。图 5-3a 是一种典型的三层网络结构，图 5-3b 是一种用于二分类问题的输出层有两个节点的三层网络结构，图 5-3c 是一种含有两个隐藏层的四层网络结构。

输入数据进入输入层的神经元，并由该层神经元处理后传递到隐藏层，再经各隐藏层处理后传送到输出层，最终经输出层计算后得到输出结果。这个过程是一个前向传播（Forward Propagation）过程，如图 5-4 所示。通常情况下，输入层有多个节点，输出层根据所处理问题的不同可以设置一个或多个节点。当前，通常凭经验来确定网络中设置多少个隐藏层以及每个隐藏层设置多少个节点。当然，在实际应用过程中，也可根据模型学习结果来调整网络隐藏层数和节点数以取得最佳效果。

早期的神经网络中隐藏层一般仅有 1～2 层，这种网络通常称为浅层神经网络。后向传播（Backward Propagation，BP）网络是浅层网络的典型代表。

通常，在利用神经网络时，需要预先利用已有的（输入、输出）样本数据进行训练以得到最佳的网络参数。当已知的输入数据经过神经网络的前向传播得到最终的输出值后，可以和目标样本值进行比较，并计算出两者之间的误差。这个误差表示网络对该组样本的拟合程度，误差越小，表示拟合效果越好。

为了找到最佳的网络参数，需要进行多次迭代运算以减小误差值。在实际计算中，可以计算输出误差关于最后一层激活值的偏导数，再将这个偏导数乘以“最后一层激活值”关于“最后一层的网络参数”的偏导数，来更新最后一层的网络参数；对于其他隐藏层的参数，则通过链式求导法则，一层一层地向后传下去，得到输出误差关于该隐藏层参数的偏导数，来更新这些网络参数；如此循环，直到更新输入层的参数。该过程称为后向传播，如图 5-5 所示。

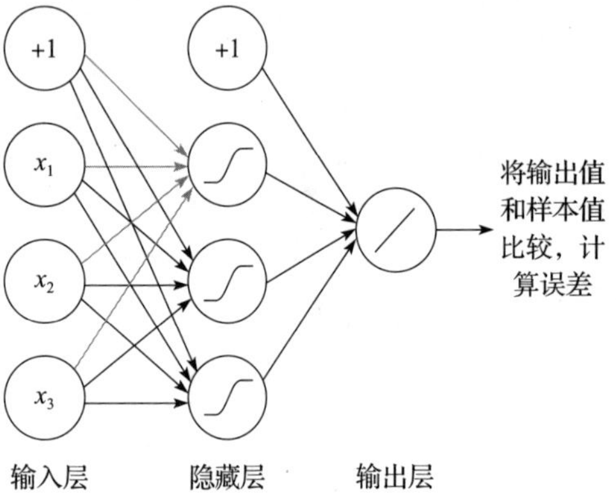

图 5-4 前向传播示意图

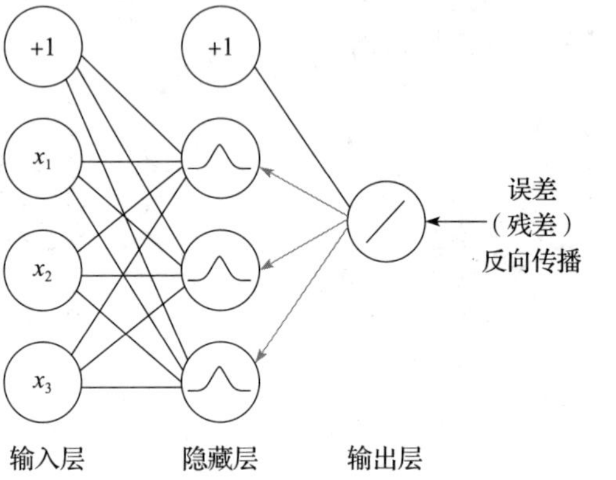

图 5-5 后向传播示意图

使用 BP 神经网络需要有一定量的样本数据，通过对样本数据的训练，神经网络可以学习到数据中隐含的规律，可用于分类、聚类、预测等场合。

在 BP 神经网络中，网络参数的初始值、隐藏层的节点数、激活函数等网络要素的设置，并没有确凿的理论依据，只有一些经验公式或者经过实践验证的有效方法。

BP 神经网络在早期得到了广泛的应用，但该网络在训练过程中容易陷入局部最优，从而导致网络性能不佳。因此，人们提出了大量有效的改进训练方法，如模拟退火算法、遗传算法等，这些算法可在一定程度上避免较差的局部最优解。

5.2.3 深度神经网络

从理论上来说，神经网络能够逼近任意形式的函数，但浅层神经网络的结构限制了逼近能力。在浅层网络的基础上，通过增加隐藏层的层数和网络结构的复杂度，可以提高神经网络的性能。虽然这个思路非常直观，但直到 2006 年 Hinton 等人提出了无监督逐层预训练方法，才有效解决了网络层数增加后参数训练易陷入局部最优的问题，深度神经网络的研究才得到了极大的关注。

当神经网络的隐藏层数超过 3 层时，这种网络一般可称为深度神经网络（Deep Neural Network，DNN）。国内外研究中，大部分 DNN 模型都是以最基础的几种核心模型为基元，例如，受限玻尔兹曼机（Restricted Boltzmann Machine，RBM）、自动编码器、循环神经网络以及卷积神经网络等。常用的 DNN 模型主要有以下几种。

1. 深度置信网络（Deep Belief Network，DBN）

深度置信网络开启了深度学习的研究热潮，具有里程碑意义。深度置信网络所采用的无监督逐层预训练方法，可以有效解决训练网络模型参数时易陷入局部最优的问题，极大地提高了神经网络的性能。

2. 栈式自动编码器 (Stack Auto-Encoder，SAE)

栈式自动编码器相比深度置信网络，具有结构简单、易于实现的特点。此外，自动编码器训练时可以不需要额外的标签数据。自动编码器让输入数据经过一个编码器得到一个编码输出之后，再将该输出送入一个与编码器对称的解码器来得到最终的输出，最终输出是对原始输入的重构，此时的误差就可以通过在输出和原输入之间进行比较得到，它常常用来学习一种原始数据的表示或者有效的编码方式。

3. 深度循环神经网络 (Deep Recurrent Neural Network，DRNN)

深度循环神经网络对于涉及序列输入的任务（比如语音和语言），通常能获得更好的效果。循环神经网络通过状态转移的方式逐步处理序列数据，借助于隐藏层单元的记忆性，可有效地将过去时刻的信息和当前时刻的信息联系起来，从而实现序列建模。

4. 深度卷积神经网络 (Deep Convolutional Neural Network，DCNN)

深度卷积神经网络处理多维数组数据的效果比较出众，卷积神经网络已广泛应用于图像检测、图像分割、物体识别等图像处理的各个领域，目前也在语音增强任务中崭露头角。

5.3 深度学习

从浅层学习到深度学习的跨越并没有想象中那么容易。理论上来说，直接将后向传播算法推广至多层结构即可实现深度学习。然而，在数据缺乏且计算能力较弱的时代，这种推广没有取得成功。本节介绍深度学习的基本概念和深度网络中常用的学习方法。

5.3.1 基本概念和形式

通过构建深度的层次化结构，学习算法能够借助具有较强表示能力的深层结构，从原始数据中学习到良好的数据表示，并完成分类或聚类等任务，这就是深度学习。深度学习目前已经在包括计算机视觉、语音识别、自然语言处理等应用场景中得到成功的应用。

目前，绝大多数深度学习都是基于神经网络的形式实现的，并采用后向传播作为训练过程中参数更新的主要算法。实际上，当模型由可微模块组成（例如，带有非线性激活函数的加权和）时，后向传播仍然是目前的最佳选择。然而，探索利用不可微模块构建多层或深层模型的可能性不仅具有学术意义，而且具有重要的应用潜力。例如，随机森林或梯度提升决策树之类的树集成，在各种领域中仍然是对离散或表格数据进行建模的主要方式，因此对树模型构建分层分布式表示也具有重要意义。

由于没有机会使用链式法则传播误差，因此随机森林等模型的参数不可能通过后向传播的方式更新。这就产生了两个基本问题：第一，能否构造一个具有不可微组件的多层模型，使中间层的输出可以被视为类似深度神经网络中间层的分布式表示；第二，如何在不借助后向传播的情况下训练模型。有学者提出了“深度森林”框架，这是第一次尝试用树集成来构建多层模型。具体来说，通过引入细粒度扫描和级联操作，该模型能够构建具有自适应模型复杂性的多层结构，并在多种任务中取得有竞争力的评测结果。

总体而言，多层分布表示法可能是深度学习成功的关键原因，因此并不应当将深度学习局限于神经网络的形式，对其他表示学习方法进行探索是非常必要的。

5.3.2 深度网络的学习方法

深度学习最简单的一种实现方法是采用人工神经网络的层次结构，即深度神经网络。深度神经网络依据其训练学习的方法，通常可以分为有监督学习和无监督学习。

有监督学习是数据集标签已知情况下的一类学习算法，它在输入和输出之间构建一个函数映射关系，从而发现输入和输出的量化规律。学习过程中，通过输出值和目标值之间的误差构建目标函数，并通过优化该目标函数不断修改其网络参数。给定输入和输出以及任意层数的神经网络，总是可以通过有监督学习中后向传播的方式来学习网络参数，从而达到分类或回归的目的。然而，随着网络层数的增加，后向传播算法中的链式求导法则面临着梯度消失或梯度爆炸的问题，从而导致训练难以收敛到正确的解。

无监督学习是指没有可用于监督训练过程的信息，如没有数据标签、无法得到数据的类别等。这类学习方式可用于提取数据的特征、类似组合模型的降维等任务，还可用于以逐层贪婪训练的方式克服上述有监督学习中多层后向传播训练存在的难以收敛的问题。具体过程简述如下：

1）给定无标签输入，用无监督学习的方式实施数据重构。

将输入数据 x 经过神经网络 $f(\cdot;\alpha)$，会得到其新的表示方法 $f(x;\alpha)$，可以称其为“编码”。将该编码再次输入一个神经网络 $g(\cdot;\beta)$，会得到新的输出 $g(f(x;\alpha);\beta)$。将这两个网络连接起来，并将最终输出的目标设定为输入数据 x 本身，那么这就是一个自编码的结构，其训练的目标是最小化输入 x 的重构误差，即

$$\min_{\alpha,\beta}\|x-g(f(x;\alpha);\beta)\| \tag{5-2}$$

至此，得到了第一层的自编码网络 $f(\cdot;\alpha)$，通过最小化重构误差使我们有理由相信该编码的过程并没有损失 x 的信息，只是得到了 x 的一种新的表示形式。

2）逐层训练直到输出层。

以 $f(x;\alpha)$ 为新的输入，重复步骤 1 所述的自编码过程，将会得到第二层的自编码网络以及第二层的自编码输出。重复这个过程，直到输出层，那么整个深层结构中的隐藏层都可以以这种无监督学习的方式通过最小化重构误差来学习。这个过程称为无监督预训练。

通过这种方式训练的网络还不能完成数据分类和回归这种有监督的任务，因为网络本身还没有学习到如何与已有的标注信息建立联系，它只是学会了如何去重构或者复现数据的输入而已。然而，这种学习却自动抽取了数据中蕴含的特征，这个特征可以最大限度地代表原输入信号。

3）有监督微调。

为了实现分类，可以在最顶层添加一个分类层，然后通过后向传播算法以有监督学

习的方式去调节网络参数。该微调的过程分为两种，一种是只调整分类层，而保持无监督学习所得的各层不变；一种是以较小的学习率更新所有层的参数。具体实施过程中，可根据实际数据通过实验来选取微调的方式。

除了上述有监督和无监督学习之外，半监督学习也可以在缺少数据标注时对深度网络进行训练。一种半监督学习的方式为：首先在有标注的数据集上训练模型，然后用该模型对无标注数据进行预测，预测结果作为无标注数据的标注，并用其对模型进行再次训练。该方法简单直观，通过多次迭代可取到较好的效果。

5.4　深度神经网络的典型结构

本节介绍几种典型的深度神经网络结构：深度置信网络、自动编码器与栈式自动编码器、卷积神经网络、循环神经网络以及生成式对抗网络。

5.4.1　深度置信网络

1. 模型结构

深度置信网络（Deep Belief Network，DBN）由一系列叠加的 RBM 和一层 BP 网络构成，其网络结构如图 5-6 所示。其中，每层 RBM 的输出为上面一层 RBM 的输入，最后一层的 BP 网络接收最后一个 RBM 的输出，计算得到最终结果。

DBN 中的每一层 RBM 都形成了一个输入特征的表示空间。这些空间并不一致，刻画了输入特征不同层次的信息。在训练中，每一层 RBM 都要单独训练，以确保输入特征在该层尽可能多地保留有用信息。

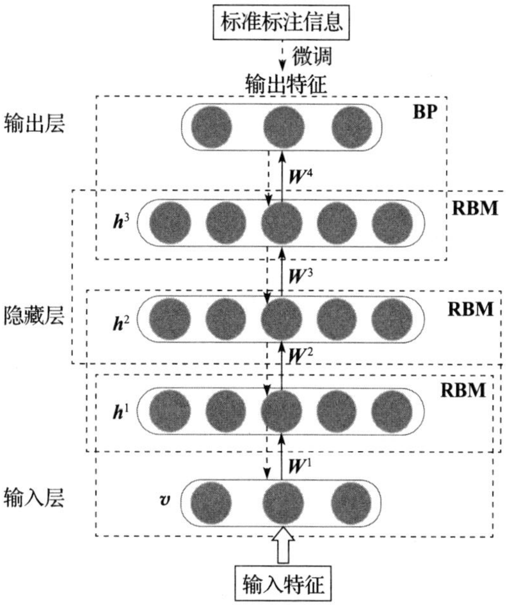

图 5-6　深度置信网络结构

2. 训练方法

DBN 模型的训练过程主要分为两个步骤：

1）分别对每一层 RBM 网络进行无监督训练，以确保特征向量映射到不同特征空间时都尽可能多地保留特征信息。

2）在 DBN 的最后一层 BP 网络，利用后向传播算法将网络输出与标准数据之间的误差，自顶向下传播至网络的每一层，微调整个 DBN 网络的参数。

在步骤 1 的基础上实施步骤 2 的动机为：DBN 中，每一层 RBM 网络的训练只能确保自身层内的权值对该层特征向量映射达到最优，并不能使整个 DBN 的特征向量映射达到最优。利用后向传播算法对 DBN 进一步训练，可以将 DBN 视为一个深度 BP 网络，即保证最终结果既可以对整个 DBN 的特征向量映射达到最优，又能利用 RBM 实现深度 BP 网络权值参数的初始化，使 DBN 可以克服 BP 网络因随机初始化权值参数而容易陷入局部最优和训练时间长的缺点。

上述训练过程中，步骤 1 称为无监督贪婪逐层预训练，步骤 2 称为有监督的微调。最上面有监督学习的那一层，可以根据具体的应用确定网络类型，而不必是 BP 网络。DBN 无监督预训练算法的伪代码如算法 5-1 所示。在算法 5-1 中，p 是 DBN 网络的训练集数据分布，ε 是随机梯度下降的速率，L 是需要训练的网络总层数，n 是每一层的隐藏节点数，$\boldsymbol{W}^i$ 是第 i 层的权值矩阵（$i=1\sim L$），$\boldsymbol{b}^i$ 是第 i 层的偏置向量（$i=0\sim L-1$）。

算法 5-1 DBN 的无监督预训练

初始化：$\boldsymbol{b}^0=0$
对 l 从 1 到 L：
  初始化：$\boldsymbol{W}^l=0$，$\boldsymbol{b}^l=0$
  While（不满足停止条件时）
    从概率分布 p 中采样 $\boldsymbol{g}^0=\boldsymbol{x}$；
    对 i 从 1 到 $l-1$：
      从概率分布 $Q(\boldsymbol{g}^i \mid \boldsymbol{g}^{i-1})$ 中采样 $\boldsymbol{g}^i$
    更新 RBM 模型的参数 $\boldsymbol{g}^{l-1}$，ε，$\boldsymbol{W}^l$，$\boldsymbol{b}^{l-1}$，$\boldsymbol{b}^l$
输出：p，ε，L，n，$\boldsymbol{W}$，$\boldsymbol{b}$

DBN 有监督微调算法的伪代码如算法 5-2 所示。在算法 5-2 中，p 是 DBN 网络的训练集数据分布；x 是其分布的采样值；C 是训练代价函数，是由网络输出 $f(x)$ 和目标 y 构成的函数；ε 是有监督训练网络时的随机梯度下降的速率；L 是需要训练的网络总层数；n 是每一层的隐藏节点数；$\boldsymbol{W}^i$ 是连接权值矩阵；$\boldsymbol{b}^i$ 是偏置向量；$\boldsymbol{W}^{\text{out}}$ 是有监督输出层的权值矩阵。

算法 5-2 DBN 的有监督调优算法

1）递归定义均值场传播方程：

$$\mu^i(\boldsymbol{x}) = E_{x\sim p(x)}[\boldsymbol{g}^i \mid \boldsymbol{g}^{i-1} = \mu^{i-1}(\boldsymbol{x})],\quad \mu^0(\boldsymbol{x}) = \boldsymbol{x}$$

2）定义输出方程：

$$f(\boldsymbol{x}) = \boldsymbol{W}^{\text{out}}(\mu^L(\boldsymbol{x})',1)'$$

3）通过调节 $C(f(\boldsymbol{x}),\ \boldsymbol{y})$，迭代优化 $\boldsymbol{W}$，$\boldsymbol{b}$，$\boldsymbol{W}^{\text{out}}$

5.4.2 自动编码器与栈式自动编码器

Bengio 等人借鉴 RBM 无监督预训练可以减缓深度网络优化困难的良好特性，提出将 DBN 结构中的 RBM 层替换成自动编码器，不仅验证了 RBM 的训练机制是成功的，而且提出一种新的网络模型——栈式自动编码器（SAE）。该网络是深度学习中另一个重要的模型，已得到广泛应用。下面先介绍自动编码器的基本原理及其训练方法，然后介绍 SAE。

1. 自动编码器

自动编码器（Auto-Encoder，AE）具有输入、隐藏和输出三层结构，它利用隐藏层对输入数据进行处理，处理结果再次映射到输出层后，使得输出结果与输入尽可能一致。实际上，隐藏层实现了对输入特征的某种编码，因此该网络称为自动编码器，如图 5-7 所示。

假设自动编码器的输入为 k 维向量 $\boldsymbol{x}$，输入层将 $\boldsymbol{x}$ 映射到 d 维的表征向量 $\boldsymbol{y}$，映射关系可表示为 $\boldsymbol{y}=f_\theta(\boldsymbol{x})=s(\boldsymbol{Wx}+\boldsymbol{b})$，模型的构造参数为 $\theta(\boldsymbol{W},\boldsymbol{b})$，$\boldsymbol{W}$ 是一个 $d\times k$ 的权重矩阵，$\boldsymbol{b}$ 是偏置向量，s 是非线性激活函数。

隐藏层将 $\boldsymbol{y}$ 进行“重构”，映射为输出向量 $\boldsymbol{z}$，重构映射函数可表示为 $\boldsymbol{z}=g_{\theta'}(\boldsymbol{y})=s(\boldsymbol{W}'\boldsymbol{y}+\boldsymbol{b}')$，模型的重构参数为 $\theta'(\boldsymbol{W}',\boldsymbol{b}')$，$\boldsymbol{W}'$是一个 $k\times d$ 的权重矩阵，$\boldsymbol{b}'$是偏置向量。

自动编码器训练的目标函数为

$$J(\theta,\theta') = F(\boldsymbol{x},\boldsymbol{z}) + \frac{\lambda}{2}(\|\theta\|^2 + \|\theta'\|^2) \tag{5-3}$$

式（5-3）中，第 1 项为最小化模型的重构误差，第 2 项为权重衰减项，λ 是加权因子。图 5-8 是一个自动编码过程的简略表示。

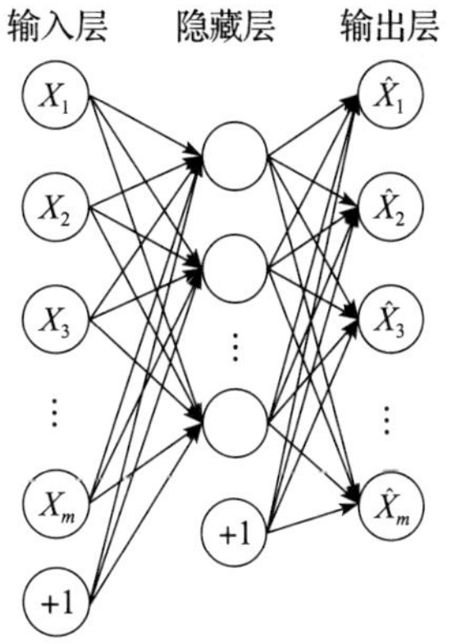

图 5-7 自动编码器的基本结构

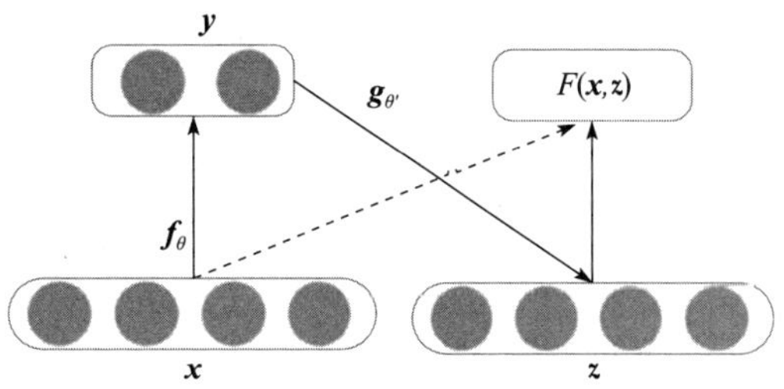

图 5-8 自动编码器的基本原理

对自动编码器进行训练时，需要最小化模型的平均重构误差来得到最优化的模型参数，即求式（5-4）的最小值：

$$F(\boldsymbol{x},\boldsymbol{z}) = F(\boldsymbol{x},g_{\theta'}(f_\theta(\boldsymbol{x}))) \tag{5-4}$$

式（5-4）中，$\boldsymbol{x}$ 为原始输入向量，$\boldsymbol{z}$ 为重构向量。损失函数 F 可以选择多种样式，常用的主要有连续值的均方误差损失函数：

$$F(\boldsymbol{x},\boldsymbol{z}) = \frac{1}{2}\|\boldsymbol{x}-\boldsymbol{z}\|_2^2 \tag{5-5}$$

或者是二值的交叉熵损失函数：

$$F(\boldsymbol{x},\boldsymbol{z}) = -\sum_{j=1}^{k}[x_j\log(z_j) + (1-x_j)\log(1-z_j)] \tag{5-6}$$

自动编码器的训练算法可以采用与 RBM 一样的贪心逐层预训练算法，但由于可以通过重构误差来进行训练，相比 RBM 训练更容易一些。

2. 栈式自动编码器

自动编码器的结构简单，数学表示通俗易懂，但其编码能力较弱，无法处理较为复杂的输入特征。通过将自动编码器进行堆叠形成深层结构，可以有效提升模型的编码性能。以自动编码器为基本模型堆叠形成的网络模型通常称为栈式自动编码器（SAE）。

SAE 的结构如图 5-9 所示。对比 DBN 和 SAE 的结构，可以看出，将 DBN 中的 RBM 替换成 AE，就可以形成 SAE 模型。SAE 的每两层节点构成一个基本的自动编码器，每层自动编码器的输出要用来重构其自身的输入。

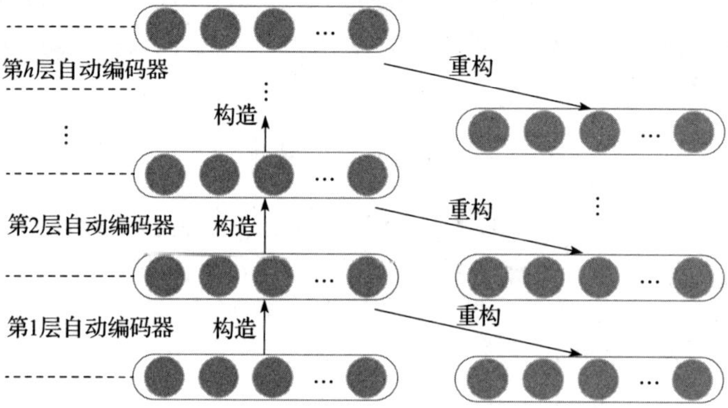

图 5-9 栈式自动编码器

SAE 按照从底层向上层的顺序进行逐层训练，具体训练过程如下：

1）训练第 1 个 AE，训练目标是最小化原始输入与重构输出之间的误差。

2）训练好该 AE 之后，将这个 AE 的输出作为下一个 AE 的输入，按照步骤 1 中的方法继续训练下一个 AE。

3）重复步骤 2，直到完成剩余所有层的训练。

4）将最后一层隐藏层的输出作为一个有监督层的输入，初始化有监督层的参数（可以随机设置或者通过有监督训练得到）。

5）按照有监督的标准，可以对所有层进行微调，或者仅对最顶层进行微调。

最顶层 AE 的隐藏层输出就是这个 SAE 的输出，它可以用于有监督学习任务，例如作为支持向量机（Support Vector Machine，SVM）分类器的输入。这个无监督预训练过程能够自动地利用大规模的无标签数据，与传统随机初始化方法相比，可以获得更好的神经网络权重初始化值。

SAE 网络是一个生成概率模型，但 SAE 的特点是数据样本不仅用作 SAE 的输入，而且还作为 SAE 训练的输出目标，已被广泛地用于深度学习中的维数约简和特征学习。

5.4.3 卷积神经网络

卷积神经网络（Convolutional Neural Network，CNN）擅长挖掘输入二维信号中的时空结构，其强大的建模能力已经在图像处理方面取得了巨大成功。最近有研究表明，CNN 也可以很好地处理语音的识别和增强等任务。

CNN 的基本结构主要由卷积层和子采样层组成，如图 5-10 所示。卷积层通过卷积核与输入的原图像做二维卷积，提取局部特征，构造出卷积特征映射，如图 5-10 中的 C_1 特征映射、C_2 特征映射等。通过设置多个卷积核，可以得到多种卷积特征映射。子采样层对得到的卷积特征映射做下采样处理，降低特征的维度以使得同样大小的卷积核的感受野范围更大，提高特征的抽象能力，如图 5-10 中的 S_1 特征映射、S_2 特征映射等。在卷积神经网络中，卷积层和子采样层一般交替使用，最后结合全连接层和输出层以实现分类或回归任务。

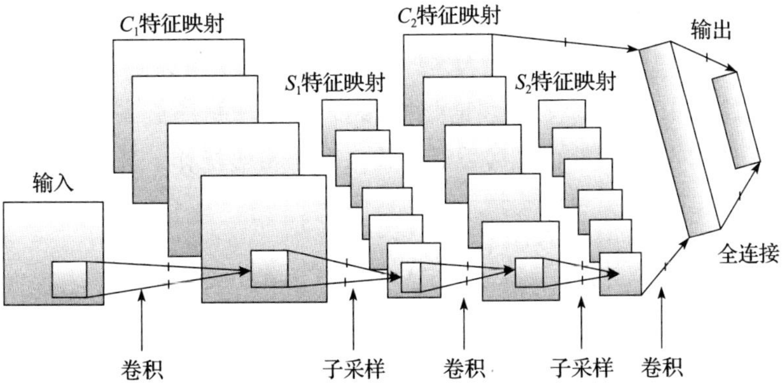

图 5-10　卷积神经网络结构

CNN 的四个重要结构设计是局部连接、权值共享、多卷积核、池化。

1）一般认为人类对外界的认识是从局部到全局的，神经元只需感知局部信息，再将局部信息组合得到高层信息。局部连接可以有效减少神经网络需要训练的权值参数的个数，极大地提高处理速度。

2）CNN 另一个有效减少权值参数的功能是权值共享，这意味着一部分学习的特征可以用在另一部分上，因此权值共享可以在局部连接之后继续降低运算复杂度。

3）提取不同的特征需要使用不同的卷积核，多卷积核的使用可以使 CNN 充分提取到所需特征。

4）池化把相似的特征合并起来，使得参数减少。池化可以保持某种不变性（旋转、平移、伸缩等）。常用的池化方法有平均池化、最大池化以及随机池化。

CNN 的训练也可以采用后向传播的算法来实施，如图 5-10 所示的网络结构中，输出层计算输出值和目标值的误差，通过链式法则对全连接层的参数求导并更新；通过后向传播算法对各层的卷积核参数求导并更新；子采样或池化层一般不含有网络参数，不需要学习训练。

5.4.4　循环神经网络

1. 循环神经网络

循环神经网络（Recurrent Neural Network，RNN）是一类具有短期记忆能力的神经网络，常用于序列建模任务中。RNN 的基本网络结构如图 5-11a 所示，其中 A 表示基本的网络单元，通过将单元 A 沿着时间轴不断连接来对时间序列建模。X_t 为 t 时刻的输入数据（如第 t 个语音帧所提取的特征），h_t 为 t 时刻隐藏层的激活，其基本模型为

$$h_t = \tanh(W_{hx}X_t + W_{hh}h_{t-1} + b_h) \tag{5-7}$$

可以看出，h_t 不像 DBN 或 DNN 中那样只与输入 X_t 有关，还与前一时刻隐藏层的激活值 h_{t-1} 有关，从而有效地建立起各个时刻的联系，可有效地对时间序列数据建模。然而，随着序列长度的增长，RNN 时间维度的层数也在不断增长，从而导致后向传播算法中梯度消失或梯度爆炸问题发生，增加了训练的难度。

2. 长短时记忆模型

长短时记忆模型（Long Short-Term Memory，LSTM）是 RNN 的一种特殊类型，可以学习长时依赖信息。相比 RNN，LSTM 对每个时刻 t 引入了细胞（Cell）状态 C_t，能够有效抓住数据中的长时依赖，记忆更多的信息，进行更长时间的学习。此外，LSTM 引入了门控单元来调节信息的遗忘、输入和输出等操作，使其具备了随数据自适应调节的建模能力，如图 5-11b 所示。

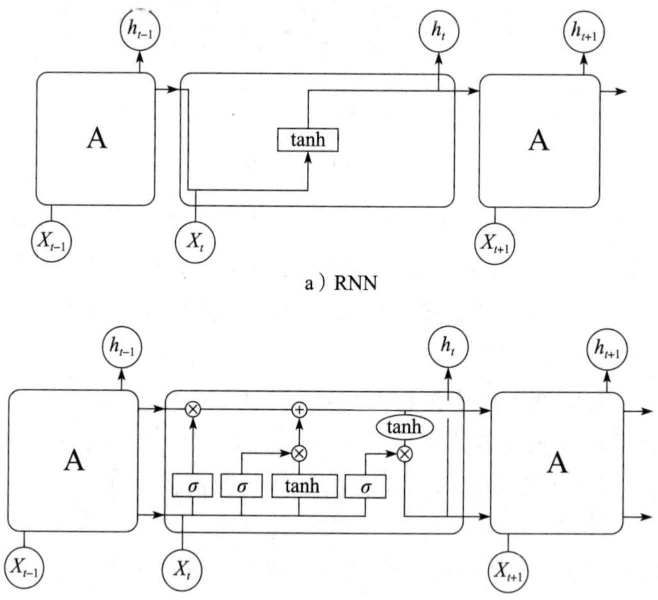

a）RNN

b）LSTM

图 5-11 RNN 与 LSTM 的结构对比示意图

LSTM 在网络结构上增加了记忆单元，利用精心设计的称作“门”的结构来去除或者增加信息到细胞状态的能力。门是一种让信息选择通过的方法，它们包含一个 Sigmoid 神经网络层和一个点对点的乘法操作。

LSTM 主要有三种门结构：遗忘门、输入门和输出门，分别对应图 5-11b 中间单元从左往右的三个乘法器。这些单元具有存储、写入或读取信息的能力，单元通过门的开关判定存储哪些信息，以及何时允许读取、写入或清除信息。这些门依据接收到的信号

来确定门的开关，而且与神经网络的节点类似，它们会用自有的权重集对信息进行筛选，根据其强度和导入内容决定是否允许信息通过。这些权重就像调制输入和隐藏状态的权重一样，会通过循环网络的学习过程进行调整。LSTM 依靠这些“门”结构，可以有效记忆长时信息，避免了梯度消失和梯度爆炸问题。

5.4.5 生成式对抗网络

1. 基本概念

生成式对抗网络（Generative Adversarial Network，GAN）是加拿大蒙特利尔大学的 Ian Goodfellow 于 2014 年提出的一种生成模型，在之后引起了业内人士的广泛关注与研究。

GAN 中包含两个模型：一个是生成模型 G，另一个是判别模型 D。下面通过生成图片的例子来解释两个模型的作用。

- 生成模型 G：不断学习训练集中真实数据的概率分布，目标是将输入的随机噪声转化为可以以假乱真的图片（生成的图片与训练集中的图片越相似越好）。
- 判别模型 D：判断一个图片是否是真实的图片，目标是将生成模型 G 产生的假图片与训练集中的真图片分辨开。

GAN 的实现方法是让 D 和 G 进行博弈，训练过程中通过相互竞争让这两个模型同时得到增强。由于判别模型 D 的存在，使得 G 在没有大量先验知识以及先验分布的前提下也能很好地去学习、逼近真实数据，并最终让模型生成的数据达到以假乱真的效果，即 D 无法区分 G 生成的图片与真实图片，从而 G 和 D 达到某种均衡。

GAN 中对生成模型和判别模型的选择没有强制限制，在 Ian Goodfellow 的论文中，判别模型 D 和生成模型 G 均采用多层感知机的形式。GAN 定义了一个噪声 $p_z(x)$ 作为先验，用于学习生成模型 G 在训练数据 x 上的概率分布 p_g，$G(z)$ 表示将输入的噪声 z 映射成数据（例如生成图片）。$D(x)$ 代表 x 来自真实数据分布 p_{data} 而不是 p_g 的概率。据此，优化的目标函数定义如下 minmax 的形式：

$$\min_G \max_D V(D,G) = E_{x\sim p_{\text{data}}(x)}[\log D(x)] + E_{x\sim p_z(z)}[\log(1-D(G(z)))] \tag{5-8}$$

更新参数时，对 D 更新若干次后，才对 G 更新 1 次。式（5-8）中的 minmax 可理解为：当更新 D 时，需要最大化 $V(D, G)$；而当更新 G 时，需要最小化 $V(D, G)$。详细解释如下：

在对判别模型 D 的参数进行更新时，对于来自真实分布 p_{data} 的样本 x 而言，希望 $D(x)$ 的输出越接近于 1 越好，即 $\log D(x)$ 越大越好；对于通过噪声 z 生成的数据 $G(z)$ 而言，希望 $D(G(z))$ 尽量接近于 0（即 D 能够区分出真假数据），因此 $\log(1-D(G(z)))$ 也是越大越好，所以需要最大化 D。在对生成模型 G 的参数进行更新时，希望 $G(z)$ 尽可能和真实数据一样，即 $p_g = p_{\text{data}}$。因此希望 $D(G(z))$ 尽量接近于1，即 $\log(1-D(G(z)))$ 越小越好，所以需要最小化 G。

需要说明的是，$\log D(x)$ 是与 $G(z)$ 无关的项，在求导时直接为 0。原论文中对

GAN 理论上的有效性进行了分析，即当固定 G 更新 D 时，最优解为 $D^*(x)=p_{data}(x)\cdot p_{data}(x)+p_g(x)$；而在更新 G 时，目标函数取到全局最小值，当且仅当 $p_g=p_{data}$。最后两个模型博弈的结果是 G 可以生成以假乱真的数据 $G(z)$。而 D 难以判定 G 生成的数据是否真实，即 $D(G(z))=0.5$。

图 5-12 解释了这一博弈过程。

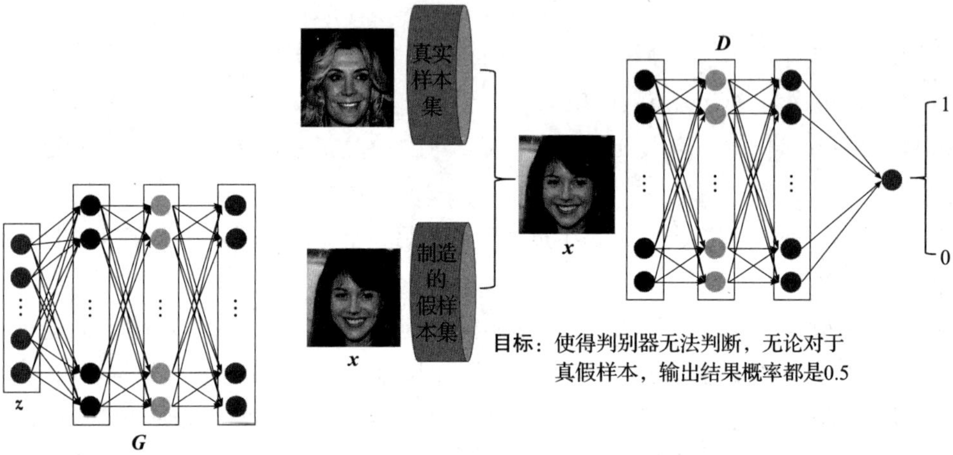

图 5-12　生成网络和判别网络在 GAN 中的作用

2. 训练方法

训练两个模型的基本方法为两个模型交替、迭代训练。其中，在判别模型的训练过程中，希望真样本集尽可能输出 1，假样本集尽可能输出 0。因此，对于判别网络，问题转换成一个有监督的二分类问题，直接将数据送到神经网络模型中，采用与有监督学习一样的训练方法就可以了。

生成网络 G 的目的是生成尽可能逼真的样本，而逼真与否是由判别网络 D 来决定的。因此，在训练生成网络 G 的时候，需要联合判别网络 D 才能达到训练的目的。在训练过程中，把判别网络 D 串接在生成网络 G 的后面，如图 5-13 所示。D 的输出结果与预期对比就有了误差源，从而用 BP 算法来训练模型。在训练这个串接网络的时候，一个很重要的操作就是不让判别网络的参数发生变化，也就是不更新它的参数，只是把误差回传到生成网络后更新生成网络的参数，就完成了生成网络的训练。

假样本在训练过程中的真假变换公式为式（5-8），先优化 D，再优化 G，拆解之后通过式（5-9）优化 D：

$$\max_{D} V(D,G)=E_{x\sim p_{data}(x)}[\log D(x)]+E_{x\sim p_z(z)}[\log(1-D(G(z)))] \tag{5-9}$$

需要说明的是，优化判别网络时，$G(z)$ 保持不变。优化式（5-9）的第一项，使得输入真样本 x 时，目标函数 $V(D, G)$ 得到的结果越大越好；优化式（5-9）的第二项，使得输入假样本 $G(z)$ 时，$D(G(z))$ 的结果越小越好，从而也达到了最大化目标函数 $V(D, G)$ 的效果。

通过式（5-10）优化 G：

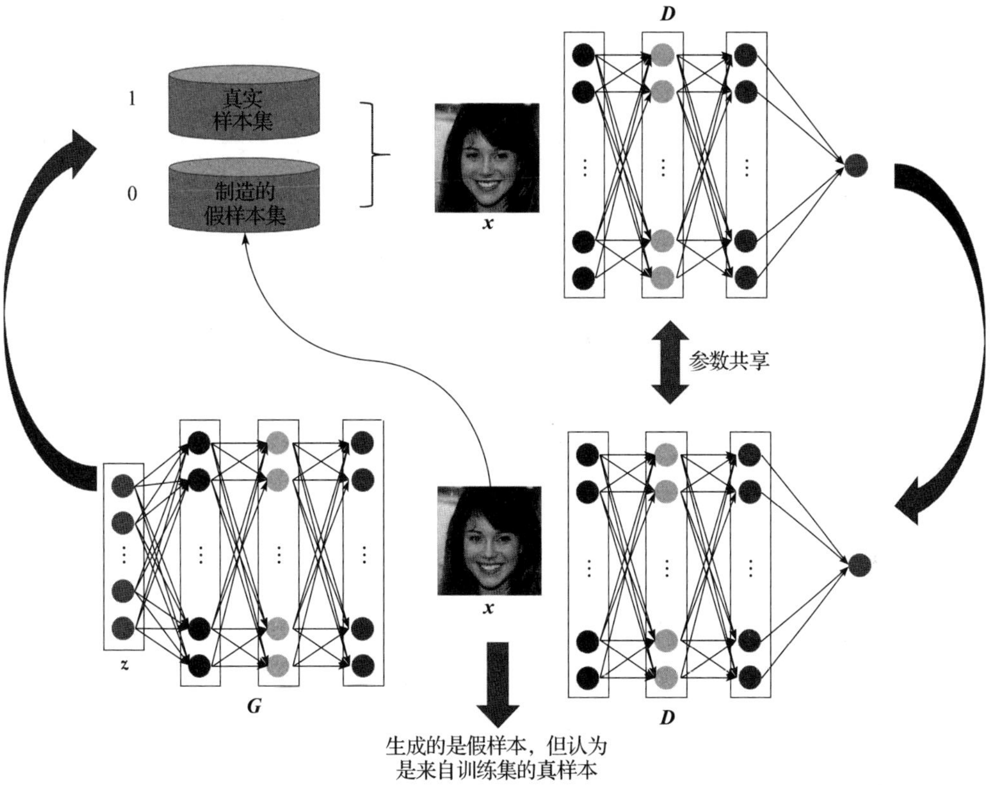

图 5-13 GAN 参数训练过程示意图

$$\min_{G} V(D,G) = E_{x\sim p_z(z)}[\log(1-D(G(z)))] \tag{5-10}$$

优化 G 与输入真样本无关，因此可以把式（5-9）的第一项直接去掉。希望假样本的标签是 1，所以需要最大化 $D(G(z))$，等价于最小化 $1-D(G(z))$。

GAN 可以自动地学习原始真实样本集的数据分布。与传统机器学习方法不同，GAN 实际上定义了一个从高斯分布到真实样本集数据分布的映射，通过与判别器的相互学习来完成这个映射的学习。

5.5 小结

本章介绍了神经网络中的神经元模型、浅层神经网络、深度神经网络、深度学习等基础知识，在此基础上，介绍了深度置信网络、自动编码器、卷积神经网络、循环神经网络和生成式对抗网络等典型的网络结构，为后续章节讲解智能语音处理的典型应用奠定了基础。

参考文献

[1] HINTON G E. Training products of experts by minimizing contrastive divergence [J]. Neural Computation, 2006, 14 (8): 1771-1800.

[2] BENGIO Y, LAMBLIN P, POPOVICI D, et al. Greedy layer-wise training of deep networks [C].

Annual Conference on Neural Information Processing Systems，2007：153-160.

[3] SALAKHUTDINOV R，HINTON G E. Semantic hashing [J]. International Journal of Approximate Reasoning，2009，50 (7)：969-978.

[4] GOROSHIN R，LECUN Y. Saturating auto-encoder [EB/OL]. http://arxiv.org/pdf/1301.3577.pdf.

[5] LECUN Y，BENGIO Y，HINTON G E. Deep learning [J]. Nature，2015，521 (7553)：436-444.

[6] HINTON G E，DENG L，YU D，et al. Deep neural networks for acoustic modeling in speech recognition：The shared views of four research groups [J]. IEEE Signal Processing Magazine，2012，29 (6)：82-97.

[7] SAINATH T N，MOHAMED A，KINGSBURY B，et al. Deep convolutional neural networks for LVCSR [C]. IEEE International Conference on Acoustics，Speech and Signal Processing (ICASSP)，2013：8614-8618.

[8] YU D，DENG L. Deep learning and its applications to signal and information processing [J]. IEEE Signal Processing Magazine，2011，28 (1)：145-154.

[9] 韩伟. 基于深度学习的单通道语音增强方法研究 [D]. 南京：解放军理工大学，2016.

CHAPTER6

第6章

语音压缩编码

6.1 引言

数字语音具有许多模拟语音不可比拟的优点。语音信号中存在大量的冗余信息，语音压缩编码技术利用这些冗余，不仅可实现语音信号的数字化，而且可有效降低语音的编码速率，提高传输信道利用率。传统的语音编码研究有两大分支：波形编码和参数编码[1]。

为保证不同数字通信系统的连通性，ITU-T 等国际组织制定了一些语音编码标准[2]。表 6-1 列出了其中的一些标准。这些标准的速率不同，可适用于不同的应用场合。一般而言，压缩之后的速率越低，语音质量就越差。在保证一定的编码语音质量的前提下，如何高效率地压缩编码，或者在给定信息速率的前提下如何提高编码后的语音质量，是语音编码研究的重点。

表 6-1 常用的语音编码标准

标准	采用的主要编码技术	比特率
G. 711	A/U 律非线性压扩	64Kbit/s
G. 721/3/6	自适应差分脉冲编码调制（ADPCM）	32/24/16Kbit/s
G. 722	子带 ADPCM（SB-ADPCM）	48Kbit/s
G. 723. 1	代数码激励线性预测（ACELP），多脉冲最大似然量化（MP-MLQ）	5. 3Kbit/s
G. 728	低时延码激励线性预测（LD-CELP），矢量量化	16Kbit/s
G. 729	共轭结构-代数码激励线性预测（CS-ACELP）	8Kbit/s
AMR-NB	代数码激励线性预测编码	4. 8Kbit/s～13. 2Kbit/s

与传统语音压缩编码方法不同，本章从语音具有的变换域稀疏特性出发，综合利用稀疏表示、字典学习、深度学习等智能处理技术，分别介绍基于 Karhunen-Loeve（K-L）展开字典学习的语音压缩感知、基于梅尔倒谱系数（Mel-Frequency Cepstral Coecient，

MFCC）重构的抗噪低速语音编码以及基于深度自编码器的抗噪低速语音编码三种方案，介绍了这些基于智能处理的语音压缩编码方案的基本原理和仿真实验性能。

6.2　基于字典学习的语音信号压缩感知

字典学习技术已成功应用于图像、视频等信号的压缩编码中。与图像信号不同，语音信号的产生原理独特，语音信号没有明显的边缘、直线、梯度（斜率）特征，不易直观地被理解和处理，并且随着时间改变，语音特征也随之不断变化[3]。因此，字典学习技术在语音压缩编码上的应用相对较少。

语谱图作为一种语音基本表示方法，其包含的信息非常丰富，通过它可以直观地观察信号能量在时域和频域的分布，便于对特定的语音特征和结构进行定位。语谱图为语音分析提供了良好的“素材”，但其数据量大，对后续处理应用的要求较高。如果能基于语谱图找到语音稀疏表示，有效压缩信号表示维度，那么就可以大幅度地提高各种应用的处理效率。

基于上述分析思路，本节首先分析语音信号的稀疏特性，然后介绍语音非相干字典的设计。在此基础上，通过设计基于 Karhunen-Loeve 展开的非相干字典，实现语音的压缩感知[4]。

6.2.1　语音信号的稀疏性

语音生成过程中，声源激励经过声道调制和口/鼻腔辐射后产生语音，这个过程可以视为矢量与矩阵相乘的过程。从逆向来看，可认为语音信号可以分解为激励源与声道参数矩阵。而激励源在很大程度上是稀疏的，因此，语音信号从产生机理上就具有一定的稀疏性。

人类的听觉感知系统具有一个显著的特性：对信号进行处理时，大脑听觉皮层参与处理的神经元数量比听觉信号传输所用的神经元多得多[5]。人类拥有大约 3×10^4 个耳蜗神经元，但是在听觉皮层中却至少有10^8 个神经元参与对信号的理解。在受到某种声音的刺激时，人脑中的听觉皮层被激励的神经元数目相比于 1 亿个神经元来说是微乎其微的，也就是说声音信号最终在大脑听觉皮层的表示是非常稀疏的。因此，从人类对声信号的感知机理来看，对声信号的感知具有显著的稀疏性。

从信号处理的角度来看，语音信号本身也具有显著的稀疏特性[6]。例如，语音信号样本间存在很强的相关性、浊音语音段具有的准周期性表征着时域冗余度；非均匀的长时功率谱密度、具有共振峰的短时功率谱密度表征着频域或变换域冗余度。从信息论角度估计语音压缩编码的极限速率为 80～100bps[1]。这些都表明语音信号可以进行稀疏表示。

语音的稀疏表示主要包括两类方法：①基于变换域的语音稀疏化方案，将语音投影至某变换域，使得投影系数非零值尽可能少；②基于冗余字典的稀疏分解方法，语音信号经过某种正交变换或分解之后得到的变换域系数具有稀疏性。

6.2.2 语音在常见变换域的稀疏化

常见的正交变换域包括：离散傅里叶变换（DFT）、离散余弦变换（DCT）、离散小波变换（DWT）、离散 Karhunen-Loeve 变换（KLT）等。

DFT 是最常见的正交变换，适用于以正弦函数为内核构成的信号。DWT 变换适用于非平稳信号，可以多尺度自适应地对信号进行分解，得到稀疏表示；DWT 对于信号的稀疏描述结果优于 DFT，但变换后的系数中包含较多的非零小分量，影响信号重构效果。DCT 变换更多应用于图像信号压缩感知，其基函数缺乏时间/空间分辨率，处理语音信号时对时频局部化性质的提取能力较弱，同时与 DWT 类似，DCT 变换后的非稀疏部分仍有大量非零小系数。

上述前三种变换具有共同的特点，即变换域的基矩阵与信号无关。而 KLT 变换是建立在统计特性基础上的一种变换，其相关性好，且为均方误差意义下的最佳变换，可以对语音信号进行较好的稀疏表示。KLT 变换定义如下：

对于信号 $\boldsymbol{x}=[x_1, x_2, \cdots, x_n]^{\mathrm{T}}$，其自相关矩阵为

$$\boldsymbol{R}_x = \boldsymbol{x}\boldsymbol{x}^{\mathrm{T}} \tag{6-1}$$

对实对称矩阵 $\boldsymbol{R}_x$ 进行奇异值分解：

$$\boldsymbol{R}_x = \boldsymbol{x}\boldsymbol{x}^{\mathrm{T}} = \boldsymbol{U}\boldsymbol{\Lambda}_x\boldsymbol{V} \tag{6-2}$$

式中 $\boldsymbol{\Lambda}_x$ 是非零特征值构成的对角阵，$\boldsymbol{U}$ 和 $\boldsymbol{V}$ 分别为 $\boldsymbol{R}_x$ 左、右奇异矢量构成的酉矩阵（Unitary Matrix），称 $\boldsymbol{U}$ 为信号的 KLT 基。信号在 KLT 基下的投影矢量为

$$\boldsymbol{s} = \boldsymbol{U}^{\mathrm{T}}\boldsymbol{x} \tag{6-3}$$

图 6-1 给出了一帧浊音在上述几种变换域上的稀疏化结果。其中，纵坐标为矢量元素幅值，横坐标表示元素序号。可以看出，在几种变换域方案中，语音在 DWT 域上稀疏性最差，DFT 和 DCT 域能够提供一定的稀疏效果。KLT 域提供了最佳的语音稀疏化效果，然而该变换的稀疏基需要从原始信号获得，对于时变的语音，每帧对应的稀疏基都在发生变化。由于在压缩感知理论框架中，重构信号需要用到稀疏基以提供支撑集，因此需要将稀疏基从观测端传给重构端。传输时变的稀疏基会带来巨大的信道开销，影响了压缩感知的实用化。在 KLT 变换的基础上提出的基于模板匹配的近似 KLT 变换[7]，可以从一定程度上解决上述问题，但多个模板的集合依然需要大量的存储空间和计算量。

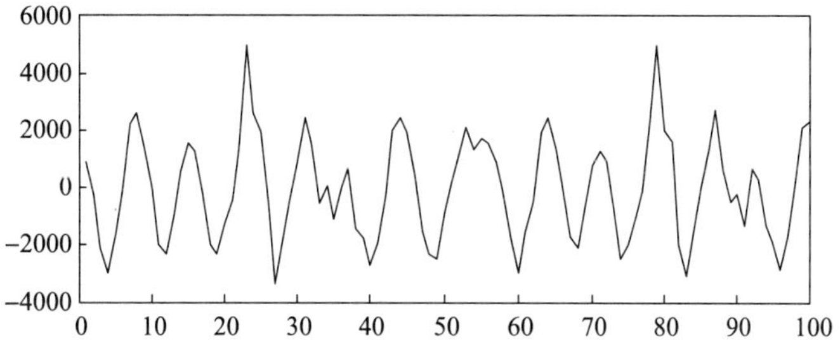

a）语音帧

图 6-1 语音在几种变换域投影结果

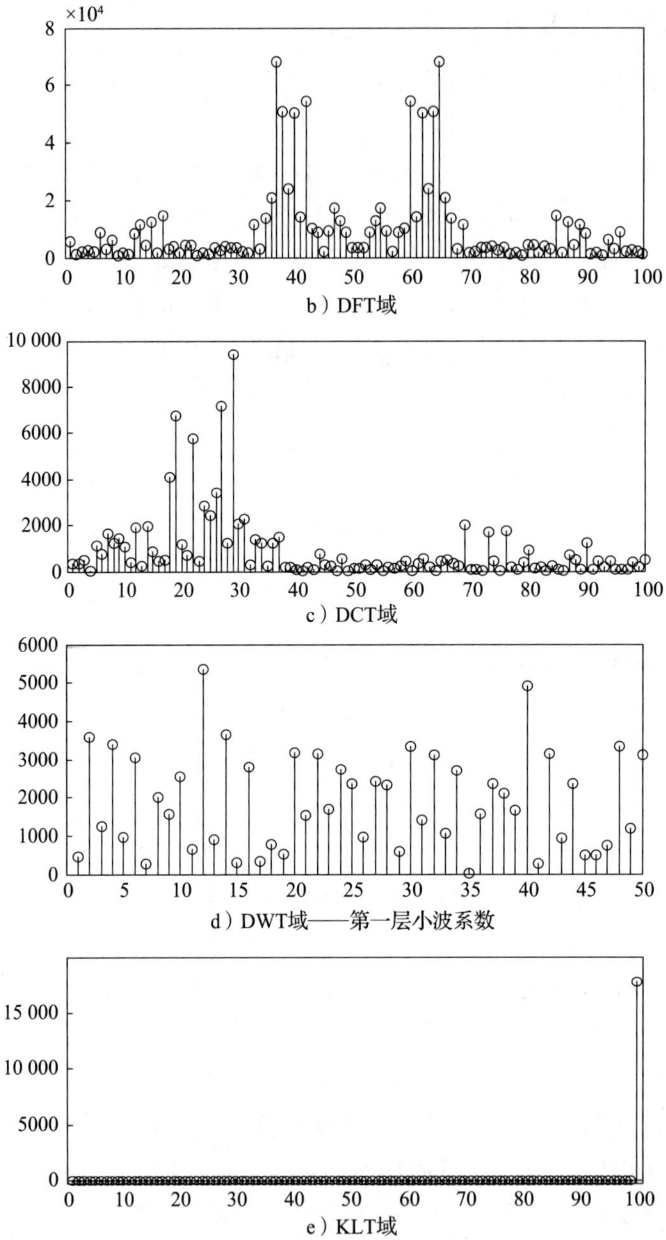

b）DFT域

c）DCT域

d）DWT域——第一层小波系数

e）KLT域

图 6-1 （续）

6.2.3 基于K-L展开的语音非相干字典

基于冗余字典的语音信号稀疏化方案，能够获得优于DFT、DCT、DWT等变换域的稀疏结果，但对于时频特性变化剧烈的语音，字典需要不断更新，依然存在不便实时传输的问题。为解决这一问题，可以结合K-L展开设计语音非相干字典，在降低字典数据量的同时实现语音的稀疏化。

K-L 分解[8]把随机信号描述为由互不相关的随机系数所调制的确定性正交函数的线性组合形式，仅需要少量的展开项就可以表征随机信号的主要能量和相干结构，可用于信号稀疏化。

假设二阶矩连续实随机信号为 $\{x(t),\ t\in[0,\ 1]\}$，其 K-L 展开记为

$$x(t)=\sum_{n=1}^{\infty}a_n\varphi_n(t) \tag{6-4}$$

其中，系数 $a_n=\int_0^1 x(t)\varphi_n(t)\mathrm{d}t$；正交 K-L 基 $\varphi_n(t)$ 是信号 $x(t)$ 自相关函数 $R_x(t,\ u)$ 的特征函数，可以作为信号稀疏字典的原子。可见，获得字典原子的关键在于确定自相关函数的特征函数。实际信号自相关函数形式复杂，一般需要对函数进行建模和简化。对于语音信号，利用其自相关函数在时延较小时衰减较快的特性，可用指数函数进行逼近：

$$R_x(t,u)=R_x(0)\mathrm{e}^{-\sigma|t-u|}$$

其中 σ 为衰减系数，$R_x(0)$ 为信号能量。

将语音自相关逼近函数代入 $\varphi(t)$ 和与之对应的特征值 λ 共同满足的 Fredholm 积分方程，得到：

$$\gamma_n\varphi_n(t)=\int_0^1 R_x(t,u)\varphi_n(u)\mathrm{d}u=\int_0^1 R_x(0)\mathrm{e}^{-\sigma|t-u|}\varphi_n(u)\mathrm{d}u \tag{6-5}$$

利用边界条件对该方程求解，可以得到该方程的通解和特解分别如下：

$$\text{通解：}\varphi(t)=c_1\cos(\omega t)+c_2\sin(\omega t)(c_1c_2\neq 0) \tag{6-6}$$

$$\text{特解：}\varphi(t)=\frac{\omega}{\sigma}\cos(\omega t)+\sin(\omega t)\quad \text{s. t.}\quad \tan\frac{\omega}{2}=-\frac{\omega}{\sigma} \tag{6-7}$$

$\omega^2=\dfrac{2R_x(0)-\sigma^2\lambda_n}{\lambda_n}$。可见，该方程的解由 σ 和 ω 两个参数共同决定。实际上，由于条件 $\tan\dfrac{\omega}{2}=-\dfrac{\omega}{\sigma}$ 的约束，ω 可以由 σ 计算得到，如图 6-2 所示。由于 $\tan\left(\dfrac{\omega}{2}\right)$ 和 $-\dfrac{\omega}{\sigma}$ 两个函数在每个周期内必然有 1 个交点，记为 $\omega_n=2n\pi+l$，$n=0,\ 1,\ 2,\ \cdots$ 因此，仅需要确定 σ，就可以得到 $\omega_n(\sigma)$ 并构造出当前帧的字典。

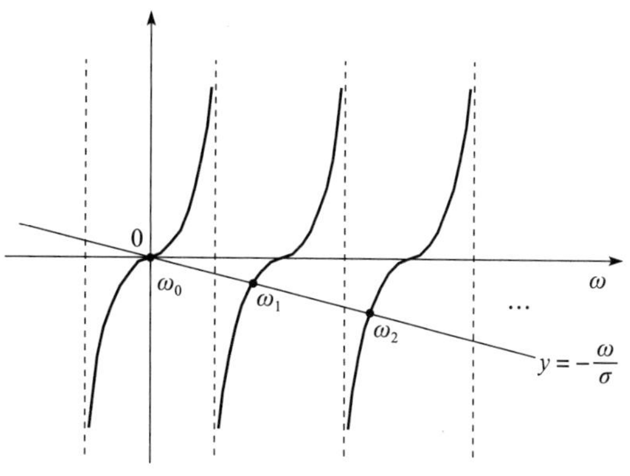

图 6-2　参数 σ 和 ω 关系示意图

结构化的字典具有固定结构，仅需要传输参数 σ（即逼近模型中指数函数的衰减因子），解码端即可构造出相应的字典用于信号重构，降低了需要传输的数据量，确保了语音压缩感知的可行性。显然，参数 σ 的值随信号变化而不断调整并直接影响着字典性能。在类似问题中，文献［9］采用了曲线拟合（Curve Fitting，Fit）方式来获取该值，但存在一定的误差，导致获得的字典不能最大化地匹配当前语音帧，对信号逼近残差较大。这里采用定量数值分析（Analytical，Ana）的方法来计算更为精确的模型参数。

语音信号 $\boldsymbol{x}\in\mathbb{R}^M$ 在时延 τ 的自相关函数无偏估计为

$$R_x(\tau)=\sum_{i=1}^{M-\tau}x(i)x(i+\tau) \tag{6-8}$$

采用式（6-10）所示约束寻找最优参数 σ^*：

$$\sigma^*=\underset{\sigma>0}{\operatorname{argmin}}\left\|R_x-\hat{R}_x(\sigma)\right\|_2^2 \tag{6-9}$$

$$\text{s.t.}\quad \hat{R}_x(\tau)=R_x(0)\mathrm{e}^{-\sigma|\tau|},\quad \tau=0,1,\cdots,M-1 \tag{6-10}$$

为估计 σ^*，记：

$$G(\sigma)=\left\|R_x-\hat{R}_x\right\|_2^2=\sum_{\tau=1}^{M-1}\left(R_x(\tau)-R_x(0)\mathrm{e}^{-\sigma|\tau|}\right)^2 \tag{6-11}$$

令 $G(\sigma)$ 的一阶导数为零，并令 $\mathrm{e}^{-\sigma}=q\in(0,1)$，则可推导得：

$$\sum_{\tau=1}^{M-1}\tau R_x(\tau)q^\tau-R_x(0)\frac{\sum_{\tau=1}^{M}q^{2\tau}-Mq^{2M}}{1-q^2}=0 \tag{6-12}$$

式（6-12）为关于 q 的 $2M$ 次方程。可以采用黄金分割、二分法等经典搜索算法得到解 q^*，最终得到满足的最佳参数。具体流程如算法 6-1 所示。

算法 6-1　字典最优参数二分法搜索

1）令 $f(q)=(1-q^2)\sum_{\tau=1}^{M-1}\tau R_x(\tau)q^\tau-R_x(0)\left(\sum_{\tau=1}^{M}q^{2\tau}-Mq^{2M}\right)$，初始化：搜索次数 $i=1$，$a_i=0$，$b_i=1$，$c_i=\frac{a_i+b_i}{2}$。

2）循环直到满足停止条件。

3）计算 $f(a_i)$，$f(b_i)$，$f(c_i)$。

4）判断：若 $f(c_i)$ 与 $f(a_i)$ 异号，则 $a_i=a_i-1$，$b_i=c_i-1$，$c_i=\frac{a_i+b_i}{2}$，否则 $a_i=c_i-1$，$b_i=b_i-1$，$c_i=\frac{a_i+b_i}{2}$。

5）检验停止条件：若 $|f(b_i)|<e$（误差阈值），则 $q^*=c_i$，进入步骤 6；否则返回步骤 3。

6）停止迭代，计算最优字典参数：

$$\sigma^*=-\ln q^*$$

针对数字信号处理的需求，对正交基函数 $\varphi_n(t)$ 在 $0\leqslant t\leqslant 1$ 上进行均匀采样，获得离散的原子 $e_n=[e_n(1),\cdots,e_n(i),\cdots,e_n(M)]^{\mathrm{T}}$，其中：

$$e_n(i)=\frac{\omega_n}{\sigma^*}\cos\left(\frac{(i-1)\omega_n}{M-1}\right)+\sin\left(\frac{(i-1)\omega_n}{M-1}\right),\quad i=1,\cdots,M \tag{6-13}$$

式中，$\omega_n=2n\pi+l$，$n=0,1,2,\cdots$，由约束 $\tan\frac{\omega}{2}=-\frac{\omega}{\sigma}$ 得到，再联合 $\boldsymbol{e}_0=[1,\cdots,1]^{\mathrm{T}}$，得到离散语音信号稀疏字典：

$$\boldsymbol{D}=\{\boldsymbol{e}_0\}\cup\{\boldsymbol{e}_n,n\in Z\setminus\{0\}\} \tag{6-14}$$

K-L 分解得到的基矢量相互正交，经离散采样后的字典原子则不再是数学意义上的严格正交。但由于离散的原子间相关性极小，字典成为非相干字典[8]。

基于 K-L 展开的语音非相干字典由固有结构和特有结构共同确定：对于每帧信号，字典根据 K-L 展开得到一组类正弦的正交基，这一结构存在于每帧信号对应的字典中，为压缩感知处理系统的观测和重构部分共同拥有；而对时变的各帧信号，每次得到的字典都会相应地发生改变，这种改变由字典参数 σ^* 调节。σ^* 则依赖于当前帧信号的自相关信息得到。因此，在观测和重构端都掌握固有结构的前提下，仅需传输字典参数至重构端，即可从低维观测值重构出原信号。

6.2.4　基于 K-L 非相干字典的语音压缩重构

为将信号稀疏表示，可从字典中选择部分原子对原信号进行线性逼近。对于非相干字典 $\boldsymbol{D}$，其原子相关度极小，可以选择与 $\boldsymbol{x}$ 的内积 $|\langle \boldsymbol{x}, \boldsymbol{d}_i \rangle|$ 最大的 K 个原子实现最优逼近。这种基于贪婪选择的思想目前使用最为广泛，且已有较为成熟的 MP、OMP 等算法。

记选出的原子下标为 u，满足：

$$u = \underset{i, \boldsymbol{d}_i \in \boldsymbol{D}}{\operatorname{argmax}} |\langle \boldsymbol{x}, \boldsymbol{d}_i \rangle| \tag{6-15}$$

得到相关度最大的原子后，从字典中去掉原子 $\boldsymbol{d}_u$，并且更新信号剩余量：

$$\boldsymbol{D} \leftarrow \boldsymbol{D} \setminus \{\boldsymbol{d}_u\}, \quad \boldsymbol{x} \leftarrow \boldsymbol{x} - \frac{\langle \boldsymbol{x}, \boldsymbol{d}_u \rangle}{\langle \boldsymbol{d}_u, \boldsymbol{d}_u \rangle} \boldsymbol{d}_u \tag{6-16}$$

重复上述步骤，即可获得信号在非相干字典上的表示。所选定的原子则放入新的矩阵形成信号稀疏基 $\boldsymbol{D}_1$。给定稀疏值 K 后，根据得到的原子即得信号稀疏矢量 $\boldsymbol{s} \in \mathbb{R}^M$：

$$\boldsymbol{s} = \left\{ s_i = \frac{\langle \boldsymbol{x}, \boldsymbol{d}_u \rangle}{\langle \boldsymbol{d}_u, \boldsymbol{d}_u \rangle} \boldsymbol{d}_u \right\} \quad i = 1, 2, \cdots, K \tag{6-17}$$

事实上，也可以计算出信号在整个非相干字典上的所有分解系数，再从中挑选相关度最大的 K 项得到稀疏矢量。

由非相干字典原子表示式（6-13）的结构可知，原子的能量和所对应的频率随着原子序号 n 的增加而提高，这里所说的频率指的是该原子所对应的傅里叶变换主要频率成分。图 6-3 给出了一帧语音对应 K-L 展开语音字典的前 40 个原子示意图。这种结构带来的效果是，语音信号的主要能量和基频成分都对应于序号较小的原子。这一性质带来的好处在于，随着原子序号 n 的增加，稀疏矢量 $\boldsymbol{s}$ 中绝对值较大的非零元素不会对应于较大的下标处。

从字典构成的角度理解，从 $\boldsymbol{D}$ 中挑选出来的原子组成的稀疏矩阵 $\boldsymbol{D}_1$ 对应 $\boldsymbol{D}$ 的前 M 列，因而在非相干字典确定后，稀疏基可以立即获得。结合原子间的非相干性，直接将信号在稀疏基上投影即可得到信号分解。

根据 Candès 等人的结论[10]：对于可稀疏信号，舍去稀疏矢量中部分非零小系数，对压缩感知重构信号的生理感知不会造成明显影响。因此，采用基于 K-L 展开的非相干字典得到信号表示后，可以保留分解矢量中绝对值最大的 K 个元素，舍去其余非零小系数，得到信号 K-稀疏表示。在解码端，利用原子字典和信号 K-稀疏表示，能够实现语音信号的重构。

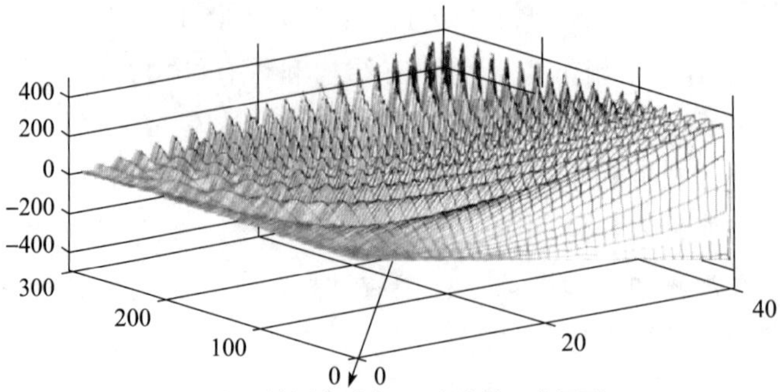

a）一帧语音对应K-L字典前40个原子

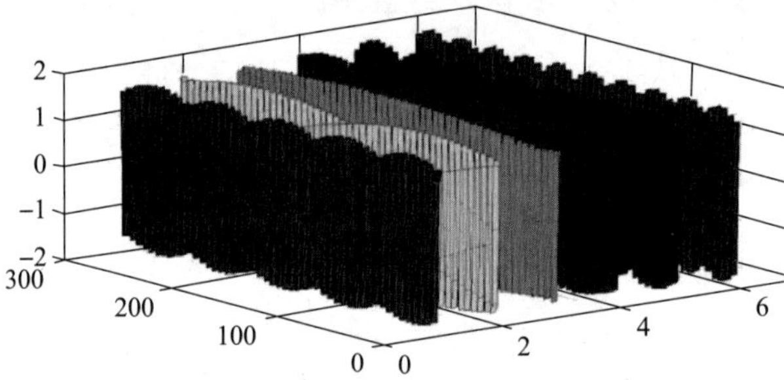

b）抽取6个原子放大后的结果

图 6-3 基于 K-L 展开语音字典原子示意图

6.2.5 实验仿真与性能分析

为验证基于 K-L 字典语音压缩重构方法的性能，本节通过对比实验，分别从语音的稀疏化表示结果、语音的压缩重构效果两个方面进行了分析。

1. 语音的稀疏化表示

设计非相干字典的目的是对语音信号进行更好的稀疏化，因此从两个角度对字典性能进行评价：

1）字典对具备不同特征的时变信号稀疏表示的适应性。

2）信号在该字典上的稀疏程度，用稀疏度量 $\xi=\frac{\|\boldsymbol{x}\|_1}{\|\boldsymbol{x}\|_2}$ 作为衡量指标。

本节分别从这两个角度分析 K-L 展开非相关字典的语音稀疏表示性能。

（1）稀疏表示的适应性

语音信号主要存在清音帧、浊音帧和过渡帧三类，这三类语音的特征差异较大，下面首先分析它们的稀疏化表示结果。在构造非相干字典时，始终取 ω_n 为第一个周期（0，2π）内满足约束 $\tan\left(\frac{\omega}{2}\right)=-\frac{\omega}{\sigma}$ 的解；字典参数估计中的迭代停止门限为 $e=10^{-4}$。

三类语音在非相干字典上的稀疏化结果如图 6-4 所示。图中，纵坐标代表归一化后的信号/稀疏矢量幅值，横坐标为样点序号。

实验中，对于极小的非零元素，可以用置零的方式舍弃。经过统计，基于 K-L 字典的稀疏表示，在稀疏比 $S=K/M=5\%$ 时即可表征语音的主要结构成分。

三类语音帧中，浊音稀疏性最好，清音和过渡音次之。对于结构性很强的浊音帧，其频率成分相对较少，表示矢量能量主要集中在前段系数中；清音帧和过渡帧信号具有类噪声特征，需要少量高频结构对其进行描述，因此对应表示矢量后段也存在部分极小的非零系数。由于清音、过渡音在语音信号中所占比例远少于浊音，语音的绝大部分信息都包含在浊音成分中[7]，因此在稀疏化的过程中，只保留矢量绝对值最大的 K 个分量，其余小系数均作为零元素进行观测。三类语音帧均能进行较好地稀疏表示，基于 K-L 展开的字典对于语音信号具有普适性。

（2）稀疏表示的稀疏性

本节选取 K-SVD 和 GAD 两种不同的字典学习算法，与基于 K-L 展开的非相干字典进行对比。K-SVD 是目前使用得较广的字典训练算法，GAD 是近来针对语音的一种稀疏化字典训练算法，它们可以较好地代表当前语音字典学习算法。同时，我们还选取了 PCA 算法来进行对照实验。PCA 是一种经典的信号降维方法，其结果可作为性能比较的基准。

对比实验共选取了 8 位说话人的 20 000 帧语音。语音处理帧长为 37.5ms，用 8kHz 速率采样，每帧长度为 300 样点。最后的实验结果基于所有语音的实验结果统计求平均得到。

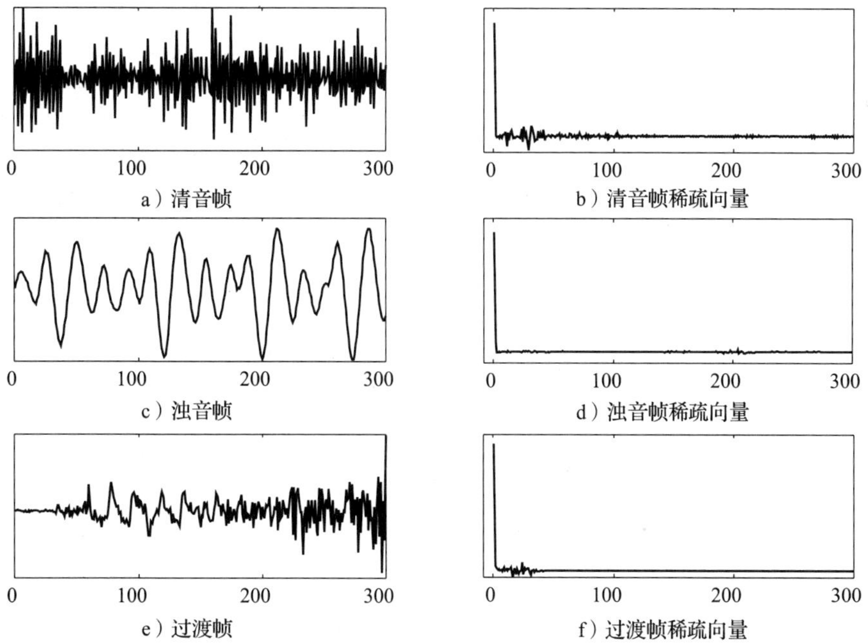

图 6-4　三类语音帧稀疏化结果

表 6-2 对所选语音采用不同方案的稀疏度量 ξ 进行了统计。从结果可知，基于 K-L 非相干字典得到的稀疏矢量具有最低的稀疏度量。此外还注意到，相比男声，女声的平均稀疏度量略高于男声，这是由于女声基音频率高于男声，在中/高频上需要部分非零系数来描述对应的成分，导致最终稀疏度量的上升。

表 6-2　语音采用几种不同方案稀疏化后的平均稀疏度量

方案	声音类型	
	男声	女声
K-L 非相干字典	2.96	3.85
K-SVD	6.99	7.71
GAD	12.6	14.9
PCA	18.0	18.2

为进一步分析 K-L 非相干字典稀疏化效果，图 6-5～图 6-7 依次给出 K-L 非相干字典、K-SVD 算法字典和 GAD 算法字典的前 36 个原子。为便于观察和比较，所有原子都进行了［−1，1］区间的单位化。

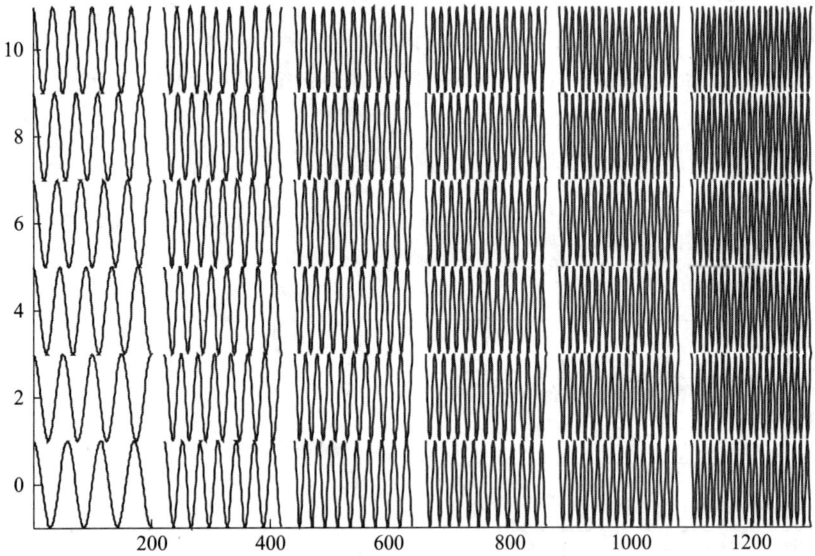

图 6-5　基于 K-L 展开的非相干字典原子

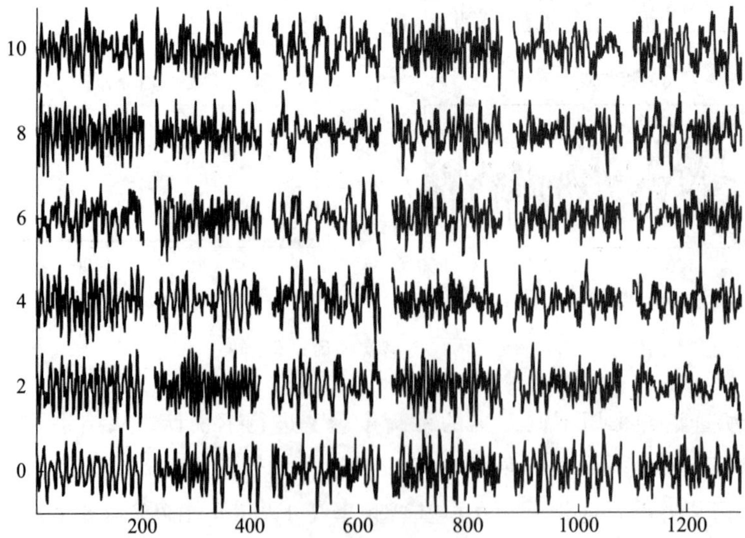

图 6-6　语音 K-SVD 字典原子

从图 6-5 可知，K-L 非相干字典原子类似三角函数，原子所对应的频率成分随序号值的增加而增大。这种原子结构很像传统的傅里叶展开，区别在于每个原子能量也在发生变化（图中原子幅度进行了单位化，无法体现出这种效果。可参见图 6-3），因此得到了较好的稀疏化效果。然而，该字典中原子的结构性较强，反而无法较好地适应类似噪声的清音部分，因此对清音的稀疏化效果不及浊音（见图 6-4）。

相比 K-L 非相干字典，图 6-6 中的 K-SVD 字典原子结构性有所减弱，部分原子保持了类似正弦波的周期性，部分原子呈现出类噪声特性，部分原子则同时具备周期性和随机特性。从总体上讲，K-SVD 字典稀疏化效果不及基于 K-L 展开的非相干字典，但其原子更适用于对于清音和过渡音的稀疏化。图 6-7 所示为 GAD 字典的原子波形。相比 K-L 非相干字典和 K-SVD 字典，语音 GAD 字典原子的结构性更少，部分原子呈现纯噪声特性，对语音的稀疏化效果更差一些。

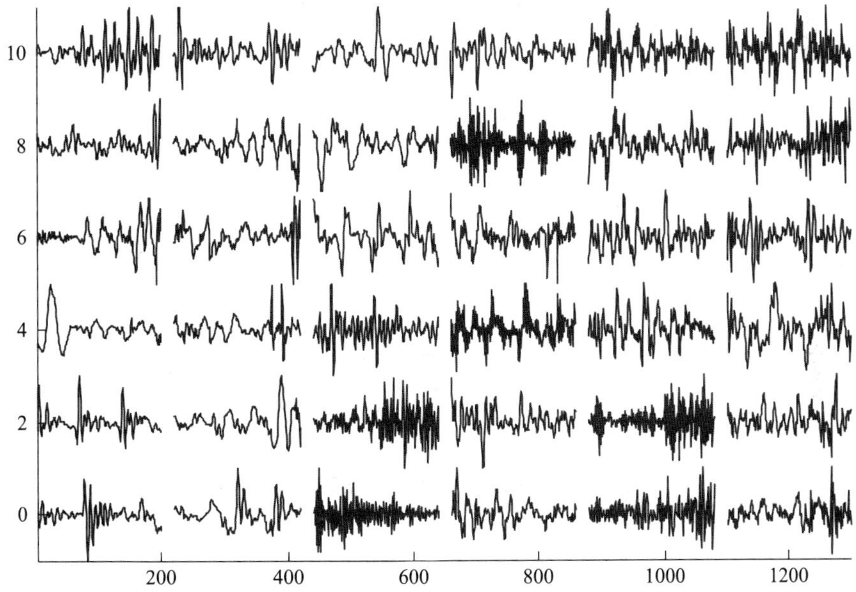

图 6-7　语音 GAD 字典原子波形

2. 语音压缩感知重构

在稀疏化的基础上进一步实现语音压缩感知。这里参加比较的方案都采用基于 K-L 展开的非相干语音字典。在字典原子估计时，分别采用了 6.2.3 节中介绍的定量分析方法（Ana）和文献［9］中介绍的曲线拟合方法（Fit）。在语音重构时，分别采用了 MP 算法和 OMP 算法。分别采用主、客观标准对重构语音质量进行了比较。

图 6-8 给出了在不同稀疏度条件（5%～20%）下几种方案重构语音的 PESQ（Perceptual Evaluation of Speech Quality，感知语音质量评估）得分。这几种方案分别用“重构方法-原子参数估计方法”的组合来表示，例如 OMP-Fit 表示采用曲线拟合方法估计原子参数、采用 OMP 重构信号的方案。

从图 6-8 中可以看出，在稀疏度极低（5%～6%）时，OMP 的重构正确率不及 MP，随着稀疏度 S 的增加，其效果逐渐提升，最终能超过 MP 算法。在整个条件中，不论是 MP 算法还是 OMP 算法，Ana 方法的 PESQ 得分比 Fit 方法的得分平均提高分别为 6.54%、6.82%；Ana 方法设计的字典信号压缩恢复质量更高。从图 6-8 中还可以看到，虽然随着稀疏度条件 S 的增加，重构语音质量能够进一步提高，但 S 继续增大对于信号压缩没有实质意义。

用平均分段信噪比（Average-Subsection Signal-to-Noise-Ratio，SNR_{AS}）计算重构误差来客观评价重构语音的质量。表 6-3 给出了不同稀疏度下分别采用 Ana 原子构造方法和 Fit 构造方法的方案得到的男女声 SNR_{AS}（单位：dB）。

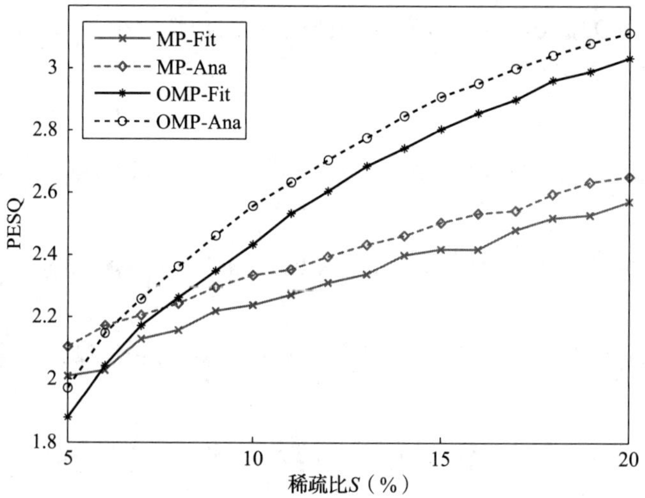

图 6-8　语音压缩感知算法 PESQ 得分

表 6-3　不同方案男女声信号重构 SNR_{AS}

S(%)	5	6	7	8	9	10	11
男声-Fit	8.53	9.56	10.9	11.9	12.7	13.6	14.6
男声-Ana	**10.2**	**11.3**	**12.3**	**13.3**	**14.3**	**15.1**	**15.8**
女声-Fit	7.99	9.38	10.7	11.8	12.5	13.4	14.5
女声-Ana	**10.1**	**10.7**	**11.9**	**13.0**	**14.0**	**14.6**	**15.8**

从表 6-3 中的结果可以看出，语音重构误差随着稀疏度的提高而减少；在相同稀疏度条件下，男声重构误差小于女声重构误差。这是由于女声基音频率高于男声，因此高频原子部分小系数的数量多于男声，在观测时将小系数作为零元素，这导致女声信号重构误差略大于男声。对于男/女声信号，采用定量分析方法得到的字典，都获得了更好的效果。

最后，实验比较了一段语音经压缩感知观测重构后的语谱图。语音为男、女声的“他去无锡市”。如图 6-9 所示，图 6-9a 和图 6-9d 为原始语谱图，图 6-9b、图 6-9e以及图 6-9c、图 6-9f 对应为 Ana 方法和 Fit 方法对应的语谱图。稀疏矢量的稀疏度为 20%。从重构结果可以看到，利用定量分析方法构造的 K-L 展开非相关字典，在高频处可以更好地保留原始语音的频率成分，如相同位置红圈标注处。对频谱细节的重构精度高，保证了听觉的自然度。

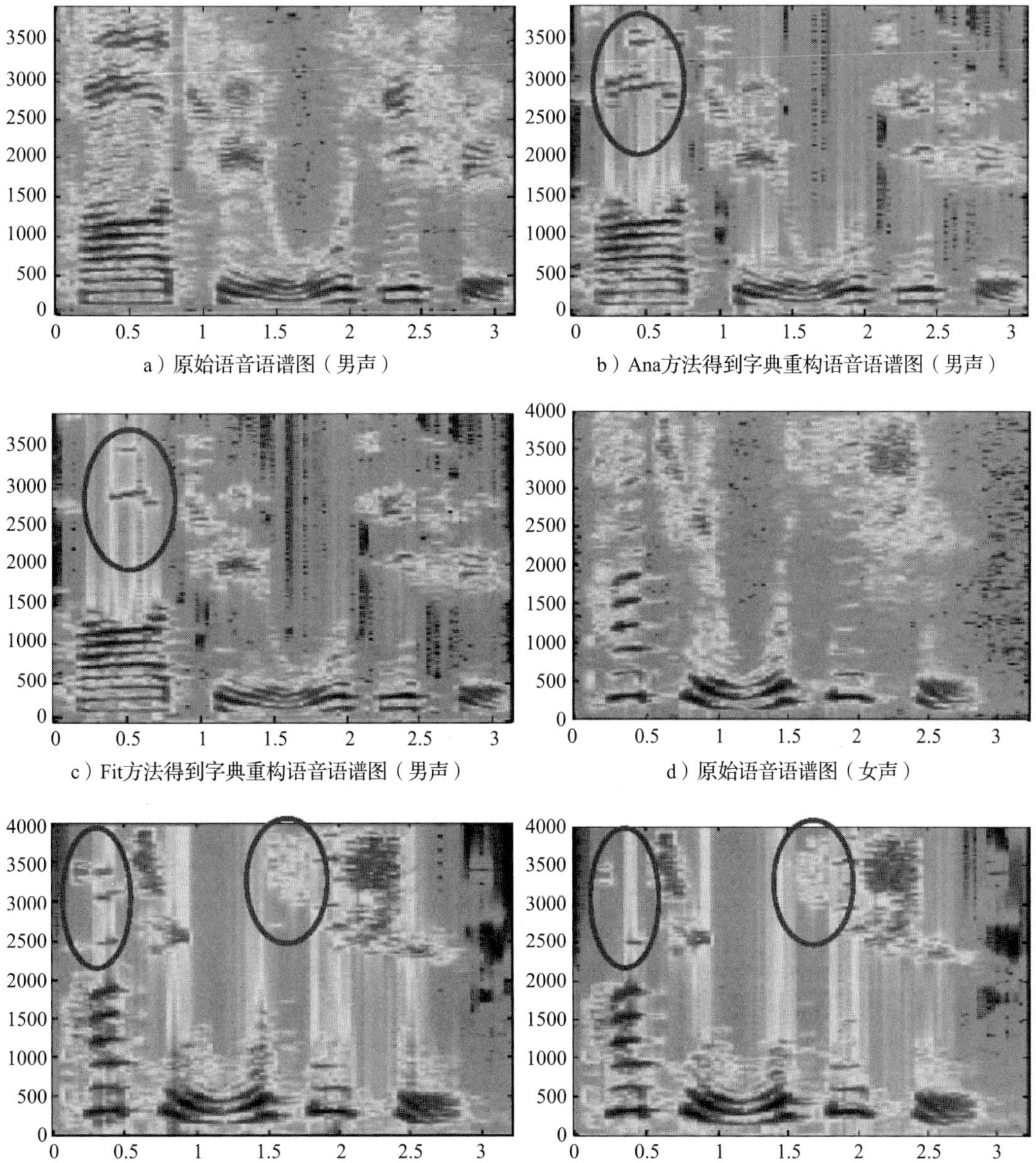

a）原始语音语谱图（男声）

b）Ana方法得到字典重构语音语谱图（男声）

c）Fit方法得到字典重构语音语谱图（男声）

d）原始语音语谱图（女声）

e）Ana方法得到字典重构语音语谱图（女声）

f）Fit方法得到字典重构语音语谱图（女声）

图 6-9　重构语音语谱图比较

6.3　基于梅尔倒谱系数重构的语音压缩编码

语音编码模型是实现低速率语音编码的基础。目前常见的语音编码模型大多模拟人类发声的生理过程，依照“声源—声道”模型建立。不同语音编码模型的主要区别在于对声源激励部分的建模，可对纯净语音信号取得较好的语音编码效果。然而，由于带噪语音不再符合“声源—声道”模型，采用这种模型的语音编码算法鲁棒性较差，编码语音质量仍有待提高。可以在以下方面进行改进。

（1）噪声条件下的鲁棒线性预测和鲁棒激励建模。可以采用稀疏线性预测分析方法增强线性预测的鲁棒性，并提高噪声条件下 LPC 谱和语音共振峰的拟合程度[11]。也可以将语音降噪和语音编码相结合，设计抗噪语音编码方案。

（2）正弦语音编码。正弦语音编码模型将语音信号表示成一系列谐波信号之和，通过估计和量化各次谐波信号的频率 f_i、幅度 A_i 和相位 φ_i 实现对语音信号的参数编码。由于正弦语音编码并不依赖于“声源—声道”模型，去除了对噪声干扰极其敏感的线性预测过程，因而在理论上较传统的 LPC-10、MELP 等语音编码模型具有更强的噪声鲁棒性。然而，这种方法依然存在如下问题：首先，噪声条件下语音信号谐波个数 K 及相应谐波参数估计极易产生错误，尤其是在低 SNR 非平稳背景噪声条件下准确估计各次谐波的幅度 A_i 和相位 φ_i 等信息变得非常困难；其次，正弦语音编码模型对诸如清音、过渡音等类型语音信号建模准确性不够，导致这部分语音帧的编码效果不好。

（3）听觉感知域语音编码。借鉴听觉系统和人脑关于声音信号处理的机制，可为语音编码提供新的启示和方法[12]。目前，听觉模型分析与反演技术已取得多项进展，基于 Gammatone 滤波器得到的耳蜗谱图、梅尔倒谱系数等结合了听觉感知特性的表示特征都被用于语音编码之中[13-14]。听觉感知域语音编码突破了语音生成模型编码框架，忽略了对噪声干扰极其敏感的线性预测过程，具有抗噪声的巨大潜力。

本节采用听觉感知域编码方案，通过对 MFCC 高效量化实现低速率语音编码[15]。该编码模型简单，编码参数单一且噪声鲁棒性相对较好，有利于与听觉感知域语音降噪算法互相融合，可为噪声条件下语音编码提供一条值得借鉴的新途径。

6.3.1 基于梅尔倒谱分析的抗噪语音编码模型

梅尔频率域考虑了人类听觉系统中耳蜗基底模对频率感知的非线性特征，在低频区域分辨率高而在高频区域分辨率低，是一种简洁的听觉感知域实现方式。基于梅尔倒谱分析的抗噪语音编码模型总体上包括听域语音降噪和梅尔域语音编码两个部分，如图 6-10 所示。其中，听域语音降噪将采用梅尔域稀疏低秩分解和听觉感知鲁棒主成分分析两种算法实现。梅尔域语音编码包括梅尔倒谱分析、MFCC 高效量化和梅尔倒谱合成三个阶段。

从图 6-10 可以看出，基于梅尔倒谱分析的抗噪语音编码模型拟在梅尔域直接对语音进行降噪和编码，由于不依赖于“声源—声道”模型并省略了线性预测过程，噪声鲁棒性有望更强。

采用图 6-10 的模型进行语音编码时，首先要解决的关键问题是语音信号的梅尔倒谱分析和合成。长期以来，MFCC 作为语音识别和说话人识别的特征参数得到广泛应用，梅尔倒谱分析相关研究已十分成熟。但是，梅尔倒谱合成方面的研究却相对较少，在分布式语音识别（Distributed speech recognition，DSR）的应用场合中，不仅希望能识别出所说语音的内容，还希望听到识别的语音，这就要求通信终端能从 MFCC 识别特征中重构出语音信号[16]。

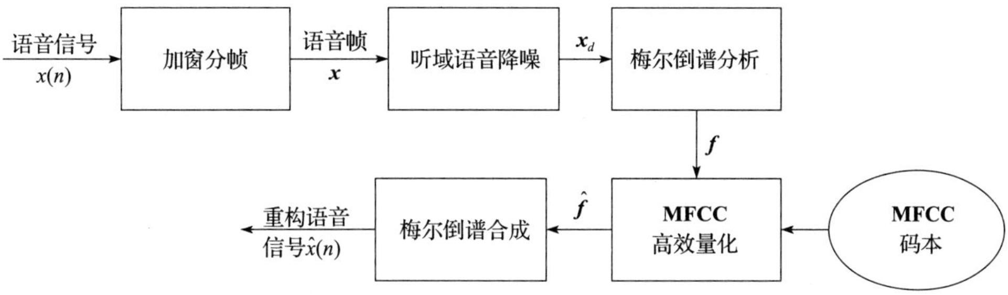

图 6-10　基于梅尔倒谱分析的抗噪语音编码示意图

梅尔倒谱分析旨在从语音信号 $x(n)$ 中提取 MFCC，如图 6-11 所示。

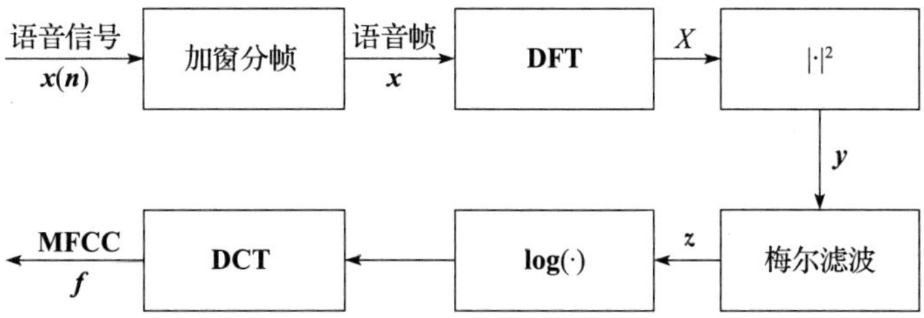

图 6-11　MFCC 参数提取过程示意图

语音分帧信号 x 经过 DFT 和取模后得到其能量谱 $\boldsymbol{y}$ 后，再通过一组加权函数进行梅尔滤波，即与梅尔加权矩阵 $\boldsymbol{\Phi}\in\boldsymbol{R}^{K\times(N/2+1)}$ 相乘得到梅尔能量谱 $\boldsymbol{z}$：

$$\boldsymbol{z}=\boldsymbol{\Phi}\boldsymbol{y} \tag{6-18}$$

其中，K 为梅尔滤波带的个数且 $K<N/2+1$。$\boldsymbol{\Phi}$ 在设计时参考了人耳对于基音频率的感知，通常采用一组梅尔滤波器来实现。每个梅尔滤波器都具有三角脉冲频率响应。通常情况下 $\boldsymbol{\Phi}$ 的行数小于列数，因此梅尔加权过程也可被看作一种“感知降维”过程。

梅尔滤波能量谱 $\boldsymbol{z}$ 取对数并经过 DCT 后即得到梅尔倒谱系数 $\boldsymbol{f}$：

$$\boldsymbol{f}=\mathrm{DCT}\{\log(\boldsymbol{z})\} \tag{6-19}$$

梅尔倒谱合成是梅尔倒谱分析的逆过程，需要从 $\boldsymbol{f}$ 中重构出每帧语音信号 $\boldsymbol{x}$。其实现难度远大于梅尔倒谱分析，主要有两方面原因：一是需要恢复语音能量谱计算过程中丢失的相位信息；二是由于梅尔滤波后矢量维数降低，因此从梅尔滤波能量谱重构原始语音能量谱相当于求解一个线性欠定方程组，往往存在无穷多个解，如何确定哪个解对应原始语音能量谱是非常困难的。

由 MFCC 计算过程可知，DCT 和对数运算均是可逆的，因此从 MFCC 中重构语音能量谱的关键在于解决式（6-18）中的欠定线性方程组问题。已知 MFCC 矢量 $\boldsymbol{f}$，可以根据式（6-20）直接计算得到梅尔能量谱 $\boldsymbol{z}$：

$$\boldsymbol{z}=\exp(\mathrm{IDCT}\{\boldsymbol{f}\}) \tag{6-20}$$

其中，IDCT 表示逆离散余弦变换（Inverse Discrete Cosine Transform，IDCT），

$\exp(\cdot)$表示矢量按元素取指数运算。研究者通常采用 l_2 范数准则，通过求解（P_2）优化问题从梅尔能量谱 $\boldsymbol{z}$ 中恢复语音能量谱 $\boldsymbol{y}$[17]：

$$(P_2) \quad \min_{\boldsymbol{y}} \|\boldsymbol{y}\|_2 \quad \text{s. t.} \quad \boldsymbol{\Phi y} = \boldsymbol{z} \tag{6-21}$$

式（6-21）中（P_2）优化问题的一个最小 l_2 范数解为

$$\widetilde{\boldsymbol{y}} = \boldsymbol{\Phi}^{\dagger}\boldsymbol{z} = (\boldsymbol{\Phi}^{\mathrm{T}}\boldsymbol{\Phi})^{-1}\boldsymbol{\Phi}^{\mathrm{T}}\boldsymbol{z} \tag{6-22}$$

其中，$\boldsymbol{\Phi}^{\dagger}$ 表示矩阵 $\boldsymbol{\Phi}$ 的 Moore-Penrose 逆。

后续两小节将分别论述梅尔倒谱合成和 MFCC 量化方法。

6.3.2　基于稀疏约束的梅尔倒谱合成

由于语音信号的短时能量谱尤其是浊音信号的短时能量谱具有显著的稀疏特征，因此该先验知识对于从 MFCC 中重构出语音信号能量谱具有重要的参考价值。

1. 梅尔倒谱合成的稀疏求解模型

为了从欠定线性观测值 $\boldsymbol{z}$ 中尽可能准确地重构出语音能量谱 $\boldsymbol{y}$，考虑到 $\boldsymbol{y}$ 具有显著的稀疏特性，因此理想情况下最稀疏的 $\boldsymbol{y}$ 可通过求解如下（P_0）优化问题得到：

$$(P_0) \quad \min_{\boldsymbol{y}} \|\boldsymbol{y}\|_0 \quad \text{s. t.} \quad \boldsymbol{\Phi y} = \boldsymbol{z} \tag{6-23}$$

其中，$\|\cdot\|_0$ 表示矢量的 l_0 范数。然而，矢量的 l_0 范数是高度非凸的函数，因此，可将（P_0）优化问题转化为如下的（P_1）凸优化问题：

$$(P_1) \quad \min_{\boldsymbol{y}} \|\boldsymbol{y}\|_1 \quad \text{s. t.} \quad \boldsymbol{\Phi y} = \boldsymbol{z} \tag{6-24}$$

其中，$\|\cdot\|_1$ 表示矢量的 l_1 范数。

在恢复出语音能量谱之后，经过开方即可得到幅度谱。为了恢复相位信息并重建出最终的时域信号，可采用经典的最小均方误差短时傅里叶逆变换（Least Square Error Inverse Short-Time Fourier Transform，LSE-ISTFT）方法完成。LSE-ISTFT 算法（如算法 6-2 所示）假定初始信号为具有随机相位的高斯白噪声，通过多次 STFT 和 ISTFT 迭代使得恢复的语音时域信号的幅度谱与期望输出幅度谱之间的最小均方误差最小。由于 LSE-ISTFT 算法思路简单，可以利用 FFT 快速实现，而且恢复出的语音质量较好，因此后续处理中将一直采用该算法从语音信号幅度谱中重构语音信号的短时帧，再通过叠加处理恢复出完整的语音时域信号。

算法 6-2　基于 LSE-ISTFT 的时域语音信号恢复算法

1）**输入：** 重构的幅度谱 $|\widetilde{\boldsymbol{X}}|$，迭代次数 M。
2）**输出：** 语音帧 $\boldsymbol{x}$ 的估计，$\hat{\boldsymbol{x}}$。
3）**初始化：** $\hat{\boldsymbol{x}}^{(1)}$ 为白噪声，$k=1$。
4）当 $k \leqslant M$ 时循环。
5）　计算语音帧的 DFT：$\hat{\boldsymbol{X}}^{(k)} \leftarrow F\{\hat{\boldsymbol{x}}^{(k)}\}$。
6）　替代语音帧的幅度谱：$\hat{\boldsymbol{X}}^{(k)} \leftarrow |\widetilde{\boldsymbol{X}}| \exp(j\angle\hat{\boldsymbol{X}}^{(k)})$。
7）　计算修改幅度谱的 IDFT：$\hat{\boldsymbol{x}}^{(k+1)} \leftarrow F^{-1}\{\hat{\boldsymbol{X}}^{(k)}\}$。

8）　$k \leftarrow k+1$。
9）结束循环。
10）**输出** $\hat{x}=\hat{x}^{(k)}$。

2. 基于梅尔倒谱系数的稀疏重构算法

相对于原始的 l_2 优化模型，l_1 优化模型虽然能显著提高从 MFCC 重构语音信号的性能，但是计算复杂度较高且不利于实际工程应用。因此需要进一步改进求解算法。受 FOCUSS 算法启发[18]，下面通过求解加权 l_2 最小优化问题来改善稀疏信号重构的准确性，并利用语音谱的非负性构造非负稀疏约束，优化语音谱的重构。

（1）基于迭代加权 l_2 优化的语音幅度谱重构

通过迭代加权 l_2 优化（Iteratively Reweighted l_2 Minimization，IRLM）来解决基于 MFCC 的语音谱重构问题，不仅能够有效提高语音能量谱重构的准确性，而且可在简单闭合解的形式下快速迭代优化，便于在实际工程中应用。

为了从梅尔能量谱 $\boldsymbol{z}$ 中重构出语音能量谱 $\boldsymbol{y}$，可通过求解式中的优化问题得到：

$$(\mathrm{WP}_2)\quad \min_{\boldsymbol{y}} \|\boldsymbol{W}\boldsymbol{y}\|_2 \quad \text{s. t.} \quad \boldsymbol{\Phi}\boldsymbol{y}=\boldsymbol{z} \tag{6-25}$$

其中，$\boldsymbol{W}$ 是一个对角矩阵，旨在通过加权来增强重构语音能量谱 $\boldsymbol{y}$ 的稀疏性。

在具体计算 $\boldsymbol{W}$ 时，其对角线元素为上一次迭代重构出 $\boldsymbol{y}$ 的 $1-p/2(0<p<2)$ 次幂的倒数，即对上次迭代重构出 $\boldsymbol{y}$ 中的大系数给于较小的权值，而小系数给于较大的权值。通过迭代加权后，$\boldsymbol{y}$ 中的大系数将越来越大而小系数会越来越小，从而使得重构出的 $\boldsymbol{y}$ 变得越来越稀疏。

由于 $\boldsymbol{W}$ 是所有元素均为正的对角矩阵，因此它是可逆的。此时利用逆矩阵，可以直接得到重构的语音能量谱 $\widetilde{\boldsymbol{y}}$：

$$\widetilde{\boldsymbol{y}}=\boldsymbol{W}^{\ 1}(\boldsymbol{\Phi}\boldsymbol{W}^{-1})^{\dagger}\boldsymbol{z} \tag{6-26}$$

因此，通过 IRLM 算法重构语音能量谱的过程可概括为算法 6-3。

算法 6-3　基于 IRLM 的语音能量谱重构算法

1）**输入**：$\boldsymbol{\Phi}$，$\boldsymbol{z}$。
2）**输出**：语音短时能量谱的估计，$\boldsymbol{y}$。
3）**初始化**：$W=\boldsymbol{I}$，$\boldsymbol{y}^{(0)}=\boldsymbol{\Phi}^{+}\boldsymbol{z}$，$k=1$，$\Delta y=1\mathrm{e}^{8}$，$p=1$，$\varepsilon=1\mathrm{e}^{-4}$，$\delta=1\mathrm{e}^{-6}$，$M=20$。
4）当 $k\leqslant M$，$\Delta y>\delta$ 时循环。
5）　更新加权矩阵 $\boldsymbol{W}$：$W^{(k+1)}=\mathrm{diag}(1/(|\boldsymbol{y}^{(k)}|+\varepsilon)^{(1-p/2)})$。
6）　更新重构能量谱 $\boldsymbol{y}$：$\boldsymbol{y}^{(k+1)}=(\mathrm{W}^{(k+1)})^{-1}(\boldsymbol{\Phi}(\mathrm{W}^{(k+1)})^{-1})^{\dagger}\mathrm{z}$。
7）　计算 $\boldsymbol{y}$ 的变化量 Δy：$\Delta y\leftarrow\|\boldsymbol{y}^{(k+1)}-\boldsymbol{y}^{(k)}\|_2$。
8）　$k=k+1$。
9）结束循环。
10）输出 $\boldsymbol{y}=|\boldsymbol{y}|$。

(2) 基于迭代加权非负 l_2 的优化语音幅度谱重构

语音能量谱除了稀疏性之外，还具有非负性，这是由语音能量谱的实际物理意义决定的。IRLM 等语音谱重构无法保证重构结果是非负的，因此需要取重构结果的绝对值作为输出。

在传统基于 l_2 优化的（P_2）问题中引入非负约束，可建立（P_2^+）模型，如下：

$$(P_2^+) \quad \min_{\boldsymbol{y}} \|\boldsymbol{y}\|_2 \quad \text{s.t.} \quad \boldsymbol{\Phi y} = \boldsymbol{z}, \ \boldsymbol{y} \geqslant \boldsymbol{0} \tag{6-27}$$

在加权 l_2 优化问题的基础上引入非负约束，可以建立（WP_2^+）模型，进一步提高语音能量谱的重构准确性：

$$(WP_2^+) \quad \min_{\boldsymbol{y}} \|\boldsymbol{W y}\|_2 \quad \text{s.t.} \quad \boldsymbol{\Phi y} = \boldsymbol{z}, \ \boldsymbol{y} \geqslant \boldsymbol{0} \tag{6-28}$$

其中，$\boldsymbol{W}$ 是一个对角矩阵，其加权方法与式（6-25）相同。

可以在交替方向乘子法（Alternating Direction Method of Multiplier，ADMM）的框架下求解该优化问题[19]。

引入辅助变量 $\boldsymbol{y}_+$，式（6-28）可以重写成：

$$\min_{\boldsymbol{y}} \|\boldsymbol{W y}\|_2 \quad \text{s.t.} \quad \boldsymbol{\Phi y} = \boldsymbol{z}, \ \boldsymbol{y} = \boldsymbol{y}_+, \ \boldsymbol{y}_+ \geqslant \boldsymbol{0} \tag{6-29}$$

通过构造增广拉格朗日函数，可以将优化目标改写为可分离的形式，因此可在 ADMM 框架下对多个变量交替迭代优化，具体优化过程如算法 6-4 所示。

算法 6-4 （WP_2^+）问题的 ADMM 优化算法

1) **输入：** $\boldsymbol{\Phi}$，$\boldsymbol{z}$
2) **输出：** 语音短时能量谱的估计，$\boldsymbol{y}$
3) **初始化：** $\boldsymbol{W}=\boldsymbol{I}$，$\boldsymbol{\alpha}_y=\boldsymbol{0}$，$\boldsymbol{y}_+=\boldsymbol{0}$，$\boldsymbol{\alpha}_{y+}=\boldsymbol{0}$，$k=0$，$m=0$
4) 重复第 5～17 行操作
5) 重复第 6～13 行操作
6) //第 7 行更新 $\boldsymbol{y}$
7) $\boldsymbol{y}^{(k+1)}=(2(\boldsymbol{W}^{(m)})^{\mathrm{T}}\boldsymbol{W}^{(m)}+\rho\boldsymbol{I}+\rho\boldsymbol{\Phi}^{\mathrm{T}}\boldsymbol{\Phi})^{-1}(\rho\boldsymbol{y}_+^{(k)}-\boldsymbol{\alpha}_{y+}^{(k)}+\boldsymbol{\Phi}^{\mathrm{T}}\boldsymbol{\alpha}_y^{(k)}+\rho\boldsymbol{\Phi}^{\mathrm{T}}\boldsymbol{z})$
8) //第 9 行更新 $\boldsymbol{y}_+$
9) $\boldsymbol{y}_+^{(k+1)}=\max(\boldsymbol{y}^{(k+1)}+\alpha_{y+}^{(k)}/\rho, \boldsymbol{0})$
10) //第 11～12 行更新 $\boldsymbol{\alpha}_y$ 和 $\boldsymbol{\alpha}_{y+}$
11) $\boldsymbol{\alpha}_y^{(k+1)}=\boldsymbol{\alpha}_y^{(k)}+\rho(\boldsymbol{z}-\boldsymbol{\Phi y}^{(k+1)})$
12) $\boldsymbol{\alpha}_{y+}^{(k+1)}=\boldsymbol{\alpha}_{y+}^{(k)}+\rho(\boldsymbol{y}^{(k+1)}-\boldsymbol{y}_+^{(k+1)})$
13) $k=k+1$
14) **直至内循环结束**
15) //第 16 行更新 $\boldsymbol{W}$
16) $\boldsymbol{W}^{(m)}=\mathrm{diag}((\boldsymbol{y}_+^{(k)}+\varepsilon)^{(p/2-1)})$
17) $m=m+1$
18) **直至循环结束**

6.3.3　梅尔倒谱系数的量化算法

在语音通信中，需要对提取的语音参数进行量化编码。基于梅尔倒谱系数的编码算法中，需要对梅尔倒谱系数进行量化，以实现低码率传输。在介绍 MFCC 的矢量量化方法的基础上，本节介绍一种结合听觉感知特性的感知加权分析合成矢量量化算法(Perceptually Weighted Analysis-by-Synthesis Vector Quantization，PWAbS VQ)。

1. MFCC 的矢量量化

矢量量化将矢量作为一个整体进行量化，能够充分挖掘矢量中各个分量间的线性冗余、非线性冗余以及概率密度分布冗余，有效提高量化效率，在低速率语音编码领域应用极其广泛。在具体设计矢量量化器时，核心是训练矢量量化码书，这就需要解决距离度量和质心计算等关键问题。此外，从实际工程应用的角度出发，可通过设计分裂、分级等结构化矢量量化器来降低矢量量化码书的存储和搜索复杂度。

由于参与量化的 MFCC 矢量维数较高，达到了 60 以上，因此采用全搜索直接矢量量化方案时，需要搜索码书中的每一个码字，计算和存储复杂度太高，很难在实际工程中应用。因此，可采用分裂矢量量化（Split Vector Quantization，SVQ）或多级矢量量化（Multistage Vector Quantization，MSVQ）等结构化矢量量化方法替代原始的全搜索直接矢量量化方法。SVQ 将原始维度很大的量化矢量分割成若干个维度较小的量化矢量，通过对量化总比特数的分配并运用子矢量的小码书量化方法近似逼近原始矢量的直接量化方法。MFCC 的 SVQ 过程如图 6-12 所示。

假设量化总比特数为 B，令 MFCC 各个子矢量的长度为 M_1，M_2，…，M_N，对应的量化比特数为 B_1，B_2，…，B_N，则 $M_1+M_2+\cdots+M_N=M$。直接矢量量化 MFCC 时，码书存储量为 $M\times 2^B$ 个浮点数，而采用 SVQ 方案量化 MFCC 时，$B_1+B_2+\cdots+B_N=B$，码书存储量为 $M_1\times 2^{B_1}+M_2\times 2^{B_2}+\cdots+M_N\times 2^{B_N}$ 个浮点数。可见，相对于 VQ 方案，SVQ 方案的码书存储和搜索复杂度会显著降低。文献［17］给出了一种用于 MFCC 量化的 SVQ 方案，该方案成功应用于 600bit/s～4800bit/s 低速率语音编码中并获得了较好的语音编码效果。

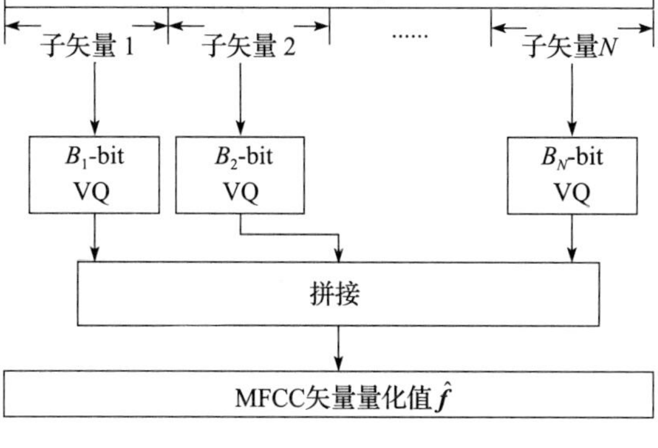

图 6-12　MFCC 矢量的 SVQ 示意图

2. MFCC 分析合成矢量量化

一般量化均直接利用矢量间的欧氏距离进行度量。前述 MFCC 的量化也是在梅尔倒谱域内进行，在训练和搜索量化码书时以 MFCC 量化误差最小化为目标。然而，这种传统的量化方式并不能直观地体现出量化过程对于最终语音失真的影响。目前语音编码器大都应用了听觉感知加权滤波器，其原理是在语音编码的过程中考虑人耳的听觉掩蔽效应，即在语音信号的高能量频带人耳检测噪声失真时分辨力有限，高能量区域容忍较大的失真噪声，而低能量区域只能容忍较小的失真噪声。因此，MFCC 量化的一个更佳的目标是：挑选使得重建语音能量谱感知加权失真达到最小的码字作为 MFCC 的量化输出。

为了达到上述目标，可以采用一种新颖的 MFCC 量化方法——听觉感知加权分析合成矢量量化（Perceptually Weighted Analysis-by-Synthesis Vector Quantization，PWAbS VQ）算法，该算法在量化 MFCC 时旨在优化语音信号重建能量谱的听觉感知加权失真。

感知加权分析合成矢量量化算法总体框架如图 6-13 所示，采用了一种基于分析合成（Analysis-by-Synthesis，AbS）的闭环策略。AbS 策略在 CELP、AMR 等语音编码算法和压缩感知测量的量化过程中广泛应用。在合成阶段实现 MFCC 码书 F 中每个码字 $\widetilde{\boldsymbol{f}}_j$ 到语音能量谱 $\widetilde{\boldsymbol{y}}_j$ 的转换，并测量 MFCC 矢量 $\boldsymbol{f}$ 的量化对最终编码语音质量的影响；分析阶段用于搜索码书并挑选出最佳码字使得重构语音能量谱的感知加权失真达到最小。在搜索整个码书 F 时，上述两个阶段将重复 J 次，最后选择 $d(\boldsymbol{y}_k, \widetilde{\boldsymbol{y}}_j)$ 最小的码字作为 MFCC 矢量的量化输出 $\hat{\boldsymbol{y}}_k$。

相对于传统直接量化 MFCC 本身的 VQ 方法，应用 PWAbS VQ 方法的编码语音质量会得到明显改善。

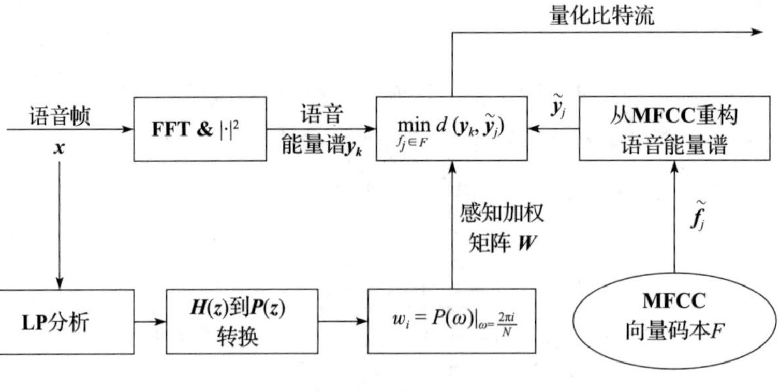

图 6-13 感知加权分析合成矢量量化总体框图

(1) 听觉感知加权距离度量

首先考虑如式（6-30）所示的感知加权滤波器 $P(z)$：

$$P(z)=\frac{H(\gamma^{-1}z)}{H(\beta^{-1}z)}=\frac{1-\sum_{i=1}^{p}a_i\beta^i z^{-i}}{1-\sum_{i=1}^{p}a_i\gamma^i z^{-i}} \tag{6-30}$$

其中，$H(z)$ 为全极点线性预测合成滤波器，a_i 为短时线性预测系数，p 为线性预测阶数，β 和 γ 是用于控制共振峰区域线性预测合成误差的控制参数。与 EVRC 声码器中参数设置相同，设定 $\beta=0.9$，$\gamma=0.5$。

令 $P(\omega)$ 表示式（6-30）中感知加权滤波器的频率响应，则

$$P(\omega)=P(z)\big|_{z=e^{j\omega}} \tag{6-31}$$

在频域，感知加权滤波器 $\boldsymbol{W}$ 可表示成一个对角矩阵。此时，原始语音能量谱 $\boldsymbol{y}$ 及其量化值 $\hat{\boldsymbol{y}}$ 之间的感知加权失真为

$$d(\boldsymbol{y},\hat{\boldsymbol{y}})=\sum_{i=0}^{N/2}P(\omega)\,(y_i-\hat{y}_i)^2=(\boldsymbol{y}-\hat{\boldsymbol{y}})^{\mathrm{T}}\boldsymbol{W}(\boldsymbol{y}-\hat{\boldsymbol{y}}) \tag{6-32}$$

（2）码书训练

PWAbS VQ 码书训练算法需要解决聚类划分和码字计算两个关键问题，但由于 PWAbS VQ 在码书训练和搜索时均需要执行分析合成过程，并从 MFCC 中重构对应的语音能量谱，因此需要确定从 MFCC 中重构语音能量谱的方法。这里采用基于 l_2 优化的梅尔倒谱合成方法，因为利用该方法重构语音能量谱时存在简单闭合解形式，这有利于后续 PWAbS VQ 码书训练方法的推导。

令 $\widetilde{\boldsymbol{y}}_j$ 表示从第 j 个聚类的质心 $\widetilde{\boldsymbol{f}}_j$ 重构出的语音能量谱，则对于任何一个训练样本 $\boldsymbol{y}_k$，它与质心对应的能量谱之间的感知距离为

$$d(\boldsymbol{y}_k,\widetilde{\boldsymbol{y}}_j)=d(\boldsymbol{y}_k,\boldsymbol{\Phi}^{\dagger}\exp(\boldsymbol{D}^{-1}\widetilde{\boldsymbol{f}}_j)) \tag{6-33}$$

根据最近邻准则，每个训练样本均可被划分到一个聚类中，并进一步使量化总失真 e_t 最小，可以得到第 j 个聚类的最优质心 $\widetilde{\boldsymbol{f}}_j$ 为

$$\widetilde{\boldsymbol{f}}_j=\boldsymbol{D}\log\left(\boldsymbol{\Phi}\left(\sum_{k\in\mathcal{C}_j}\boldsymbol{W}_k\right)^{-1}\sum_{k\in\mathcal{C}_j}\boldsymbol{W}_k\boldsymbol{y}_k\right) \tag{6-34}$$

因此，感知加权分析合成矢量量化的码书训练过程可总结如算法 6-5 所示。

算法 6-5　PWAbS VQ 码书训练算法

1）**输入**：训练样本 $\mathcal{Y}=\{\boldsymbol{y}_1,\boldsymbol{y}_2,\cdots,\boldsymbol{y}_I\}$，加权矩阵 $\mathcal{W}=\{\boldsymbol{W}_1,\boldsymbol{W}_2,\cdots,\boldsymbol{W}_I\}$

2）**输出**：MFCC 码书 $\mathcal{F}=\{\widetilde{\boldsymbol{f}}_1,\widetilde{\boldsymbol{f}}_2,\cdots,\widetilde{\boldsymbol{f}}_J\}$

3）**初始化**：$n=1$，$e_t^{(0)}=0$，$\Delta e_t=1\mathrm{e}^8$，$\delta=0.1$，$T=50$

4）当 $n\leqslant T$，$\Delta e_t\geqslant\delta$ 时循环

5）　//第 6 行从码字 $\widetilde{\boldsymbol{f}}_j$ 中重构语音能量谱 $\widetilde{\boldsymbol{y}}_j$

6）　$\widetilde{\boldsymbol{y}}_j=\boldsymbol{\Phi}^{\dagger}\exp(\boldsymbol{D}^{-1}\widetilde{\boldsymbol{f}}_j)$

7）　//第 8 行将样本 $\boldsymbol{y}_k$ 划分到每个聚类 $\mathcal{C}_j$ 中

8）　$\mathcal{C}_j=\{k\,|\,d(\boldsymbol{y}_k,\widetilde{\boldsymbol{y}}_j)<d(\boldsymbol{y}_k,\widetilde{\boldsymbol{y}}_i),\ i=1,2,\cdots,J,\ i\neq j\}$

9）　//第 10 行更新聚类码字 $\widetilde{\boldsymbol{f}}_j$

10）　$\widetilde{\boldsymbol{f}}_j=\boldsymbol{D}\log\left(\boldsymbol{\Phi}\left(\sum_{k\in\mathcal{C}_j}\boldsymbol{W}_k\right)^{-1}\sum_{k\in\mathcal{C}_j}\boldsymbol{W}_k\boldsymbol{y}_k\right)$

11）　//第 12 行计算总体失真 e_t

12) $e_t^{(n)} = \sum_{j=1}^{J}\sum_{k\in C_j} \| \sqrt{\boldsymbol{W}_k}(y_k - \boldsymbol{\Phi}^{\dagger}\exp(\boldsymbol{D}^{-1}\ \widetilde{\boldsymbol{f}}_j)) \|_2^2$

13) //第 14 行计算总体失真 e_t 的改进量 Δe_t

14) $\Delta e_t = \| e_t^{(n)} - e_t^{(n-1)} \|_2^2$

15) $n = n+1$

16) **结束循环**

17) **输出：** $\mathcal{F} = \{\widetilde{\boldsymbol{f}}_1, \widetilde{\boldsymbol{f}}_2, \cdots, \widetilde{\boldsymbol{f}}_J\}$

(3) 基于 AbS 的分裂和多级矢量量化

从实际工程应用的角度出发，为了降低码书的存储和搜索复杂度，通常采用 SVQ 和 MSVQ 替代直接 VQ 方法。

对于 AbS SVQ 量化方案，其比特分配方式如表 6-4 所示。当编码速率分别为 2400bit/s、1200bit/s 和 600bit/s 时，次最优码书中将包含 Q^4、Q^2 和 Q 个量化码字。特别地，当 $Q=1$ 时，AbS SVQ 方案将蜕化成传统的 SVQ 量化方案。

表 6-4 AbS SVQ 比特分配方案[17]

编码速率 (bit/s)	帧重叠比例	量化速率 (bit/帧)	能量 (C_1)	共振峰 ($C_2 \sim C_{14}$)	基音周期 ($C_{15} \sim C_{70}$)	内插帧数量
600	0%	18	4-bit SQ	与基音周期共用 14-bit VQ	与共振峰共用 14-bit VQ	7
1200	25%	27	4-bit SQ	14-bit VQ	9-bit VQ	3
2400	25%	54	4-bit SQ	14-bit VQ($C_2 \sim C_6$)	14-bit VQ($C_{15} \sim C_{30}$)	3
				14-bit VQ($C_7 \sim C_{14}$)	8-bit VQ($C_{31} \sim C_{70}$)	
4800	25%	108	4-bit SQ	14-bit VQ($C_2 \sim C_4$)	14-bit VQ($C_{15} \sim C_{22}$)	3
				14-bit VQ($C_5 \sim C_7$)	14-bit VQ($C_{23} \sim C_{30}$)	
				14-bit VQ($C_8 \sim C_{10}$)	10-bit VQ($C_{31} \sim C_{50}$)	
				14-bit VQ($C_{11} \sim C_{14}$)	10-bit VQ($C_{51} \sim C_{70}$)	

图 6-14 为采用 MSVQ 方法量化 MFCC 时的简要示意图，其中共有 4 级码书，每级子码书共包含 8 个码字。在多级搜索时每级保留 2 个最优码字，阴影部分表示搜索至该级时选择的全局最优码字。为了将 AbS VQ（Analysis-by-Synthesis Vector Quantization,

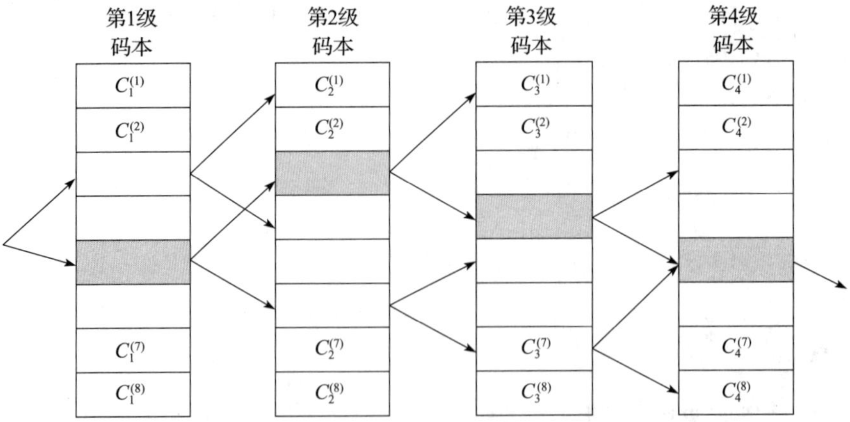

图 6-14 MFCC 多级矢量量化示意图

分析合成矢量量化）方法嵌入 SVQ 和 MSVQ 框架中，在搜索每个子矢量码书或分级码书构成次最优码书 F_s 时，选择仅保留 Q 个最优候选码字。值得说明的是，在 600bit/s 编码速率条件下由于量化比特个数非常有限，因此将只保留一级 MSVQ 码书和一个 SVQ 子矢量码书用于搜索。此时，AbS MSVQ 量化方法与 AbS SVQ 量化方法相同。AbS MSVQ 量化方案的比特分配如表 6-5 所示。

表 6-5 AbS MSVQ 比特分配方案

编码速率（bit/s）	量化速率（bit/Frame）	能量（C_1）	共振峰和基音周期（$C_2 \sim C_{60}$）
2400	54	6-bit SQ	(12-12-12-12)-bit AbS MSVQ
1200	27	4-bit SQ	(12-11)-bit AbS MSVQ

6.3.4 实验仿真与性能分析

本小节对梅尔倒谱合成以及梅尔倒谱系数量化的性能进行了仿真。

1. 梅尔倒谱合成仿真与分析

实验中，从 TIMIT 英语语音库中选择 25 名说话人（13 名男性、12 名女性）所说的 75 条语句作为实验对象。每条语句时长约 3 秒。所有语句均被下采样至 8kHz。语音分帧时采用 256 点汉明窗，帧移为 128 点，计算语音短时能量谱时 DFT 的点数也为 256。梅尔滤波带的个数 K 为 10，20，…，70。

实验中，对迭代加权非负 l_2 优化算法（NWL2）进行了仿真。选择 l_2 优化算法（LM）以及文献［20］提出的针对非负稀疏信号重构的非负欠定迭代加权最小均方误差算法（Non-negative Underdetermined Iteratively Reweighted Least Square，NUIRLS）作为参照。NUIRLS 算法通过基于乘性迭代的非负矩阵分解方法优化重构非负稀疏信号，但在更新迭代时保持观测矩阵 $\boldsymbol{\Phi}$ 不变。

（1）参数设置

由于 NWL2 使用了迭代加权的处理方法，因此参照算法 6-3，需要对 4 个参数进行设置，分别是 p，ε，δ 和 M。误差门限 δ 以及最大迭代次数 M 可经验性地设置为 $1e^{-6}$ 和 20。微调参数 ε 的作用是为了在计算加权矩阵 $\boldsymbol{W}$ 时避免分母为零从而使其成为奇异矩阵，ε 的具体取值经验性地设置为 $1e^{-4}$。加权幂次参数 p 对于语音重构影响较大，可通过仿真实验确定：当 p 取值为 1 时，重构语音质量最好。因此 p 的取值将固定为 1。值得说明的是，$p=1$ 时 IRLM 算法是 l_1 优化算法的一种近似。

在利用 ADMM 算法求解时，各参数的设置为：$\rho=1$ 是 ADMM 算法框架下的典型值；经过多次实验，避免矩阵 $\boldsymbol{W}$ 奇异的参数 ε 取值为 0.001；经验性地设置算法 6-4 中内循环次数为 50，外循环次数为 20。

（2）算法性能

表 6-6 给出了三种算法重构语音的 PESQ 评估结果。可以看出，在考虑了语音能量谱的非负和稀疏特性后，NUIRLS 和 NWL2 算法的性能均显著优于传统的 LM 算法，这也进一步验证了语音能量谱的非负和稀疏先验对于准确重构语音能量谱、从 MFCC 中高质量重建语音信号的重要性。

表 6-6　LM、NUIRLS 和 NWL2 算法重构语音 PESQ 得分

K	语音能量谱重构算法		
	LM	NUIRLS	NWL2
10	1.879	1.938	**2.182**
20	2.311	2.455	**2.627**
30	2.636	2.942	**3.112**
40	2.913	3.283	**3.580**
50	3.126	3.630	**3.945**
60	3.459	3.989	**4.164**
70	3.975	4.064	**4.237**

图 6-15 所示为 TIMIT 语音库中一段典型英语语句⊖在经过 60 个梅尔频带滤波输出后，采用三种方法重构出语音信号的语谱图。可以看出，传统的 LM 算法重构语音的性能最差，语谱图的低频和高频区域均出现明显的“模糊”问题，谐波结构破坏也最为严重。与之相反，NWL2 算法重构的语音频谱则较为清晰，谐波结构保留得更加完整，仅是高频区域存在部分“模糊”现象。非正式主观听力测试也表明 NWL2 算法重构语音更清晰、可懂，语音总体质量更高。

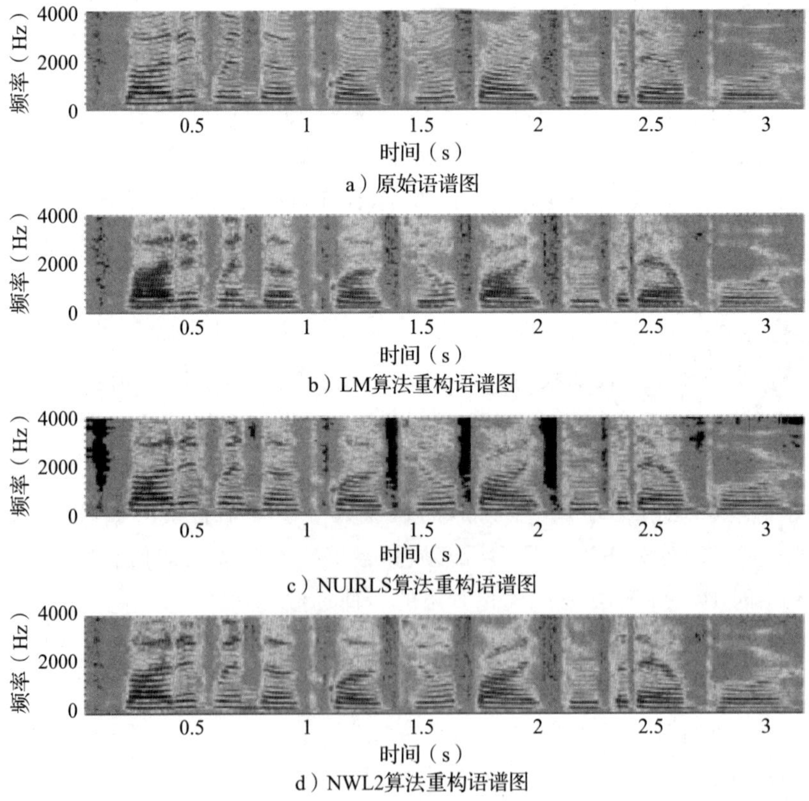

图 6-15　三种算法重构语音的语谱图对比

⊖ 语料为“Lighted windows glowed jewel-bright through the downpour”（TIMIT 语音库中 si1938 语句）。

2. MFCC 量化编码的仿真和分析

从 CASIA 汉语语音库中挑选 40 个说话人（20 名男性、20 名女性）所说的 4000 句语音用于训练 MFCC 码书。训练语音时长约为 3.5 小时，包含 1 682 162 个语音帧（30ms 帧长，7.5ms 帧移）。从同一个语音库中选择训练集外 16 个说话人（8 名男性、8 名女性）所说的 96 句语音作为测试语音，测试语音的时长约为 5 分钟。训练语音和测试语音均被下采样至 8kHz。在做 LP 分析时，采用 240 点汉明窗，帧移为 60 点。在提取 MFCC 时，采用 60 个梅尔滤波带并计算 60 维 MFCC。

采用 fwSNRseg、PESQ 和 STOI 三种客观准则评估不同量化方案下语音编码的效果。fwSNRseg 和 PESQ 评估编码语音质量，STOI 评估编码语音的可懂度。

语音质量的客观评估结果如表 6-7～表 6-9 所示。其中，传统 SVQ 方案的语音编码结果采用下画线方式标明，而最好的语音编码结果则采用加粗方式予以强调。

表 6-7　不同量化方案 fwSNRseg 对比

速率（bit/s）	量化方法	Q（dB）				
		1	2	3	4	5
2400	AbS SVQ	13.743	14.205	14.418	14.521	14.560
2400	AbS MSVQ	13.843	14.548	14.752	14.866	**14.943**
1200	AbS SVQ	11.909	12.252	12.435	12.513	12.561
1200	AbS MSVQ	12.053	12.407	12.564	12.649	**12.697**
600	AbS MSVQ	10.753	10.908	10.969	11.006	**11.020**

表 6-8　不同量化方案 STOI 对比

速率（bit/s）	量化方法	Q（%）				
		1	2	3	4	5
2400	AbS SVQ	91.15	92.31	92.64	92.77	92.89
2400	AbS MSVQ	91.48	92.69	92.98	93.04	**93.35**
1200	AbS SVQ	88.24	89.52	89.83	89.98	90.02
1200	AbS MSVQ	88.32	89.58	89.86	90.12	**90.17**
600	AbS MSVQ	84.98	85.86	85.89	86.00	**86.07**

表 6-9　不同量化方案 PESQ 得分对比

速率（bit/s）	量化方法	Q				
		1	2	3	4	5
2400	AbS SVQ	3.221	3.254	3.287	3.288	3.319
2400	AbS MSVQ	3.232	3.295	3.321	3.335	**3.348**
1200	AbS SVQ	2.913	2.977	2.992	3.013	3.016
1200	AbS MSVQ	2.937	2.987	3.008	3.018	**3.034**
600	AbS MSVQ	2.632	2.661	2.664	2.671	**2.679**

从表 6-7～表 6-9 可以清楚地看出，建议的 AbS VQ 方案语音编码效果始终优于传统的 SVQ 方案语音编码效果，fwSNRseg、PESQ 和 STOI 得分均有明显提高。此外，随着子级量化或子矢量量化中最优量化码字保留数目 Q 的增大，次最优码书 F_s 将逼近全局码书 F，此时编码语音的质量也会随之持续提高。特别地，在语音编码速率为 2400bit/s 的条件下最终的编码语音质量提高十分显著，平均 fwSNRseg、PESQ 和 STOI 得分分别

提高了 1.2dB、0.12 和 2%。

此外，从表 6-7～表 6-9 中还可以看出 AbS MSVQ 方案的语音编码性能始终优于 AbS SVQ 方案的语音编码性能，这是由于 AbS MSVQ 方案将 MFCC 中各个分量作为一个整体进行量化，能够充分挖掘 MFCC 中各个分量之间的冗余，因此量化效率相对较高。由于较大的 Q 会增加码书存储和搜索复杂度，因此为了在编码质量和计算开销之间取得均衡，当语音编码速率分别为 2400bit/s、1200bit/s 和 600bit/s 时，对应的 Q 取值分别为 2、4 和 5。

图 6-16 和图 6-17 给出了 CASIA 语音库中一段典型语音信号“瑞典名将佩尔森说”的原始语音和编码语音的时域波形和语谱图。可以看出无论是低速率 600bit/s 语音编码还是速率相对较高的 2400bit/s 语音编码，重构语音信号的时域波形均得到较好的保持，语谱图中的时频结构也保留得较为完整。虽然在大于 2000Hz 的高频区域，语音信号的谐波结构会发生模糊，且随着编码速率的降低该问题愈加明显，但是对可懂度、清晰度等语音质量贡献最大的低频谐波结构和共振峰却能很好地保持，在语谱图上均清晰可见。非正式主观听力测试也表明，在 2400bit/s、1200bit/s 和 600bit/s 三种编码速率条件下，编码语音均具有很高的可懂度，尤其是在 2400bit/s、1200bit/s 语音编码速率条件下，编码语音的清晰度和自然度都比较理想。

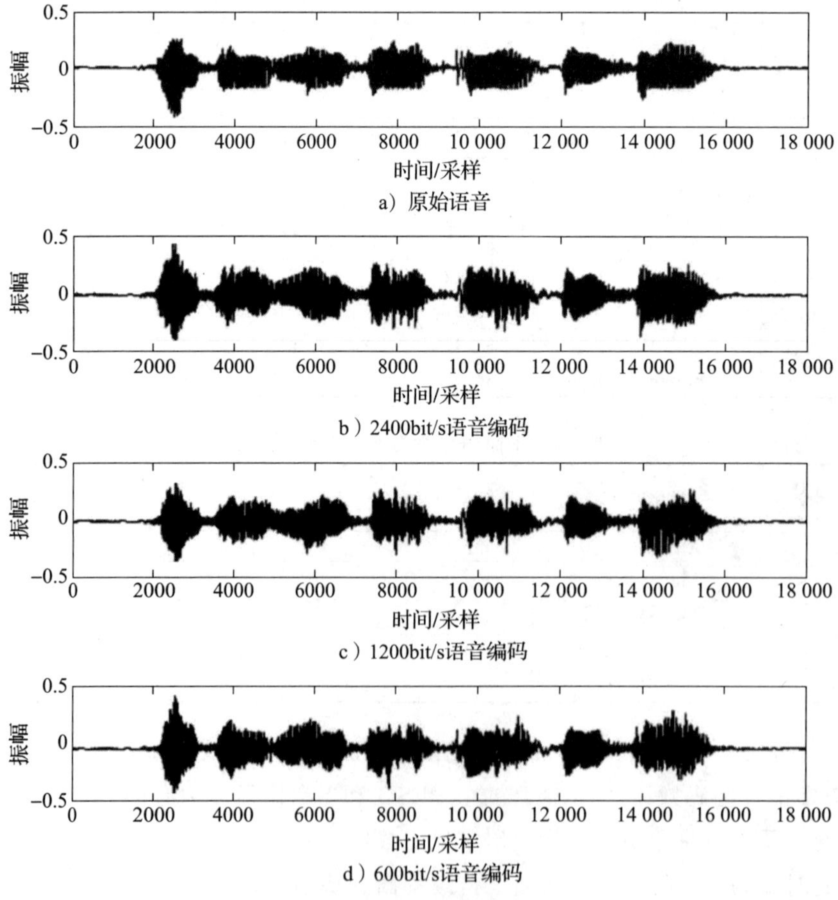

a）原始语音

b）2400bit/s语音编码

c）1200bit/s语音编码

d）600bit/s语音编码

图 6-16 不同速率编码语音时域波形对比示意图

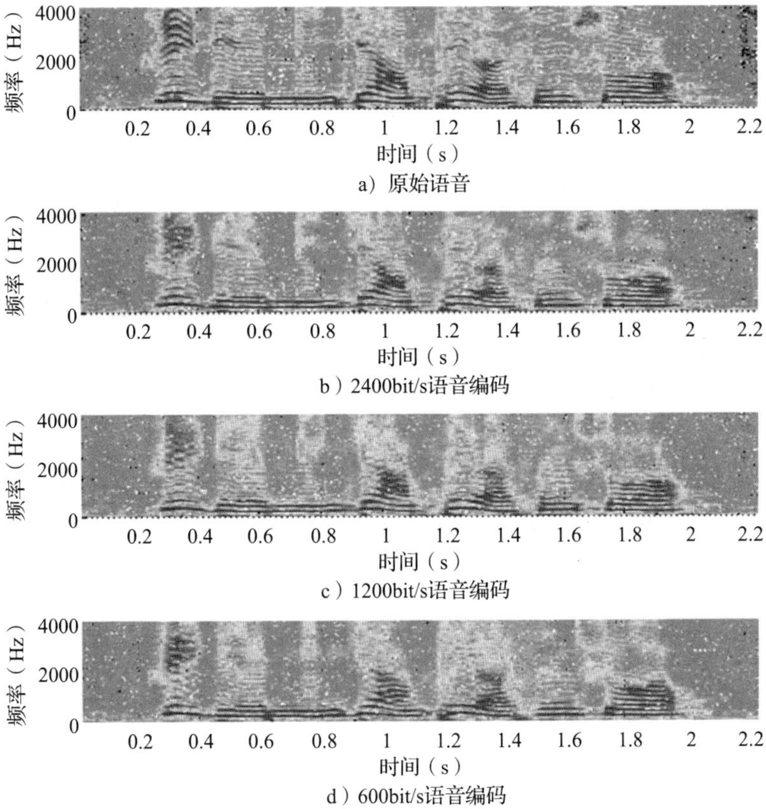

图 6-17 不同速率编码语音语谱图对比示意图

6.4 基于深度学习的语音压缩编码

在语音编码方面，目前应用深度学习的研究成果还相对很少。文献［21］中提出了一种用于语音幅度谱编码的深度自动编码器（Deep Auto-Encoder，DAE）方法，并通过实验验证了采用 DAE 方法进行语音编码的可行性。但是该文仅采用简单的基于门限判决的标量量化方法对学习到的特征矢量进行二值化，量化效率较低，很难适用于低速率语音编码场合。本节在该项工作的基础上，充分应用 DAE 的特点，提出利用分析合成矢量量化方法量化 DAE 中间层学习的特征矢量，量化结果经过 DAE 可重构出语音幅度谱，最后采用 LSE-ISTFT 算法重构出时域语音信号。通过确定矢量量化码书的大小，语音编码速率可固定在 2400bit/s 和 1200bit/s 两种模式[15]。

6.4.1 基于 DAE 的幅度谱编码和量化

DAE 是一种具有特殊结构的深度神经网络，其目标输出层输出与输入层输入相同，网络结构上下具有对称性。由于 DAE 能够从大量无标签数据中学习到有用的特征并成功刻画输入数据的内在统计特性，因而是一种重要的无监督特征学习方法。通常情况下 DAE 中间层的神经元数目少于输入层神经元的数目，因此 DAE 还是一种应用广泛的非线性数据降维方法。

文献［21］中提出的DAE是5层RBM的堆叠，原理如图6-18所示，其性能优于SVQ方法。由于DAE的中间层输出用作量化编码，因此这里DAE的中间层也称为编码层。

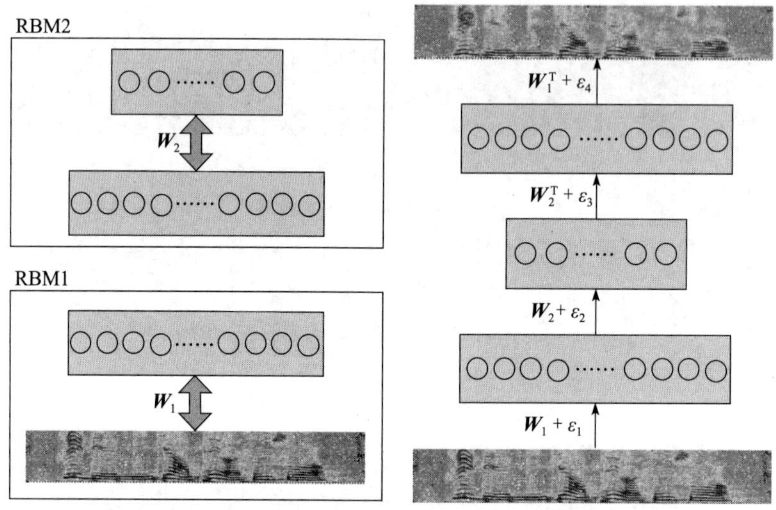

a）由两个RMB构成DBN的预训练过程示意图　　b）DBN微调过程示意图

图6-18 基于DAE的语音幅度谱编码系统示意图

从压缩编码的角度考虑，将输入层的高维矢量通过DAE降至中间层的低维矢量有利于实现数据压缩，这是由于低维矢量的量化空间通常相对更小，需要的量化比特数也较少。但是DAE中间层输出是低维实数矢量，为了达到压缩编码的目的，还需要对其进行量化才能转换成二值比特流。

下面分别介绍采用VQ以及AbS VQ方法量化DAE编码层特征矢量，并将其转换成比特流的基本思想及实现方案。

1. 特征参数矢量量化

采用VQ方式量化DAE编码层输出特征矢量的具体过程如图6-19所示。将DAE编码层输出$\boldsymbol{f}$作为一个整体矢量，按照最近邻准则搜索VQ码书，与$\boldsymbol{f}$欧氏距离最小的码字$\tilde{\boldsymbol{f}}$作为其量化输出$\hat{\boldsymbol{f}}$，对应的码字索引以比特流形式发送。

2. 特征参数分析合成矢量量化

DAE的一个重要特点是输出层的输出能够尽可能逼近输入层的原始输入。因此在DAE框架下进行语音编码时，网络训练阶段在执行语音编码过程的同时又进行了语音解码过程。采纳分析合成矢量量化的思想，实现的特征矢量$\boldsymbol{f}$的AbS VQ方法如图6-20所示。

在AbS VQ方案中，矢量量化的目标不再是按最近邻准则搜索与$\boldsymbol{f}$最接近的码字，而是搜索出的码字$\tilde{\boldsymbol{f}}$经过DAE合成后应当使输出层的输出$\hat{\boldsymbol{y}}$与输入层的原始输入$\boldsymbol{y}$的均方误差最小。AbS VQ 的合成阶段，特征矢量 AbS VQ 码书中的码字$\tilde{f}$经过DAE 合成后得到输出$\hat{y}$；在分析阶段，计算$\hat{y}$与原始输入 y 的均方误差。这两个阶段重复多次直至整个特征矢量的 AbS VQ 码书全部搜索完毕，最后寻找出使得 y 和$\hat{y}$之间均方误差最小的码字作为编码层的量化值，对应的码字索引以比特流形式发送。

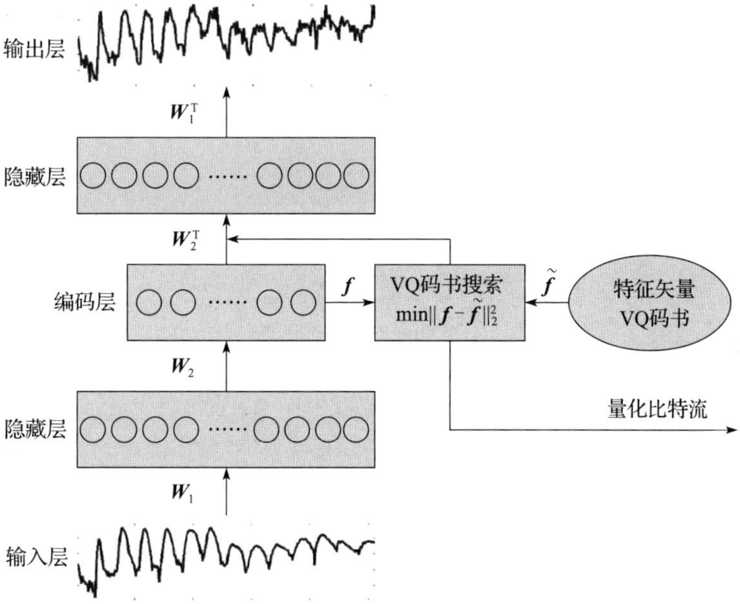

图 6-19　特征矢量量化示意图

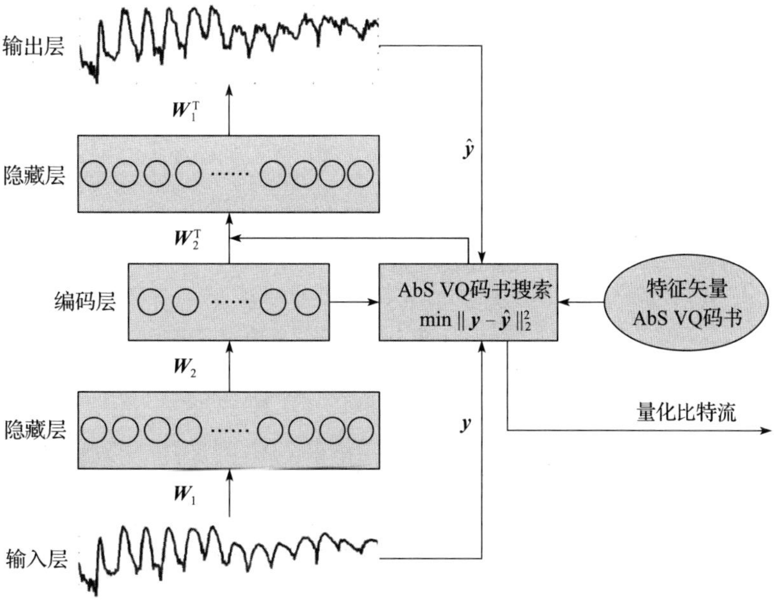

图 6-20　特征矢量分析合成矢量量化示意图

6.4.2 基于 DAE 的低速率语音编码

基于 DAE 的低速率语音编码方案分为训练和编码两个阶段，如图 6-21 所示，具体包括以下 4 个步骤：

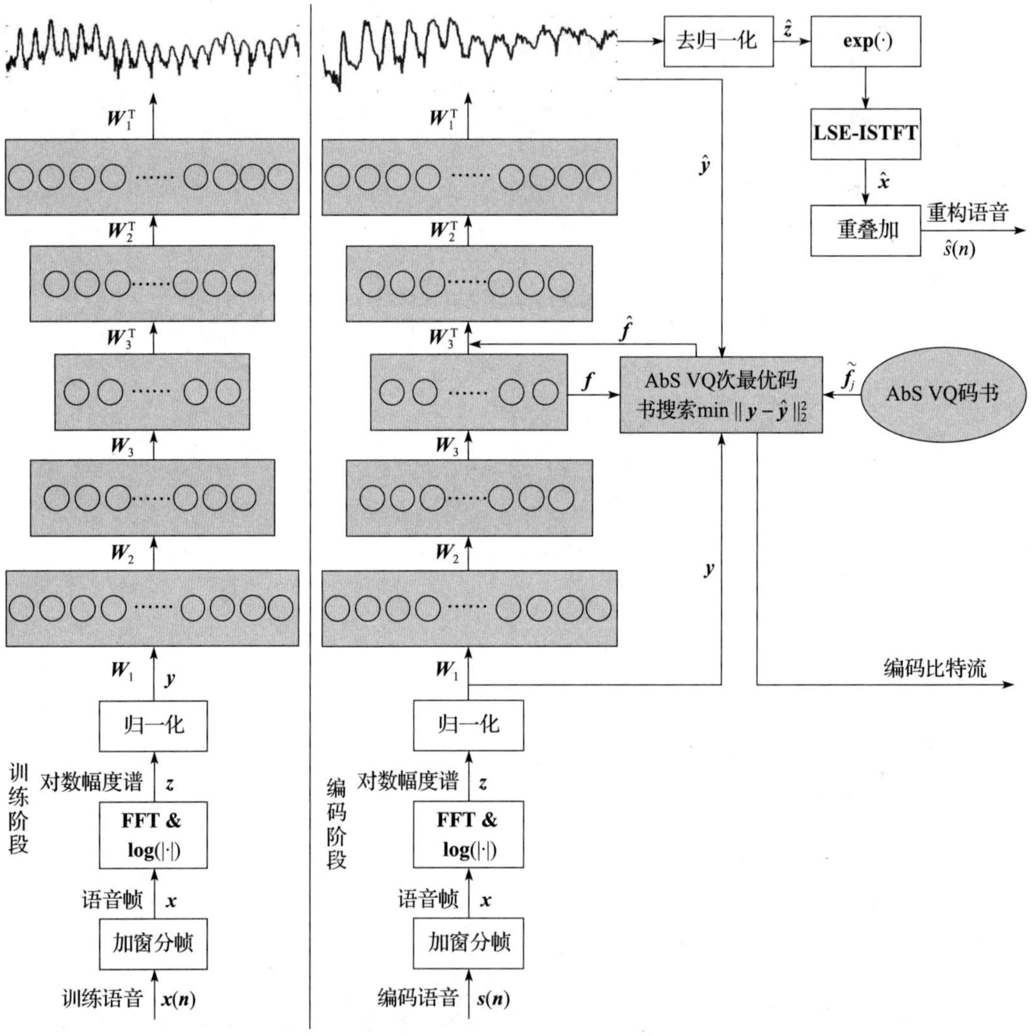

图 6-21 基于 DAE 的低速率语音编码框图

1）特征参数提取。

使用 512 点汉明窗对语音信号进行分帧，帧移为 180 个样点。每帧语音计算 512 点 FFT 并取模后得到其幅度谱。为了缩小数据的动态范围并考虑人耳对幅值大小的感知呈对数特性，对幅度谱取对数并计算得到 257 点对数幅度谱。最后，对数幅度谱经过归一化处理后作为语音特征输入至 DAE 进行训练。

2）DAE 网络结构设置。

综合考虑 DAE 性能以及实际仿真平台的计算能力，用于语音编码的 DAE 为三个

RBM堆叠外加输入、输出层构成的7层DBN结构。输入层和输出层节点个数为257，第1隐藏层节点个数为1024，第2隐藏节点个数为512，编码层节点个数为54，即构建257-1024-512-54-512-1024-257形式的DAE。每个网络节点均采用Sigmoid激活函数进行映射。

3）训练DAE。

训练DAE时需要大量的输入数据，否则网络会始终处于数据欠定状态而无法稳定收敛。在训练阶段选取多个不同说话人所说的、内容多样的长时训练语音信号 $x(n)$，提取其归一化对数能量谱特征作为DAE训练时的输入和理想输出。采用CD算法逐层训练结构为257-1024、1024-512和512-54的三个RBM之后，通过堆叠构成初始的DAE，再进行网络权值的反馈微调得到最终DAE。

4）语音编码与合成。

经过训练的DAE可用于语音编码与合成。对于编码语音信号 $s(n)$，与训练阶段相似，首先提取归一化对数能量谱 $\boldsymbol{y}$，经过DAE降维后在编码层输出特征矢量 $\boldsymbol{f}$。采用AbS VQ对其量化编码。当语音编码速率为2400bit/s时，AbS VQ码书为14-14-13-13四级矢量量化码书，共54bit；当语音编码速率为1200bit/s时，AbS VQ码书为14-13两级矢量量化码书，共27bit。为了降低算法复杂度，量化时采用次最优码书搜索方式进行，搜索的码字索引作为量化比特流发送至信道中进行传输。特征矢量的量化值 $\hat{\boldsymbol{f}}$ 再经过DAE合成后得到重构的归一化对数能量谱 $\hat{\boldsymbol{y}}$。最后经过去归一化、取指数等操作得到重构的语音幅度谱。应用经典的LSE-ISTFT算法和重叠加操作即可从语音幅度谱中重构出最终的合成语音信号 $\hat{s}(n)$。

6.4.3 实验仿真与性能分析

1. 实验数据及评估方法

从CASIA汉语语音库中挑选40个说话人（20名男性、20名女性）所说的4000句语音提取归一化对数幅度谱，用于训练DAE。训练语音时长约3.5小时，包含560 720个语音帧（64ms帧长，22.5ms帧移）。从同一个语音库中选择训练集外16个说话人（8名男性、8名女性）所说的96句语音作为测试语音，测试语音的时长约为5分钟。训练语音和编码语音均被下采样至8kHz。采用fwSNRseg、PESQ和STOI三种准则评估编码语音质量。

2. 实验结果分析

分别采用VQ和AbS VQ对DAE编码层神经元输出进行量化，对应编码语音质量的客观评估结果如表6-10所示。其中，采用次最优码书搜索的AbS VQ方案量化DAE编码层特征矢量时，编码速率为2400bit/s时每级码书保留4个最优码字；编码速率为1200bit/s时每级码书保留16个最优码字，这样可在编码语音质量和算法复杂度之间取得较好的均衡。

表 6-10 基于 DAE 的语音编码方案性能对比

评价指标	速率（bit/s）	量化方案	
		VQ	AbS VQ
fwSNRseg（dB）	2400	10.096	**10.800**
	1200	9.468	**10.593**
STIO（%）	2400	80.59	**85.90**
	1200	77.17	**83.53**
PESQ	2400	2.617	**2.808**
得分	1200	2.456	**2.736**

从表 6-10 可以看出，采用 AbS VQ 方案量化编码层特征矢量的语音编码效果始终优于采用 VQ 方案进行语音编码的效果，fwSNRseg、PESQ 和 STOI 得分均有明显提高。特别地，在 1200bit/s 编码速率条件下最终的编码语音质量提高十分明显，平均 fwSNRseg、PESQ 和 STOI 得分分别提高了 1.1dB、0.3 和 6.4%。实验结果充分说明了 AbS VQ 方案的优越性。尽管 AbS VQ 方案的算法复杂度有所增加，但次最优码书搜索方式可在编码语音质量和算法运算量之间提供较好的均衡。

图 6-22 和图 6-23 给出了 CASIA 语音库中一段典型女声语音“道路愈走愈宽广”的原始语音和重构语音的时域波形和语谱图对比。可以看出无论是低速率 1200bit/s 语音编码还是速率相对较高的 2400bit/s 语音编码，重构语音信号的时域波形均得到较好的保持，包络起伏变化与原始语音信号一致；语音编码重构语谱图的时频结构也保留得较为完整，尤其是对编码语音可懂度、清晰度等贡献最大的低频谐波结构和共振峰均很好地保持，在语谱图上均清晰可见。非正式主观听力测试表明，在 2400bit/s 和 1200bit/s 两种编码速率条件下，编码语音均具有很高的可懂度和清晰度。

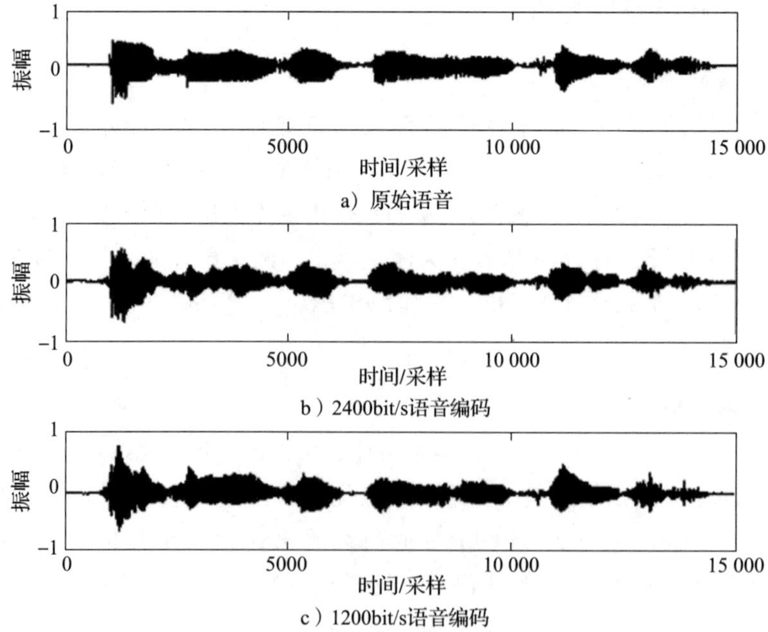

图 6-22 编码语音时域波形对比示意图

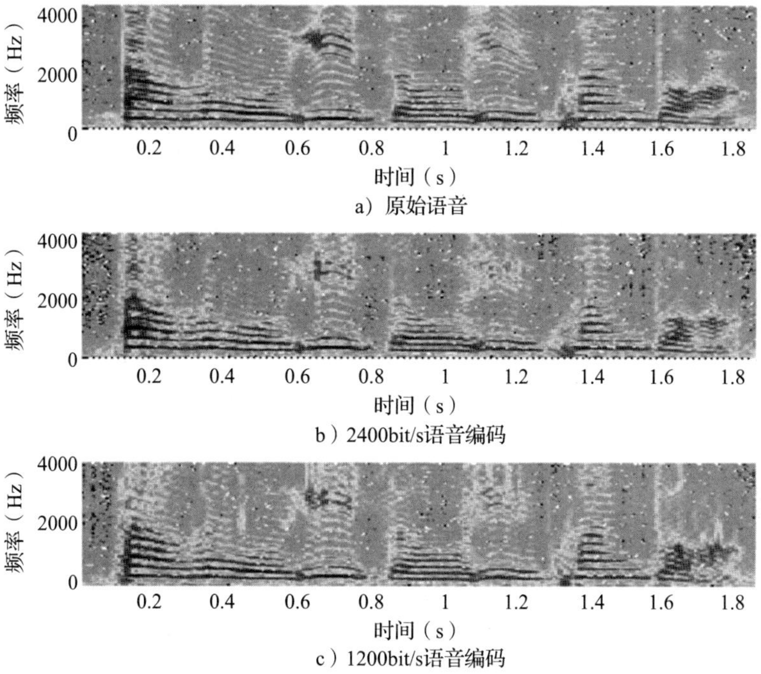

图 6-23　不同速率语音编码重构语谱图对比

6.5　小结

本章以语音压缩编码领域的研究进展为主要内容，从非相干字典学习、波形压缩感知、欠定问题求解、深度网络学习等多个方面对语音编码算法进行了改进，实现了抗噪低速语音编码方案，仿真实验的结果表明，这些方法有效改善了重构语音质量和抗噪性能。

本章的内容只是压缩感知、深度学习等新方法的初步应用。很多新方法在语音编码上也取得了非常好的效果。限于篇幅，本章内容没有也无法全部涉及这些方法。请各位读者在阅读后进一步参考其他相关文献进行学习。

参考文献

[1] 张雄伟，陈亮，杨吉斌．现代语音处理技术及应用［M］．北京：机械工业出版社，2003.

[2] GIBSON J G. Speech Coding Methods，Standards，and Applications［J］. IEEE Circuits and Systems Magazine，2005，5（4）：30-49.

[3] DAVID B，GOTO M，DOUDET L，SMARAGDIS P. Editorial for the special issue on signal models and representations of Musical and environmental sounds［J］. IEEE Transactions on audio，speech and language processing，2010，18（3）：417-419.

[4] 曾理．压缩感知关键技术及应用研究［D］．南京：解放军理工大学，2014.

[5] ASARI H，PEARLMUTTER B A，ZADOR A M. Sparse representations for the cocktail party problem［J］. The Journal of Neuroscience，2006，26（28）：7477-7490.

[6] GIACDBELLO D, CHRISTENSEN M G, MURTHI M N, JENSEN S H, MOONEN M. Retrieving sparse patterns using a compressed sensing framework: applications to apeech coding based on sparse linear prediction [J]. IEEE Signal Processing Letters, 2010, 17 (1): 103-106.

[7] 郭海燕，杨震．基于近似 KLT 域的语音信号压缩感知 [J]．电子与信息学报，2009，31 (12): 2948-2952.

[8] REBOLLONEIRA L. Dictionary redundancy elimination [C]. Proceedings of IEEE. Vision, Image and Signal Processing, 2004, 151 (1): 31-34.

[9] 王天荆，郑宝玉，杨震．基于自适应冗余字典的语音信号稀疏表示算法 [J]．电子与信息学报，2011，33 (10): 2373-2377.

[10] CANDÈS E J, TAO T. Decoding by Linear Programming [J]. IEEE Transactions on Information Theory, 2005, 51 (12): 4203-4215.

[11] GIACOBELLO D, CHRISTENSEN M G, MURTHI M N, et al. Sparse linear prediction and its applications to speech processing [J]. IEEE Transactions on Audio, Speech and Language Processing, 2012, 20 (5): 1644-1657.

[12] SMITH E C, LEWICKI M S. Efficient auditory coding [J]. Science, 2006, 439: 978-982.

[13] AMBIKAIRAJAH E, EPPS J, LIN L. Wideband speech and audio coding using gammatone filter banks [C]. IEEE International Conference on Acoustics, Speech, and Signal Processing (ICASSP), 2001: 773-776.

[14] BOUCHERON L E, LEON P L D, SANDOVAL S. Hybrid scalar/vector quantization of Mel-Frequency cepstral coefficients for low bit-rate coding of speech [C]. Data Compression Conference (DCC), 2011: 103-112.

[15] 闵刚．噪声鲁棒低速率语音编码技术研究 [D]．南京：解放军理工大学，2016.

[16] ETSI ES 202 212. Speech Processing, Transmission and Quality aspects (STQ); Distributed speech recognition; Extended advanced front-end feature extraction algorithm; Compression algorithms; Back-end speechreconstruction algorithm [P], 2005.

[17] BOUCHERON L E, LEON P L D, SANDOVAL S. Low bit-rate speech coding through quantization of Mel-frequency cepstral coefficients [J]. IEEE Transactions on Audio, Speech, and Language Processing, 2012, 20 (2): 610-619.

[18] GORODNITSKY I F, RAO B D. Sparse signal reconstruction from limited data using FOCUSS: A reweighted minimum norm algorithm [J]. IEEE Transactions on Signal Processing, 1997, 45 (3): 600-616.

[19] BOYD S, PARIKH N, CHU E, et al. Distributed optimization and statistical learning via the alternating direction method of multipliers [J]. Foundations and Trends in Machine Learning, 2011, 3 (1): 1-122.

[20] OGRADY P D, RICKARD S T. Compressive sampling of non-negative signals [C]. IEEE International Workshop on Machine Learning for Signal Processing (MLSP), 2008: 133-138.

[21] DENG L, SELTZER M, YU D, et al. Binary coding of speech spectrograms using a deep auto-encoder [C]. Annual Conference of the International Speech Communication Association (INTERSPEECH), 2010, 1692-1695.

CHAPTER7

第7章

语音增强

7.1 引言

随着便携式通信设备的普及，随时随地的语音交流已成为可能，人们在享受语音交流便利的同时，也受困于各种各样的环境噪声带来的干扰与不适。语音增强的目的就是尽可能地去除混杂于语音中的各类噪声干扰，提高语音的清晰度和可懂度，提升语音质量和人耳的听觉感受。

人们对语音增强领域[1]的研究已有数十年之久，研究成果也有很多。由于人耳对语音的幅度更为敏感，因此绝大多数语音增强算法处理的对象是幅度谱，需要解决的基本问题是从含噪声的幅度谱中估计干净的语音幅度谱。

短时谱估计法是目前研究和应用最广泛的语音增强方法，其基本思路是在一定的误差准则下，从含噪语音中得到干净语音谱的最优估计。这种方法的关键之处是准确估计噪声谱。得到噪声谱后，利用谱减法、维纳滤波法及改进方法就可以计算得到干净的语音谱。该方法主要涉及两个问题：一是采用什么样的误差准则来指导谱估计，目前常用的包括 MMSE[2]、MAP[3]，以及考虑人耳听觉特性的感知加权误差准则等；二是在恢复干净谱时要对语音短时谱先验分布做出合理的假设，目前常用的先验分布有高斯分布[2]、Laplace 分布[4]、Gamma 分布[5]、广义 Gamma 分布[6]等。

除了短时谱估计之外，利用信号子空间分解方法，将含噪语音信号的矢量空间分解为信号加噪声子空间和噪声子空间，然后在噪声子空间中估计噪声并在此基础上估计出原始语音信号。常用的信号子空间分解方法主要有两种：特征值分解（Eigenvalue Decomposition，EVD）方法[7]和奇异值分解（Singular Value Decomposition，SVD）方法[8]。根据语音信号产生模型，同样可以实现语音增强。此时，语音增强问题转化为通过含噪语音信号求解 LP 模型参数（LP 系数和噪声激励参数）的问题[9]。在 LP 模型参数估值已知的情况下，干净语音信号的最优估计可以通过 Kalman 滤波得到。在非平稳条件下，Kalman 滤波法能够保证得到最小均方误差意义下的最优估计，并能有效消除有色噪声[10]。语音增强算法虽然已取得了重大进展[11]，但是在复杂强噪声环境下，传统语音增强算法性能尚不能令人满意。因此，语音增强仍是语音信息处理中的一个重要研究方向。

智能语音增强方法利用机器学习技术对大量语音和噪声数据进行学习，并结合传统语音增强中行之有效的信号处理方法，可以实现更好的增强效果，近年来受到了极大的关注。

本章围绕智能增强语音方法展开介绍。7.2 节介绍语音增强的估计参数和常用性能评价方法等；7.3 节介绍基于非负矩阵分解方法的智能语音增强；7.4 节介绍基于深度学习的智能语音增强，这些方法都能有效改善语音信噪比，提升语音质量；7.5 节对本章内容进行总结，并给出一些典型算法的简要说明。

7.2 语音增强技术基础

针对语音和噪声的差异，研究人员提出了许多行之有效的参数估计方法。同时，语音质量评估对语音增强效果有着重要的指导意义，只有对语音质量进行全面的评估，才能得到高质量的语音增强效果。本节围绕语音增强中的参数估计和语音评估质量展开介绍。

7.2.1 语音增强的估计参数

根据应用目标的不同，语音增强可以分为针对人耳听觉应用的增强和针对机器应用的增强。这两种语音增强的侧重点有所不同，人耳听觉应用更关注提高含噪语音的听觉质量和可懂度，而机器应用更关注提高含噪语音的特征准确率。由于人耳对相位信息不太敏感，因此在语音增强中通常只关注幅度谱，重构语音时直接使用含噪语音的相位信息。根据应用目标的不同，幅度谱参数估计的目标可以分为三类，即语音幅度谱[12]、时频掩蔽[13]以及隐式时频掩蔽[14]。

1. 语音幅度谱

常见的语音幅度谱表示主要有：短时傅里叶变换幅度谱（Short-Time Fourier Transform Spectral Magnitude，FFT-Magnitude）和 Gammtone 域幅度谱（Gammatone Frequency Power Spectrum，GF-POW）。

2. 时频掩蔽

时频掩蔽又称为时频掩模，可以认为是幅度谱的一个窗函数。利用时频掩蔽，与含噪语音的幅度谱进行运算可以得到增强语音的幅度谱，通过逆变换即可合成时域的增强语音信号。常见的时频掩蔽有：理想二值掩蔽（Ideal Binary Mask，IBM）、目标二值掩蔽（Target Binary Mask，TBM）、理想浮值掩蔽（Ideal Ratio Mask，IRM）、短时傅里叶变换掩蔽以及复数域的理想浮值掩蔽（Complex Ideal Ratio Mask，CIRM）等。

（1）理想二值掩蔽

IBM 是一个由 0 和 1 构成的二值矩阵，IBM 定义如式（7-1）所示。

$$\mathrm{IBM}(t,f)=\begin{cases}1, & \mathrm{SNR}(t,f)>LC\\0, & \text{其他}\end{cases} \tag{7-1}$$

式中，$\mathrm{SNR}(t,f)$ 表示时间单元（帧为 t，频率为 f）的局部信噪比，LC 表示局部阈值（Local Criterion，LC），它的设定影响语音的可懂度。当 $\mathrm{SNR}(t,f)$ 大于 LC 时，表示该时频单元处全是语音，$\mathrm{IBM}(t,f)$ 取值为 1；反之，则表示该时频单元处全是噪声，$\mathrm{IBM}(t,f)$ 取值为 0。IBM 可以有效提高可懂度，但听觉感知质量提高得很少。

（2）理想浮值掩蔽

二值掩蔽是将某一时频单元处的含噪语音成分全部认定为语音或者全部认定为噪声，但实际的含噪语音成分有可能是语音和噪声的混合体，二值掩蔽会带来较大的判定误差。相比 IBM，IRM 由语音中相对含噪语音所占的比值确定，计算的是某一时频单元处语音所占的成分，取值范围在［0，1］之间，而不是简单地判定为语音或噪声，更符合含噪语音的实际情况。IRM 可同时提高语音感知质量和可懂度。IRM 可分为傅里叶变换域的理想浮值掩蔽（FFT Ideal Ratio Mask，IRM_FFT）和 Gammtone 域的理想浮值掩蔽（Gammtone Ideal Ratio Mask，IRM_Gamm）。

IRM_FFT 的定义如式（7-2）所示。

$$\mathrm{IRM}_{\mathrm{FFT}}(t,f)=\frac{|Y_s(t,f)|^2}{|Y_s(t,f)|^2+|Y_n(t,f)|^2} \tag{7-2}$$

式中，$Y_s(t,f)$ 和 $Y_n(t,f)$ 是含噪语音中纯净语音和噪声的短时傅里叶变换系数。

3. 隐式时频掩蔽

从含噪语音中估计理想时频掩蔽虽然可以增强纯净语音，但理想时频掩蔽只是一个中间目标，并没有直接优化最终的实际目标，最后还是需要得到语音幅度谱才能恢复出纯净的语音信号。隐式时频掩蔽通过将掩蔽作为一个确定性的计算过程融入具体估计目标中来解决这个问题。隐式时频掩蔽的估计目标 $\hat{S}(t,f)$ 为

$$\hat{S}(t,f)=\widetilde{M}(t,f)\otimes\widetilde{Y}(t,f) \tag{7-3}$$

式中，$\widetilde{Y}(t,f)$ 表示含噪语音幅度谱，$\widetilde{M}(t,f)$ 是时频掩蔽函数。

除了以上介绍的语音幅度谱之外，也有一些方法对纯净相位谱进行估计。近来也有研究开始尝试直接估计纯净波形，实现端到端的增强。

7.2.2 智能语音增强的语音特征

由于机器学习方法可以学习复杂的信号特征，越来越多性能良好的听觉特征被用于智能语音增强中。智能学习方法从这些特征中有效学习到语音和噪声不同的表示，并用于改善语音增强的性能。

1. 傅里叶变换域特征

无论是基于非负矩阵分解的语音增强还是基于深度学习的语音增强，傅里叶变换域的语音特征都是广泛使用的特征。傅里叶变换域的语音特征是指对语音信号进行 STFT 变换之后再进行一些计算变换所得到的特征。在基于深度学习的语音增强中，常用的傅

里叶变换域特征主要有幅度谱特征、对数幅度谱特征、对数能量谱特征等。

- 幅度谱特征：对语音信号进行分帧、加窗处理，然后进行 STFT 变换并进行取模操作即得语音的幅度谱。
- 对数幅度谱特征：对幅度谱进行取对数操作，可以有效凸显语音信号中的高频成分。
- 对数能量谱特征：对能量谱进行取对数操作就可得到对数能量谱。

2. Gammatone 滤波变换域特征

Gammatone 滤波器是一组相互交叠的带通滤波器，可模拟实现耳蜗基底膜的频率分解作用。经过 Gammatone 听觉滤波模型处理得到的一些听觉特征具有人耳的一些听觉特性，更贴近人耳感知特性。这一类特征主要有 GF（Gammatone Feature）特征、GFCC（Gammatone Frequency Cepstral Coefficient）特征以及 MRCG（Multi-resolution Cochleagram）特征等。

- GF 特征：经过 Gammatone 滤波之后用 100Hz 的采样频率对信号进行采样，然后对采样值进行立方根操作实现幅度压制。GF 特征通常取 64 维。
- GFCC 特征：在 GF 特征基础之上再进行 DCT 可得。GFCC 特征通常取 31 维。
- MRCG 特征：基于语音信号的 Cochleagram 表示的多分辨率特征，既把握全局性的低分辨率特征，又关注细节的高分辨率特征。该特征在语音分离中的效果非常好。

3. 梅尔变换域特征

人耳听觉系统是一个特殊的非线性系统，对不同频率信号的灵敏度是不同的。梅尔滤波器是一组模拟人类听觉特性的三角带通滤波器，将频谱特征通过梅尔滤波器得到梅尔刻度上的非线性频谱特征就考虑了人耳的听觉特性。常用的梅尔变换域特征有对数梅尔滤波器组（Log-Mel Filterbank）特征和梅尔倒谱系数特征。

- 对数梅尔滤波器组特征：将 STFT 变换域的能量谱特征转换到梅尔域之后，进行对数操作可得。
- 梅尔倒谱系数特征：将 STFT 变换域的能量谱特征转换到梅尔域之后，进行对数操作和 DCT，并结合一阶和二阶差分特征可得。

除以上介绍的特征外，常用的听觉特征还有基于基音的特征（Pitch-based Feature）[15]、PLP（Perceptual Linear Prediction）特征、RASTA-PLP（Relative Spectral Transform PLP）特征等。基于基音的特征有良好的鲁棒性，但在噪声条件下，很难准确地估计语音的基音。PLP 特征能保留重要的共振峰结构。RASTA-PLP 特征是 PLP 特征加入 RASTA 滤波得到的，相比 PLP 特征，RASTA-PLP 有更好的噪声鲁棒性。

7.2.3 性能评价

对语音增强的性能进行评价可采用主观听音测试（主观评价）或客观音质测量（客观评价）方法。

1. 主观评价方法

主观评价方法是让测试者比较原始语音和处理后的语音，并按预设好的等级标准对音质评分。常用的主观评价方法详见表 7-1。

表 7-1 主观评价方法

中文全称	英文全称	简称	评价目标
修正韵律测试	Modified Rhyme Test	MRT	主观可懂度
诊断韵律测试	Diagnostic Rhyme Test	DRT	主观可懂度
平均意见得分	Mean Opinion Score	MOS	总体语音质量
诊断满意度测试	Diagnostic Acceptability Measure	DAM	总体语音质量

在表 7-1 所示的四种评估方法中，MOS 分评估方法应用广泛，它是由一组人分别对原始语音和增强处理后的语音进行主观感受对比，按照评分标准得出 MOS 分，并求平均值得到。MOS 评分规则如表 7-2 所示。

表 7-2 语音质量 MOS 评分规则

得分	语音质量	失真程度
5	非常好	不可觉察
4	好	略可觉察，无不适感
3	一般	可觉察，轻度烦人
2	差	烦人，尚可忍受
1	很差	很烦人，无法忍受

MOS 评估方法符合人类听觉系统对语音质量的反映，然而，主观评估方法需要测评者重复性工作，测评者易陷入疲劳，导致测评工作的稳定性不高；同时主观评估方法需要耗费大量时间和金钱，灵活性差。为了克服主观评价方法的缺点，同时简化评估过程，一些学者提出了与主观评价方法相关联、相近似的客观评价方法。

2. 客观评价方法

（1）PESQ 评价方法

PESQ 方法是广泛使用的客观评价方法[16]。PESQ 侧重于评估处理语音的总体质量，其分值范围为－0.5～4.5。虽然最初设计 PESQ 的目的是检测编码和传输信道误差带来的损失，但在很多任务中 PESQ 得分与主观听觉测试得分具有很高的相关度，因此也可用于语音增强的性能评价。

（2）STOI 评价方法

短时客观可懂度得分（Short-Time Objective Intelligibility，STOI）侧重于评估处理语音的可懂度。STOI 算法的得分位于区间［0，1］内。

（3）BSS-EVAL 评价方法

BSS-EVAL 评估体系包括三个评价指标，分别是信源失真比（Source-to-Distortion Ratio，SDR）、信干比（Source-to-Interferences Ratio，SIR）以及信源和算法引起的失真比（Source-to-Artifacts Ratio，SAR）。SDR 指标反映算法的总体性能，SIR 表示对噪声的抑制程度，SAR 表示在降噪过程中引入的失真影响。SDR、SIR 和 SAR 数值越高，表示降噪后的语音质量越好。

在 BSS-EVAL 评估中，假设第 i 个原始信源 $S_i(t)$ 的估计 $\hat{S}(t)$ 可分解为四个信号之和：

$$\hat{S}(t)=S_{\text{target}}(t)+e_{\text{interf}}(t)+e_{\text{noise}}(t)+e_{\text{artif}}(t) \tag{7-4}$$

其中，$S_{\text{target}}(t)=f(S_i(t))$ 表示在允许失真 f 的情况下目标信源 $S_i(t)$ 的表示形式，$e_{\text{interf}}(t)$ 表示其他信源对目标信源的干扰，$e_{\text{noise}}(t)$ 是噪声，$e_{\text{artif}}(t)$ 是由于其他原因引入的人工失真。$e_{\text{noise}}(t)$ 一般可忽略或与 $e_{\text{artif}}(t)$ 合并作为一项指标统一考虑。将估计信源 $\hat{S}(t)$ 分解后，BSS-EVAL 的三个评价指标如下。

$$\text{信源失真比：SDR}=10\log_{10}\frac{\|S_{\text{target}}(t)\|^2}{\|e_{\text{interf}}(t)+e_{\text{artif}}(t)\|^2} \tag{7-5}$$

$$\text{信干比：SIR}=10\log_{10}\frac{\|S_{\text{target}}(t)\|^2}{\|e_{\text{interf}}(t)\|^2} \tag{7-6}$$

$$\text{信源与算法引起的失真比：SAR}=10\log_{10}\frac{\|S_{\text{target}}(t)+e_{\text{interf}}(t)\|^2}{\|e_{\text{artif}}(t)\|^2} \tag{7-7}$$

（4）LSD 测度

对数谱距离（Log-Spectral Distance，LSD）衡量纯净语音和增强语音之间的对数谱失真，其值与语音质量成反比，越小的值表示越好的增强效果。LSD 的计算公式为

$$\text{LSD}=\frac{1}{M}\sum_{m=0}^{M-1}\sqrt{\frac{1}{\frac{L}{2}+1}\sum_{l=0}^{L/2}10\log_{10}\frac{|S(m,l)|^2}{|\hat{S}(m,l)|^2}} \tag{7-8}$$

式中，M 是总的信号帧数，L 是频谱分量个数，$S(m,\ l)$ 和 $\hat{S}(m,\ l)$ 分别为纯净语音和增强后语音经过短时傅里叶变换后的第 m 帧的第 l 个频谱分量。

（5）fwSNRseg 测度

频率加权分段信噪比（Frequency Weighted Segmental SNR，fwSNRseg）是衡量增强算法对噪声抑制能力的指标，它是将分段信噪比（Segmental SNR，SNRseg）扩展到频域。fwSNRseg 的主要优点是对频谱上不同的频带施加不同权重。fwSNRseg 的计算公式为

$$\text{fwSNRseg}=\frac{10}{M}\sum_{m=0}^{M-1}\frac{\sum_{j=1}^{k}B_j\log_{10}\left[\frac{F^2(m,j)}{(F(m,j)-\hat{F}(m,j))^2}\right]}{\sum_{j=1}^{k}B_j} \tag{7-9}$$

式中，M 是总的信号帧数，k 是频带个数，B_j 是第 j 个频带的权重，$F(m,\ j)$ 和 $\hat{F}(m,\ j)$ 分别是第 m 帧纯净信号和增强信号在第 j 个频带中的滤波带幅度。

7.3 基于非负矩阵分解的语音增强

在含噪语音信号中，纯净语音信号的时域波形与其他干扰语音或噪声在大部分区域经常会相互重叠，谱减法等尝试将噪声从含噪语音谱中减去。而当将噪声和语音同等对待时，可以采用分离的思想来解决增强问题，即在含噪语音的时频谱上将语音和噪声分

离开，并利用纯净的语音谱重构语音。由于幅度谱的分量均非负，因此可以利用非负矩阵分解（NMF）的方法实现语音的增强。这就是基于非负矩阵分解的语音增强基本出发点。

虽然 NMF 在矩阵的分解过程中施加了“非负”约束，具有实现简便、占用存储空间小和分解结果可解释等优点，但是针对语音存在明显的时变特性和稀疏特点，仅仅施加非负约束的矩阵分解结果有时并不理想，为此，需要根据增强中存在的问题引入不同的约束来改善 NMF 算法，进一步改善增强效果。

本节首先介绍基本的非负矩阵分解增强模型，然后介绍一种基于不相交约束 NMF 的语音增强算法[17]，并介绍如何通过时频字典学习实现语音增强。

7.3.1 基本模型

从信号分解的角度出发，含噪语音可以采用如下线性混合模型表示：

$$x(t)=\sum_{i=1}^{M}x_i(t) \tag{7-10}$$

其中，$x(t)$ 是混合信号，$x_i(t)$ 是第 i 路信号，既可以是纯净语音也可以是噪声，M 代表混合信源的数目。将信号转换为时频表示，可得：

$$\boldsymbol{X}=\sum_{i=1}^{M}\boldsymbol{X}_i \tag{7-11}$$

运用 NMF 实现增强的基本思想是每个源信号的频谱分量 $\boldsymbol{x}_t(t=1,\cdots,T)$ 可以表示成频谱基矢量 $\boldsymbol{d}_k(k=1,\cdots,K)$ 的线性组合，即 $\boldsymbol{x}_t$ 可表示为

$$\boldsymbol{x}_t=\sum_{k=1}^{K}g_{k,t}\boldsymbol{d}_k \tag{7-12}$$

这里，$g_{k,t}$表示 t 帧时刻的加权系数，K 为基矢量数目。利用 NMF 模型对信源进行建模的好处在于：相比于信源频谱 $\boldsymbol{x}_t$，其基矢量 $\boldsymbol{d}_k$ 具有更简洁的形式，可以更容易地加以区分。

为了表示方便，将式（7-12）写成矩阵形式：

$$\boldsymbol{X}=\boldsymbol{D}\boldsymbol{G}$$

其中，$\boldsymbol{X}=[\boldsymbol{x}_1,\cdots,\boldsymbol{x}_T]$，$\boldsymbol{D}=[\boldsymbol{d}_1,\cdots,\boldsymbol{d}_K]$，$[\boldsymbol{G}]_{k,t}=g_{k,t}$。通常情况下，$g_k=[g_{k,1},\cdots,g_{k,T}]^{\mathrm{T}}$ 称为时变增益，$g_{k,t}$表示频谱基矢量在某个时刻的激励系数，$g_{k,t}$越大，则频谱基矢量 $\boldsymbol{d}_k$ 在 t 帧时刻的能量越大。此时通过矩阵分解，找到了 $\boldsymbol{X}$ 在字典 $\boldsymbol{D}$ 作用的下的表示 $\boldsymbol{G}$。

由于语音和噪声的特性不同，可以认为语音和噪声的字典也存在差异。那么通过语音噪声联合字典，可以实现 NMF 基础上的语噪分离。其基本思路是，预先对语音和噪声进行训练以提取对应的字典。然后，将各字典组合成一个联合字典，在联合字典固定的情况下实现矩阵的分解，最后再利用分解后得到的时变增益与各自字典相乘得到分解后的信号，从而实现增强。

假设采用 NMF 算法对每个信源的幅度谱进行分解，可得：

$$\boldsymbol{X}_i^{\mathrm{train}}\approx\boldsymbol{D}_i^{\mathrm{train}}\boldsymbol{G}_i^{\mathrm{train}} \tag{7-13}$$

在得到每个信源的字典之后再将其组合成一个联合字典：

$$\boldsymbol{D}^{\mathrm{train}}=[\boldsymbol{D}_1^{\mathrm{train}}\mid\boldsymbol{D}_2^{\mathrm{train}}\cdots\boldsymbol{D}_M^{\mathrm{train}}] \tag{7-14}$$

最后将混合信源的幅度谱投影到联合字典中，可得：

$$X \approx D^{\text{train}} G = [D_1^{\text{train}} \mid D_2^{\text{train}} \mid \cdots \mid D_M^{\text{train}}][G_1 \mid G_2 \mid \cdots \mid G_M]^{\mathrm{T}} \tag{7-15}$$

这时可以得到分离后的纯净语音为

$$X_i \approx D_i^{\text{train}} G_i \tag{7-16}$$

分离后的信源幅度谱经过短时逆傅里叶变换还原为时域信号。

语音和噪声的字典学习可以采用欧氏距离来度量学习性能。不同信源的频谱结构复杂性不同，需要采用的原子数目也不尽相同。根据已有研究，字典原子数目取 140 左右，分离算法能取得较好的分离性能；原子数大于该值后，分离效果并不能显著提高。因此本算法在字典学习阶段的原子数目设为 140 个。

7.3.2 基于不相交约束非负矩阵分解的语音增强

1. 算法基本框架

现实环境中噪声的频谱特征可能与语音较为相似，如 F16 噪声就表现出与人类语音相似的共振峰特性，在这种情况下单纯基于 NMF 进行语音增强，由于在分解时没有对语音的时变增益施加任何约束条件，分离出的目标语音往往会受到较大干扰，容易掺杂其他噪声。究其原因，主要在于信源 i 和信源 j 可能同时包含有属于字典 D_i^{train} 的相关成分。为此，文献 [18] 中提出将 "co-occurrence (同时出现)" 约束加入传统的 NMF 算法中以提高属于同一信源的字典原子的依赖性。从另一角度分析，可以认为隶属于不同信源的字典原子不会在同一短时刻内被激活，因为混合信号中的各个信源在时域上相交的概率很小，在某个时间帧上往往只有一个信源具有显著的能量。声学信号在时间上不相交的这一特性具有"局部占优"的优点，有利于提高增强算法的性能。因此，基于这个特点，可以对语音的时变增益施加不相交约束条件，实现基于不相交约束非负矩阵分解（Disjointness Constraint Nonnegative Matrix Factorization，DC-NMF）的语音增强。

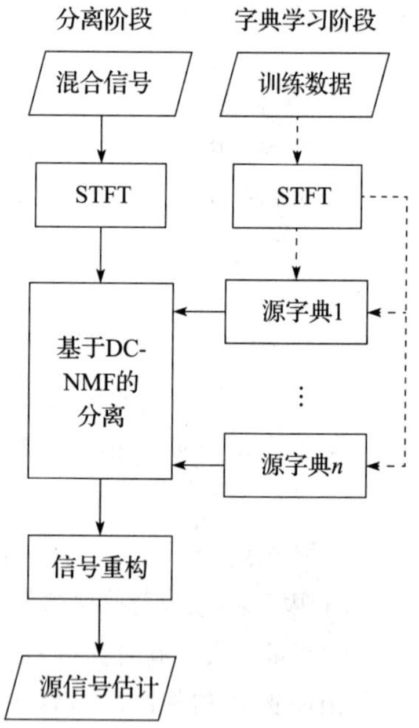

图 7-1 基于 DC-NMF 的单通道语噪分离总体框架

整个增强处理的过程如图 7-1 所示，分为字典学习和分离两个阶段。

首先将欧氏距离函数下的约束条件加入方法，如式（7-17）所示。

$$J(D,G) = \frac{1}{2}\sum_{ft} \| X_{ft} - (DG)_{ft} \|^2 + \alpha J(G) \tag{7-17}$$

这里，$J(G)$ 为引入的先验条件，也称为惩罚项或正则项。α 为权重系数，用于平衡分解误差和约束条件间的关系。α 的值越大，则不相交约束条件越强，但分解误差可能会增大；α 值越小，则不相交约束条件变弱，分解误差减小；当 α 为零时，式（7-17）退化为传统的欧氏距离函数，DC-NMF 退化为普通的 NMF 算法。

时变增益的不相交是指时变增益的各行矢量之间的不相交，设 $\boldsymbol{g}_i^{\mathrm{T}}$ 为时变增益矩阵 $\boldsymbol{G}$ 的第 i 行矢量，则行矢量之间的相交程度可用矢量的内乘 $\langle \boldsymbol{g}_i, \boldsymbol{g}_j \rangle$ 来表示，此时的 $J(\boldsymbol{G})$ 可表示为

$$J(\boldsymbol{G}) = \frac{1}{2}\sum_{i\neq j}\langle \boldsymbol{g}_i, \boldsymbol{g}_j \rangle = \frac{1}{2}\sum_{i\neq j}\boldsymbol{g}_i\boldsymbol{g}_j^{\mathrm{T}} \tag{7-18}$$

当 $\boldsymbol{g}_i$ 和 $\boldsymbol{g}_j$ 不相交时，$\langle \boldsymbol{g}_i, \boldsymbol{g}_j \rangle=0$，相交时 $\langle \boldsymbol{g}_i, \boldsymbol{g}_j \rangle$ 为大于零的正值。在优化的过程中，通过使 $J(\boldsymbol{G})$ 尽可能小从而实现对时变增益行矢量的相交概率尽可能地降低。

分离时，在固定信源联合字典的情况下，采用 DC-NMF 算法对混合信号矩阵进行分解，其基本流程如算法 7-1 所描述，具体推导请参考文献 [17]。

算法 7-1 基于 DC-NMF 的语音增强

输入： 含噪信号 $\boldsymbol{X}\in\mathbb{R}_+^{F\times T}$，语音字典 $\boldsymbol{D}_1^{\text{train}}$，噪声字典 $\boldsymbol{D}_2^{\text{train}}$

输出： 估计语音和噪声 $\boldsymbol{X}_1$ 和 $\boldsymbol{X}_2$

1）开始：

2）初始化 $\boldsymbol{G}_1$ 和 $\boldsymbol{G}_2$

3）循环

4）　　$k\leftarrow k+1$

5）　　$\boldsymbol{G}_1\leftarrow\boldsymbol{G}_1\cdot\dfrac{(\boldsymbol{D}_1^{\text{train}})^{\mathrm{T}}\hat{\boldsymbol{X}}+\alpha\boldsymbol{G}_1}{(\boldsymbol{D}_1^{\text{train}})^{\mathrm{T}}\boldsymbol{D}_1^{\text{train}}\boldsymbol{G}_1+\alpha\boldsymbol{G}_1}$　　/* 更新 $\boldsymbol{G}_1$ */

6）　　$\boldsymbol{G}_2\leftarrow\boldsymbol{G}_2\cdot\dfrac{(\boldsymbol{D}_2^{\text{train}})^{\mathrm{T}}\hat{\boldsymbol{X}}+\alpha\boldsymbol{G}_2}{(\boldsymbol{D}_2^{\text{train}})^{\mathrm{T}}\boldsymbol{D}_2^{\text{train}}\boldsymbol{G}_2+\alpha\boldsymbol{G}_2}$　　/* 更新 $\boldsymbol{G}_2$ */

7）　　$\hat{\boldsymbol{X}}=\boldsymbol{D}_1^{\text{train}}\boldsymbol{G}_1+\boldsymbol{D}_2^{\text{train}}\boldsymbol{G}_2$　　/* 估计 $\hat{\boldsymbol{X}}$ */

8）　**until** 收敛

9）　$\boldsymbol{X}_1=\boldsymbol{D}_1^{\text{train}}\boldsymbol{G}_1$，$\boldsymbol{X}_2=\boldsymbol{D}_2^{\text{train}}\boldsymbol{G}_2$　　/* 信源估计 */

10）**end**

2. 仿真实验与性能分析

为实现基于 DC-NMF 的语音增强，在字典学习阶段，语音训练数据从 TIMIT 的训练语音库中选取，噪声训练数据从 Noisex-92 数据库中选取。所有信号的采样率都重采样为 8kHz。

由于算法目标函数中的约束项 α 会影响最终的分离效果，因此需要对该值进行设定。通过对 α 在取值区间 [0, 1] 中的遍历实验（步进大小为 0.01），发现增强中当 $\alpha=0.45$ 时恢复出的语音质量基本都是最优的。在后续实验中，将 α 设置为 0.45。

基于非负矩阵分解原理的语音增强算法不仅可以实现去噪，还可以实现语音的分离。为了全面评价 DC-NMF 算法，分别从语音与噪声的分离和混合语音的分离两个方面进行性能评估。

在对比实验中，选取 NMF 方法作为参照，同时，在语噪分离中也给出了基于多带

谱减法的语音去噪结果进行参照。多带谱减法（Multi-Band Spectral Subtraction，MBSS）已被证明具有与子空间方法或基于统计模型相当或比它更好的性能。分别采用PESQ和BSS-EVAL评价体系作为评价标准。

（1）语噪分离效果评估

实验中的测试语音主要包括10个说话人（5个男声，5个女声）的所有语音句子，每个说话人的测试语音分别加入－5dB，0dB，5dB，10dB信噪比的噪声（噪声数据选择Babble噪声，F16飞机噪声和Factory1噪声）。每个信噪比条件下的所有实验结果取平均值即可得到各个算法的最终得分。表7-3为利用三种算法分离后语音的平均PESQ得分。从表7-3中可以看出，DC-NMF算法输出语音的总体质量要优于NMF算法。

表7-3 三种算法的平均PESQ得分

算法	SNR＝－5	SNR＝0	SNR＝5	SNR＝10
DC-NMF	1.68	1.93	2.31	2.72
NNF	1.32	1.77	2.12	2.42
MBSS	1.13	1.58	2.14	2.53

为了进一步分析算法在降噪和语音失真等方面的性能，图7-2～图7-4给出了采用BSS-EVAL评价体系得到的SIR、SAR和SDR值。图7-2显示DC-NMF算法的噪声抑制性能在所有输入信噪比下均优于NMF算法和多带谱减法，这主要归功于DC-NMF所引入的不相交约束条件使得语音和噪声能在时频域中尽可能分开，从而大大减小了无语音时的残留噪声，提高了分离算法的噪声抑制能力。从图7-2还可以看出NMF去噪方法的性能略优于MBSS方法。图7-3为SAR评价指标，可以看出，NMF和MBSS算法分离后语音的失真程度都大于DC-NMF。当输入信噪比在5dB以下时，NMF方法引起的失真小于MBSS方法。图7-4显示在SDR评价指标上，DC-NMF平均得分要比NMF高出2dB左右，也远高于MBSS，特别是在低信噪比条件下这种差距更加明显。NMF方法的SDR指标在5dB以下优于MBSS方法。

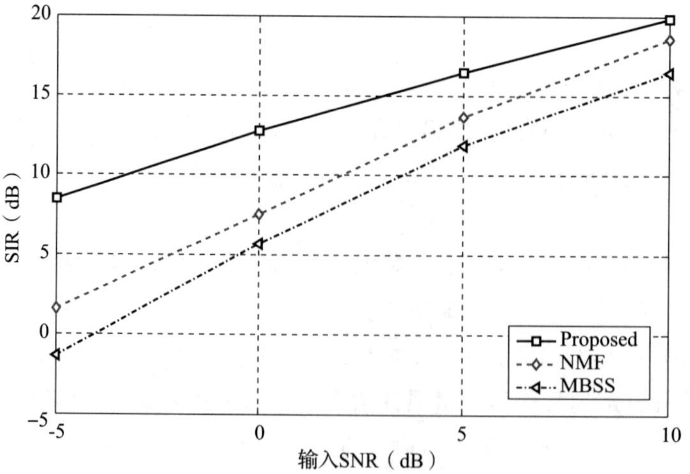

图7-2 三种算法在SIR测度下的性能曲线

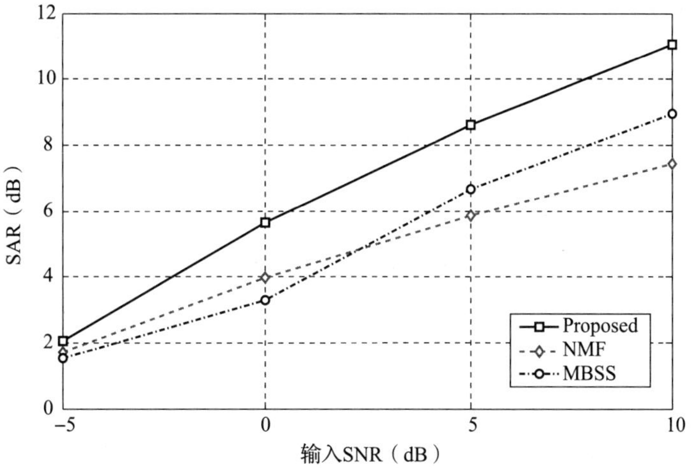

图 7-3　三种算法在 SAR 测度下的性能曲线

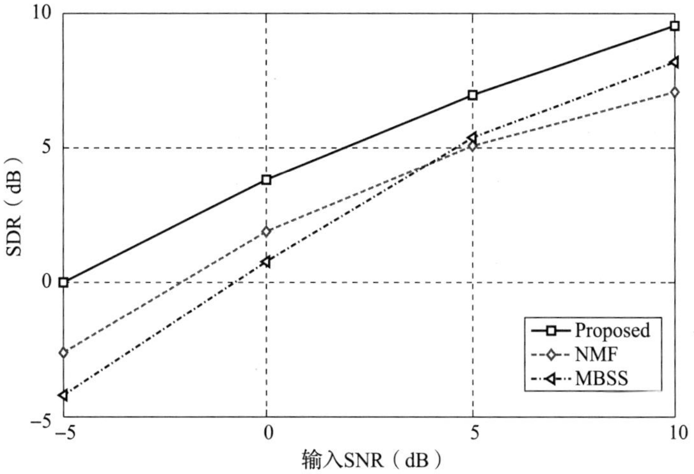

图 7-4　三种算法在 SDR 测度下的性能曲线

（2）混合语音分离性能评估

在混合语音分离的实验中，选取两男两女共四个说话人，混合语音由两个源测试语音叠加合成。两男两女共有六种组合方式，将男声＋女声四种组合的结果取平均值即可得到如表 7-4 和表 7-5 所示的结果。

表 7-4　混合语音分离的 PESQ 得分

混合语音类型	DC-NMF		NMF	
	信源 1	信源 2	信源 1	信源 2
男-男	2.10	2.16	1.93	2.05
男-女	2.24	2.35	2.07	2.12
女-女	2.18	2.23	2.11	2.18

表 7-5 DC-NMF 混合语音分离 BSS-EVAL 评测

混合语音类型	信源 1			信源 2		
	SDR	SIR	SAR	SDR	SIR	SAR
男-男	6.85	12.41	8.37	5.78	14.83	6.52
男-女	7.07	12.78	8.65	8.44	19.01	8.89
女-女	6.92	12.56	8.44	7.37	17.58	7.93

表 7-4 的 PESQ 得分表明 DC-NMF 分离的语音总体质量要优于采用 NMF 分离的语音质量，其中对男-女声混合语音的分离效果最好，这主要是因为男女声的频谱结构相差较大，在时频域中的重叠概率较低。而男声和男声，女声和女声虽是不同说话人，但是由于其基音频率和谐波结构较为接近，在时频域上更加容易发生重叠，因此分离后的语音更加容易残留其他说话人的部分频谱成分。

表 7-5 为采用 BSS-EVAL 评测标准对 DC-NMF 方法分离后语音的评测结果。该结果显示，在不同目标语音的分离和提取上，DC-NMF 方法分离的效果也有所不同。特别地，在男女声混合语音中，女声的分离效果要优于男声，这一结果在 NMF 方法中也有体现。对该结果的合理解释可以归结为相比于男声，女声的频谱结构更有区分度，更容易用字典学习的方式进行建模。

为了更好地观察分离后语音信号的特征，图 7-5 给出了分离前后语音的时域波形。从图 7-5c 可以看出混合语音的重叠部分较多，但是 DC-NMF 分离算法能够成功地将混合语音分离开来，图 7-5d 和图 7-5e 显示分离前后的语音时域波形较为相近。

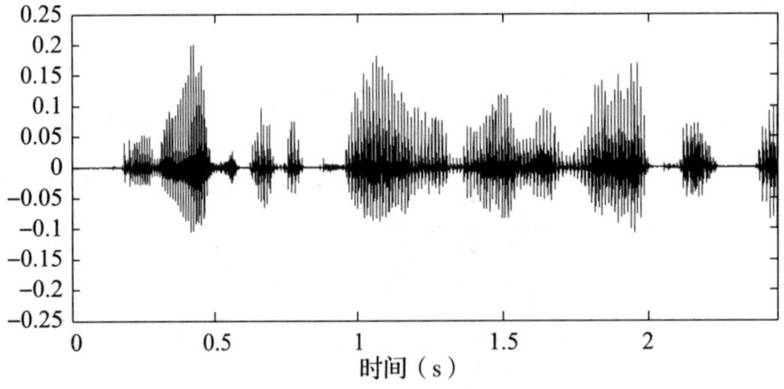

a) 男声语音信号

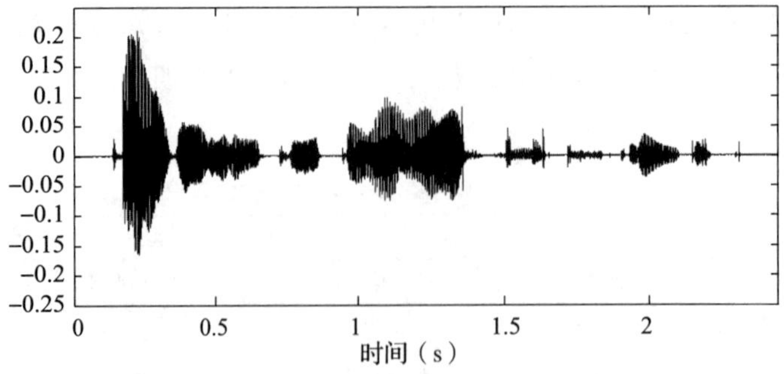

b) 女声语音信号

图 7-5 DC-NMF 分离前后语音时域波形

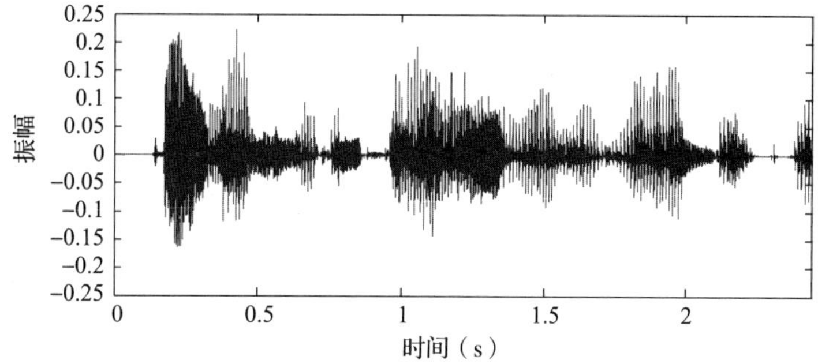

c）混合语音

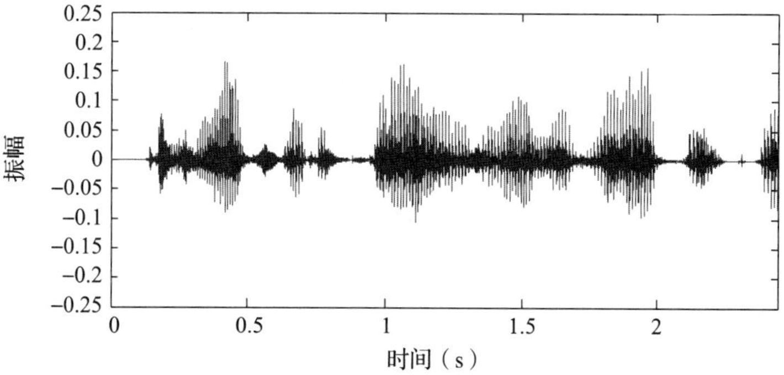

d）分离后的男声

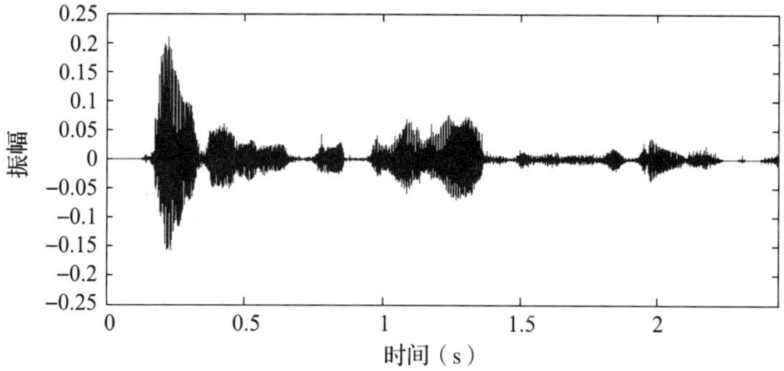

e）分离后的女声

图 7-5　（续）

7.3.3　基于 CNMF 字典学习的语音增强

语音增强中的一个难题就是准确估计噪声谱。噪声，特别是非平稳噪声不仅具有类似语音频谱结构，而且在整个频带内，其功率谱密度非均匀变化，噪声的频谱形状在时间轴上表现出了一定的动态变化规律。传统 NMF 算法所构造的一维字典仅能反映单帧信号的频谱结构，缺乏对非平稳噪声信号时变特性的建模能力，因此在非平稳噪声消除中效果并不理想。为了对噪声信号，特别是非平稳噪声信号时变特性准确建模，可以对噪声进一步采用卷积 NMF（Convolutional Non-negative Matrix Factorization, CNMF）[19]进行字典学习，这样构造的时频字典不仅反映了信号的频率结构，也能跟踪信号在时间轴上的动态变化过程，更好地描述声信号的时频动态特性。

CNMF 可以用如下模型表示：

$$\mathbf{V} \approx \sum_{t=0}^{T-1} \boldsymbol{D}(t) \overset{t\rightarrow}{\boldsymbol{C}} \tag{7-19}$$

其中，$\mathbf{V} \in R^{\geqslant 0, L\times N}$，是待分解的矩阵，$\boldsymbol{D}(t) \in R^{\geqslant 0, L\times R}$ 和 $\boldsymbol{C} \in R^{\geqslant 0, R\times N}$ 分别是时频原子和相应的时变增益系数。($\overset{i\rightarrow}{\cdot}$) 运算符即向右移动矩阵 i 列并且最左边的 i 列补零。CNMF 的数学模型可以理解为待分解非负矩阵 $\mathbf{V}$ 可以近似地用非负矩阵集 $\boldsymbol{D}$ 和非负矩阵 $\boldsymbol{C}$ 的卷积来表示。CNMF 的目标就是寻找一系列的非负矩阵 $\boldsymbol{D}(t)$ 和 $\boldsymbol{C}$，使其卷积的结果尽可能逼近矩阵 $\mathbf{V}$。

KL 散度是在泊松噪声假设条件下求解非负矩阵 $\boldsymbol{D}(t)$ 和 $\boldsymbol{C}$ 的最大对数似然解，可以用于描述 $\hat{\mathbf{V}}$ 与 $\mathbf{V}$ 的逼近程度。使用 KL 散度作为目标函数，即

$$D(\mathbf{V} \mid \hat{\mathbf{V}}) = \sum_{ik} \left(V_{ik} \log\left(\frac{V_{ik}}{\hat{V}_{ik}}\right) + V_{ik} - \hat{V}_{ik} \right) \tag{7-20}$$

其中，$\hat{\mathbf{V}}$ 为 $\mathbf{V}$ 的估计，$\hat{V}_{ik} = \left(\sum_{t=0}^{T-1} \boldsymbol{D}(t) \overset{t\rightarrow}{\boldsymbol{C}} \right)_{ik}$。

CNMF 对 $\boldsymbol{D}(t)$ 和 $\boldsymbol{C}$ 的求解可以采用乘性迭代规则进行。当迭代次数达到最大迭代次数上限，或语音分解误差小于迭代中止门限时，终止迭代。

1. 算法基本框架

基于 CNMF 字典学习的语音增强算法分为字典学习和分解两部分，总体框图如图 7-6所示，其中虚线框内为字典学习过程。字典学习阶段：首先计算得到噪声幅度谱，然后将噪声幅度谱利用 CNMF 算法分解为时频字典 $\boldsymbol{D}^n$ 和时变增益 $\boldsymbol{C}^n$ 的乘积，保存时频字典 $\boldsymbol{D}^n$ 作为先验信息。分解阶段：含噪语音幅度谱作为 CNMF 的输入，以噪声字典 $\boldsymbol{D}^n$ 作为先验信息，通过分解得到语音的字典 $\boldsymbol{D}^s$、语音的时变增益 $\boldsymbol{C}^s$ 和噪声时变增益 $\boldsymbol{C}^n$。在重构出语音和噪声的幅度谱之后，通过二值时频掩蔽方法对含噪语音的时频域数据进行二值掩蔽，得到最终的纯净语音时频域表示，并重构出时域波形。

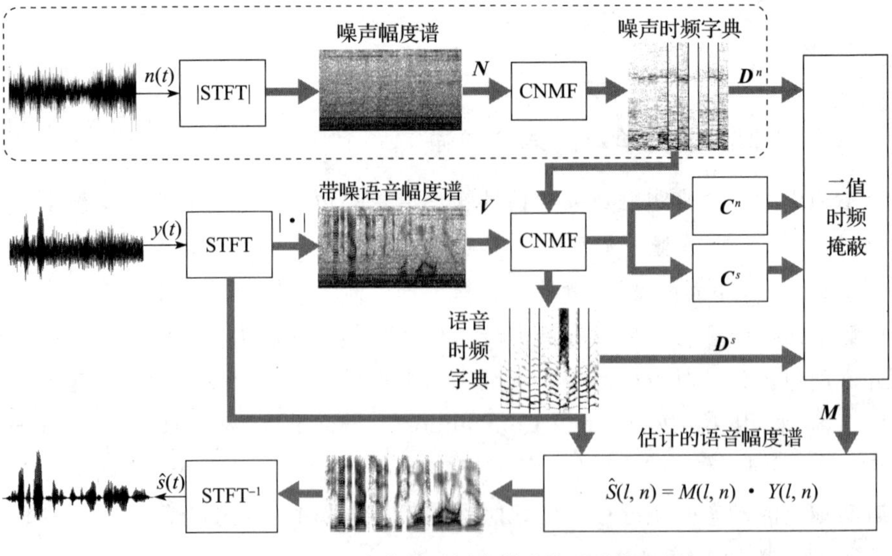

图 7-6 CNMF 字典学习语音增强算法总体框图

算法的关键步骤描述如下：

(1) 噪声 CNMF 字典学习

当只有噪声存在时，含噪信号的幅度谱即为噪声的幅度谱 N。对 N 进行分解得到：

$$N = \sum_{t=0}^{T-1} \boldsymbol{D}^n(t) \overset{t\rightarrow}{\boldsymbol{C}^n} \tag{7-21}$$

将所有 $\boldsymbol{D}^n(t) \in R^{\geqslant 0, L \times R}$ 组合在一起就构成噪声的 CNMF 时频字典。

(2) 含噪语音的 CNMF

考虑加性噪声模型 $\boldsymbol{V}=\boldsymbol{S}+\boldsymbol{N}$，其中 $\boldsymbol{S}$ 为纯净语音幅度谱，$\boldsymbol{N}$ 为噪声幅度谱。将含噪语音字典分为语音字典和噪声字典两部分，则对 $\boldsymbol{V}$ 进行 CNMF 可得到：

$$\boldsymbol{V} = \sum_{t=0}^{T-1} \boldsymbol{D}(t) \overset{t\rightarrow}{\boldsymbol{C}} = \sum_{t=0}^{T-1} [\boldsymbol{D}^s(t) \quad \boldsymbol{D}^n(t)] \begin{bmatrix} \overset{t\rightarrow}{\boldsymbol{C}^s} \\ \boldsymbol{C}^n \end{bmatrix} = \sum_{t=0}^{T-1} \boldsymbol{D}^s(t) \overset{t\rightarrow}{\boldsymbol{C}^s} + \sum_{t=0}^{T-1} \boldsymbol{D}^n(t) \overset{t\rightarrow}{\boldsymbol{C}^n} \tag{7-22}$$

其中，$\boldsymbol{D}^s$ 表示语音字典，$\boldsymbol{D}^n$ 表示噪声字典，$\boldsymbol{C}^s$ 和 $\boldsymbol{C}^n$ 分别为相对应的语音和噪声的时变增益。

在这一框架下，语音增强问题就转变为在已知含噪语音幅度谱 $\boldsymbol{V}$ 的条件下，如何估计 $\boldsymbol{D}$ 和 $\boldsymbol{C}$ 的问题。当得到 $\boldsymbol{D}$ 和 $\boldsymbol{C}$ 的估计之后，将语音部分相对应的字典 $\boldsymbol{D}^s$ 和时变增益 $\boldsymbol{C}^s$ 进行卷积运算便可重构出纯净语音的幅度谱：

$$\hat{\boldsymbol{S}} = \sum_{t=0}^{T-1} \boldsymbol{D}^s(t) \overset{t\rightarrow}{\boldsymbol{C}^s} \tag{7-23}$$

然而，由于分解存在着次序模糊性问题，即字典 $\boldsymbol{D}$ 中的列发生改变之后，只要 $\boldsymbol{C}$ 中相对应行随之改变就能保证变化后的 $\boldsymbol{D}$ 和 $\boldsymbol{C}$ 的卷积仍能有效地逼近 $\boldsymbol{V}$。因此，需要设计合理的分解机制使得分解后的成分能够固定地属于相应的语音或噪声部分。在噪声字典已经确定的基础上，可将语音字典放在含噪语音中进行更新，这样可以较好地解决次序模糊性问题。而且由于不需要对每个说话人都训练一个时频字典，节省了存储空间，所形成的增强方法不依赖于说话人特征，具有更高的实用性。

由于 $\boldsymbol{D}^n$ 已预先确定，故只需要对 $\boldsymbol{D}^s$、$\boldsymbol{C}^s$ 和 $\boldsymbol{C}^n$ 进行更新。固定 $\boldsymbol{D}^n$，通过对目标函数进行优化便可得到关于 $\boldsymbol{D}^s$、$\boldsymbol{C}^s$ 和 $\boldsymbol{C}^n$ 的迭代方程。目标函数可以采用欧氏距离和 Kullbach-Leibler 散度，已有研究表明 Kullbach-Leibler 散度对于低能量观测值更加敏感，更符合人类的听觉感知特性，因此采用 Kullbach-Leibler 散度作为目标函数来推导 $\boldsymbol{D}^s$、$\boldsymbol{C}^s$ 和 $\boldsymbol{C}^n$。

(3) 纯净语音重构

在估计出纯净语音的幅度谱和噪声的幅度谱后，采用二值时频掩蔽法来消除噪声。将计算出来的二值时频掩蔽值 $M(l, n)$ 作用于含噪语音的频谱，得到纯净语音的频谱估计：

$$\hat{S}(l,n) = M(l,n) \cdot |Y(l,n)| \cdot \angle Y(l,n) \tag{7-24}$$

进一步对 $\hat{S}(l, n)$ 进行逆 STFT 就可以得到增强后的语音波形 $\hat{s}(t)$。

2. 仿真实验与性能分析

噪声 CNMF 时频字典的构造需要在纯噪声环境下进行，训练的噪声数据来自 Noisex-92 标准噪声库。纯净语音从 TIMIT 标准语音库选取，男女声各 5 句。全部数据都下采样到 8kHz。通过对纯净语音加入不同类型和不同信噪比的噪声构造含噪语音，噪声类型选择 Babble、F16 和 Factory1 噪声，信噪比分别为－5dB、0dB、5dB 和 10dB。

（1）噪声时频字典构造

我们对上述三种噪声进行了实验。在实验中发现 20 个噪声时频原子就足够描述噪声的声学特征，更多的原子数目只会增加算法计算量，因此噪声字典规模设置为 20 个。时频原子大小设置为 $T=8$。语音时频原子数目选择 40 个。

图 7-7 为以上类型噪声的时频字典（为了节省空间，这里只给出了时频字典的前 10 个原子）。为了便于比较，图 7-7a 给出了女声的时频字典。

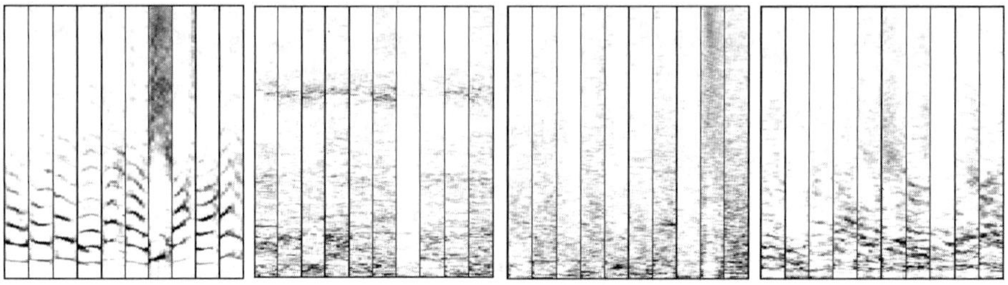

a）Female　b）F16　c）Factory1　d）Babble

图 7-7 典型类型噪声的时频字典

观察图 7-7 所示字典可以发现：时频字典能很好地反映出各种声信号的时频结构。在只给定幅度谱的情况下，运用谱逆方法[20]重构出时频原子对应的时域波形。女声时频原子有较强的谐波结构，个别原子还具有类噪声特性，可以认为对应着清音部分。主观听觉测试表明每个时频原子大致对应着一个音素或部分音段。女声中的大部分时频原子反映了语音谐波结构和基音频率的变化趋势，有一小部分具有宽带频率成分的时频原子反映了类似于辅音的时频结构。F16 噪声的时频字典显示其噪声能量主要集中在 0～700Hz 范围内和 2750Hz 周围并且呈现不均匀的变化规律；Factory1 噪声既有高频段能量分布也有低频段能量分布，既有分散分布也有集中分布；Babble 噪声呈现出一定的共振峰特性，但相比纯净女声，其能量分布则显得杂乱无章。

（2）降噪性能评估

将基于 CNMF 字典学习的增强算法（TFDL）与多带谱减法（MBSS）、基于非负稀疏编码（Non-negative Sparse Coding，NNSC）的增强方法进行比较。NNSC 增强同样采用了矩阵分解框架，它通过构造噪声字典并结合非负稀疏编码方法实现噪声的消除。然而，NNSC 方法构造的噪声字典中的原子是一维的。同时 NNSC 方法只需要构造噪声字典，而语音字典是在线更新的。标准 NMF 增强方法需要预先构造语音和噪声字典。

实验采用 PESQ 评价指标和 BSS-EVAL 评价体系来评估算法的性能。

1）降噪性能

表 7-6 给出了三种噪声条件下的 PESQ 得分数据。从表 7-6 可以看出，TFDL 算法增强后的语音质量更好，并且当输入信噪比在－5dB～10dB 区间变化时，随着输入信噪比的降低，TFDL 和 NNSC 这两种方法的增强质量的降低速度比 MBSS 的速度慢，算法的优越性明显。这一现象主要归功于这两种算法都是基于语音分离的思想实现增强的。语音分离一般都是利用信源统计特性的差异性实现的，故对噪声能量不敏感，而传统增强方法一般需

要先估计噪声频谱，在低信噪比情况下，噪声估计偏差较大，造成增强算法性能急剧下降。

表 7-6　平均 PESQ 得分

算法	SNR = −5	SNR = 0	SNR = 5	SNR = 10
TFDL	1.75	2.08	2.37	2.76
NNSC	1.42	1.73	2.09	2.39
MBSS	1.13	1.58	2.14	2.53

采用 BSS-EVAL 评价指标进一步评估 TFDL 算法在噪声抑制和语音失真等方面的性能。图 7-8～图 7-10 为经过以上几种算法处理后语音的 SIR、SAR 和 SDR 值。图 7-8 显示了在噪声抑制能力方面，TFDL 方法略优于 NNSC，MBSS 最差。图 7-9 表明经 TFDL 方法分离后，语音的失真远小于 NNSC 和 MBSS 方法，这一结果主要归功于 TFDL 的二维时频字典相比于一维字典更能体现原始信号的结构特征，分离后语音的谐波结构能够得到更多的保留。TFDL 在 SAR 测度上较大的优势最终使得它的 SDR 值超过其他两种算法，如图 7-10 所示。

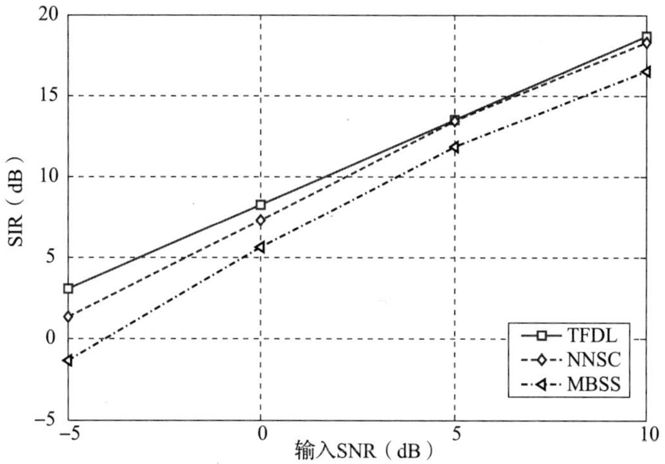

图 7-8　三种算法在 SIR 测度下的性能曲线

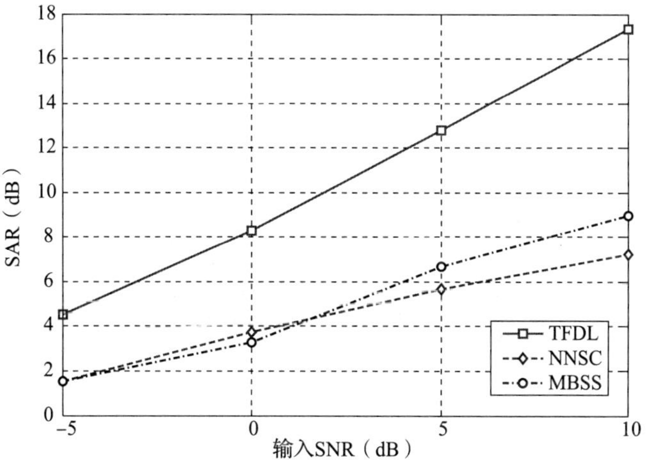

图 7-9　三种算法在 SAR 测度下的性能曲线

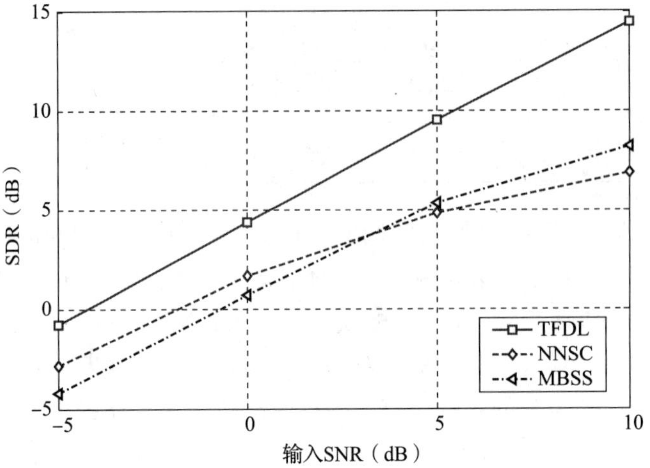

图 7-10 三种算法在 SDR 测度下的性能曲线

为了更好地观察增强后的语音质量，图 7-11 给出了原始语音和在信噪比为 5dB、F16 噪声条件下的含噪语音和三种算法处理后的语音语谱图。从语谱图中可以发现，经 MBSS、NNSC 和 TFDL 方法增强后，语音的语谱图中噪声能量明显降低，并且 TFDL 方法增强效果要优于前两种方法。MBSS 和 NNSC 方法在低频带去噪效果较好，抑制了较多部分的噪声，但在高频带去噪效果不理想，2750Hz 频带周围的噪声并没有消除；TFDL 方法则可以较好地消除这部分噪声。主观测试表明，TFDL 方法增强后的语音质量得到了显著改善，相比于 MBSS 和 NNSC 方法有较大提高。

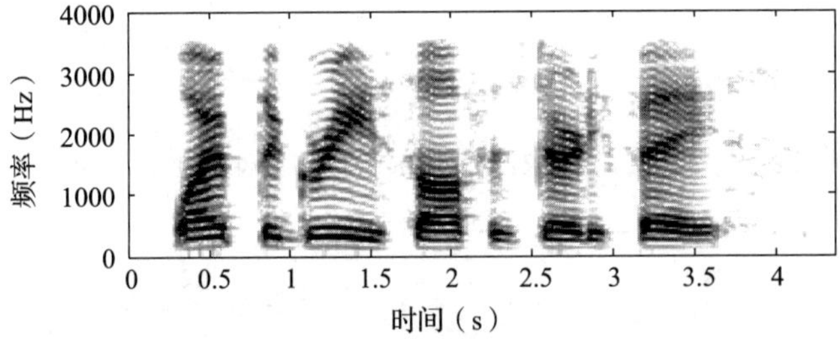

a）纯净语音

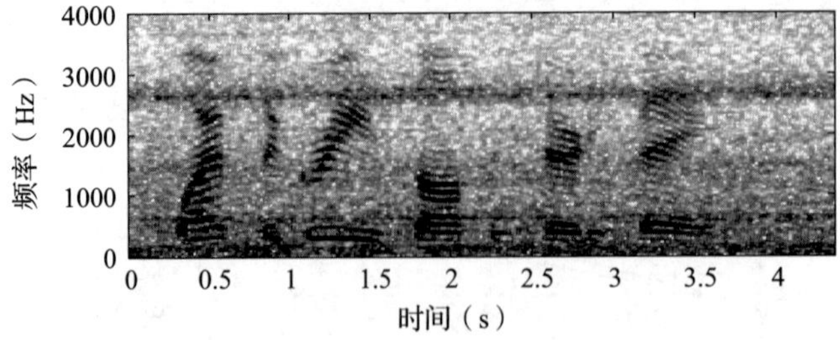

b）信噪比为5dB的含噪语音

图 7-11 语音语谱图

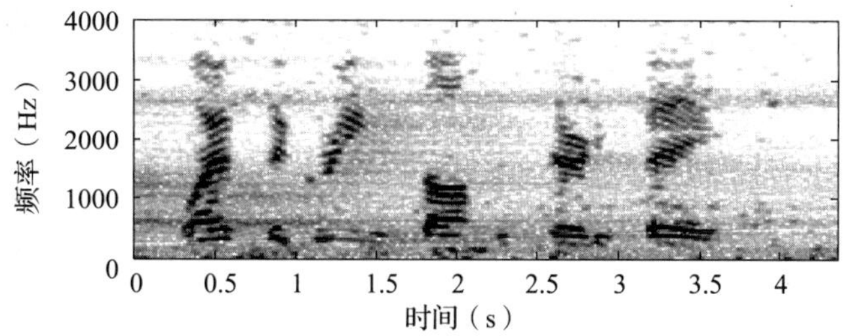

c）多带谱减法

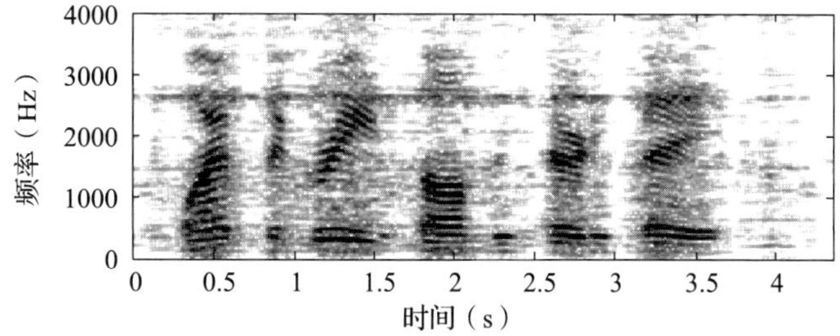

d）NNSC方法

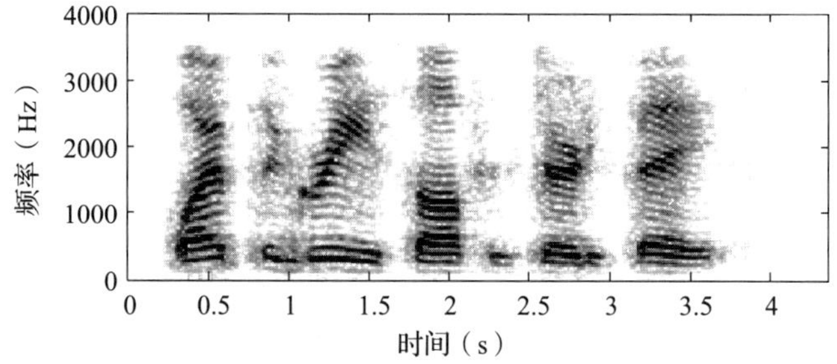

e）本节算法

图 7-11 （续）

2） 混合语音分离性能

混合语音分离的最终实验结果如表 7-7 所示。从表 7-7 可以看出，TFDL 方法的分离效果要明显优于 NNSC 方法，总体语音质量的提升主要归功于二维时频字典的应用大大提高了对语音动态时间特性的建模能力，从而减少了语音的失真程度。

表 7-7 混合语音分离的 PESQ 得分

混合方式	TFDL	NNSC
男-男	2.26	1.89
男-女	2.37	2.03
女-女	2.32	2.07

为了更好地观察分离后的语音质量，图 7-12 和图 7-13 给出了分离前后语音的时域波形和语谱图。图 7-12 显示 TFDL 方法分离的语音能够较好地保留原始语音的时域结构特征，混合语音信号得到了较好的分离。进一步地，通过图 7-13 可以看出该方法对男声的频谱分量的还原较女声更加逼近，在 1 秒之后的女声高频分量有所损失，而男声的高频分量则基本保留了。

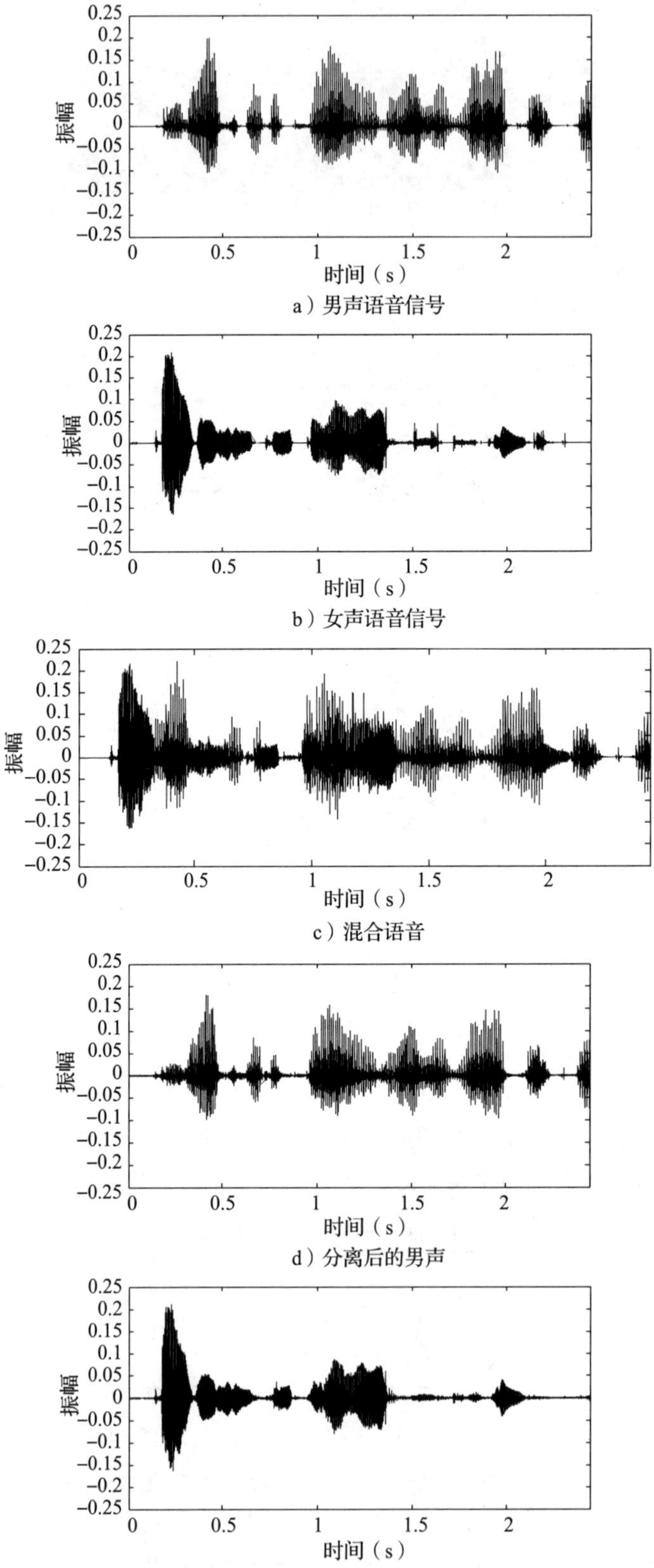

a）男声语音信号

b）女声语音信号

c）混合语音

d）分离后的男声

e）分离后的女声

图 7-12　TFDL 分离后的语音时域波形

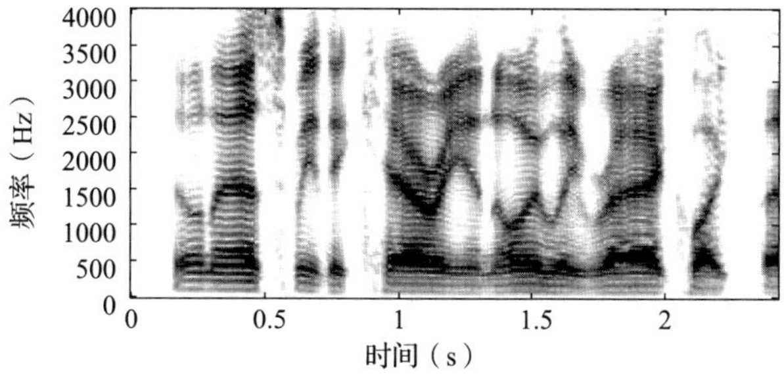

a）男声语音信号

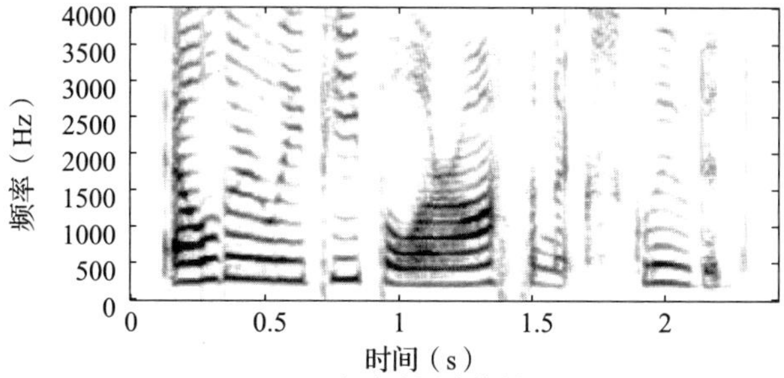

b）女声语音信号

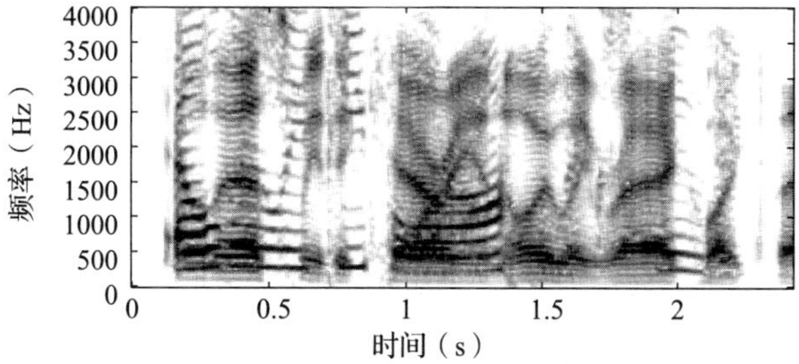

c）混合语音

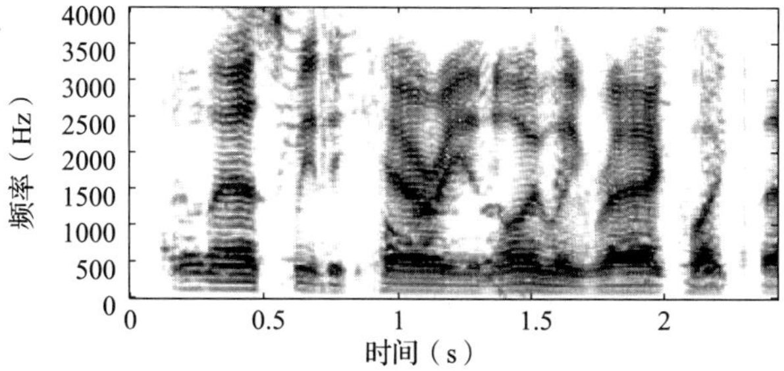

d）分离后的男声

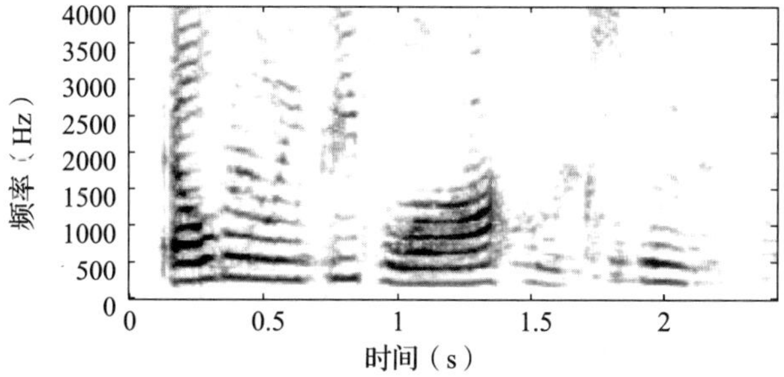

e）分离后的女声

图 7-13　TFDL 分离后的语音语谱图

7.4 基于深度学习的语音增强

随着深度学习研究的发展，深度神经网络用于语音增强的研究也逐渐受到了重视。初期，人们尝试着采用多种不同的网络结构（如循环自动编码器网络、双向循环网络、DNN、深度自动编码器等）来提高语音识别系统的抗噪性能和语音的听觉质量[21-24]。采用深层网络，可以提取出新的特征表示，同时也能够学习到更加复杂的映射关系，有效改善了语音增强效果。文献［25］通过DNN对含噪语音特征和纯净语音特征之间进行回归拟合建模。为了缓解基于DNN的语音增强系统中过平滑问题，文献［26］提出了全局方差均衡（Global Variance Equalization，GVE）的方法。LSTM、CNN等性能良好的网络结构被不断地应用到语音增强中，取得了更好的增强性能，超过了基于DNN的语音增强系统。随着研究的深入，基于深度网络的模型融合增强方法，例如DNN与NMF融合、多DNN堆叠等也被提出[29-30]。这些基于深度学习的增强方法显示出了比传统无监督语音增强方法以及NMF等有监督增强方法更好的增强效果。

人耳听觉具有频率掩蔽的感知特性，利用人耳听觉感知特性，对增强后的残余噪声进行加权，可以掩蔽残余噪声的频谱，这样残余噪声就不会被人耳感知到。本节的主要内容围绕着基于DNN的结构，对人耳听觉特性进行深度学习以实现语音增强[31]的思路展开。

7.4.1 基于听觉感知加权的深度神经网络语音增强方法

1. 基于听觉感知加权的语音增强

感知加权残余噪声 $\boldsymbol{\varepsilon}_{wn}$ 可以由感知加权矩阵 $\boldsymbol{W}_f$ 乘以残余噪声求得：

$$\boldsymbol{\varepsilon}_{wn} = \boldsymbol{W}_f \cdot \boldsymbol{\varepsilon}_n \tag{7-25}$$

感知加权残余噪声的能量定义为

$$\begin{aligned}\overline{\boldsymbol{\varepsilon}_{wn}^2(\omega)} &= E(\boldsymbol{\varepsilon}_{wn}^{\mathrm{H}}(\omega) \cdot \boldsymbol{\varepsilon}_{wn}(\omega)) \\ &= \mathrm{tr}(E(\boldsymbol{\varepsilon}_{wn}(\omega) \cdot \boldsymbol{\varepsilon}_{wn}^{\mathrm{H}}(\omega))) \\ &= \mathrm{tr}(\boldsymbol{W}_f E(\boldsymbol{\varepsilon}_n(\omega) \cdot \boldsymbol{\varepsilon}_n^{\mathrm{H}}(\omega)\boldsymbol{W}_f^{\mathrm{H}})\end{aligned} \tag{7-26}$$

其中，H表示共轭转置。信号的最优线性估计 $\hat{\boldsymbol{S}}(\omega)$ 就转变为求解信号功率谱的约束优化问题，如式（7-27）所示。

$$\begin{aligned}&\min \overline{\varepsilon_s^2(\omega)} \\ &\text{s. t.} \quad \frac{1}{N}\overline{\varepsilon_{wn}^2(\omega)} \leqslant \sigma^2\end{aligned} \tag{7-27}$$

为了简化该问题，假设每一个频率成分的增益都是独立的，并假设纯净语音信号和噪声的协方差阵 $\boldsymbol{R}_s$ 和 $\boldsymbol{R}_n$ 是Toeplitz矩阵，则频率 ω_i 处的感知增益函数 $g(\omega_i)$ 为

$$g(\omega_i) = \frac{X_s(\omega_i)}{X_s(\omega_i) + \mu|P(\omega_i)|^2 X_n(\omega_i)} \tag{7-28}$$

式中，$X_s(\omega_i)$ 和 $X_n(\omega_i)$ 分别是纯净语音和噪声的能量谱成分，$P(\omega_i)$ 是感知加权矩阵

W_f 中的对角线元素。μ 是 Lagrange 乘子，它是控制残余噪声和语音平衡之间的可变参数。利用感知增益函数，就可从含噪语音谱中分离出纯净的语音谱。从式（7-28）可以看出感知增益函数与 Lagrange 乘子 μ、感知加权矩阵中的元素 $P(\omega_i)$、纯净语音的能量谱 $\boldsymbol{X}_s(\omega)$ 以及噪声的能量谱 $\boldsymbol{X}_n(\omega)$ 有关。纯净语音的能量谱 $\boldsymbol{X}_s(\omega)$ 通常可以利用含噪语音的能量谱 $\boldsymbol{X}_y(\omega)$ 减去噪声的能量谱 $\boldsymbol{X}_n(\omega)$ 求得，因此，求感知增益函数的关键就是计算 μ、$P(\omega_i)$ 以及 $\boldsymbol{X}_n(\omega)$ 的值。μ 值的大小通常根据经验来确定。$P(\omega_i)$ 常用的计算方法有两种，一种是先用谱减法增强含噪语音，然后再从增强的语音中计算感知加权滤波器 $P(z)$，并构成感知加权矩阵中的元素 $P(\omega_i)$，另一种方法是直接从含噪语音中估计出 $P(z)$。噪声的能量谱 $\boldsymbol{X}_n(\omega)$ 可以采用很多经典算法估计得到。

2. 基于感知加权动机的 DNN 语音增强

感知增益函数计算的准确与否在很大程度上依赖于感知加权滤波器和噪声能量谱的估计是否准确。噪声谱的准确估计较为困难；当信噪比较低时，直接从含噪语音中估计的感知加权滤波器也并不准确。这两个问题都是语音增强中的难点。为了改善这两个估计问题的性能，利用 DNN 来改善感知加权矩阵和噪声能量谱的估计质量，并进行嵌入感知加权语音增强。

（1）网络模型结构

利用 DNN 模型，训练一个从含噪语音幅度谱特征到纯净语音幅度谱特征的映射。虽然网络以语音幅度谱作为训练目标，但语音幅度谱是通过感知加权增益函数和含噪语音幅度谱得到的，类似于隐式时频掩蔽。感知加权动机的 DNN 模型结构如图 7-14 所示，由输入层、隐藏层和输出层组成。输入层用来输入含噪语音的特征参数；隐藏层由多层堆叠而成，相邻层节点之间有连接，同一层及跨层节点之间无连接。

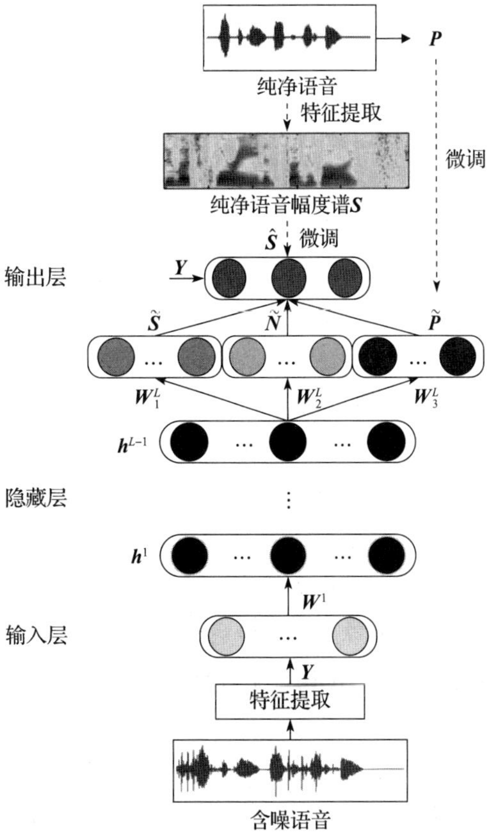

图 7-14 基于听觉感知加权动机的 DNN 模型结构

感知加权动机的 DNN 具体训练过程如下：

1）对含噪语音信号进行 STFT，得到含噪语音的幅度谱特征 $\boldsymbol{Y}$。

2）将含噪语音的幅度谱 $\boldsymbol{Y}$ 作为 DNN 的输入特征，前向传播计算得到 DNN 的原始输出值，分别是语音幅度谱 $\widetilde{\boldsymbol{S}}$，噪声幅度谱 $\widetilde{\boldsymbol{N}}$ 以及感知加权滤波器的频率响应 $\widetilde{\boldsymbol{P}}$。

3）利用 DNN 的原始输出计算感知增益函数$\hat{\boldsymbol{G}}$：

$$\hat{\boldsymbol{G}}=\frac{\widetilde{\boldsymbol{S}}^2}{\widetilde{\boldsymbol{S}}^2+\mu|\widetilde{\boldsymbol{P}}|^2\odot\widetilde{\boldsymbol{N}}^2}\tag{7-29}$$

式中，$\odot$表示对应元素相乘，$\widetilde{\boldsymbol{S}}^2$ 和$\widetilde{\boldsymbol{N}}^2$ 分别表示语音和噪声的能量谱。

4）将感知增益函数 $\hat{\boldsymbol{G}}$ 结合含噪语音幅度谱 $\boldsymbol{Y}$ 作为网络的额外一层叠加于原始网络之上，得到网络的最终输出，即增强的语音幅度谱$\hat{\boldsymbol{S}}$：

$$\hat{\boldsymbol{S}}=\hat{\boldsymbol{G}}\odot\boldsymbol{Y}=\frac{\widetilde{\boldsymbol{S}}^2}{\widetilde{\boldsymbol{S}}^2+\mu|\widetilde{\boldsymbol{P}}|^2\odot\widetilde{\boldsymbol{N}}^2}\odot\boldsymbol{Y}\tag{7-30}$$

式中，μ 的计算方法如式（7-31）所示：

$$\mu=\begin{cases}\mu_0-\dfrac{SNR_{\mathrm{dB}}}{k}, & -5<SNR_{\mathrm{dB}}<20\\ 1, & SNR_{\mathrm{dB}}\geqslant 20\\ \mu_{\max}, & SNR_{\mathrm{dB}}\leqslant -5\end{cases}\tag{7-31}$$

式中，$\mu_{\max}$是 μ 的最大允许值，$\mu_0=(1+4\mu_{\max})/5$，$k=25/(\mu_{\max}-1)$，$SNR_{\mathrm{dB}}=10\log_{10}SNR$。

当得到了网络最终输出之后，利用有监督的方式对网络进行训练。网络的训练目标函数为

$$J_{\mathrm{MSE}}(\boldsymbol{W},\boldsymbol{b})=\frac{1}{2}(\|\hat{\boldsymbol{S}}(\boldsymbol{W},\boldsymbol{b})-\boldsymbol{S}\|^2+\||\widetilde{\boldsymbol{P}}(\boldsymbol{W},\boldsymbol{b})|^2-\boldsymbol{P}^2\|^2)\tag{7-32}$$

式中，$\boldsymbol{W}$ 和 $\boldsymbol{b}$ 分别为网络的权值和偏置参数。目标函数由两部分组成，$\|\hat{\boldsymbol{S}}(\boldsymbol{W},\boldsymbol{b})-\boldsymbol{S}\|^2$ 表示网络输出的增强语音幅度谱$\hat{\boldsymbol{S}}$与相应的纯净语音幅度谱 $\boldsymbol{S}$ 之间的误差，$\||\widetilde{\boldsymbol{P}}(\boldsymbol{W},\boldsymbol{b})|^2-\boldsymbol{P}^2\|^2$ 表示网络原始输出的感知加权滤波器的频率响应$\widetilde{\boldsymbol{P}}$与纯净语音计算得到的感知加权滤波器的频率响应 $\boldsymbol{P}$ 之间的误差。

网络模型参数的更新采用误差反向传播算法来实现，采用链式法则依次计算得到。

（2）增强系统

基于听觉感知加权动机的 DNN 语音增强系统框图如图 7-15 所示，由训练阶段和增强阶段两部分组成。训练阶段主要采用有监督的方式学习含噪语音和纯净语音之间的相互关系，利用 DNN 的深度结构以及非线性模拟能力，建立一个从含噪语音特征到纯净语音特征的映射，这个映射就是一个具有感知特性的 DNN。增强阶段则是对含噪语音 $\boldsymbol{y}$ 进行特征提取得到网络输入幅度谱 $\boldsymbol{Y}$ 以及含噪语音的相位信息$\angle\boldsymbol{Y}^f$，将幅度谱特征 $\boldsymbol{Y}$ 输入训练好的 DNN 模型中得到增强的语音幅度谱$\hat{\boldsymbol{S}}$之后，联合含噪语音的相位信息重构出时域的语音信号$\hat{\boldsymbol{s}}$。

3. 仿真实验与性能分析

本节对基于感知加权动机的 DNN 语音增强方法（Perceptual Weighted-Deep Neural Network，PW-DNN）与 NMF 增强方法[32]、DNN 增强方法[25]进行对比实验，分析 PW-DNN 对不同噪声的增强效果。实验性能评价指标采用 PESQ 和 LSD。

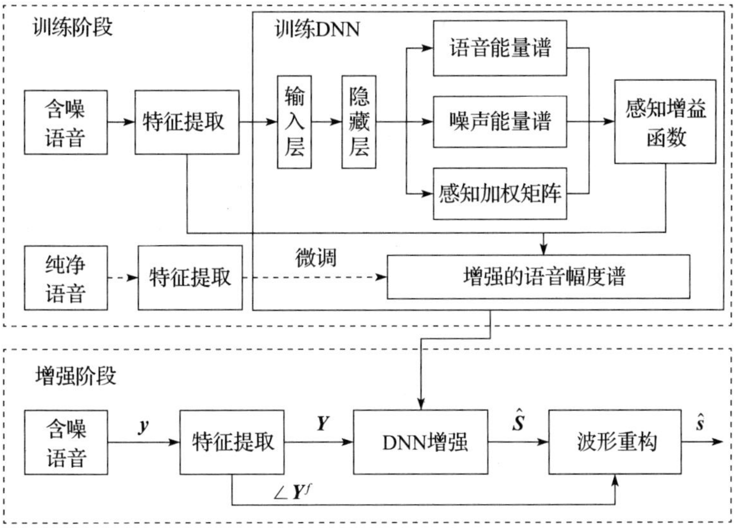

图 7-15 基于听觉感知加权动机的 DNN 语音增强系统

（1）实验数据和设置

本节及后续的增强实验使用的纯净语音信号均从 TIMIT 语音库中选取。实验用的噪声信号取自 NOISEX-92 标准噪声库和一些生活中常见的噪声。

从 TIMIT 库中随机挑选 240 个说话人（120 名男性，120 名女性）所说的 1200 条语句作为训练语音。以 Babble、Car、Casino、Cicadas、F16、Factory1、Frogs、HFchannel、Jungle、Restaurant、Street、White、Airport、Pink 和 Birds 这 15 种噪声作为训练噪声。所有的纯净语音和噪声都重采样到 8kHz。每条参与训练的语音在上述 15 种噪声中随机选取一种噪声，并从 −6dB、−3dB、0dB、3dB、6dB、9dB、12dB 和 15dB 这些信噪比中随机选取一种进行语音和噪声混合，将混合好的 1200 条多样性含噪语音作为训练集。

在测试阶段，另选 120 个与训练阶段不同的男性和女性说话人并从中随机抽取 200 条语句作为实验测试用的纯净语音。除了选取含噪语音集中出现的 15 种噪声进行测试，同时还另外选取含噪语音集中没有出现的 Exhibition、Subway、Train、Motorcycles 和 Ocean 这 5 种噪声来测试所提增强方法的泛化能力。

作为网络训练的输入特征为 257 维的含噪语音幅度谱，PW-DNN 隐藏层数设为 3 层，每层有 2048 个节点，激活函数选择 ReLU 函数，网络连接权值采用随机初始化方法。将预测阶数 p 设为 10，γ_1 和 γ_2 分别设为 0.9 和 1，μ_{max}根据经验设为 5。网络训练采用 L-BFGS（Limited-memory Broyden-Fletcher-Goldfarb-Shanno）算法。

NMF 语音字典的基个数设为 1000，噪声字典基个数设为 100。NMF 训练特征采用与 PW-DNN 相同的特征。NMF 方法不预先训练噪声字典，只预先训练纯净语音字典，并且纯净语音字典采用与 PW-DNN 相同的语音进行训练和测试。

对于用于对比的 DNN 方法，实验中设置两种网络结构，它们分别实现了 3 层隐藏层和 4 层隐藏层，设置 4 层隐藏层的目的是和 PW-DNN 的最后一层进行对比。DNN 直接以幅度谱作为训练目标，DNN 的每层神经元个数、输入特征、激活函数、初始化方法以及优化算法等都与 PW-DNN 相同。

（2）实验结果及分析

1）增强方法的总体性能

图 7-16 给出了在 4 种信噪比下，NMF、DNN 和 PW-DNN 方法对 20 种噪声的 PESQ 均值和 LSD 均值。从图 7-16a 可以看出，PW-DNN 方法在 4 种不同信噪比下，增强的语音质量都优于 NMF 和 DNN 方法，尤其是在低信噪比条件下。从图 7-16b 的 LSD 测度可以分析得出，相比 NMF 和 DNN，PW-DNN 方法增强的语音带来的失真最小，增强的语音更接近原始语音。对比 DNN 方法和 PW-DNN 方法，可以看出 DNN（$h=3$）结构和 DNN（$h=4$）结构增强效果相当，这表明仅简单地增加 DNN 隐藏层数对网络的性能提高影响并不大，而 PW-DNN 结构增强效果要优于 DNN（$h=4$），这表明 PW-DNN 方法中的感知加权动机可以有效地掩蔽残余噪声的频谱，提高语音质量。

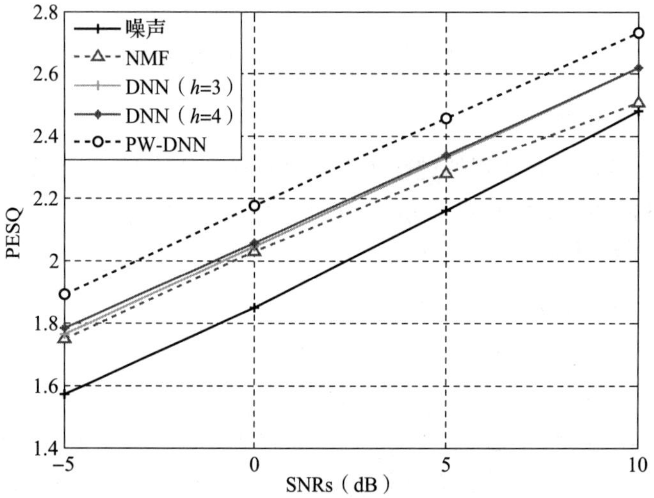

a）PESQ性能

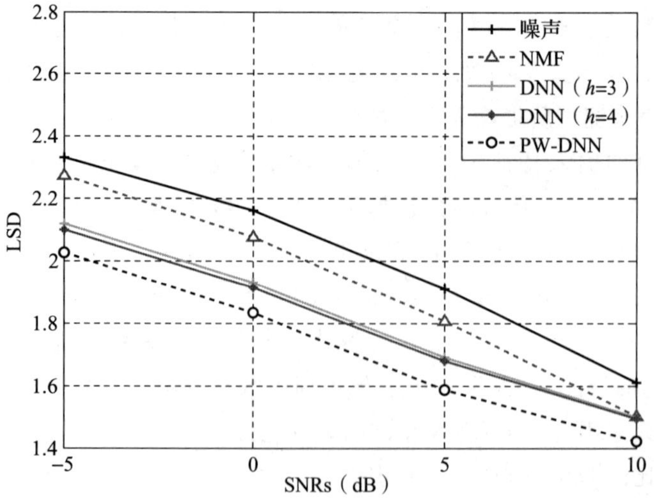

b）LSD性能

图 7-16　4 种信噪比下，NMF、DNN 和 PW-DNN 方法对 20 种噪声的 PESQ 和 LSD 均值

2）增强方法对不同噪声的性能

图 7-17 给出了 3 种增强方法对于 20 种不同噪声，在 4 种信噪比下的 PESQ 测量均值和 LSD 测量均值。从图 7-17a 的 PESQ 指标可以看出，不论是训练集中已出现的 15 种噪声，还是未学习过的 5 种噪声，PW-DNN 方法的增强效果都要优于 NMF 方法和 DNN 方法，这表明 PW-DNN 有很好的泛化性能，即便是针对网络没有见过的噪声依然有较好的鲁棒性。相同的结论也可从图 7-17b 给出的 LSD 指标中得到。

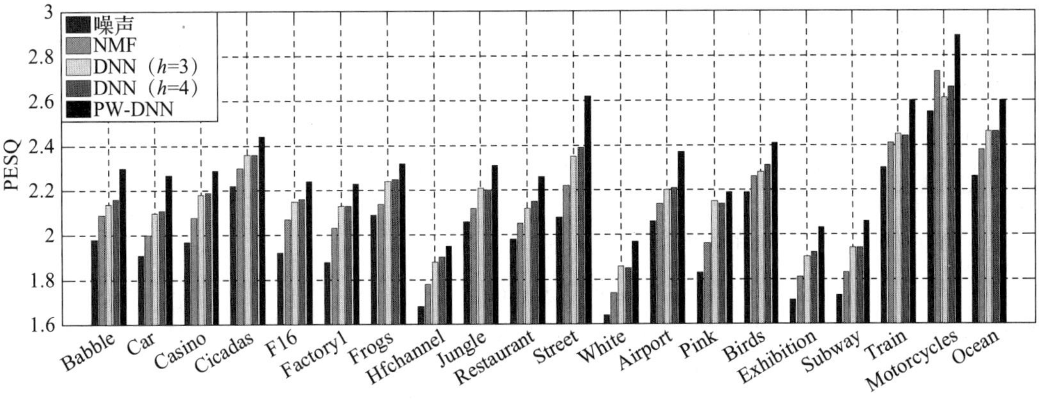

a）PESQ性能

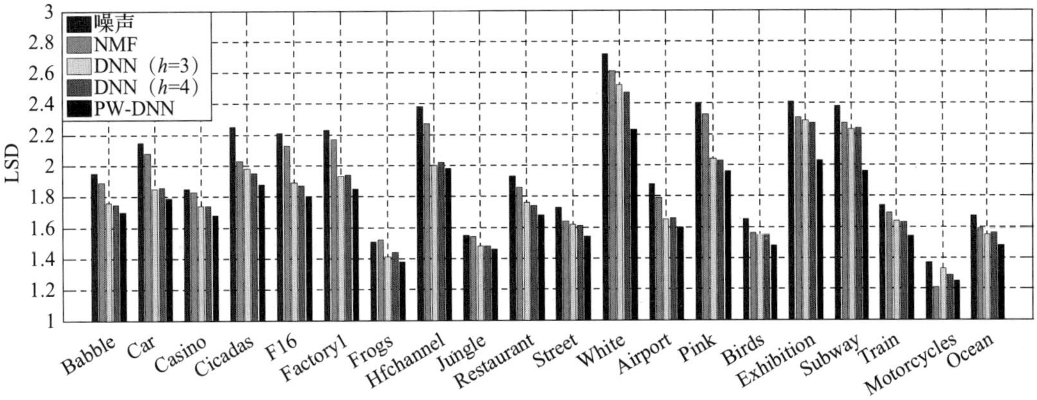

b）LSD性能

图 7-17　3 种增强方法在 20 种不同噪声情况下的性能（每种噪声的 PESQ 和 LSD 值均是在－5dB、0dB、5dB 和 10dB 4 种信噪比下的平均值）

7.4.2 基于听觉感知掩蔽的深度神经网络语音增强方法

心理声学模型是在人类听觉系统的基础上抽象出来的数学模型，它描述了人类听觉系统对语音及噪声的感知和掩蔽能力。当一些噪声在人类听觉掩蔽阈值之下的时候，听觉系统就无法感知这些噪声的存在。因此，可以利用心理声学模型的掩蔽特性实现语音增强。

假设增强后语音失真的能量为 $\boldsymbol{E}_S(\omega)=E(\varepsilon_S^{\mathrm{H}}(\omega)\cdot\varepsilon_S(\omega))$，残余噪声能量为 $\boldsymbol{E}_N(\omega)=E(\varepsilon_N^{\mathrm{H}}(\omega)\cdot\varepsilon_N(\omega))$。结合人耳的掩蔽效应，最优的增益函数 $\boldsymbol{G}$ 应该在使语音失真尽可能小的同时，保证噪声处于人耳掩蔽阈值之下，即满足如下最优化问题：

$$\begin{aligned}&\min_G \boldsymbol{E}_S(\omega)\\ \text{s.t.}\quad &\boldsymbol{E}_N(\omega)\leqslant \boldsymbol{T}(\omega)\end{aligned}\tag{7-33}$$

式中，$\boldsymbol{T}(\omega)$ 为短时幅度谱分量的听觉掩蔽阈值估计值，可由上述心理声学模型计算得到。

从上述模型中可以看到，应用掩蔽特性的关键是掩蔽阈值的估计。由于 Bark 域内掩蔽阈值的频带数量明显少于傅里叶域，因此，在 Bark 域内估计掩蔽阈值较为容易。文献［33］即在 Bark 带分析的基础上提出了一种估计背景噪声掩蔽阈值的方法。本节采用深度神经网络进行掩蔽阈值估计，并实现语音增强。

1. 感知掩蔽 DNN 语音增强

心理声学的掩蔽特性可以将低于掩蔽阈值的残余噪声有效去除，因此可以用于语音增强的感知增益函数估计。利用 DNN 的估计能力，可以有效估计掩蔽阈值。根据掩蔽阈值计算方法的不同，可以设计两种不同的 DNN，分别采用间接训练和直接训练的方式来得到掩蔽阈值。

（1）网络模型结构

两种不同结构的感知掩蔽 DNN 模型如图 7-18 所示。其中，图 7-18a 是间接训练掩蔽阈值的网络，它将感知增益函数与 DNN 网络结合为一个整体进行训练，得到增强的语音幅度谱 $\widetilde{S}$ 和噪声谱 $\widetilde{N}$。利用 $\widetilde{S}$ 和最终的纯净输出语音来估计得到掩蔽阈值。而图 7-18b 所示的直接训练掩蔽阈值网络直接由网络输出掩蔽阈值，进而得到增益函数。

间接训练的感知掩蔽 DNN 模型，其详细训练过程如下：

1）利用 DNN 同时得到增强的语音幅度谱 $\widetilde{\boldsymbol{S}}$ 以及分离出的干扰噪声幅度谱 $\widetilde{\boldsymbol{N}}$。

2）利用增强后的语音幅度谱 $\widetilde{\boldsymbol{S}}$ 来计算得到掩蔽阈值 $\widetilde{\boldsymbol{T}}$。这和传统语音增强算法估计掩蔽阈值的做法是相同的。

3）利用计算得到的掩蔽阈值 $\widetilde{\boldsymbol{T}}$ 以及噪声的幅度谱 $\widetilde{\boldsymbol{N}}$ 来计算感知增益函数 $\hat{\boldsymbol{G}}$。

4）将感知增益函数 $\hat{\boldsymbol{G}}$ 连同含噪语音幅度谱 $\boldsymbol{Y}$ 作为网络的额外一层叠加于原始网络的输出之上，得到网络的最终输出 $\hat{\boldsymbol{S}}$，如式（7-34）所示。

$$\hat{\boldsymbol{S}}=\hat{\boldsymbol{G}}\odot\boldsymbol{Y}=\frac{\mathbf{1}}{\mathbf{1}+\max\left(\sqrt{\dfrac{\widetilde{\boldsymbol{N}}^2}{\widetilde{\boldsymbol{T}}}}-\mathbf{1},\mathbf{0}\right)}\odot\boldsymbol{Y}\tag{7-34}$$

当得到网络的最终输出之后，用纯净语音对网络权值参数进行有监督的微调，网络的训练目标函数由两部分组成，如式（7-35）所示。

$$J=\frac{\alpha}{2}\|\hat{\boldsymbol{S}}-\boldsymbol{S}\|_2^2+\frac{\beta}{2}\|\widetilde{\boldsymbol{S}}-\boldsymbol{S}\|_2^2\tag{7-35}$$

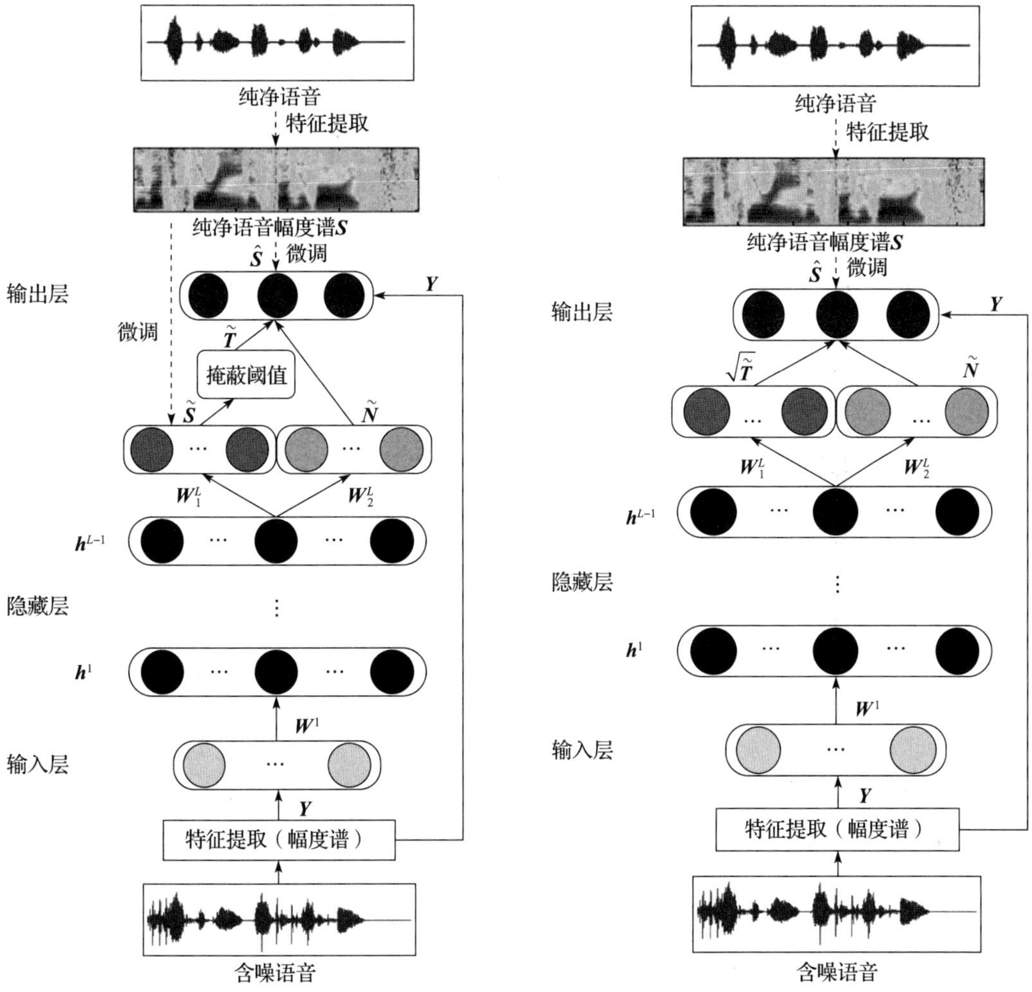

a）间接训练掩蔽阈值　　b）直接训练掩蔽阈值

图 7-18　感知掩蔽 DNN 模型结构

式中，$\|\hat{S}-S\|_2^2$ 表示网络最终输出$\hat{S}$与纯净语音 S 之间的误差，$\|\widetilde{S}-S\|_2^2$ 表示网络前一层增强的语音幅度谱$\widetilde{S}$与纯净语音 S 之间的误差，α 和 β 分别是前后两项的权重值，并且 $\alpha+\beta=1$。由于$\widetilde{S}$与隐藏层的最后一层 h^{L-1}之间的权值，即 W_1^L 的值，无法由最终输出$\hat{S}$和纯净语音 S 的误差通过反向传播算法来迭代更新（误差 $\|\hat{S}-S\|_2^2$ 无法通过掩蔽阈值$\widetilde{T}$反向传播至$\widetilde{S}$），因此需要通过在目标函数中增加一项 $\|\widetilde{S}-S\|_2^2$，利用$\widetilde{S}$和 S 之间的误差对$\widetilde{S}$与 h^{L-1}之间的权值 W_1^L 进行更新，使估计的语音幅度谱$\widetilde{S}$更准确，从而使计算出的掩蔽阈值也更准确。

误差反向传播算法用来更新网络模型参数 W^l（$l\in\{1, \cdots, L\}$）。对于网络隐藏层（$l\in\{1, \cdots, L-1\}$），第 l 层的局部梯度 δ^l 运用链式法则按照常用的 DNN 计算得到。当得到所有的 δ 之后，网络权值运用梯度下降优化算法对权值参数 W 和偏置参数 b 进行更新。网络权值参数经过若干次数的迭代更新，就可得到一个训练好的具有听觉掩蔽效果的 DNN。

在直接训练的 DNN 中，训练过程更加简化，感知增益函数的计算过程如下：

1）利用 DNN 对幅度谱特征 $\boldsymbol{Y}$ 前向计算同时得到掩蔽阈值的平方根值$\sqrt{\widetilde{\boldsymbol{T}}}$以及噪声幅度谱$\widetilde{\boldsymbol{N}}$。

2）利用掩蔽阈值的平方根值$\sqrt{\widetilde{\boldsymbol{T}}}$以及噪声的幅度谱$\widetilde{\boldsymbol{N}}$来计算感知增益函数$\hat{\boldsymbol{G}}$。

此时，网络目标函数被设置为最小化增强的语音幅度谱特征和相应的纯净语音幅度谱特征的均方误差，如式（7-36）所示。

$$J = \frac{1}{2} \| \hat{\boldsymbol{S}} - \boldsymbol{S} \|_2^2 \tag{7-36}$$

与间接训练掩蔽阈值的 DNN 不同的是，直接训练掩蔽阈值的 DNN 可以对隐藏层最后一层与掩蔽阈值之间的权值参数进行调整，不再需要在目标函数中额外增加一项。对网络所有隐藏层（$l \in \{1, \cdots, L-1\}$）都采用链式求导得到第 l 层的局部梯度 $\boldsymbol{\delta}^l$ 之后，利用梯度下降优化算法来更新网络权值。

（2）语音增强系统

基于两种不同的掩蔽阈值训练方法，两种感知掩蔽 DNN 语音增强系统框图分别如图 7-19a和图 7-19b 所示。

两个系统均由两部分组成：训练阶段和增强阶段。在训练阶段，系统利用含噪语音和相应的纯净语音，有监督地训练一个具有感知掩蔽特性的 DNN。在增强阶段，将含噪语音测试特征集输入训练好的 DNN，得到增强的语音幅度谱，并利用含噪语音的相位恢复增强语音信号。两个系统的不同之处在于，图 7-19b 所示系统中的网络直接对隐藏层最后一层与掩蔽阈值之间的参数进行调整。

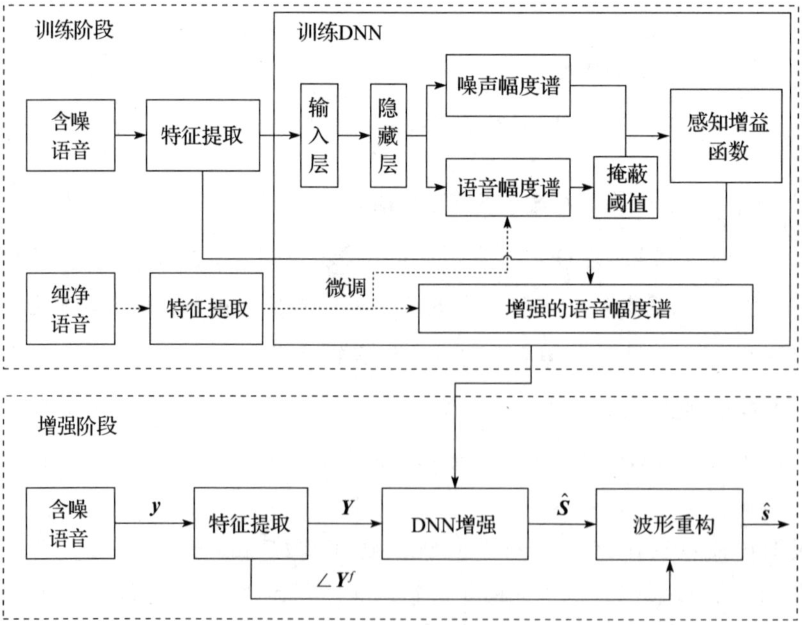

a）间接训练掩蔽阈值

图 7-19　感知掩蔽 DNN 语音增强系统

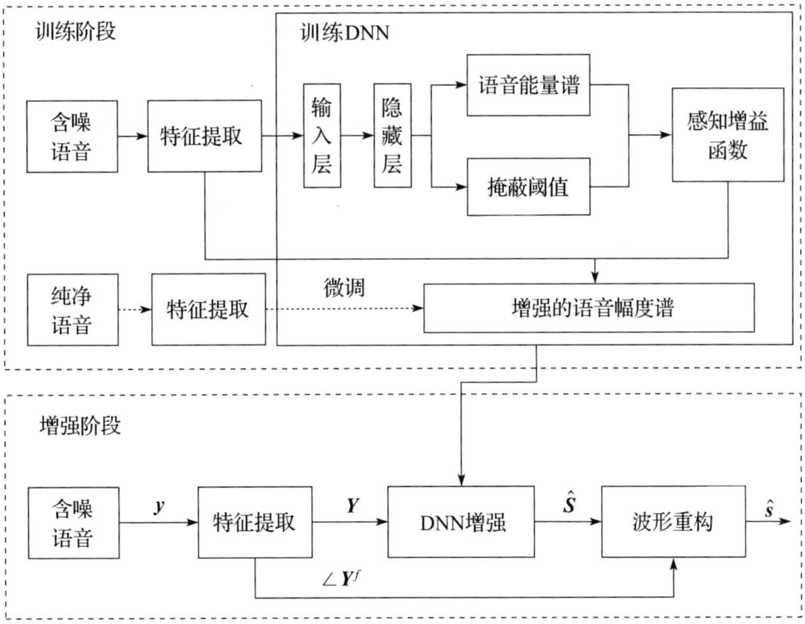

b）直接训练掩蔽阈值

图 7-19 （续）

2. 仿真实验与性能分析

下面分别测试间接训练掩蔽阈值的感知掩蔽 DNN 语音增强方法（Perceptual Masking-Deep Neural Network，PM-DNN）和直接训练掩蔽阈值的感知掩蔽 DNN 增强方法（P-DNN）的性能。实验中采用 MMSE、NMF、DNN 以及隐式傅里叶变换域的 IRM-DNN[34] 作为基准。

（1）实验数据和设置

实验中含噪数据生成方式和 7.4.1 节中的方式基本相同。分别从 240 个不同的男性和女性说话人中随机选取 600 条语句和 1200 条语句作为训练语音。为每条训练语音在 15 种噪声中随机选取一种噪声，并按不同的信噪比随机进行语音和噪声的混合。PM-DNN 设置了 −6dB、−3dB、0dB、3dB、6dB、9dB、12dB 和 15dB 8 种信噪比，P-DNN 设置了 11 种信噪比，即 −15dB、−12dB、−9dB、−6dB、−3dB、0dB、3dB、6dB、9dB、12dB 和 15dB。

在训练阶段，利用含噪语音的幅度谱作为 DNN 训练的输入特征。PM-DNN 和 P-DNN 的隐藏层数均设为 3 层，每层 2048 个节点，激活函数选择 ReLU 函数，网络连接权值采用随机初始化方法，优化算法选择 L-BFGS。

在测试阶段，另选 120 个与训练阶段不同的男性和女性说话人，并从中分别随机抽取 60 条语句和 100 条语句来评价两个模型对上述 15 种噪声的去除能力。除此之外，另选取 Exhibition、Subway、Train、Motorcycles 和 Ocean 5 种噪声来测试两种模型的泛化性能。100 条测试语句分别与这 20 种噪声在 5 种不同的信噪比（−10dB、−5dB、0dB、5dB 和 10dB）下进行混合来得到测试集。

在 PM-DNN 和 P-DNN 对比实验中，NMF 方法纯净语音字典分别由 DNN 训练集中的 600 条和 1200 条纯净语音训练得到。PM-DNN 实验中，语音字典基设为 1000，噪声字典基设为 100。P-DNN 实验中，语音字典基设为 80，噪声字典基设为 40。

所有对比模型的输入特征都是含噪语音的幅度谱。对比模型 DNN 和 IRM-DNN 采用与 PM-DNN 相同的数据集进行训练，隐藏层层数和节点数、输入特征、激活函数、优化算法等都与 PM-DNN 相同。NMF 和 DNN 方法在最后利用软掩蔽技术来进一步提升语音信号的自然度，获得更好的试听体验。

在评价指标中，采用 PESQ、LSD、STOI 和 fwSNRseg 来分别评估增强语音的质量和增强方法的实际性能。

（2）实验结果及分析

1）PM-DNN 目标函数权重的影响

图 7-20 给出了 PM-DNN 目标函数中的权重 α 和 β 对 20 种噪声的 PESQ 均值影响。从图 7-20 可以看出，PM-DNN 目标函数的前后两项的权重对增强性能的影响并不大，这表明在误差反向传播时，只要目标函数中前后两项存在，网络经过一系列的迭代训练，就可以得到增强效果较好的网络权值参数。

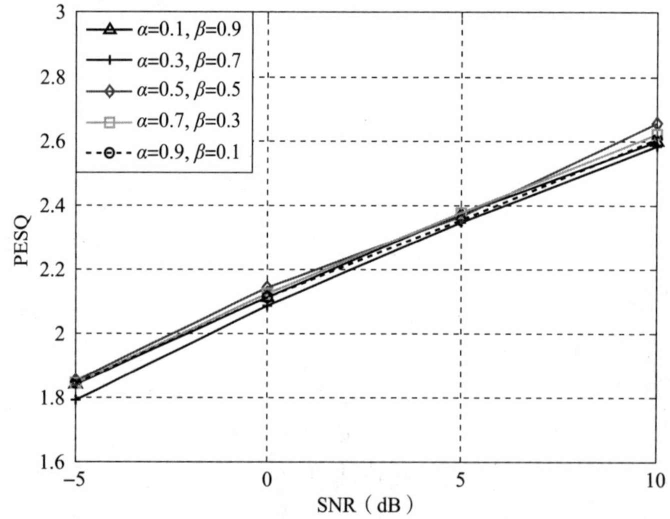

图 7-20　PM-DNN 目标函数中的权重 α 和 β 对 20 种噪声的 PESQ 均值影响

2）PM-DNN 的总体性能

表 7-8 列举了在不同信噪比下，4 种增强方法对于 20 种不同噪声环境的 PESQ 测量均值。采用软掩蔽处理的结果用“（Mask)”表示，以示与基本方法的区别。表 7-8 中结果表明 PM-DNN 方法在 4 种信噪比下，增强效果都优于 NMF、DNN 和 IRM-DNN。NMF 方法无论是否用软掩蔽做后处理，PESQ 值的差距并不大，但有研究发现 NMF 方法利用软掩蔽可以提高 SDR，增强后的语音听起来也更自然。DNN 方法用软掩蔽技术效果更好，而 IRM-DNN 和 PM-DNN 则在不使用软掩蔽技术时效果更好，这是因为 DNN 直接以语音幅度谱作为训练目标，而 IRM-DNN 和 PM-DNN 将隐式的掩蔽函数作为训练

目标。对比 PM-DNN (First output) 和 DNN 可以看出，随着信噪比的提高，PM-DNN (First output) 的增强效果与 DNN 的差距在逐渐减小。将 PM-DNN 与 DNN 和 NMF 对比可以看出，信噪比越高，PM-DNN 的增强性能提升越明显，这是由于信噪比越高，导致 PM-DNN 估计的第一次增强语音的幅度谱越来越准确，进而导致根据它计算出的掩蔽阈值也更准确，增强效果也越来越好。

表 7-8 4 种信噪比下，4 种增强方法对 20 种噪声的 PESQ 均值

SNR (dB)	NMF	DNN	IRM-DNN	PM-DNN (First output)	PM-DNN	NMF (Mask)	DNN (Mask)	IRM-DNN (Mask)	PM-DNN (Mask)
−5	1.705	1.740	1.787	1.732	**1.875**	1.701	1.775	1.740	1.834
0	2.002	1.995	2.061	1.996	**2.165**	1.995	2.034	2.015	2.122
5	2.261	2.194	2.350	2.256	**2.445**	2.262	2.284	2.308	2.411
10	2.524	2.350	2.631	2.518	**2.714**	2.520	2.535	2.596	2.691

3) PM-DNN 对每种噪声的性能

图 7-21 给出了 4 种增强方法对于 20 种不同噪声，在 4 种信噪比下的 PESQ 测量均值。可以看出，对于在训练集中出现的 15 种噪声，除了 Cicadas 噪声，DNN 方法的增强效果都要优于 NMF 方法，而 IRM-DNN 的增强效果相较 DNN 又有明显提高。PM-DNN 方法首次得到的增强语音效果稍弱于 DNN，但大部分噪声下增强效果优于 NMF 方法，当 PM-DNN 增加感知掩蔽层之后，PM-DNN 在首次得到的增强语音幅度谱基础之上效果有了显著提高，无论是否利用软掩蔽技术，效果都要远远好于 NMF、DNN 和 IRM-DNN 方法。对于在训练集中没有出现的 5 种噪声，DNN 的增强效果有所下降，这是因为 DNN 训练时没有学到这些噪声的结构特点，泛化性能并不是很好，但 PM-DNN 对于训练集中没出现的噪声依然有很好的增强效果，仅仅在 Motorcycles 下效果微弱于 NMF，一方面因为 NMF 更擅长于去除 Motorcycles 这类具有低秩重复性结构的噪声，另一方面是该噪声没有出现在 PM-DNN 训练集中。

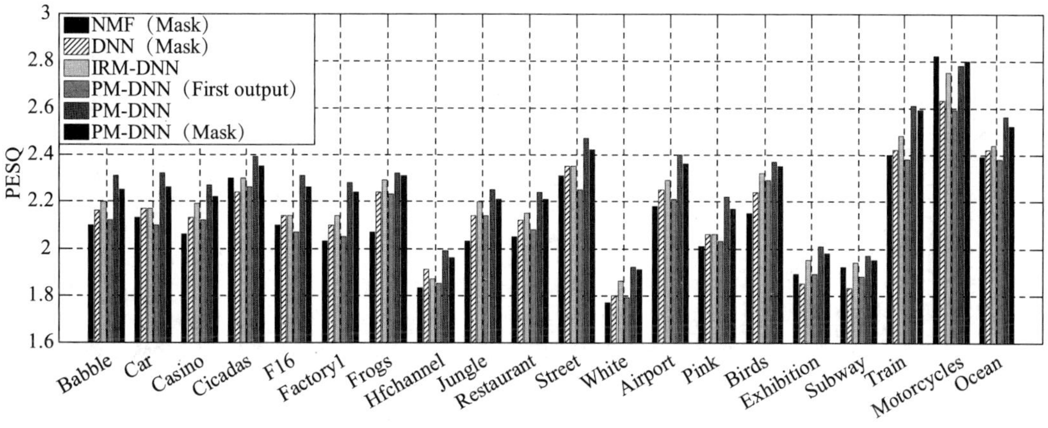

图 7-21 4 种增强方法在 20 种不同噪声情况下的 PESQ 值（每种噪声的 PESQ 值是在 −5dB、0dB、5dB 和 10dB 4 种信噪比下的平均值）

图 7-22 和图 7-23 分别给出了 4 种增强方法对于 20 种不同噪声，在 4 种信噪比下的 LSD 测量均值和 fwSNRseg 测量均值。从图 7-24 可以看出，对于在训练集中出现的 15 种噪声，PM-DNN 相较于 NMF、DNN 和 IRM-DNN 都有较低的 LSD 值，只在 Frogs，Jungle 和 Birds 噪声下与 DNN 效果持平，表明采用 PM-DNN 增强方法导致的语音失真相对 NMF 和 DNN 较小。对于训练集中没有出现的 5 种噪声，DNN 在 Exhibition 和 Subway 噪声下，LSD 指标较弱于 NMF。IRM-DNN 在 LSD 指标的表现效果也并不好，PM-DNN 仅在 Motorcycles 噪声下稍弱于 NMF 和 DNN，在 Subway 噪声下与 IRM-DNN 持平，其他情况下，PM-DNN 的 LSD 值都要低于 3 种对比方法，这表明 PM-DNN 既可保证语音失真较小，又有良好的泛化性能。从图 7-23 反映的 fwSNRseg 指标可以分析得出，NMF 方法似乎不善于提高频率加权分段信噪比的值，而 PM-DNN 方法在绝大部分噪声情况下都优于 DNN 和 IRM-DNN，这表明 PM-DNN 方法在噪声抑制方面的性能要优于 NMF、DNN 和 IRM-DNN。

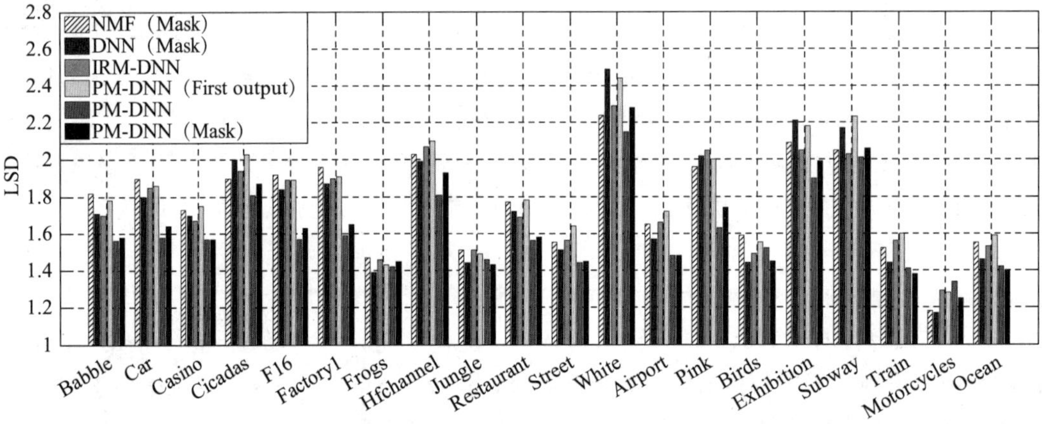

图 7-22 4 种增强方法在 20 种不同噪声情况下的 LSD 值（每种噪声的 LSD 值是在 −5dB、0dB、5dB 和 10dB 4 种信噪比下的平均值）

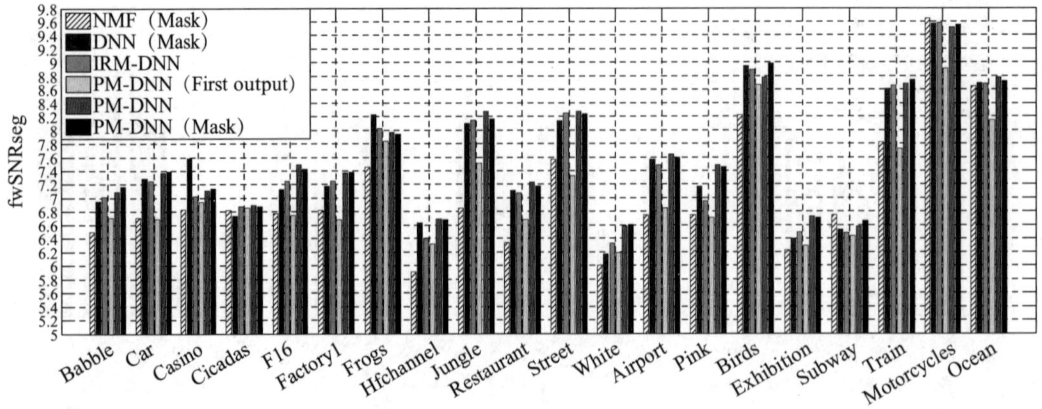

图 7-23 4 种增强方法在 20 种不同噪声情况下的 fwSNRseg 值（每种噪声的 fwSNRseg 值是在 −5dB、0dB、5dB 和 10dB 4 种信噪比下的平均值）

PESQ 得分、LSD 和 fwSNRseg 这些指标都验证了 PM-DNN 方法具有良好的增强性能。

4）PM-DNN 对细节处理的性能

为了更好地观察增强效果，图 7-24 给出了 4 种增强方法对于输入信噪比为 5dB，被 F16 飞机噪声所污染的纯净语音进行增强前后的语谱图。由图 7-24 可见，在 2750Hz 的频带附近，使用 NMF 进行增强的结果依然存在少量噪声残留，导致了类似音乐噪声的试听感受，而 DNN 相比 NMF 去除噪声的效果要好很多，但在一些低频段还有微弱的残余噪声，而 PM-DNN 方法在有效去除高频噪声的同时，对低频噪声也有很好的处理，相比于 DNN 去噪效果更明显。PM-DNN 能够在有效去除噪声的前提下，较好地保持语音信号的固有谐波特性，增强效果明显优于 NMF 和 DNN 方法。

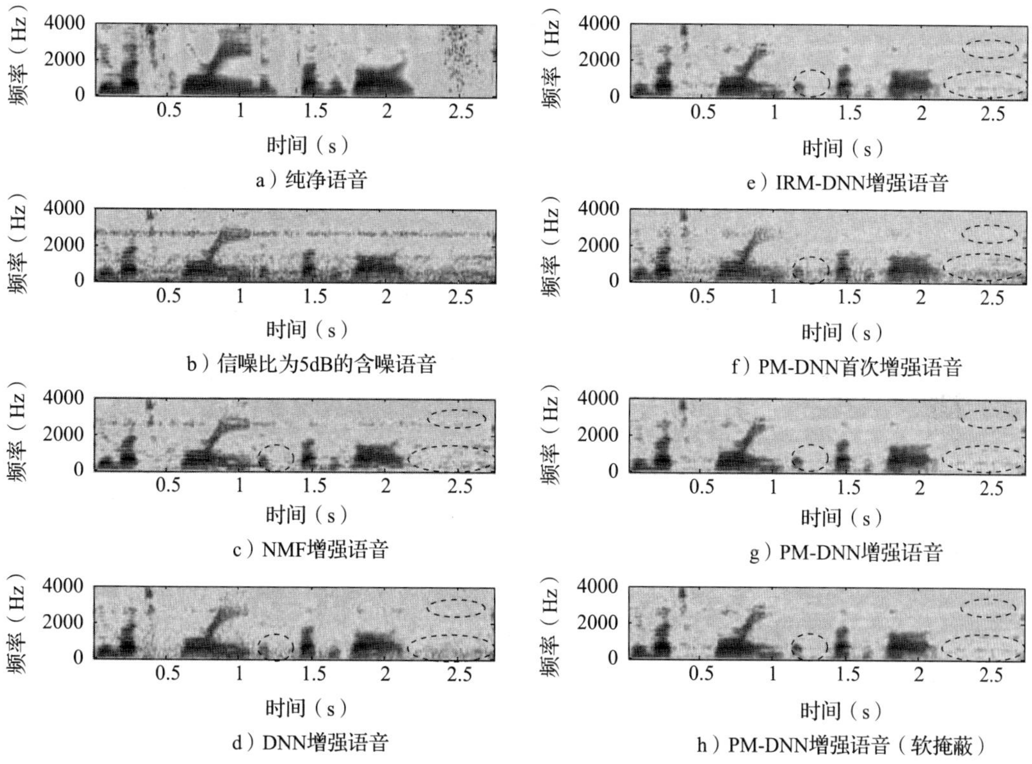

图 7-24　语音语谱图对比示意图

5）P-DNN 的总体性能

图 7-25 给出了在 5 种信噪比下，MMSE、NMF、DNN、PW-DNN 和 P-DNN 方法对 20 种噪声的 STOI 均值和 fwSNRseg 均值。可以看出，MMSE 方法在信噪比较低的情况下，对提高含噪语音的可懂度能力较差。随着信噪比的提高，MMSE 增强性能有显著提高，而 NMF 方法在高信噪比时可懂度提高能力较差。对比 DNN、PW-DNN 和 P-DNN 这 3 种深度学习方法可以发现，间接训练掩蔽阈值的 PW-DNN 方法和直接训练掩蔽阈值的 P-DNN 方法在提高含噪语音的可懂度方面能力相当，但都比没有用到掩蔽阈值

的 DNN 方法效果要好。

图 7-25b 显示的 fwSNRseg 指标呈现与 STOI 接近的规律，但对比 PW-DNN 和 P-DNN 在低信噪比（−10dB）和高信噪比（10dB）的 fwSNRseg 指标，可以看出 P-DNN 更擅长于抑制低信噪比情况下的噪声，而 PW-DNN 擅长于抑制高信噪比情况下的噪声，这是因为 PW-DNN 的掩蔽阈值需要由 PW-DNN 原始输出的增强语音计算得到，但在低信噪比下，原始输出的增强语音并不准确。

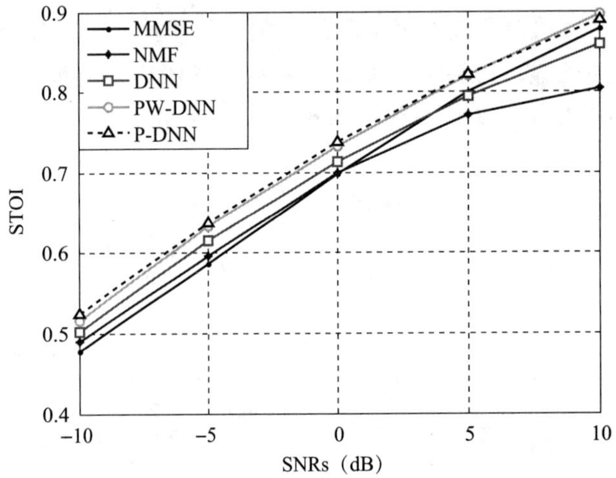

a）STOI均值

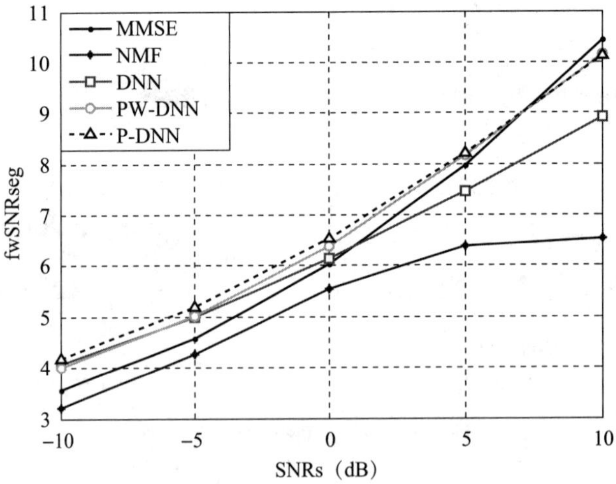

b）fwSNRseg均值

图 7-25　5 种信噪比下，MMSE、NMF、DNN、PW-DNN 和 P-DNN 方法对 20 种噪声的性能

图 7-26 和图 7-27 进一步给出了 5 种增强方法对于 20 种不同噪声，在 5 种信噪比下的 STOI 测量均值和 fwSNRseg 测量均值。可以看出，对于训练集中出现的 15 种噪声，在绝大部分噪声情况下，运用掩蔽阈值的 P-DNN 和 PW-DNN 方法的增强效果要好于 MMSE、NMF 和 DNN 方法，而对于训练集中没有出现的 5 种噪声，P-DNN 和 PW-

DNN 方法的增强效果仍然好于 MMSE、NMF 和 DNN 方法，这表明 P-DNN 和 PW-DNN 方法既有很好的去除噪声的能力，又有很好的泛化能力。

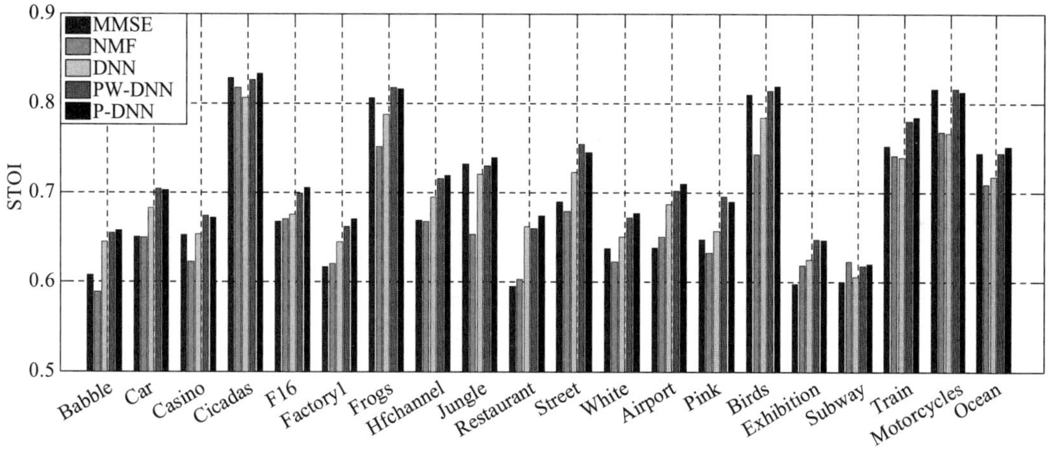

图 7-26 5 种增强方法在 20 种不同噪声情况下的 STOI 值（每种噪声的 STOI 值是在－10dB、－5dB、0dB、5dB 和 10dB 5 种信噪比下的平均值）

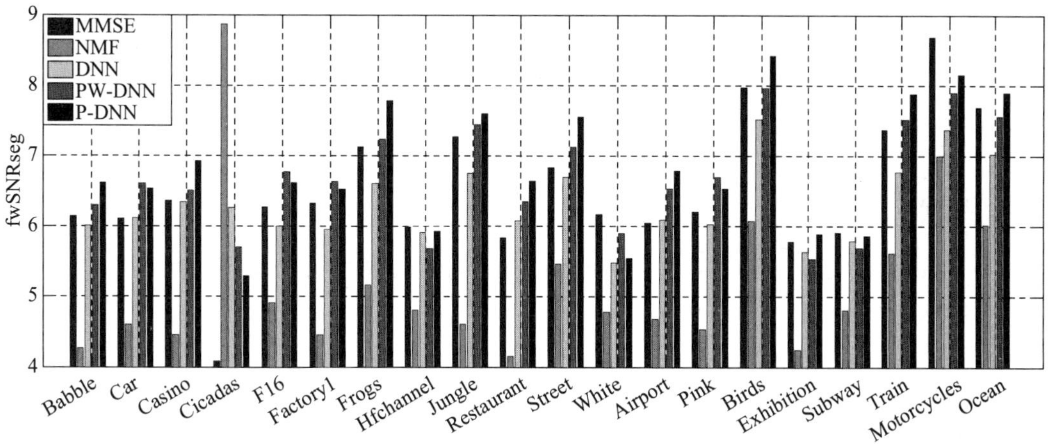

图 7-27 5 种增强方法在 20 种不同噪声情况下的 fwSNRseg 值（每种噪声的 fwSNRseg 值是在－10dB、－5dB、0dB、5dB 和 10dB 5 种信噪比下的平均值）

7.5 小结

近年来，非负矩阵分解、组合模型等技术在不断发展，深度学习也逐渐成为人工智能领域中的研究热点。基于这些技术发展，众多研究人员从不同的角度提出语音增强的新方法，同时针对远场语音交互、车载语音交互等新型应用中出现的远场语音增强问题，利用多通道麦克风进行语音增强的方法也得到了长足的进步。限于篇幅，本章无法涵盖近年来该领域的全部发展，仅介绍了笔者在利用非负矩阵分解、深度神经网络方面的一些工作。表 7-9 列出了其他研究团队的一些工作，供各位读者参考。

表 7-9 一些典型的语音增强新方法

方法名称	使用网络	主要思路
DNN-LPS	FFN	基于 MMSE 准则对含噪语音和纯净语音能量谱之间的映射关系进行回归建模，并采用 RBM 预训练、Dropout 神经单元、全局方差均衡正则化、噪声感知训练、上下文特征联合输入、大规模训练数据集等方法，提高网络的泛化性能
DNN-MASK	FFN	把语音增强问题转化成一个时频单元的分类问题，能有效提高语音的可懂度。联合含噪语音的幅度调制谱、梅尔谱等多种声学特征及其差分作为 DNN 的输入
DNN-Multitask	FFN	在估计纯净语音能量谱特征的同时，将其他辅助特征（梅尔倒谱系数、IBM 或 SNR 等）也作为网络的目标任务集成到总的训练网络中，联合优化网络目标函数。这种框架可以通过对目标函数施加额外约束，提高能量谱特征估计的准确性，同时网络的辅助输出可以用于后处理，以进一步提高重构语音的质量
SE-GAN	GAN	直接从时域波形出发，无须在变换域提取声学特征，同时在重构语音时不需要利用相位信息，避免了合成阶段因采用原始相位或者不准确的估计相位带来的语音质量损失，在训练过程中，鉴别器负责向生成器发送输入数据中的真伪信息，使得生成器可以将其输出波形朝着真实的分布微调，从而消除噪声干扰
SE-Wavenet	Wavenet	直接从时域波形出发，无须在变换域提取声学特征，同时在重构语音时不需要利用相位信息，避免了合成阶段因采用原始相位或者不准确的估计相位带来的语音质量损失
	CNN+LSTM	利用 CNN 提取语谱图中的局部模态信息，利用双边 LSTM 网络对相邻帧动态相关性进行建模
	CNN	将全连接卷积神经网络（Fully Connected Network，FCN）用于语音增强，可以在参数显著减少的情况下获得与全连接 DNN 和 DRNN 相当的性能

参考文献

[1] LOIZOU P C. Speech Enhancement: Theory and Practice [M]. Boca Raton: Taylor & Francis Group, 2007.

[2] EPHRAIM Y, MALAH D. Speech enhancement using a minimum mean-square error short-time spectral amplitude estimator [J]. IEEE Trans. Acoustic, Speech and Signal Process, 1984, 32 (6): 1109-1121.

[3] HENDRIKS R, MARTIN R. MAP estimators for speech enhancement under normal and Rayleigh inverse Gaussian distributions [J]. IEEE Trans. Audio, Speech and Lang. Process, 2007, 15 (3): 918-927.

[4] MARTIN R, BREITHAUPT C. Speech enhancement in the DFT domain using Laplacian speech priors [C]. Int. Workshop Acoustic Echo and Noise Control, 2003.

[5] MARTIN R. Speech enhancement using MMSE short time spectral estimation with Gamma distributed speech priors [C]. IEEE ICASSP, 2002.

[6] SHIN J, CHANG J, KIM N. Statistical modeling of speech signals based on generalized gamma distribution [J]. IEEE Signal Processing Letters, 2005, 12 (3): 258-261.

[7] EPHRAIM Y, VAN TREES H. A signal subspace approach for speech enhancement [J]. IEEE Trans. Speech and Audio Process, 1995, 3 (4): 251-266.

[8] JU G, LEE L. A perceptually constrained GSVD based approach for enhancing speech corrupted by

colored noise [J] . IEEE Trans. Audio, Speech and Lang. Process, 2007, 15 (1): 119-134.

[9] LIM J, OPPENHEIM A. All-pole modeling of degraded speech [J] . IEEE Trans. Acoust. , Speech and Signal Process, 1978, ASSP-26 (3): 197-210.

[10] PALIWAL K, BASU A. A speech enhancement method based on Kalman filtering [C] . IEEE ICASSP, 1987.

[11] 周彬 . 语音增强关键技术研究 [D] . 南京: 解放军理工大学, 2013.

[12] XU Y, DU J, DAI L R, et al. An experimental study on speech enhancement based on deep neural networks [J] . IEEE Signal Processing Letters, 2014, 21 (1): 65-68.

[13] WANG Y X, NARAYANAN A, WANG D L. On training targets for supervised speech separation [J] . IEEE/ACM Transactions on Audio, Speech, and Language Processing, 2014, 22 (12): 1849-1858.

[14] HUANG P S, KIM M, HASEGAWA-JOHNSON M, et al. Deep learning for monaural speech separation [C] . IEEE International Conference on Acoustics, Speech and Signal Processing (ICASSP), 2014: 1562-1566.

[15] WANG Y X, HAN K, WANG D L. Exploring monaural features for classification-based speech segregation [J] . IEEE Transactions on Audio, Speech, and Language Processing, 2013, 21 (2): 270-279.

[16] RIX A, BEERENDS J, HOLLIER M, et al. Perceptual evaluation of speech quality (PESQ) -a new method for speech quality assessment of telephone networks and codes [C] . IEEE International Conference on Acoustics, Speech and Signal Processing (ICASSP), 2001: 749-752.

[17] 黄建军 . 基于非负稀疏与低秩表示的单通道语噪分离算法研究 [D] . 南京: 解放军理工大学, 2013.

[18] TJOA S K, LIU K J R. Multiplicative update rules for nonnegative matrix factorization with co-occurrence constraints [C] . ICASSP, 2010.

[19] SMARAGDIS P. Convolutive speech bases and their application to supervised speech separation [J]. IEEE Trans. on Audio, Speech and Language Processing, 2007, 15 (1): 1-12.

[20] ZHU X, BEAUREGARD G T, WYSE LL. Real-time signal estimation from modified short-time fourier transform magnitude spectra [J] . IEEE Trans. on Audio, Speech, and Language Processing, 2007, 15 (5): 1645-1653.

[21] MASS A L, LE Q V, O'NEIL T M, et al. Recurrent neural networks for noise reduction in robust ASR [C] . Annual Conference of International Speech Communication Association (INTERSPEECH), 2012: 22-25.

[22] BRAKEL P, STROOBANDT D, SCHRAUWEN B. Bidirectional truncated recurrent neural networks for efficient speech denoising [C] . Annual Conference of International Speech Communication Association (INTERSPEECH), 2013: 2973-2977.

[23] WANG Y X, WANG D L. Towards scaling up classification-based speech separation [J] . IEEE Transactions on Audio, Speech, and Language Processing, 2013, 21 (7): 1381-1390.

[24] LU X G, TSAO Y, MATSUDA S, et al. Speech enhancement based on deep denoising autoencoder [C] . Annual Conference of International Speech Communication Association (INTERSPEECH), 2013: 436-440.

[25] XU Y，DU J，DAI L R，et al. A regression approach to speech enhancement based on deep neural networks [J] . IEEE/ACM Transactions on Audio，Speech and Language Processing，2015，23 (1)：7-19.

[26] XU Y，DU J，DAI L R，et al. Global variance equalization for improving deep neural network based speech enhancement [C] . IEEE China Summit and International Conference on Signal and Information Processing (ChinaSIP)，2014：71-75.

[27] WENINGER F，EYBEN F，SCHULLER B. Single-channel speech separation with memory-enhanced recurrent neural networks [C] . IEEE International Conference on Acoustics，Speech and Signal Processing (ICASSP)，2014：3709-3713.

[28] SIMPSON A J，ROMA G，PLUMBLEY M D. Deep karaoke：extracting vocals from musical mixtures using a convolutional deep neural network [C] . International Conference on Latent Variable Analysis and Signal Separation，2015：429-436.

[29] KANG T G，KWON K，SHIN J W，et al. NMF-based speech enhancement incorporating deep neural network [C] . Annual Conference of International Speech Communication Association (INTERSPEECH)，2014：2843-2846.

[30] ZHANG X L，WANG D L. A deep ensemble learning method for monaural speech separation [J]. IEEE/ACM Transactions on Audio，Speech，and Language Processing，2016，24 (5)：967-977.

[31] 韩伟. 基于深度学习的单通道语音增强方法研究 [D] . 南京：解放军理工大学，2017.

[32] SCHMIDT M N，OLSSON R K. Single-channel speech separation using sparse non-negative matrix factorization [C] . Annual Conference of International Speech Communication Association (INTERSPEECH)，2006.

[33] JOHNSTON J D. Transform coding of audio signals using perceptual noise criteria [J] . IEEE Journal on Selected Areas in Communications，1988，6 (2)：314-323.

[34] HUANG P S，KIM M，Hasegawa-Johnson M，et al. Joint optimization of masks and deep recurrent neural networks for monaural source separation [J] . IEEE/ACM Transactions on Audio，Speech and Language Processing，2015，23 (12)：2136-2147.

CHAPTER 8

第8章

语音转换

8.1 引言

广义上来说，改变语音中说话人个性特征的语音处理技术统称为语音转换（Voice Conversion，VC）或语音变换（Voice Transformation，VT）。狭义上来说，语音转换特指转换目标是一个特定人，即所谓的特定人语音转换，即在保持语音中语义内容信息不变的前提下，通过改变语音中的说话人特征，使得某一个人（源说话人）的语音听起来像是指定的另外一个人（目标说话人）的语音。

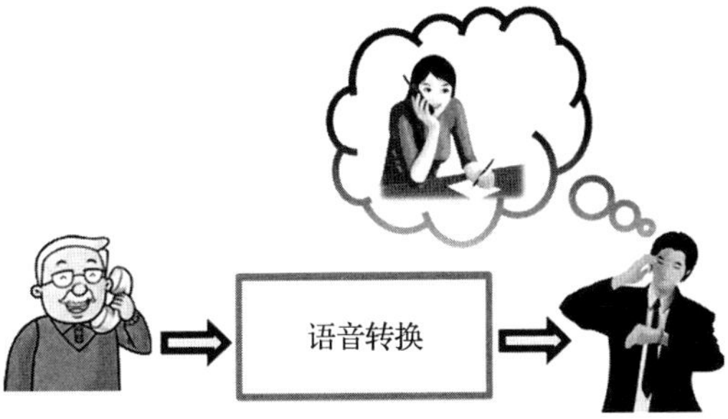

图 8-1　语音转换概念示意图

图 8-1 给出了语音转换示意图。

本章主要针对特定人语音转换，介绍基本原理、基本模型、参数提取和转换方法等方面的内容。

8.2 语音转换基本原理

在“声源-滤波器”语音模型框架下，一个完整的语音转换方案通常包含两个相对独立的部分：①反映声源特性的韵律转换；②反映声道特性的频谱转换，也称声道谱转换。

韵律转换主要包括基音周期的转换、时长的转换和能量的转换；声道谱反映的是人的声道特征，声道谱转换主要包括共振峰频率、共振峰带宽、频谱倾斜等的转换。由于语音的声道谱充分体现了说话人的声音特征，而且相对于平均基音频率和平均语速等韵律信息来说，声道谱包络的建模和转换更为复杂，是制约语音转换效果提升的主要瓶颈，因此，当前语音转换研究主要集中在对声道谱的建模和转换上。

本章重点介绍声道谱包络的转换方法。需要说明的是，这些转换方法也可以用于声道谱之外的其他特征的转换。

语音转换一般包含训练和转换两个阶段，如图 8-2 所示。

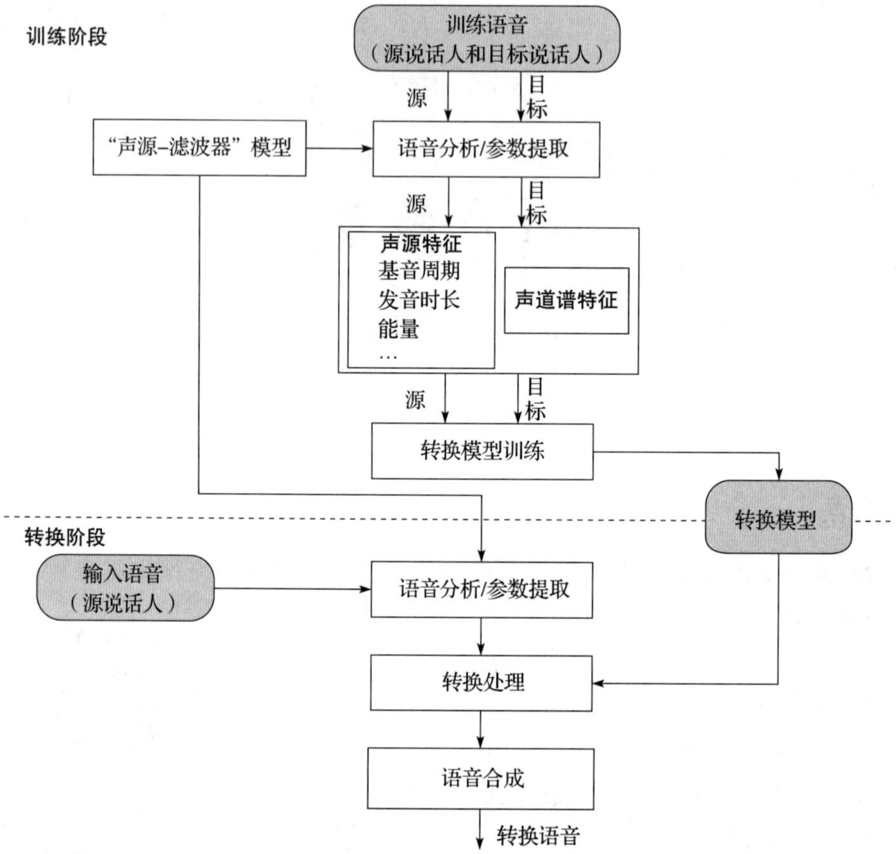

图 8-2 语音转换原理框图

在训练阶段，系统基于某个语音模型对源语音和目标语音分别提取语音特征参数，再利用这些参数进行训练得到转换模型。在转换阶段，首先对源语音进行分析并提取语音特征参数，再利用训练阶段得到的语音转换模型对语音参数进行转换，最后由这些转换后的语音特征参数合成出最终的转换语音。

8.3 语音转换模型与评价

本节按实现语音转换的步骤顺序介绍相关模型和评价方法，主要包括：语音分析、合成模型、语音转换的参数选择、时间对齐、转换模型和规则、转换性能评价。

8.3.1 语音分析/合成模型

语音分析/合成模型作为语音转换系统的输入端和输出端，是完成语音转换任务的基础。一般来讲，适用于语音转换系统的语音分析/合成模型需要满足以下两个要求：一是经过分析、重构后的语音仍保持较高的语音质量，即分析、重构过程不能对语音造成明显的损伤；二是通过语音分析/合成模型，可较为方便地进行语音转换处理，例如基音频率改变、时长调整、声道谱特性转换等，且转换处理后合成的语音仍能保持较高的语音质量。

早期的语音模型包括线性预测编码（Linear Prediction Coding，LPC）、基音同步叠加（Pitch Synchronous Overlap and Add，PSOLA）和波形相似叠加（Waveform Similarity Overlap and Add，WSOLA）等。需要指出的是，PSOLA 和 WSOLA 不具备语音分析和参数化能力，只适应于韵律的转换，而 LPC 的语音合成质量不高，因此这些方法逐渐被其他方法所取代。谐波噪声模型（Harmonic Noise Model，HNM）和 STRAIGHT（Speech Transformation and Representation using Adaptive Interpolation of weiGHTed spectrum）模型因为重构语音质量高、参数容易控制而被广泛采用。

8.3.2 语音参数的选择

在语音分析的基础上，选择有效的语音特征参数来表征说话人的声音特征对语音转换效果至关重要。语音说话人特征信息主要体现在以下三个层次上。

- 音段信息，即短时声学特征，如短时谱、共振峰位置、共振峰带宽、基音频率和能量等，这些特征与音质直接相关。
- 超音段信息，即声学特征的长时演化，如平均基频、音素时长变化、语调变化和重音等，这些特征与说话风格和韵律相关，在很大程度上反映了说话人的性格特性。
- 语言学信息，这部分特征一般由说话人的社会属性所决定，例如说话时字词的选取、方言和口音等，这部分特征超出了语音信号处理的范畴，对其转换涉及语言学、心理学等，超出了当前语音转换技术的研究范围。

依据上述划分，从信号处理角度看，语音转换主要针对音段和超音段上个性特征进行处理。在这两个层面上，可以提取的语音参数很多，比较公认的是，代表声道特性的频谱包络和代表声源特性的基频都能较好地反映语音中说话人的个性信息，目前语音转换研究也主要针对这两种声学特征进行。由于基频相对于频谱包络具有更大的随机性，预测难度较大，因此一般只对基频做线性规整，现有的语音转换研究大多数针对频谱特征进行。

语音转换常用的频谱特征有 LPC 参数及其推导的参数、倒谱参数以及与共振峰相关的参数等。其中，最为常用的是具有良好内插特性的线谱频率（Line Spectrum Frequency，LSF）参数和考虑了人耳听觉特性的梅尔频率倒谱系数。另外，有时声道谱参数的样点值会被直接用于语音转换，这种情况常见于频率弯折（Frequency Warping，FW）算法中。

8.3.3 时间对齐

实现语音转换的一种简便可行的方法是从不同说话人语音特征空间把那些具有相同文本内容的特征参数进行匹配，然后利用这些配对参数设计和训练出转换模型。这里的配对其实就是针对文本内容的时间对齐，也叫时间规整，它是建立语音转换系统最关键的前端处理技术。根据提供的源和目标说话人训练语音是否平行，时间对齐技术包含的设计理念和算法也不尽相同。

1. 平行语料情况

平行条件确保了源和目标语音具有时序一致、内容相同的语义信息，只是在各音素的持续时间上呈现不同。因此，针对平行语音数据的时间对齐算法相对容易实现，只需按照时间顺序依次对源和目标语义信息相同的语音段进行配对，即可对其进行时间对齐。

按照配对的语音段持续时间的不同，时间对齐分为两个层面：①对音素的时间对齐，典型算法包括利用句子级的 HMM 模型状态切分算法来实现不同说话人平行语音的音素时间对齐；②对语音帧的时间对齐，最经典的算法是动态时间规整（Dynamic Time Warping，DTW)，它通过搜索使路径上代价函数总和为最小的那些时间点来确定匹配帧。考虑到不同说话人之间的差异，可利用转换后的语音进行第二次 DTW 对齐来提高转换精度。如果语音的音素分段信息已知，那么可以通过在音素段内利用 DTW 实现语音帧的时间对齐，以此提高整段语音的时间对齐精度。另外，在语音的文本信息已知并且与说话人相关的 HMM 模型已经建立的情况下，有学者利用 HMM 隐状态对语音进行切分，并在对应的状态内，再利用线性时间规整（Linear Time Warping，LTW）和 DTW 算法进行时间对齐。

2. 非平行语料情况

现实情况下，由于获得平行语料比较困难，因此研究非平行条件下的语音对齐非常必要。对于非平行语料，由于语义信息不同，或者语义信息虽有重叠，但时间顺序存在差异，因此时间对齐算法要复杂得多。近十年来，国内外学者提出了很多用于非平行语音，甚至是跨语种非平行语音的时间对齐算法。

基于分类的语音对齐方法中，首先建立源和目标各类之间的对应关系，然后在对应类中，用最近邻算法找出最相近的匹配帧。基于单元选择（unit selection）的语音对齐算法，不仅考虑了源和目标语音之间的差异，还同时考虑了目标语音的时间连贯性，因此性能可获得较大提升。最近邻搜索与转换交替实施的非平行语音转换训练算法 INCA（Iterative combination of a Nearest Neighbor search step and a Conversion step Alignment）也可用于非平行语料语音转换，这种方法的性能已经非常接近平行语音条件下的语音转换性能。

8.3.4 转换模型和规则

语音转换的模型选择和规则建立是设计、实现语音转换系统的核心，也是难点所在。上文提到，在“声源-滤波器”语音模型框架下，语音转换对象主要包括激励源和声道谱两个方面。现有的语音转换研究主要集中在声道谱的建模和转换规则。

1. 声道谱转换

目前，对声道谱转换模型的研究一般是在对源和目标说话人的语音进行统计分析基础上，通过参数映射方式实现，如图8-3所示。这种方法的优点在于研究思路直观，算法实现简单。

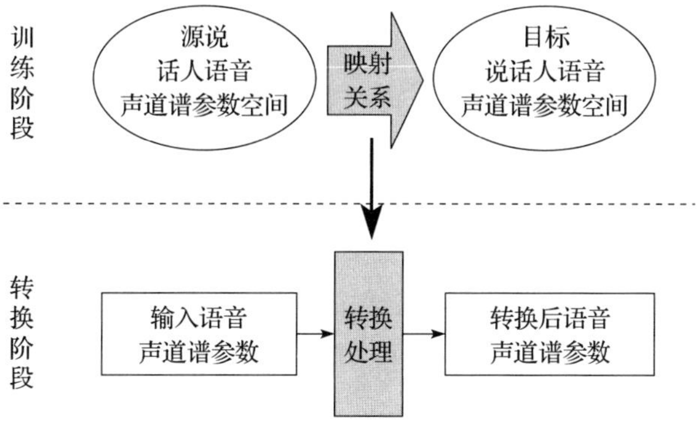

图8-3 语音声道谱映射转换示意图

2. **激励源转换**

除了声道谱转换外，激励源转换对整个语音转换系统性能也举足轻重，它主要反映了语音的韵律信息，包括说话人的基音频率、发音时长、能量等。目前的研究主要是对基音频率和时长进行统计匹配，按照它们的平均值求出比例因子，然后在语音合成时，按照比例关系，通过缩放和增减方式实现基音频率和发音时长的转换。这种转换方式虽然简单，但实际应用效果明显。

8.3.5 转换性能评价

对语音转换性能的测试和评价是语音转换研究的一个重要组成部分，设计一个可信、高效的评价方案对于提高转换性能具有重要意义。目前，对语音转换性能优劣的测试和评价主要通过客观和主观两种手段来实现。

1. **客观评价**

客观评价通常是建立在语音数据失真测度的基础上，利用某种距离准则来度量转换后语音和原始的目标语音之间的相似程度。目前，客观评价指标主要有均方误差（Mean Square Error，MSE）和谱失真（Spectral Distortion，SD）等，均方误差和谱失真越小，说明语音转换的精度越高。

2. **主观评价**

主观评价是通过人的主观感受来对语音进行测试。由于语音信号是用来给人听的，因此人对语音转换效果好坏的感受是最为重要的评价指标。相对于客观评价，主观评价结果更具有可信度。主观方法对转换效果的评价一般从语音质量和说话人特征相似度两个角度进行，采用的方法主要是平均意见得分（Mean Opinion Score，MOS）和ABX。

（1）MOS测试

MOS测试的主要原理是让测评人对测试语音的主观感受进行打分，一般划分为5个等级。MOS测试既可以用于对语音质量进行主观评价，也可以用于对说话人特征相似度的评价。评价语音质量时，测评人根据自己对收听到的语音音质的主观感受进行1～5分的评级，1分代表很差（bad），2分代表差（poor），3分代表一般（fair），4分代表好（good），5分代表极好（excellent），MOS分是对所有测评人的测试语句的得分的平均。评价说话人特征相似度时，让测评人首先测听一个“转换-目标”语音对（一般不同的语音内容），接着对两句语音中的说话人特征的相似程度进行1～5分的等级划分，1分代表肯定不同（definitely different），2分代表可能不同（probably different），3分代表不确定（not sure），4分代表可能相同（probably identical），5分代表肯定相同（definitely identical），并且测试人员在整个过程中不需要关注语音质量，最后的MOS分是所有评测人对所有评测语音对所打分数的平均值。

（2）ABX测试

ABX测试主要针对转换后语音的说话人特征相似度进行转换效果评价。该方法借鉴了说话人识别的原理。在测试过程中，测评人分别测听三段语音A、B和X，并判断在语音的个性特征方面，语音A和语音B哪个更接近于X。其中，X是转换后得到的语音，而A和B分别为源语音和目标语音。最后统计所有测评人员的判决结果，计算出听起来像目标语音的百分比。

8.4 基于非负矩阵分解的谱转换

语音的功率谱和幅度谱的数值都是非负的，通过非负矩阵分解来描述不同说话人的相同说话内容之间的映射关系具有天然的优势。本节引入卷积结构，用以描述语音的时间依赖性，将其用于语音转换。

8.4.1 概述

非负矩阵分解是一种信号分解方法。通过该方法可以将非负信号分解为两部分：一部分为一组承载了信号部分特征的基向量，另一部分是与基向量相对应的系数矩阵。非负矩阵分解在非负性的前提下，将信号分解为其各个部分特征之和的形式。对于语音信号而言，其声道幅度谱具有非负形式，因而非负矩阵分解适用于此场景。在这种分解方式下，信号的重构则可理解为通过信号部分特征的加性组合来实现对原始信号的表征。

如第4章所述，基于欧氏距离的NMF是在加性高斯噪声条件下对基矩阵和系数矩阵的极大似然估计，而基于相对熵的NMF则是在Poisson噪声条件下的极大似然估计。相对而言，相对熵作为优化NMF的目标函数使分解结果对于观测数据中的低频信息具有更好的重构效果。由于人耳对声音低频部分的变化更加敏感，因此在对语音信号进行分析时，采用基于相对熵的NMF较为合理。

在NMF中，一个前提假设是数据矩阵的各个列向量间是相互独立的，而对于语音信号声道谱参数来说，其相邻帧间是具有一定的相关性的，因此原始的NMF并不适用于具有时序特性的语音声道谱参数的分析。

卷积非负矩阵分解（CNMF）能够刻画数据的时延信息，从而更适合处理这类语音信号。为此，接下来介绍利用卷积非负矩阵分解进行语音转换的方法，该方法的基本思路为：在训练阶段，利用上述卷积非负矩阵分解方法分别得到源说话人和目标说话人的时频基；在转换阶段，首先将待转换语音在源说话人基矩阵上进行非负矩阵分解，然后利用求得的非负系数矩阵和目标说话人基矩阵进行目标语音重建。

8.4.2　基于卷积非负矩阵分解的谱转换

卷积非负矩阵分解是一种针对语音信号处理的非负矩阵分解方法，该方法在保证分解结果非负性的前提下，使用二维时频基代替原非负矩阵分解中的一维基向量，从而有效地承载了语音信号的局部帧间相关性。该方法在多路语音信号的分离上已得到成功应用。通过该方法进行扩展后，NMF 中基矩阵与编码矩阵的点乘关系也扩展为时频二维基与编码矩阵的卷积关系：

$$\boldsymbol{V} \approx \sum_{t=0}^{T-1} \boldsymbol{W}(t) \cdot \overset{t\rightarrow}{\boldsymbol{H}} \tag{8-1}$$

其中，$\boldsymbol{W}(t)$ 表示第 t 个时频基，大小为 $M \times R$，且 $t=0, 1, \cdots, T-1$。T 代表 CNMF 对 NMF 基矩阵中各个向量在时间尺度上的扩展范围，以帧为单位。$\overset{t\rightarrow}{\boldsymbol{H}}$ 表示对编码矩阵 $\boldsymbol{H}$ 以列向量形式右移 t 个单位，$t \geqslant 0$。

具体来说，如果：

$$\boldsymbol{H} = [\boldsymbol{h}_1, \cdots, \boldsymbol{h}_i, \cdots, \boldsymbol{h}_N] \tag{8-2}$$

其中，$\boldsymbol{h}_i$ 为编码矩阵 $\boldsymbol{H}$ 的第 i 个列向量，$i=1, \cdots, N$，则有

$$\overset{t\rightarrow}{\boldsymbol{H}} = [\underbrace{\vec{\boldsymbol{0}}, \cdots, \vec{\boldsymbol{0}}}_{\text{共}t\text{个}}, \boldsymbol{h}_1, \cdots, \boldsymbol{h}_i, \cdots, \boldsymbol{h}_{N-t}] \tag{8-3}$$

其中，$\vec{\boldsymbol{0}}$ 为零值列向量。同理，$\overset{r\leftarrow}{\boldsymbol{H}}$ 则表示对编码矩阵 $\boldsymbol{H}$ 以列向量形式左移 r 个单位：

$$\overset{r\leftarrow}{\boldsymbol{H}} = [\boldsymbol{h}_{t+1}, \cdots, \boldsymbol{h}_i, \cdots, \boldsymbol{h}_N, \underbrace{\vec{\boldsymbol{0}}, \cdots, \vec{\boldsymbol{0}}}_{\text{共}r\text{个}}] \tag{8-4}$$

对 $\boldsymbol{W}(t)$ 和 $\boldsymbol{H}$ 的具体迭代求解过程如下：

1）对 $\boldsymbol{W}(t)$ 和 $\boldsymbol{H}$ 进行随机初始化；

2）通过下式计算对 $\boldsymbol{V}$ 的重构结果：

$$\hat{\boldsymbol{V}} = \sum_{t=0}^{T-1} \boldsymbol{W}(t) \cdot \overset{t\rightarrow}{\boldsymbol{H}} \tag{8-5}$$

3）基于 $\hat{\boldsymbol{V}}$ 对时频基 $\boldsymbol{W}(t)$ 进行更新，更新过程对 T 个 $\boldsymbol{W}(t)$ 依次进行计算：

$$\boldsymbol{W}(t) \leftarrow \boldsymbol{W}(t) \otimes \frac{\dfrac{\boldsymbol{V}}{\hat{\boldsymbol{V}}} \cdot \overset{t\rightarrow T}{\boldsymbol{H}}}{\boldsymbol{I}_{M \times N} \cdot \overset{t\rightarrow T}{\boldsymbol{H}}} \tag{8-6}$$

其中，$\otimes$ 表示两矩阵间的元素相乘，$\boldsymbol{I}_{M \times N}$ 表示元素都为 1 的 $M \times N$ 矩阵。时频基更新完成后，通过下式对编码矩阵进行更新：

$$\boldsymbol{H} \leftarrow \frac{1}{T}\sum\left[\boldsymbol{H}\otimes\frac{\boldsymbol{W}(t)^{T}\cdot\left(\overset{t\leftarrow}{\frac{\boldsymbol{V}}{\hat{\boldsymbol{V}}}}\right)}{\boldsymbol{W}(t)^{T}\cdot\boldsymbol{I}_{M\times N}}\right] \tag{8-7}$$

4）判断迭代次数是否达到最大迭代次数上限 $I_{\max}$，或语音分解误差 e_c 小于迭代中止门限 e_{thresh}，分解误差由下式确定：

$$e_c = \sqrt{\sum_{ij}(v_{ij}-\hat{v}_{ij})^2} \tag{8-8}$$

当上述两个条件都不满足时，回到步骤 2 继续迭代，否则终止迭代循环，进入步骤 5。

5）得到最终分解结果 $\boldsymbol{W}(t)$ 和 $\boldsymbol{H}$。

取 ARCITC 语音库中 BDL 子库的前 10 句语音，以 40ms 为窗长，并采用汉宁（Hanning）窗进行分帧，帧移为 5ms，之后对各帧语音采用 FFT 处理得到 512×5887 维语音幅度谱矩阵 $\boldsymbol{S}$。当 $R=40$，$T=12$ 时，通过 CNMF 对 $\boldsymbol{S}$ 进行分解，且设定迭代次数上限为 200 次，迭代中止的误差门限为 $e_{\text{thresh}}=M\times N\times10^{-6}$。此外，对 CNMF 各参数的初始化均采用均值为 0，方差为 0.1 的高斯变量进行随机初始化，则可得到如图 8-4 所示的一组时频基。

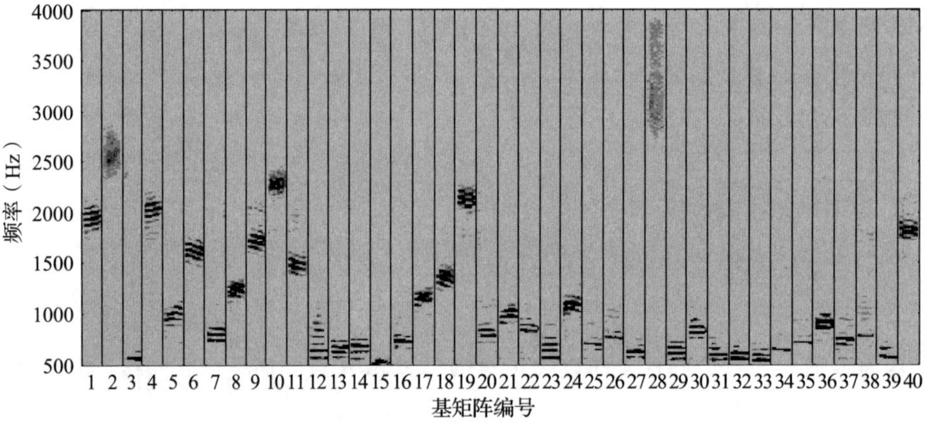

图 8-4 BDL 语音声道谱的时频基示意图

在图 8-4 中，纵轴代表各个时频基的频率范围，横轴表示 CNMF 中代表幅度谱矩阵 $\boldsymbol{S}$ 基本特征的 40 个时频基。每个时频基在时间上的跨度为 $T\times5\text{ms}=60\text{ms}$。当 $T=1$ 时，图 8-4 中所示的时频基就退化为原始 NMF 中的基矩阵 $\boldsymbol{W}$。

相对 NMF 来说，CNMF 更好地挖掘了时序信号的时间相关性，并将这种相关性体现在时频基中。从图 8-4 可以看出，得到的各个时频基类似于语音信号各个音素的时频谱。但不同于音素时频谱的是，这些时频基是通过对声道谱参数采用自适应分析方法直接提取得到的。此外，这些时频基在整个语音声道谱中的变化还需要通过编码矩阵加以体现，而编码矩阵相对于仅有一维信息的音素排列来说，能够更为灵活和精准地刻画通过有限个数的时频基实现语音谱重构的具体方式。

借用时频基与语音音素的相似性，可对 CNMF 进行如下解释：各个时频基组成了语音谱重构的基本单元，其类似于语音各个音素的时频谱，而编码矩阵则承载了将这些基本单元拼接的方式，这类似于音素在语音中的排列顺序。显然，语音的语义信息可通过音素的排列方式确定，类比到 CNMF 中，则可认为语义信息由编码矩阵 $\boldsymbol{H}$ 所承载。基于此，可认为说话人个人特征信息主要包含在时频基中，而编码矩阵则主要承载了语义信息。接下来，将根据时频基的这一特点，给出基于 CNMF 的语音转换方法。

通过上述分析可知，利用 CNMF 直接对语音信号进行分析即可得到如图 8-4 所示的时频基矩阵 $\{\boldsymbol{W}(t)\}_{t=0,\cdots,T-1}$ 和相应的编码矩阵 $\boldsymbol{H}$，此外还给出了时频基矩阵中能够承载个人特征信息而编码矩阵中能够承载语音内容信息的假设。因此，可以很自然地想到，能够通过使用目标说话人的时频基替换源说话人的时频基，之后再与编码矩阵进行卷积，实现语音转换。

图 8-5 给出了基于 CNMF 的语音声道谱转换流程，可分为训练阶段和转换阶段两个部分。

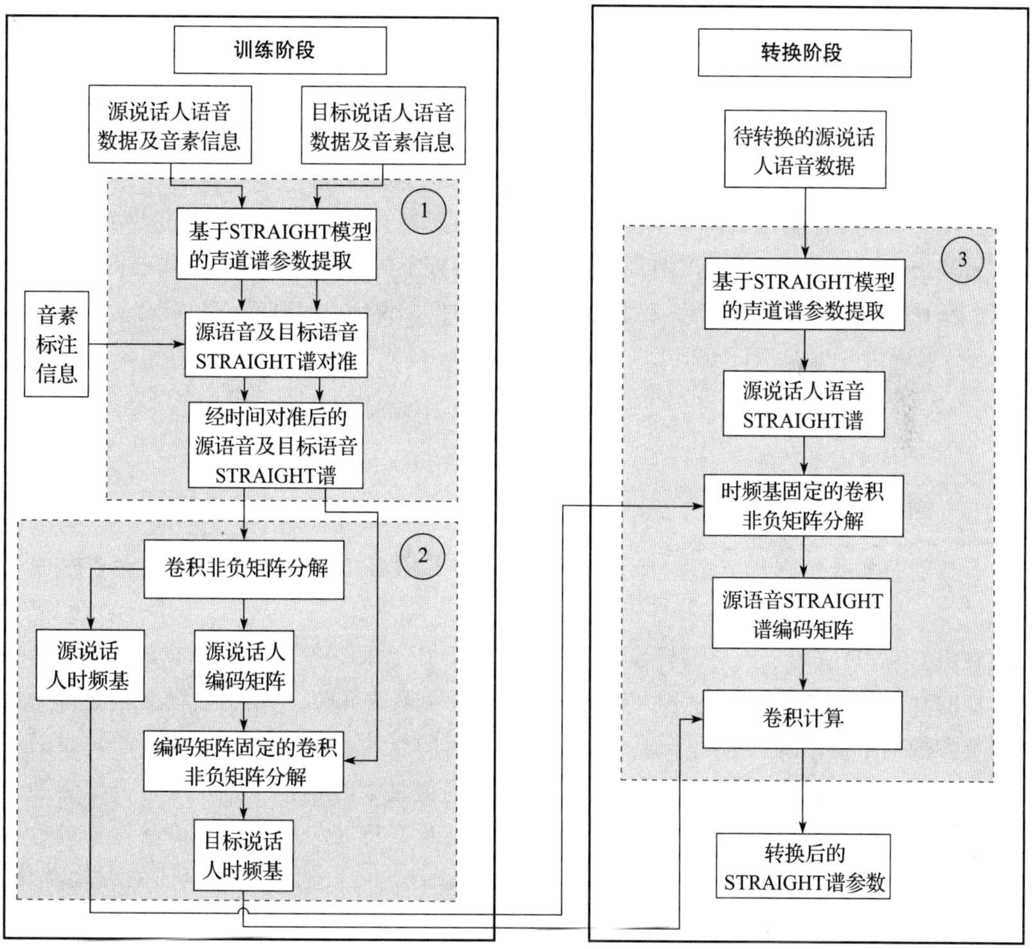

图 8-5　基于 CNMF 的语音声道谱转换流程

1. 训练阶段

（1）语音数据的预处理

本步骤主要是对源语音和目标语音信号的 STRAIGHT 谱进行提取，对应图 8-5 中标注为①的部分。设匹配处理后的源说话人 STRAIGHT 谱为 $\boldsymbol{S}_x'$，目标说话人 STRAIGHT 谱为 $\boldsymbol{S}_y'$。

（2）基于 CNMF 的时频基矩阵提取

对应图 8-5 中标注为②的部分。首先对源语音 $\boldsymbol{S}_x'$进行 CNMF 处理，进而得到源语音 STRAIGHT 谱的时频基 $\{\boldsymbol{W}_x(t)\}_{t=0,\cdots,T-1}$和编码矩阵 $\boldsymbol{H}_x$，其中 T 表示各个时频基的时间跨度。由于 CNMF 的结果存在不唯一性，因此如果采用同样的方法对目标说话人 STRAIGHT 谱进行分析，则很难保证得到的目标说话人编码矩阵与 $\boldsymbol{H}_x$ 相同。而根据前面的假设，编码矩阵 $\boldsymbol{H}_x$ 主要是由语音内容信息决定的，而 $\boldsymbol{S}_x'$和 $\boldsymbol{S}_y'$为经过时间对准的平行语音声道谱，因此对 $\boldsymbol{S}_y'$分解得到的编码矩阵应与 $\boldsymbol{H}_x$ 相同。

因此，为了保证分解结果的一致性，在对 $\boldsymbol{S}_y'$进行 CNMF 分析时，采用固定其编码矩阵为 $\boldsymbol{H}_x$ 的方法，即

$$\boldsymbol{H}_y = \boldsymbol{H}_x \tag{8-9}$$

由此得到相应的目标说话人语音时频基 $\{\boldsymbol{W}_y(t)\}_{t=0,\cdots,T-1}$。

2. 转换阶段

利用时频基替换的声道谱进行转换。基于训练阶段得到的时频基实现声道谱转换的流程如图 8-5 中标注为③的部分所示。首先提取源说话人语音信号中的 STRAIGHT 谱，之后对该谱在固定编码矩阵为 $\{\boldsymbol{W}_x(t)\}_{t=0,\cdots,T-1}$的前提下进行 CNMF 分析，从而得到相应的编码矩阵 $\boldsymbol{H}_x^{\text{convert}}$。之后基于 $\boldsymbol{H}_x^{\text{convert}}$ 和训练阶段得到的目标说话人时频基 $\{\boldsymbol{W}_y(t)\}_{t=0,\cdots,T-1}$，进而得到转换后的 STRAIGHT 谱，即

$$\boldsymbol{S}_y^{\text{convert}} = \sum_{t=0}^{T-1} \boldsymbol{W}_y(t) \cdot \overset{t\rightarrow}{\boldsymbol{H}}{}_x^{\text{convert}} \tag{8-10}$$

8.4.3 声道谱转换效果

本节通过实验仿真及主、客观评价手段对基于 CNMF 的声道谱转换方法的性能进行验证。

在将 CNMF 应用于声道谱转换的过程中，CNMF 中的两个参数会影响最终的转换效果，即时频基的个数 R 和时频基中列向量个数 T。显然 R 和 T 的增加会使非负矩阵分解中可变参数的个数增加，有助于减小非负矩阵分解的重构误差。但对于最终的转换效果来说，这两个参数并不一定越大越好。例如当 T 的值过大时，各个时频基将可能会覆盖更多的音素，从而导致时频基中承载了部分语义信息。将其应用于其他语音信号的分析时反而会造成语音质量的下降。对这两个参数的选择，可以通过交叉验证的方式调优。简单起见，本节设定 $R=40$，$T=12$。

1. 客观评价结果

在客观评价中采用平均谱失真作为判别准则，如式（8-11）所示。

$$d(\boldsymbol{s}_t, \hat{\boldsymbol{s}}_t) = \frac{1}{N}\sum_{t=1}^{N}\sqrt{\frac{1}{\pi}\int_0^{\pi}[10\log_{10}\boldsymbol{s}_t(\omega) - 10\log_{10}\hat{\boldsymbol{s}}_t(\omega)]^2\mathrm{d}\omega} \tag{8-11}$$

实验中使用与 ARCTIC 语音库中 BDL（男声）、SLT（女声）、RMS（男声）和 CLB

（女声）子库语音数据进行转换。分别进行 BDL 到 SLT、BDL 到 RMS 以及 SLT 到 CLB 三组转换。训练数据为各子库中前 400 句语音，而随后的 100 句语音用作测试。

作为对比，采用 GMM 方法、基于子空间参数训练的状态空间模型转换方法（SSM-Sub）、单 SSM 转换方法（SSM-Single）的实现效果作为对比。为保证对比条件的一致性，上述三种方法在实现过程中，都采用 STRAIGHT 模型实现语音的分解与合成。在得到 STRAIGHT 谱后，采用 24 阶 LSF 参数实现对 STRAIGHT 谱的量化，并基于 LSF 参数实现转换处理，GMM 混合个数选为 64。具体实验结果如图 8-6～图 8-8 所示。

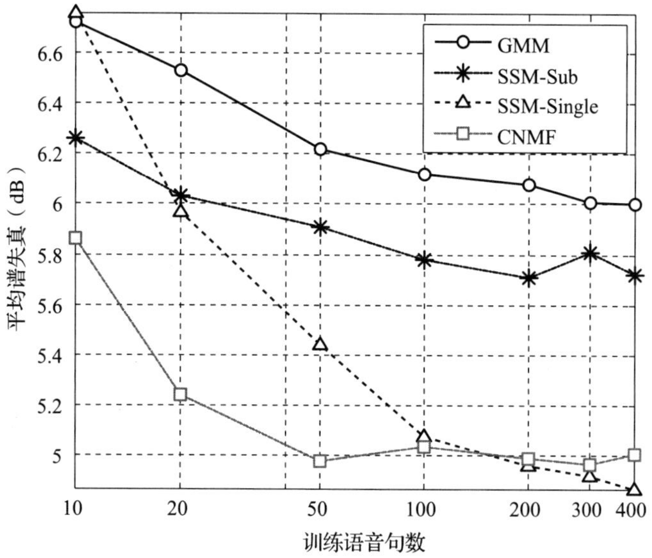

图 8-6 BDL 到 SLT 声道谱转换客观评价结果

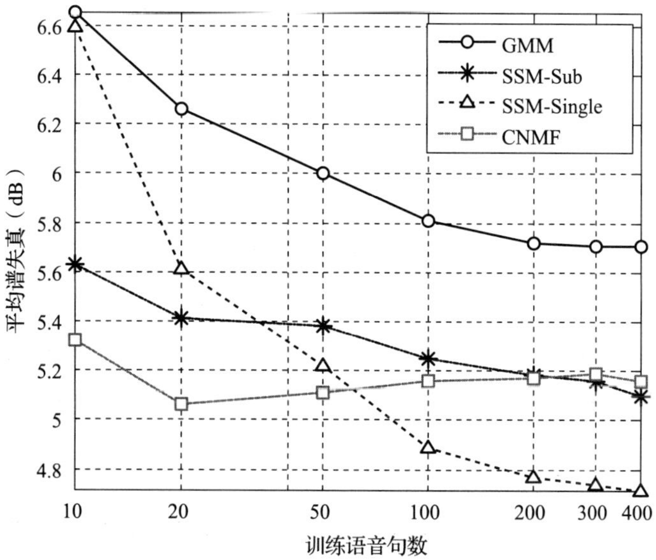

图 8-7 BDL 到 RMS 声道谱转换客观评价结果

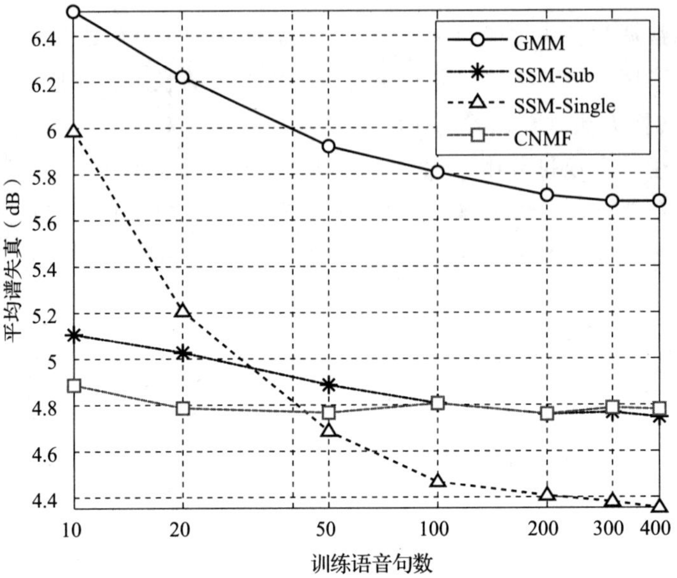

图 8-8　SLT 到 CLB 声道谱转换客观评价结果

通过客观评价结果可以看出，基于 CNMF 的声道谱转换效果在训练数据较少，特别是 50 句以下时，与其他三种方法相比具有最好的转换效果。但当训练数据增加后，声道谱转换质量将不再有明显提升，甚至会出现小幅下降。

对于这一现象，可将其原因归结为模型的“过训练”，即在模型参数一定的情况下，过多的训练数据会使 CNMF 分解精度降低。这是由于 CNMF 从本质上说是一种自适应分解方法，因此在模型参数固定的条件下，为了对更多训练数据进行分解，CNMF 的分解精度将会受到影响，即出现所谓的“过拟合”问题。

2. 主观评价结果

在进行主观评价时，采用 4 个语音子库中前 50 句语音作为训练数据，之后的 10 句作为测试数据。对声道谱转换采用了客观评价时所用的方法及参数设置。对于基音频率采用式（8-12）所示的处理方法，对于非周期分量未做处理。

$$\log(f_0^c) = a + b\log(f_0^s) \tag{8-12}$$

分别对转换后的语音进行语音质量和语音相似度两方面的评价。具体评价结果如图 8-9和图 8-10 所示。

通过主观评价结果再次验证了基于 CNMF 语音声道谱转换方法的有效性。通过对主观评价结果的分析以及与评测人员的交流发现，基于 CNMF 方法的转换结果存在以下两个问题：

（1）转换效果存在较大的波动性

转换结果中部分转换语音具有非常好的语音质量以及与目标语音的高相似度，但同样有一部分语音转换效果较差，这导致了基于 CNMF 转换的主观评测结果具有较大的方差。这说明该方法在转换效果的稳定性上还存在一定的问题。对于该问题的产生，一个重要原因在于训练数据量较少，实验中只有 50 句。而增加训练量同时也会造成转换效果的下降。因此需要针对 CNMF 方法中训练数据与转换效果间的矛盾，对 CNMF 方法进行改进。

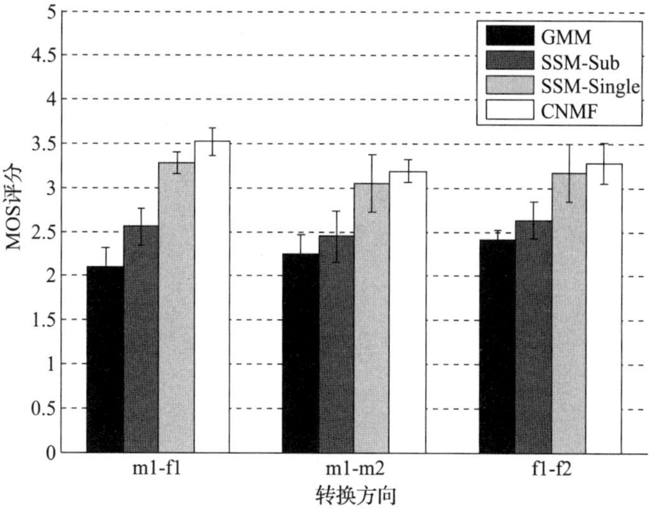

图 8-9 语音质量 MOS 评分结果

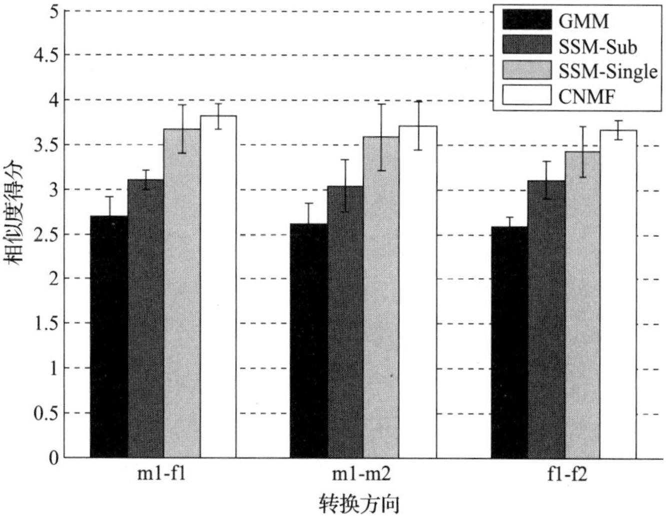

图 8-10 语音相似度评价结果

(2) 转换语音中残留部分源语音特性

评测人员反映，在部分转换后的语音中还能感受到源说话人的部分残留特征。造成这一问题的原因主要在于 CNMF 对个人特征信息的分离还不够彻底，部分个人特征信息可能还残留于编码矩阵中，从而使合成的转换语音中还存在源说话人个人特征信息。

8.5 基于深度神经网络的谱转换

语音的谱转换本质上是一种非线性映射，因此，具有较强非线性表示能力的深度神经网络有助于改善语音转换的效果。本节考虑语音单元的时间相关性，采用长短时记忆模型及其变体来描述源说话人和目标说话人语音特征之间的映射关系。

8.5.1 深度学习驱动下的语音转换

人工神经网络通过调整网络内部大量节点之间相互连接的关系实现处理信息的目的。由于神经网络对非线性转换具有良好的效果，而语音中的谱转换也是一种非线性转换，因此将人工神经网络应用到语音转换，可以充分发挥神经网络的优势并提升语音转换的质量。

早期采用神经网络实现语音转换的方法主要集中在对神经网络隐藏层个数和逻辑单元上的改进，但一般不超过三个隐藏层且大多为前馈神经网络，所以在转换性能上有一定的不足。近几年在深度学习技术的推动下，能有效表示高维序列数据的深度神经网络不断发展，如全卷积神经网络（Fully Convolutional Network，FCN）、生成式对抗网络（Generative Adversarial Network，GAN）、双向长短时记忆网络（Bidirectional Long Short Term Memory，BLSTM）等。这些网络由于网络结构多样且表现维度较多，因此在实现谱序列到序列的高精度转换上取得了明显效果，也推动了深度神经网络在谱转换上的应用。例如，Huang 等提出基于结合变分自动编码器和全卷积网络的语音转换研究，Kaneko 等通过序列到序列（seq2seq）的 GAN 模型初步研究了语音转换以及语音质量增强中的过平滑问题，Huang 等提出的自动化评价指标可作为 GAN 的判别器，Esteban 等提出了适用于时间序列预测的循环式 GAN 用于生物数据建模，Takuhiro 等在循环 GAN 的基础上进行改进，进一步提升语音转换效果。

随着神经网络模型的不断改进和发展，结合不同语音特征采用不同网络转换模型的方法不断出现。神经网络转换的本质是参数的多元回归模型，通过增加网络训练层数、添加高维特征序列和增大训练数据量等多种手段可以有效提升转换语音的质量。随着参数的增多，模型的表示能力得到增强。当具备足够多的训练语音数据时，深度神经网络的语音转换具有相对优势，但同时表现优异的深度神经网络模型所依赖的参数过多，当训练数据不充分时，就会发生过拟合现象，导致性能急速下降。这也是基于神经网络实现语音转换方法所面临的共性问题。

接下来，8.5.2 节介绍面向谱转换的神经网络模型选择，8.5.3 节在 8.5.2 节的基础上，进一步改进并提出了基于 BLSTM 和神经网络声码器交替训练的语音转换方法，并对该方法进行实验仿真和结果对比分析。

8.5.2 面向谱转换的神经网络模型选择

声道谱是一个有序的输入序列，且具有前后帧关联的特性，所以在网络模型的选择上，应倾向于选择对有序数列建模效果好且能够兼顾上下文和前后帧关系的网络模型。

1. RNN 用于序列建模

相较于传统的前馈神经网络，RNN 能够依赖循环反复出现的单元结构很好地处理变长和有序的输入序列数据，所以更有助于对声道谱实现精准的建模。循环神经网络模型对应的优化方法为时序后向传播算法（Back Propagation Through Time，BPTT）。基于循环神经网络模型的谱转换框架如图 8-11 所示。

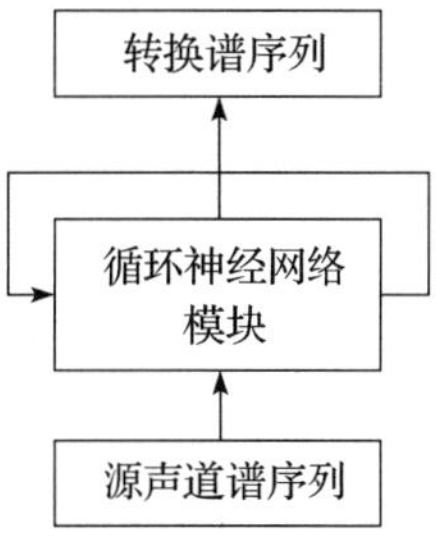

图 8-11 基于循环神经网络模型的谱转换框架

但是，对于长距离的反馈和深度的网络结构来说，该方法可能存在梯度消失或爆炸问题。

2. LSTM 用于解决长时依赖问题

为了解决循环神经网络长距离反馈时出现的梯度消失或爆炸这一问题，LSTM 被提出并被应用于时间序列建模。之后，门递归神经网络（Gated Recurrent Network，GRN）也被提出，其在保持 LSTM 记忆性能的同时，在模型上简化了 LSTM，并可同样对序列数据的长时依赖性质进行建模，而且参数更少，其组成部件门递归单元（Gated Recurrent Unit，GRU）可用式（8-13）～式（8-16）表示：

$$\boldsymbol{h}_t^j = (1 - \boldsymbol{z}_t^j)\boldsymbol{h}_{t-1}^j + \boldsymbol{z}_t^j\,\widetilde{\boldsymbol{h}}_t^j \tag{8-13}$$

$$\boldsymbol{z}_t^j = \delta(\boldsymbol{W}_{xz}\boldsymbol{x}_t + \boldsymbol{W}_{hz}\boldsymbol{h}_{t-1} + \boldsymbol{b}_z) \tag{8-14}$$

$$\boldsymbol{r}_t^j = \delta(\boldsymbol{W}_{xr}\boldsymbol{x}_t + \boldsymbol{W}_{hr}\boldsymbol{h}_{t-1} + \boldsymbol{b}_r) \tag{8-15}$$

$$\widetilde{\boldsymbol{h}}_t^j = \tanh(\boldsymbol{W}_{xh}\boldsymbol{x}_t + \boldsymbol{r}_t\boldsymbol{h}_{t-1} + \boldsymbol{h}) \tag{8-16}$$

式中，$\boldsymbol{h}_{t-1}^j$ 与 $\widetilde{\boldsymbol{h}}_t^j$ 分别表示前一时刻的记忆单元信息与当前时刻的记忆单元信息，$\boldsymbol{z}$ 和 $\boldsymbol{r}$ 分别是更新门与重置门，用于更新和重置记忆单元的信息，δ 是隐藏层的激活函数，$\boldsymbol{x}$ 是输入向量，$\boldsymbol{W}$ 是权重矩阵（如 $\boldsymbol{W}_{xz}$ 表示输入层与更新门之间的连接权重），$\boldsymbol{b}$ 是偏置值（如 b_r 是重置门的偏置值），门单元示意图如图 8-12 所示。

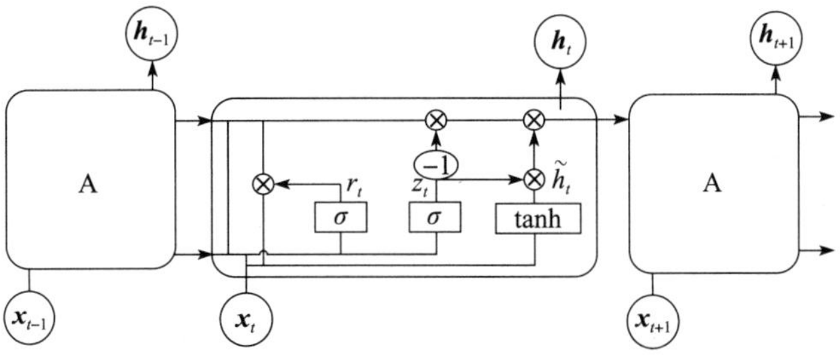

图 8-12 门单元示意图

从式（8-13）～式（8-16）可以看出，上述递归神经网络模型是以从左到右的单向顺序对序列进行建模的，属于单向递归神经网络模型。

3. 双向递归神经网络用于上下文关系建模

相比于单向递归神经网络，双向递归神经网络（Bidirectional Recurrent Neural

Network，BRNN）可以从两个方向上建模上下文关系，从而更有利于恢复重构语音中缺失的信息，也更符合语音信息的序列特征，双向递归网络模型可用式（8-17）和式（8-18)表示：

$$\vec{\boldsymbol{h}}_t = \delta(\boldsymbol{W}_{x\vec{h}}\boldsymbol{x}_t + \boldsymbol{W}_{\vec{h}\vec{h}}\vec{\boldsymbol{h}}_{t-1} + \boldsymbol{b}_{\vec{h}}) \tag{8-17}$$

$$\overleftarrow{\boldsymbol{h}}_t = \delta(\boldsymbol{W}_{x\overleftarrow{h}}\boldsymbol{x}_t + \boldsymbol{W}_{\vec{h}\vec{h}}\vec{\boldsymbol{h}}_{t-1} + \boldsymbol{b}_{\vec{h}}) \tag{8-18}$$

$$\boldsymbol{y}_t = (\boldsymbol{W}_{\vec{h}y}\vec{\boldsymbol{h}}_t + \boldsymbol{W}_{\overleftarrow{h}y}\vec{\boldsymbol{h}}_t + \boldsymbol{b}_y) \tag{8-19}$$

BRNN 的每一层实际上有两个分离的隐藏层，其从时间 $t=1$ 到 $t=T$ 计算前向隐藏层序列 $\vec{\boldsymbol{h}}_t$，从时间 $t=T$ 到 $t=1$ 计算后向隐藏层序列 $\overleftarrow{\boldsymbol{h}}_t$，$\boldsymbol{y}_t$ 是输出序列，由式（8-19）给出。图 8-13 是双向递归神经网络模型的示意图。

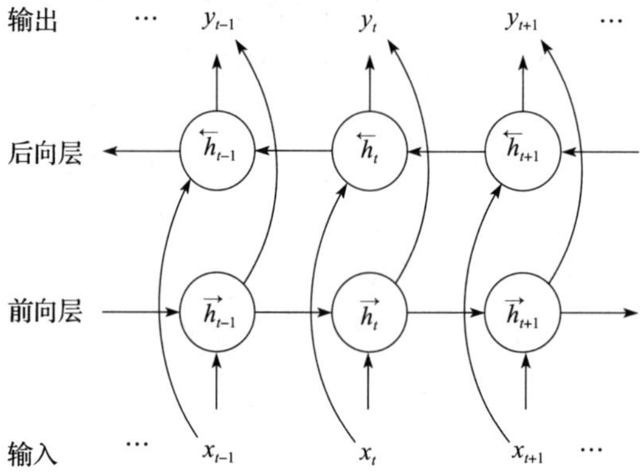

图 8-13　双向递归神经网络模型

4. 深度双向门递归神经网络提升转换效果

深度双向门递归神经网络是在 BRNN 的基础上，增加了网络中间隐藏层的数量，扩大了网络规模，其可设置多个隐藏层，隐藏层神经元激活函数为 tanh，输入、输出层为线性激活函数。为提高模型的鲁棒性和转换效果，该网络的训练可使用丢弃正则化（dropout regularization）技术。

该网络训练损失目标函数是网络输出值与对应目标说话人语音对数幅度谱的均方差，网络初始化可随机取值，可采用 BPTT 算法训练网络，具体可采用随机梯度下降算法的一种变形——均方根传播（Root Mean Square Propagation，RMSProp）算法。将源语音谱转换为目标语音谱的过程主要由训练阶段和转换阶段两部分构成。训练阶段主要是为了得到一个转换效果好且目标函数收敛的双向门递归网络模型。转换阶段，利用训练好的双向门递归网络模型，对待转换的源说话人数据进行转换。但转换阶段除了提取待转换源说话人的语音特征外，同时还需要提取其语音相位信息。最后需要根据相位信息和幅度谱信息来计算频谱，进而通过频谱来合成转换语音。

虽然基于深度双向门递归神经网络能够对声道谱实现很好的转换，但是由于转换语音仍旧是通过参数化合成的，所以依然存在过平滑问题，这会使得转换语音在听觉感知上与目标语音存在一定差距，所以还有进一步提升的空间。

8.5.3 基于 BLSTM 和神经网络声码器交替训练的语音转换

针对转换参数合成语音产生过平滑的问题，2016 年 Google 公司的 Deepmind 团队提出了一种神经网络声码器——WaveNet 网络，基于该网络可直接生成音频波形样本点，可以有效解决过平滑的问题。

WaveNet 网络主要是基于一个条件概率建模的深度自回归模型，将语音的各种特征作为条件变量 θ，如式（8-20）所示，通过训练找到合适的自回归模型，使得自回归模型能够仅仅根据条件变量准确地生成对应语音波形的采样点。为了实现这一目标，网络还采用因果卷积、扩张卷积等多种模型。

$$P(X|\theta) = \prod_{t=1}^{T} P(x_t | x_1, \cdots, x_{t-r}, \theta) \tag{8-20}$$

式（8-20）中，T 表示样本点总数，θ 表示条件特征向量，t 和 r 分别表示采样数量和接收域大小，x_t 表示当前时刻样本点。

WaveNet 方法最初用于文本-语音转换系统，由于其生成的语音清晰度和自然度高、质量好且没有过平滑问题，后逐渐被应用于语音转换领域。最早将其用于语音转换的流程图如图 8-14 所示，由图 8-14 可知，转换过程中不需要语音合成的单独步骤，可以直接生成转换语音。

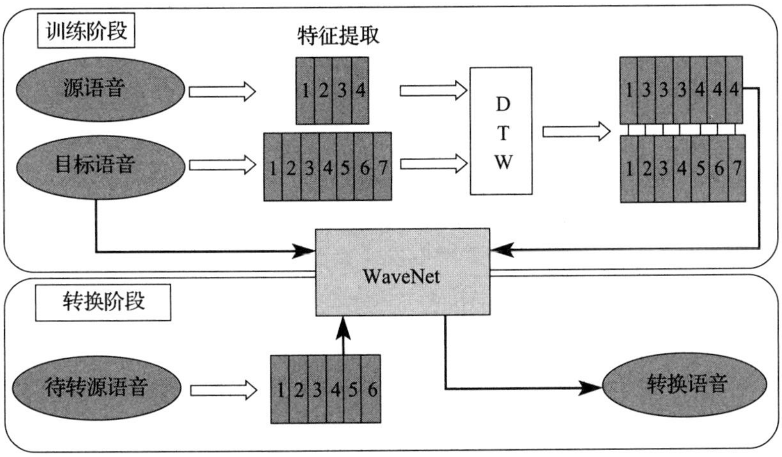

图 8-14 基于 WaveNet 的语音转换流程

Voice Conversion Challenge 2018 的冠军队伍提出结合 BLSTM 先转换特征再进行特征条件概率建模的方法，有效提升了语音质量。为了防止神经网络声码器在逐样点生成过程中出现语音崩塌现象，同时也为了解决现有语音转换方法缺少语音细节信息、转换质量不高的问题，本节提出一种将 BLSTM 网络与 WaveNet 融合的交替训练转换方法（以下简称 ABW 法），通过 BLSTM 网络转换和 WaveNet 合成的交替训练来提升转换语音的质量，其中一个 BLSTM 作为转换网络，一个作为后处理网络，其简要流程示意图如图 8-15 所示。

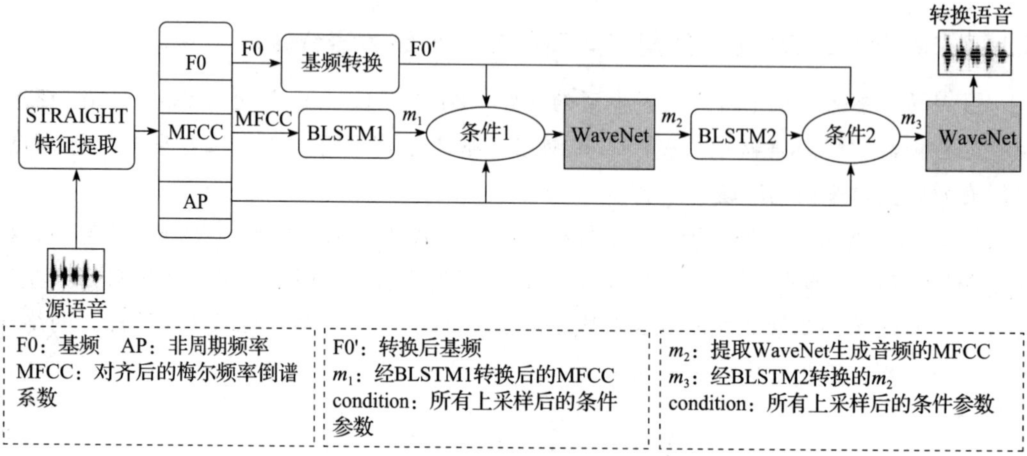

图 8-15 BLSTM 网络与 WaveNet 融合的交替训练语音转换方法流程图

该方法的具体实现步骤包括：

1）提取源语音和目标语音的语音特征，包括 MFCC 参数、非周期频率和基音频率，并对源语音特征和目标语音特征进行预处理。

2）将预处理后的源语音和目标语音的 MFCC 参数输入 BLSTM1 网络模型，对 BLSTM1 网络模型进行训练，得到特征转换网络以及转换后的 MFCC 参数；BLSTM1 初始化参数为 θ_{B1}，训练时采用最小均方差准则对 θ_{B1} 进行更新，训练迭代次数为 N_2-N_1，最终得到一个稳定的特征转换网络，训练过程可表示为

$$\hat{m}=B1(m_x,m_y) \tag{8-21}$$

$$\theta_{B1}\leftarrow\theta_{B1}-\eta_{B1}\nabla_{\theta_{B1}}L_{\mathrm{MSE}}(m_y,\hat{m}) \tag{8-22}$$

式中，m_x 和 m_y 分别表示对齐后的源语音和目标语音的 MFCC 参数，$B1$ 表示 BLSTM1 网络，$\hat{m}$表示源语音转换后的梅尔频率倒谱系数，y 表示目标语音，η_{B1} 表示学习率，$\nabla_{\theta_{B1}}$ 表示下降梯度，$L_{\mathrm{MSE}}(m_y, \hat{m})$ 表示计算 m_y 和$\hat{m}$之间的最小均方差。

3）将预处理后的目标语音 MFCC 参数进行上采样，如图 8-16 所示，将上采样后的目标语音 MFCC 参数、预处理后的目标语音非周期频率、基音频率以及目标语音一起输入 WaveNet 网络，对 WaveNet 网络进行训练，得到语音生成网络，同时得到合成的目标语音，如图 8-17 所示。

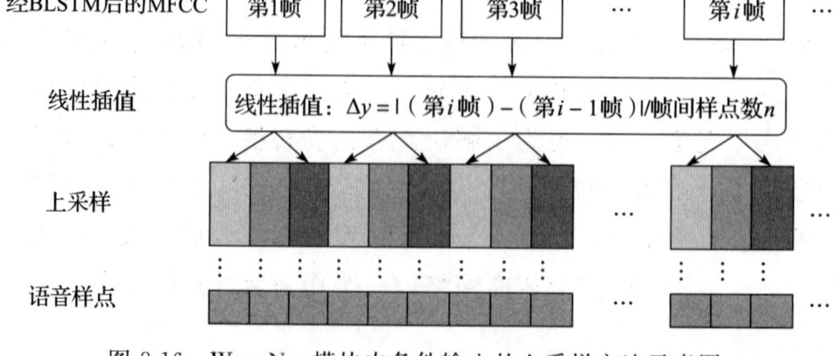

图 8-16 WaveNet 模块中条件输入的上采样方法示意图

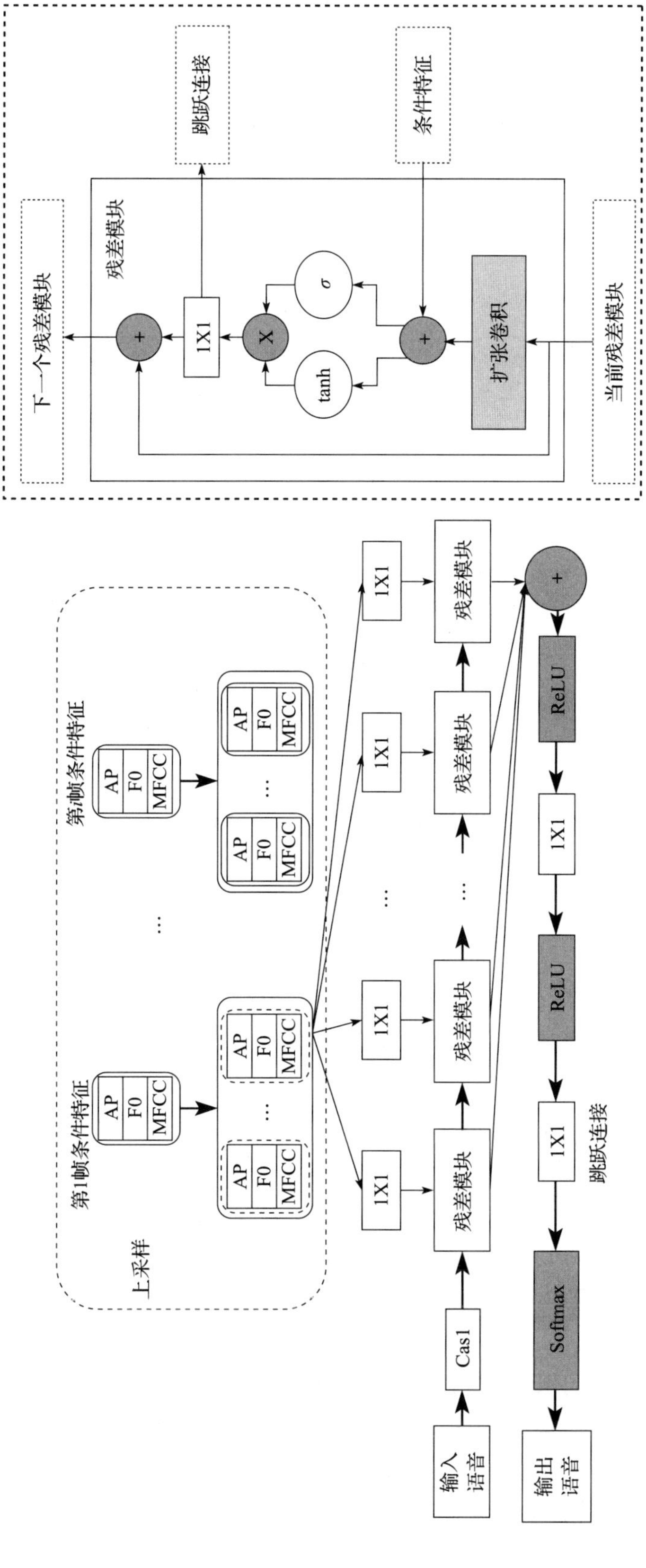

图 8-17　WaveNet 模块结构图

采用最小均方差准则对 WaveNet 中初始化参数 θ_W 进行更新，设定合适的训练迭代次数为 N，最终得到一个稳定的语音生成网络，训练过程所采用的方法如下：

$$\hat{y}=W(m'_y,f_y,A_y) \tag{8-23}$$

$$\theta_W \leftarrow \theta_W-\eta_W \nabla_{\theta_W} L_{\mathrm{MSE}}(y,\hat{y}) \tag{8-24}$$

式中，m'_y表示对齐并经上采样后的目标 MFCC，f_y 表示经过线性转换并上采样后的目标基音频率，A_y 表示上采样后目标的非周期频率，$\hat{y}$表示经 WaveNet 生成的语音，y 表示目标语音，η_W 表示学习率。

4）对得到的转换后的源语音的 MFCC 参数进行上采样，并将其与预处理后的源语音的非周期频率、基音频率送入步骤 3 所得的语音生成网络，得到预转换语音。

5）提取预转换语音和经步骤 3 合成的目标语音的 MFCC 参数，并进行 DTW，然后将 DTW 后的预转换语音和经步骤 3 合成的目标语音的 MFCC 参数输入迭代次数可控的 BLSTM2 网络（见图 8-15）模型对 BLSTM2 网络模型进行训练，得到后处理网络。

6）提取待转换语音特征，将待转换语音的 MFCC 参数送入步骤 2 的特征转换网络进行转换，得到转换后的 MFCC 参数；然后将待转换语音的非周期频率、线性转换后的基音频率和转换后的 MFCC 参数进行上采样并送入步骤 3 的语音生成网络得到预生成语音；将预生成语音的 MFCC 参数送入步骤 5 得到的后处理网络进行后处理，将后处理的 MFCC 参数与待转换语音的非周期频率、线性转换后的基音频率再次上采样后送入步骤 3 的语音生成网络，生成最终的转换语音。

该方法的优点包括：①将双向长短时记忆递归神经网络用于语音特征的转换，能够联系上下文信息，更好地建模特征之间的映射，能够与音频生成模型相结合，使得生成的转换语音相似度更高，自然度更好；②通过对 WaveNet 增加后处理优化语音生成部分，使得语音生成系统更加稳定和准确，提高了转换系统的稳定性。

为了验证本节 ABW 方法的有效性，实验中选取了四种不同方法（高斯混合模型、WaveNet 转换模型、LSTM＋WaveNet 联合模型、VCC2018 的 N12 方法）在同一数据集上进行了测试对比。

实验测试得到的主客观评价指标如图 8-18～图 8-20 所示，其中用不同缩写代表五种不同的转换方法，如下所述。

- G-VC：GMM-VC，基于高斯混合模型的语音转换。
- W-VC：WaveNet-VC，基于 WaveNet 模型的语音转换。
- BW1-VC：BLSTM＋WaveNet-VC，基于 LSTM 与 WaveNet 联合建模的语音转换。
- N12-VC：VCC2018 综合排名第二的语音转换。
- ABW-VC：Alternative BLSTM and WaveNet-VC，本节提出的 BLSTM 网络与 WaveNet 融合的交替训练语音转换方法。

图 8-18～图 8-20 是对不同语音转换方法所得转换语音的评价结果。图 8-18 是客观

评价指标MCD的结果，可以看出在MCD的平均值上本节提出的ABW方法明显优于其他对比方法。图8-19和图8-20分别是主观评价指标MOS相似度和自然度的结果，通过测试结果同样可以看出，相比于基线方法，采用ABW方法得到的转换语音，在相似度和自然度方面均有明显的提高。由此可知，本节提出的ABW方法显著增强了基于BLSTM与WaveNet的语音转换方法的鲁棒性，明显提升了转换语音的相似度和自然度。

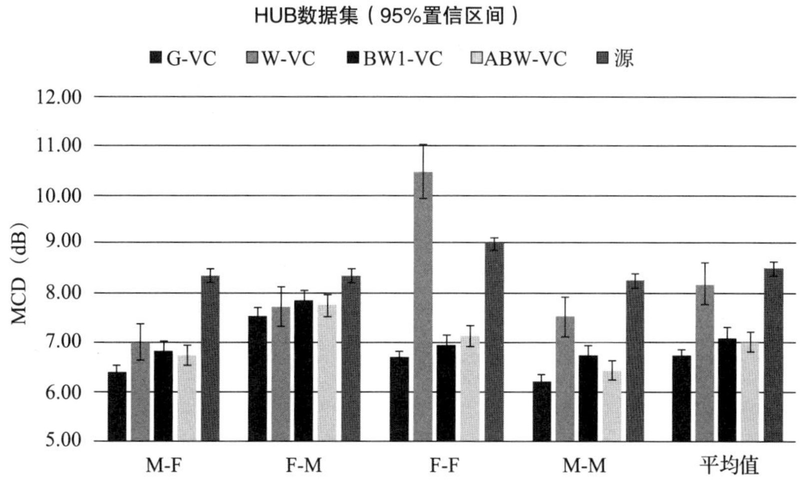

图8-18　HUB数据集语音转换后的平均梅尔倒谱距离（MCD）
（M-F：男性说话人转换到女性说话人，以此类推）

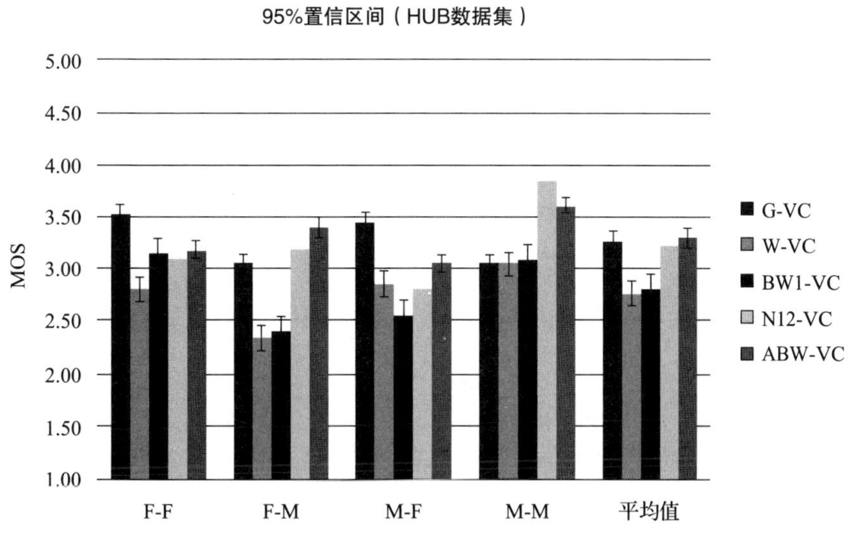

图8-19　HUB数据集语音转换后关于相似度的听觉感知评分（MOS）
（M-F：男性说话人转换到女性说话人，以此类推）

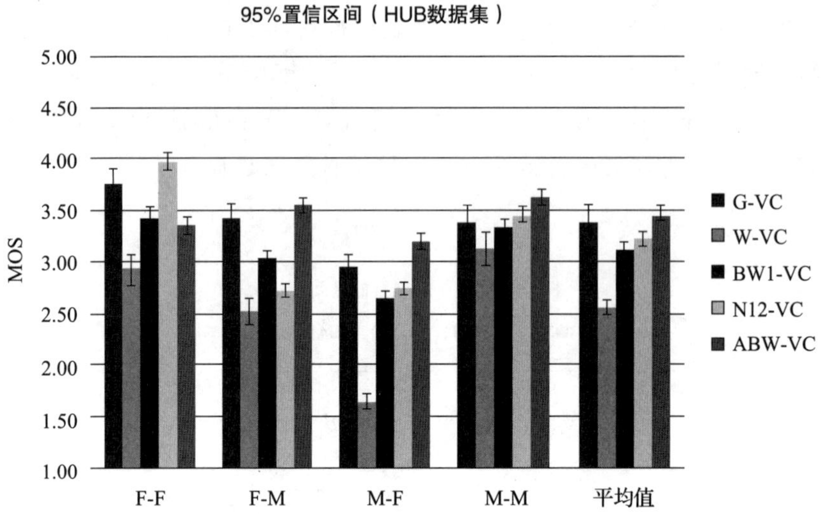

图 8-20　HUB 数据集语音转换后关于自然度的听觉感知评分（MOS）
（M-F：男性说话人转换到女性说话人，以此类推）

8.6　小结

语音转换是语音处理的新兴研究方向，在多媒体应用、机器翻译、信息安全、医疗和军事应用等领域都有着非常广泛的应用前景。本章在介绍语音转换基本原理、模型以及评价方法的基础上，重点介绍了基于非负矩阵分解和基于深度神经网络两类声道谱转换方法。

参考文献

[1] HUANG W C，WU Y C，LO C C，et al. Investigation of F0 conditioning and Fully Convolutional Networks in Variational Autoencoder based Voice Conversion [J] . arXiv：1905. 00615，2019.

[2] KANEKO T，KAMEOKA H，HIRAMATSU K，KASHINO K. Sequence-to-Sequence Voice Conversion with Similarity Metric Learned Using Generative Adversarial Networks [C] //Interspeech，2017.

[3] KANEKO T，KAMEOKA H，HOJO N，KASHINO K. Generative Adversarial Network-based Post-filter for Statistical Parameter Synthesis [C] . ICASSP 2017.

[4] HUANG D Y，XIE L，LEE Y S W，et al. An Automatic Voice Conversion Evaluation Strategy Based on Perceptual Background Noise Distortion and Speaker Similarity [C] //9th ISCA Workshop on Speech Synthesis（SSW9），2016.

[5] ESTEBAN C，HYLAND S L，RATSCH G. Real-valued（medical）Time Series Generation with Recurrent Conditional GANs [J] . arXiv：1706. 02633v2，2017.

[6] TAKUHIRO K，HIROKAZU K，KOU T，et al. CycleGAN-VC2：Improved Cycle GAN-based Non-parallel Voice Conversion [J] . arXiv：1904. 04631，2019.

[7] HUANG Z, XU W, YU K. Bidirectional LSTM-CRF Models for Sequence Tagging [J/OL]. https://arxiv.org/abs/1508.01991, 2015.
[8] HSU C C, HWANG H T, WU Y C, et al. Dictionary Update for NMF-based Voice Conversion Using an Encoder-Decoder Network [J]. International Symposium on Chinese Spoken Language Processing, 2016.
[9] SEYED H M, ALEXANDER K. Voice Conversion using Deep Neural Networks with Speaker-Independent Pre-training [C]. Spoken Language Technology Workshop, 2014.
[10] CHEN L H, LING Z H, LIU L J, et al. Voice Conversion using Deep Neural Networks With Layer-Wise Generative Training [J]. IEEE/ACM Transactions on Audio, Speech, and Language Processing, 2014, 22 (12): 1859-1872.
[11] NIWA J, YOSHIMURA T, HASHIMOTO K, OURA K, NANKAKU Y, TOKUDA K. Statistical Voice Conversion based on WaveNet [C] //IEEE International Conference on Acoustics, Speech and Signal Processing (ICASSP), 2018: 5289-5293.
[12] LORENZO-TRUEBA J, YAMAGISHI J, TODA T, SAITO D F. Villavicencio, T. Kinnunen, and Z. H. Lin. The Voice Conversion Challenge 2018: Promoting Development of Parallel and Nonparallel Methods [J]. arXiv preprint arXiv: 1804.04262v1, 2018
[13] ZHANG J X, LING Z H, LIU L J, JIANG Y, DAI L R. Sequence-to-Sequence Acoustic Modeling for Voice Conversion [J]. IEEE/ACM Trans. Audio, Speech & Language Processing, 2019, 27 (3): 631-644.
[14] 孙健. 语音转换中声道谱转换技术研究 [D]. 南京: 解放军理工大学博士论文, 2012.

CHAPTER 9

第9章

说话人识别

9.1 引言

说话人识别技术的研究最早可追溯至20世纪30年代，当时的研究主要集中于探讨通过语音来识别说话者身份的可能性，并进行了大量的人耳听音识人的实验。随着计算机技术的迅速发展，利用机器自动进行说话人识别逐渐成为可能。

说话人识别是一种根据说话人语音信号中所包含的个性特征信息来鉴别说话者身份的生物认证技术。由于说话人识别的便捷性、经济性和准确性，它已被广泛应用于公安、司法、安保等场景，具有较强的应用价值。

根据具体任务不同，说话人识别可分为说话人确认和说话人辨识两大类。其中，说话人确认是一对一判决问题，即训练语音来自待确认的说话者，该技术常用于门禁系统；说话人辨识是多选一的问题，即训练语音来自多个说话人，若这些说话人中包含待辨识的说话人，则称为闭集说话人辨识，否则称为开集说话人辨识，开集说话人辨识还需要做拒绝处理。

根据是否限定说话人的语音内容，说话人识别可分为文本相关和文本无关两大类。文本相关是指说话人需要按照规定文本内容进行发音，而文本无关则不规定说话人发音的具体内容，识别对象为自由的语音信号。两者中，文本无关的说话人识别难度更大，需要从自由语音中提取出表征说话人特征的参数，并建立说话人模型。

说话人识别技术在最近几十年发展迅速。目前，国内外相关研究机构已经提出了不少具有实用价值的说话人识别方法。识别模型从最简单的模板匹配模型发展到矢量量化（VQ）模型、高斯混合模型（GMM）、隐马尔可夫模型（HMM），以及支持向量机（SVM）模型和人工神经网络（ANN）模型。识别环境也从无噪声环境下单说话人确认发展到复杂噪声环境下多说话人辨识。

本章基于智能处理技术，重点介绍基于i-vector（identity vector，说话人矢量）和深度神经网络模型的说话人识别方法。

9.2 说话人识别基础

本节首先简要介绍说话人识别系统框架，然后介绍几类典型的说话人识别模型：VQ、SVM、GMM 和 ANN。

9.2.1 说话人识别系统框架

一般来说，说话人识别系统主要包括特征提取和模式识别两个部分。特征提取是指从语音信号中提取出具有个体区分性的特征参数序列；模式识别则包含两个方面，一方面是指在训练过程中利用训练数据中所提取出的特征参数序列为说话人建立说话人模型，另一方面是指在识别过程中利用已建立的说话人模型对待识别数据的特征参数序列进行模式匹配。

图 9-1 给出了说话人识别系统的基本框架。可以看出，说话人识别系统主要包括预处理、特征提取、模式识别三个部分。其中，模式识别是说话人识别系统的核心，将在本章后面展开介绍。本小节简要介绍预处理和特征提取。

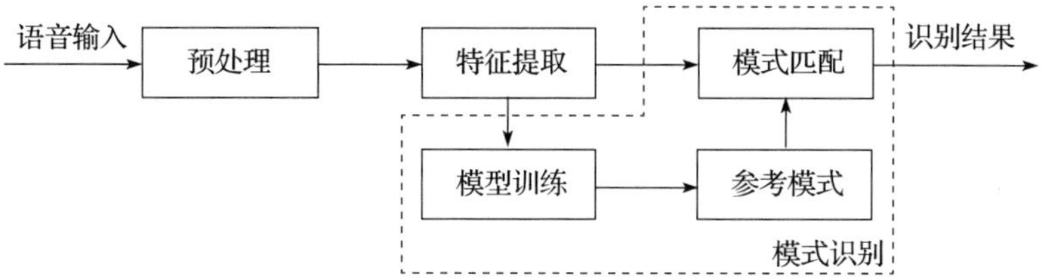

图 9-1 说话人识别系统基本框架

1. 预处理

预处理部分主要包括对语音信号的预加重、分帧、加窗等操作。

- 预加重：语音信号高频部分能量小，容易被干扰，因此在对语音信号进行处理前，一般都需要对高频部分进行预加重操作。
- 分帧：从语音信号中取连续 N 个采样点组成一帧，对于 16kHz 采样频率，若以 64ms 为一帧，则每帧由 1024 个采样点组成。为了保持分帧后语音的连贯性，相邻两帧之间需要有重叠，一般可取帧移为 1/4 帧，即 256 个采样点。
- 加窗：加窗的目的是减小分帧带来的吉布斯效应，常用的窗函数包括汉明（Hamming）窗、汉宁窗等。

2. 特征提取

在说话人识别系统中，特征提取的目标是从语音信号中提取出对说话人可分性强、稳定性高的特征参数。目前，使用较多的是 LPC 倒谱系数（LPCC）和梅尔频率倒谱系数（MFCC）。

- LPCC 参数：LPCC 是 LPC 在倒谱域中的表示，其优点是可以去除语音中的激励信息，能够较好地描述语音信号的共振峰特性，对元音的描述能力较强，但对辅音的描述能力较弱，而且抗噪能力差。

- MFCC 参数：MFCC 是在梅尔标度频域下提取的倒谱参数，是基于人耳对音频感知的特性提出的。一方面，人类对单音调的感知强度近似正比于该音调频率对数，梅尔频率则表达了这种音频频率与感知频率的对应关系，从而使得在梅尔频域内，人耳对音调的感知度退化为线性关系。另一方面，人耳无法同时分辨出音频中的所有频率分量，仅当音频中的两个频率分量相差一定带宽时，人耳才能将两者区分开。

由于 MFCC 参数符合人耳的听觉感知特性，因此具有比 LPCC 更高的鲁棒性。

9.2.2 典型的说话人识别模型

可用于说话人识别的模型有多种，本小节给出四种典型的说话人识别模型。

1. VQ 模型

VQ 本质上是一种信号压缩方法，在语音信号和图像信号的压缩编码等领域有广泛应用。

在说话人识别系统中，利用 VQ 为各说话人建立不同的码书，通过计算待辨识语音在各码书上的编码误差来判断说话人身份。显然，码书质量直接关系到说话人识别的性能。

2. SVM

SVM 是一种结构风险最小化的模式分类方法，具有优良的泛化性能，对于小样本具有较好的处理能力，且可以避免维数灾难，具有较强的实用价值。SVM 通过事先选择的非线性映射函数（核函数）将输入向量映射到高维特征空间，从而使得在输入空间中线性不可分的数据集在高维特征空间中线性可分。通过在高维特征空间中寻找最优分类超平面，可实现数据集的分类。

在基于 SVM 的说话人识别系统中，对语音分帧并提取特征参数（如 MFCC 或 LPCC 等），每一帧所提取的特征参数称为一个样本，训练时针对样本集寻找高维特征空间的最优分类面；识别时，将从待测语音中提取出的特征参数输入 SVM 并计算得分，累计各帧得分总和作为判决依据。由于 SVM 的训练是一个二次规划问题，对于大样本集，直接训练往往不可行，需要对训练样本进行约简。目前，最优 SVM 算法的参数选择只能凭借经验或大范围搜索完成。

3. GMM

GMM 是一种多维概率密度函数。在说话人识别系统中，可为每一位说话人的语音建立一个 GMM。实际上，说话人的语音可由若干类声学特征来表示，这些特征可包括元音、辅音、摩擦音等。每一类声学特征都可以用一个高斯函数来描述。假设语音中这些隐性的特征分量相互独立，则综合考虑所有的特征，可组成一个 GMM。

在说话人识别系统中，若存在 N 个说话人，则为每个说话人建立一个 GMM；在识别时，从未知说话人语音中提取出特征参数集，并计算该特征参数集由每个 GMM 产生的似然概率；在 N 个 GMM 中，得到的似然概率最大的模型对应的说话人即为识别结果。

4. ANN 模型

ANN 具有很强的聚类能力和高度的并行性，可进行快速判断。ANN 的种类很多，其中，前向神经网络由于结构简单且具有较好的分类性能，在说话人识别系统中得到了应用。利用前向神经网络可将说话人语音特征参数所在的空间映射到说话人序号空间。前向神经网络使用 BP 算法来进行训练。BP 算法的训练规则是通过梯度下降算法来调整网络参数，使网络的输出与目标输出的误差平方和最小。

使用前向神经网络进行说话人识别存在一定的瓶颈。比如，当说话人集合发生变化时，前向神经网络的结构（比如输出节点个数）会发生变化，因此需要重新对前向神经网络进行训练。同时，由于 BP 算法是一种局部搜索的优化方法，而前向神经网络本质上是一个非线性函数，使用 BP 算法训练前向神经网络极有可能陷入局部极值，使训练失败，且随着前向神经网络规模的扩大，出现这种情况的可能性越来越大。

9.3　基于 i-vector 的说话人识别及其改进

在实际应用中，由于语音中说话人信息和各种干扰信息掺杂在一起，不同的采集设备的信道之间也具有差异性，使收集到的语音中掺杂了信道干扰信息。这种干扰信息会引起说话人信息的扰动。本节介绍的 i-vector 特征通过因子分解方法，可在一定程度上将说话人信息与信道干扰相分离，从而提升说话人识别的鲁棒性。

9.3.1　基于 i-vector 的说话人识别概述

在说话人识别的实际应用场景中，一般包括注册和识别（测试）两个阶段。注册阶段是指从某一说话人预先得到的少量语音中提取出表征该说话人的身份特征矢量；而识别（测试）阶段指的是，当有声称为该说话人的语音输入时，提取该段语音的身份特征矢量，并与之前提取的该说话人的特征矢量进行对比，做出是否为同一个说话人的判断。为了提高模型对新说话人的适用性，在 GMM 的基础上提取 i-vector 特征，其具体计算过程如下所述。

首先，使用 GMM 对训练语料中所有说话人的所有语句进行建模，得到一个通用背景模型（Universal Background Model，UBM），将该模型所有高斯分量的均值拼接起来，作为 UBM 的超矢量（supervector）。然后，使用最大后验概率（Maximum A Posteriori，MAP）方法做自适应，获得与注册说话人相关的 GMM，将该模型的所有高斯分量的均值拼接起来作为注册说话人的超矢量。此处，假设 UBM 有 C 个高斯分量，而特征维度为 F，那么最后得到的超矢量的维度为 $C\times F$，如图 9-2 中的 $\boldsymbol{m}$ 所示。同样，自适应后的超矢量 $\boldsymbol{s}$ 的维度也是 $C\times F$。

接下来，通过下述方法提取 i-vector：

$$\boldsymbol{s}=\boldsymbol{m}+\boldsymbol{T}\boldsymbol{w} \tag{9-1}$$

其中，$\boldsymbol{s}$ 为 UBM 根据当前说话人的特征做自适应后得到的超矢量，$\boldsymbol{m}$ 为 UBM 的超矢量，$\boldsymbol{T}$ 为全局差异矩阵（total variability matrix），$\boldsymbol{w}$ 即为 i-vector。

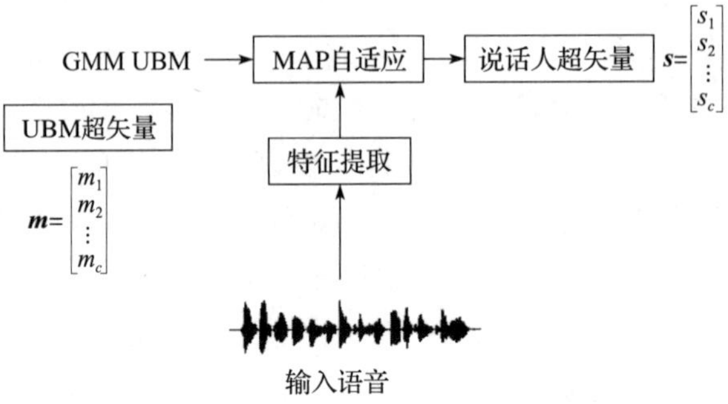

图 9-2　GMM 自适应得到超矢量的过程示意图

基于 GMM 提取 i-vector 的说话人识别在很长时间内是说话人识别领域的代表性方法，已在学术界和工业界得到广泛应用。

9.3.2　用于提高 i-vector 鲁棒性的帧加权方法

说话人矢量模型在噪声条件下的效果有较大的改进空间。本小节介绍一种基于自适应语音帧加权的 i-vector 提取方法，目的是提高噪声环境下说话人识别的鲁棒性。其基本思想是：在 i-vector 提取过程中，计算 Baum-Welch 统计量时引入测试集语音帧的权重信息，使纯净语音帧权重大、噪声语音帧权重小，进而重新定义和解决优化问题。通过将权重结合到 GMM 后验概率和均值矢量的计算中来导出新的更新规则。实验表明，该方法可显著提升 i-vector 说话人识别系统在噪声环境下的识别效果。

该方法包括注册、训练和测试三个阶段，如图 9-3 所示。

在训练阶段，利用训练语音提取的特征（训练特征）训练一个 UBM。接下来，利用训练特征在 UBM 上计算 Baum-Welch 统计量，基于此统计量训练式（9-1）中的全局差异矩阵。训练特征通过 UBM 自适应和全局差异矩阵变换提取 i-vector，基于这些 i-vector，训练线性判别分析（Linear Discriminant Analysis，LDA）和概率线性判别分析（Probabilistic Linear Discriminant Analysis，PLDA）模型作为最终分类器。在注册/测试阶段，基于注册/测试语音提取特征，对各帧特征赋予权重后，通过 UBM 计算注册/测试的 Baum-Welch 统计量，然后通过全局差异矩阵变换提取各自的 i-vector，最终通过 LDA 和 PLDA 模型计算注册语音和测试语音之间的相似度得分，从而完成对二者是否来自同一个说话人的判断。

GMM 中的帧加权方法主要包括三个部分：在 GMM 中引入语音帧权重，基于帧加权 GMM 提取 i-vector，计算语音帧的权重。

1. 在 GMM 中引入语音帧权重

基于 i-vector 的说话人识别系统可以对全局差异进行建模，通过将说话人差异和信道差异作为一个整体进行建模，放宽了对训练语料的限制，并且计算简单、性能优异。该系统在说话人识别中有着较为成功的应用。由于 i-vector 矢量中不仅包含说话人差异信息，同时也存在信道差异信息，因此需要利用信道补偿技术来消除 i-vector 中的信道干扰。在基于 i-vector 的说话人识别系统中，噪声的干扰对识别结果的影响很大，因此，可以通过提高噪声鲁棒性较强的语音帧在建模时的权重来改善识别效果。因为不同的语音帧对于噪声的鲁棒性是不同的，所以对那些受噪声影响较小的语音帧，增大其在识别中的权重，就可以提升这些噪声鲁棒帧对最后识别效果的影响。

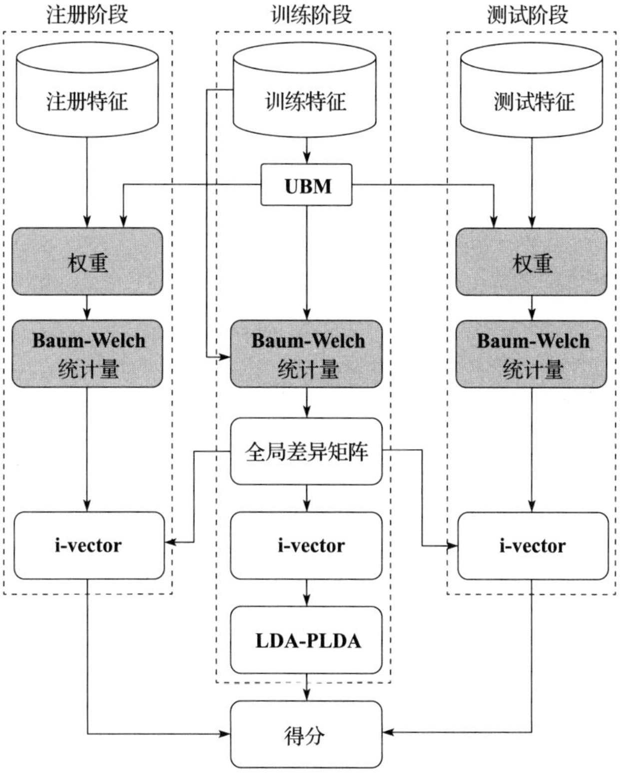

图 9-3　使用帧加权算法进行说话人识别总体流程图

通常认为在 i-vector 提取过程中，计算 GMM 的 Baum-Welch 统计量时，不同帧有不同的权重，对于语音帧 $\{x_1, \cdots, x_i, \cdots, x_N\}$ 来说，权重分别为 $\{\alpha_1, \cdots, \alpha_i, \cdots, \alpha_N\}$，且 $\{\alpha_i \geqslant 0, i=1, \cdots, N\}$。

在说话人识别中，GMM 可用于对从某个说话人的语句中提取出的频谱特征的概率密度进行建模。对于一个 D 维的特征矢量 $\boldsymbol{x}_i$，其概率密度函数如式（9-2）所示。

$$\Pr(\boldsymbol{x}_i;\theta) = \sum_{k=1}^{K} w_k N(\boldsymbol{x}_i;\boldsymbol{m}_k,\boldsymbol{\Sigma}_k) \tag{9-2}$$

式中，$N(\boldsymbol{x}_i; \boldsymbol{m}_k, \boldsymbol{\Sigma}_k)$ 是一个 D 维的高斯分布，$\boldsymbol{m}_k$ 是均值矢量，$\boldsymbol{\Sigma}_k$ 是对角协方差矩阵，w_k 是第 k 个高斯分量的权重，且满足 $\sum_{k=1}^{K} w_k = 1$。K 是高斯分量的总数，$\theta=$

$\{w_k, \boldsymbol{m}_k, \boldsymbol{\Sigma}_k\}_{k=1}^{K}$是 GMM 的参数集。

给定从语音中提取的 N 个特征矢量，可用最大化似然函数来求取 θ 的最大似然估计：

$$L(x_i;\theta) = \prod_{i=1}^{N} \Pr(\boldsymbol{x}_i;\theta) \tag{9-3}$$

由于指数分布族的良好性质，使用对数似然 $J(\theta)$ 作为优化目标：

$$\max_{\theta} J(\theta) = \max_{\theta} \sum_{i=1}^{N} \log \Pr(\boldsymbol{x}_i;\theta) \tag{9-4}$$

接下来，对于每个特征矢量 $\boldsymbol{x}_i$ 引入权重参数 α_i，相应的对数似然目标函数为

$$\max_{\theta} J(\theta) = \max_{\theta} \sum_{i=1}^{N} \alpha_i \log \sum_{k=1}^{K} w_k N(\boldsymbol{x}_i;\boldsymbol{m}_k,\boldsymbol{\Sigma}_k) \tag{9-5}$$

当没有进行帧加权操作时，即令 $\alpha_i=1$，式（9-5）中的目标函数和传统模型一致。为了优化式（9-5），受传统 EM 算法推导过程的启发，引入一个辅助函数 $Q(\theta;\hat{\theta})$：

$$Q(\theta;\hat{\theta}) = \sum_{i=1}^{N} \alpha_i \sum_{k=1}^{K} \hat{\beta}_{ik}(\log w_k + \log N(\boldsymbol{x}_i;\boldsymbol{m}_k,\boldsymbol{\Sigma}_k)) + C \tag{9-6}$$

其中，引入了一个中间变量$\hat{\beta}_{ik}$：

$$\hat{\beta}_{ik} = \frac{\hat{w}_k N(\boldsymbol{x}_i;\hat{\boldsymbol{m}}_k,\hat{\boldsymbol{\Sigma}}_k)}{\sum_{j=1}^{K} \hat{w}_j N(\boldsymbol{x}_i;\hat{\boldsymbol{m}}_j,\hat{\boldsymbol{\Sigma}}_j)} \tag{9-7}$$

其中的 C 是非负常数项：

$$C = \sum_{i=1}^{N} \alpha_i \sum_{k=1}^{K} \hat{\beta}_{ik} \log \frac{1}{\hat{\beta}_{ik}} \geqslant 0 \tag{9-8}$$

这里，$\theta=\{\hat{w}_k, \hat{\boldsymbol{m}}_k, \hat{\boldsymbol{\Sigma}}_k\}_{k=1}^{K}$是 EM 算法中前一次迭代的参数估计。可以看出 $Q(\theta;\hat{\theta}) = J(\hat{\theta})$ 且 $J(\theta) \geqslant Q(\theta;\hat{\theta})$，并且满足 $\sum_{k=1}^{K} \hat{\beta}_{ik} = 1$ 和$\hat{\beta}_{ik} \geqslant 0$。因此，对于每一次迭代来说，只需要使 $Q(\theta;\hat{\theta})$ 最大化，就可以使 $J(\theta)$ 的值越来越大直到收敛。因为 $Q(\theta;\hat{\theta})$ 是关于 θ 的凹函数，稳定点即是优化解。有

$$\frac{\partial Q(\theta;\hat{\theta})}{\partial \boldsymbol{m}_k} = 0, \quad \frac{\partial Q(\theta;\hat{\theta})}{\partial \boldsymbol{\Sigma}_k} = 0 \tag{9-9}$$

于是，$\boldsymbol{m}_k$ 和 $\boldsymbol{\Sigma}_k$ 可以由下式计算得出：

$$\boldsymbol{m}_k = \frac{\sum_{i=1}^{N} \alpha_i \hat{\beta}_{ik} \boldsymbol{x}_i}{\sum_{i=1}^{N} \alpha_i \hat{\beta}_{ik}} \tag{9-10}$$

$$\boldsymbol{\Sigma}_k = \mathrm{diag}\left(\frac{\sum_{i=1}^{N} \alpha_i \hat{\beta}_{ik} (\boldsymbol{x}_i - \boldsymbol{m}_k)(\boldsymbol{x}_i - \boldsymbol{m}_k)^{\mathrm{T}}}{\sum_{i=1}^{N} \alpha_i \hat{\beta}_{ik}} \right) \tag{9-11}$$

其中的 diag 是对角化算子，只保留矩阵中的对角线条目，随后利用拉格朗日乘子法来优化关于 w_k 的函数。

$$\max_{w_k} Q_{\text{new}} = \max_{w_k}\left(Q + \lambda\left(\sum_{k=1}^{K} w_k - 1\right)\right) \tag{9-12}$$

通过解 $\partial Q_{\text{new}}/\partial w_k=0$，改进的 w_k 为

$$w_k = \frac{\sum_{i=1}^{N} \alpha_i \hat{\beta}_{ik}}{\sum_{i=1}^{N} \alpha_i} \tag{9-13}$$

在下一次 EM 迭代时，首先用更新后的 w_k，$\boldsymbol{m}_k$ 和 $\boldsymbol{\Sigma}_k$ 来计算 $\hat{\beta}_{ik}$，接下来继续更新参数 $\theta=\{w_k，\boldsymbol{m}_k，\boldsymbol{\Sigma}_k\}_{k=1}^{K}$。

图 9-4 展示了帧加权算法的具体操作步骤。首先加载预先训练好的 UBM 模型，然后提取 UBM 的均值超矢量，之后读取注册/测试说话人的 MFCC 特征，计算观测数据和 UBM 的后验概率，并将已经计算好的权重信息与该后验概率相乘，最后计算经过加权的零阶和一阶 Baum-Welch 统计量，并对一阶统计量进行中心化处理。

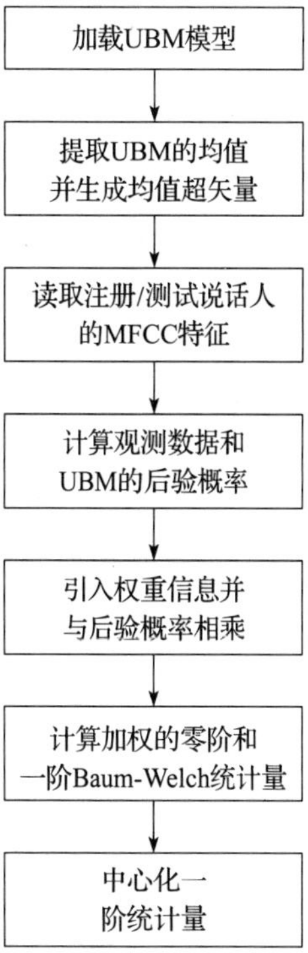

图 9-4　帧加权 GMM 实施步骤

2. 基于帧加权 GMM 提取 i-vector

引入帧加权后重新定义并求解 GMM 可得其均值、协方差矩阵和权重等参数，为提取 i-vector 奠定了基础。

从 UBM 均值中提取预先训练好的说话人和信道无关的超矢量 $\boldsymbol{\mu}_{KD\times 1}$ 之后，i-vector $\boldsymbol{\omega}_{R\times 1}$ 可以用式（9-1）提取。

对测试语音提取式（9-10）、式（9-11）和式（9-13）所述的加权超矢量特征，可以归结为下面的零阶和一阶 Baum-Welch 统计量：

$$N_k = \sum_{i=1}^{N} \beta_{ik}\alpha_i \tag{9-14}$$

$$F_k = \sum_{i=1}^{N} \beta_{ik}\alpha_i x_i \tag{9-15}$$

中心化的一阶统计量为

$$\widetilde{F}_k = \sum_{i=1}^{N} \beta_{ik}\alpha_i (x_i - \boldsymbol{\mu}_k) \tag{9-16}$$

此处，$\boldsymbol{\mu}_k$ 是 $\boldsymbol{\mu}$ 的第 k 个子向量。可以发现：

$$\frac{\widetilde{F}_k}{N_k} = M - \boldsymbol{\mu} \tag{9-17}$$

当 $\alpha_i=1(\forall i)$，即不进行加权时，加权的 GMM 提取出的 i-vector 与传统方法提取出的 i-vector保持一致。最终，i-vector 可以由下式得到：

$$\boldsymbol{\omega} = (\boldsymbol{I} + T'\Sigma^{-1}\boldsymbol{N}T)^{-1} T'\Sigma^{-1}\widetilde{\boldsymbol{F}} \tag{9-18}$$

其中，$\boldsymbol{I}_{R\times R}$ 是单位矩阵，$\boldsymbol{N}_{KD\times KD}$ 是对角线元素为 $\{N_k I_{D\times D}，k=1，\cdots，K\}$ 的对角矩阵。$\widetilde{\boldsymbol{F}}_{KD\times 1}$ 是将 $\widetilde{\boldsymbol{F}}_k$ 连接起来以后的超矢量。$\boldsymbol{\Sigma}_{KD\times KD}$ 是一个在因子分析训练时估计出来的对角矩阵，它对没有包含在全变量子空间矩阵中的残差变量 T 进行了建模。

接下来，按照传统 i-vector 的处理方式，通过训练数据对 PLDA 分类器进行训练，然后根据注册信息对识别结果进行打分，将得分最高者辨识为目标说话人。

3. 计算语音帧的权重

对于鲁棒性不同的帧，需要对它们赋予不同的权重，计算方法如图 9-5 所示。通过添加噪声到测试语音段，有利于噪声鲁棒帧的筛选。

1）首先选取 white、babble 和 pink 噪声对原始的带噪语音进行加噪处理。

2）然后提取原始语音帧和处理后的语音帧的 MFCC 特征，并求出每一帧的欧氏距离。

3）分别对三类噪声的欧氏距离取平均值，并选取出最小值记为 $d_{\min}$，则语音帧 x_i 被赋予的权重为

$$\alpha_i = e^{-(\bar{d}_i - \bar{d}_{\min})} \tag{9-19}$$

其中，$\bar{d}_i$ 是三种噪声条件下第 i 个语音帧的 MFCC 所对应的平均欧氏距离。

图 9-6 是根据上述方法计算得到的一段含噪语音的帧权重示意图。从与时域波形、频谱图的对比来看，所得帧权重能较准确地反映各语音帧被噪声污染的程度，可为后续 GMM 中的帧加权提供基础。

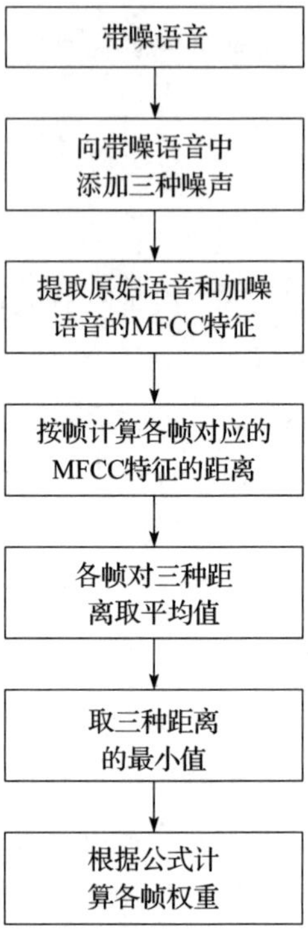

图 9-5　帧权重的计算方法

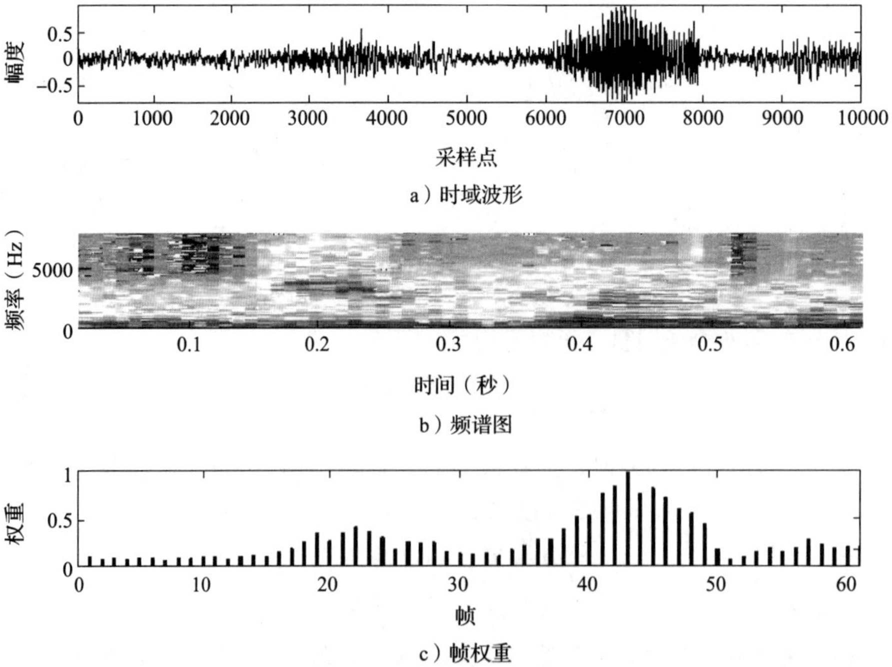

图 9-6　帧权重示意图

9.3.3 实验结果与分析

为了验证方法的性能，实验中选择在 VoxCeleb 上训练 UBM 和 PLDA，并选择 SITW（The Speakers in the Wild）数据集作为评测对象。

VoxCeleb 是一个大型的说话人识别数据集，包含来自 YouTube 的上千位名人的约 10 万段语音。说话人基本上是性别平衡的，男性约占 55%，这些说话人有不同的口音、职业和年龄。VoxCeleb 包括 VoxCeleb1 和 VoxCeleb2，每类分别包括 dev 和 test 两个部分，具体如表 9-1 所示。

表 9-1 VoxCeleb 数据集

数据集	说话人数量	语句数量
VoxCeleb1 dev	1211	21 820
VoxCeleb2 dev	5994	145 569
VoxCeleb2 test	118	4911
VoxCeleb1 test	40	678

SITW 数据集用于测试实际条件下的说话人识别的性能。该数据集从开源媒体渠道收集，由 299 位知名人士的语音数据组成，其声学条件与 VoxCeleb 的相似。实验中，采用了 VoxCeleb2 的全部数据和 VoxCeleb1 dev 数据进行训练，并采用 VoxCeleb1 test 数据进行验证。

需要说明的是，VoxCeleb1 和 VoxCeleb2 中分别有 60 和 118 个说话人与 SITW 重合，这部分说话人对应的语音并没有用于训练 UBM 和 PLDA，实际参与训练的是来自 7185 个说话人的 1 236 567 条语句。

实验结果表明，帧加权方法在 SITW 数据集说话人识别等上的错误率（EER）为 4.72%，明显优于基于标准 GMM 的 i-vector 方法的 5.75%。

9.4 基于深度神经网络的说话人识别

深度神经网络作为模式识别的重要方法，也可用于说话人识别。本节首先概述 d-vector、x-vector 等基于深度神经网络的说话人特征，然后通过引入对比损失函数，提高说话人特征的区分性，最终提高说话人识别的性能。

9.4.1 基于深度神经网络的说话人识别概述

从 9.3 节可以看到，通过帧加权的方式有选择地计算 GMM 的后验统计量有助于改进噪声环境下说话人识别的效果。在深度学习出现后，深度神经网络被用于代替 GMM 来计算后验统计量，并在语音识别和说话人识别中都得到了实际应用。近年来，通过深度神经网络提取说话人矢量特征并应用于说话人确认取得了长足的进展。图 9-7 给出了一种基于深度神经网络的说话人确认方法，其中深度神经网络通过多个说话人的训练语句完成训练，然后对待确认的说话人实施注册和测试，如果注册阶段和测试阶段提取的说话人矢量特征具有较高的相似度得分，则确认二者为同一说话人。

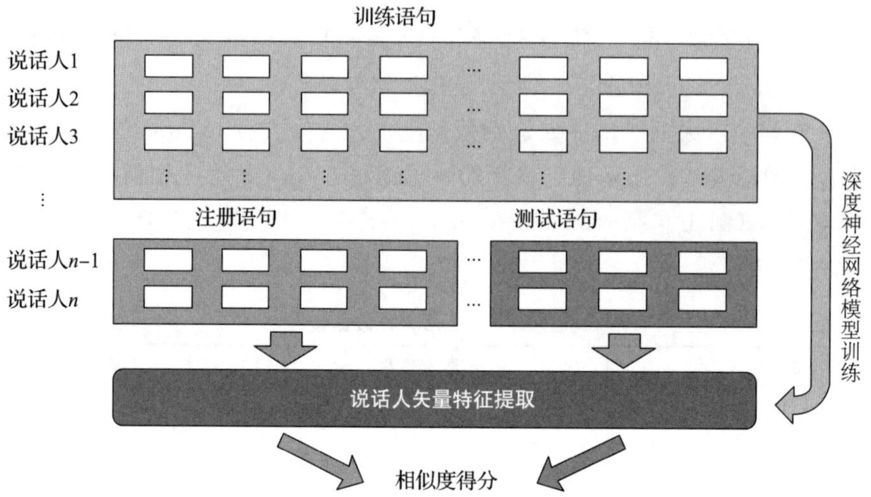

图 9-7 基于深度神经网络的说话人确认

该模型的关键在于如何有效提取能反映说话人身份的矢量特征。2014 年，Google 提出 d-vector 之后，x-vector、j-vector 等基于 DNN 的矢量特征相继被提出。下面以 d-vector和 x-vector 为例，分别介绍其基本思路。

1. d-vector

将说话人识别问题表述成经典的分类问题，以语音时频特征（如幅度谱、对数梅尔谱、梅尔倒谱系数等）为输入，以说话人的 one-hot 编码为输出，用 DNN 训练，得到基于 DNN 的说话人识别模型。说话人注册时，提取每一帧语音的特征作为已训练好的 DNN 的输入，提取倒数第二层（即最后一个隐藏层）的激活矢量，并逐帧累加，得到的矢量称为 d-vector。如果一个说话人有多条注册语句，那么每条语句得到一个 d-vector，所有这些 d-vector 的平均矢量，就是该说话人特征的最终表示。

一种基于 DNN 的 d-vector 提取过程如图 9-8 所示。

可以看出，d-vector 是从最后一个隐藏层提取的，与参与训练的说话人的数量无关，在训练过程中可以使用大量的说话人语音来训练模型，而不用增加最后提取的 d-vector 的维度。一般来说，模型的效果与参与训练的说话人的数量、语音质量、网络结构和代价函数有密切关系，会直接影响到后续的说话人识别或验证的效果。

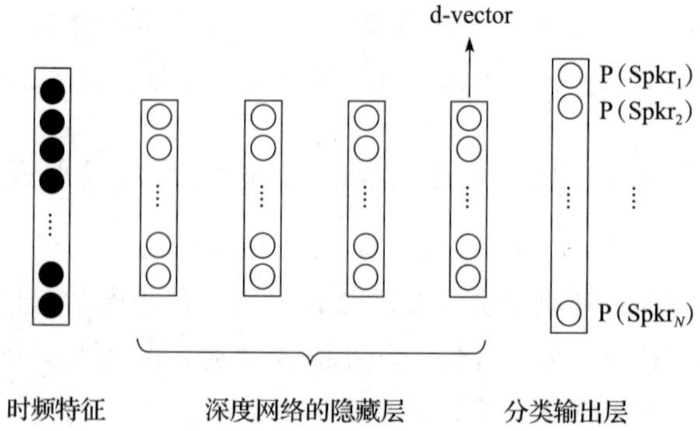

图 9-8 d-vector 提取过程示意图

2. x-vector

x-vector 与 d-vector 类似，不同之处是所采取的网络结构从 DNN 变为时延神经网络（Time Delay Neural Network，TDNN），如图 9-9 所示。

在该网络结构中，还有一个池化层，该层负责将帧级（frame-level）特征映射为段级（segment-level）特征，从而使任意长度的语句得到固定长度的矢量表示。该矢量表示可通过提取帧级特征的均值和方差来完成。值得说明的是，TDNN 是一种时延架构，具有长时建模能力，所以其输出层含有一定的时序信息，对语音信号的表达优于 DNN。TDNN 的构造如图 9-10 所示，其中时延参数设置为 2 帧，因此连续 3 帧被联合起来用于提取上一隐藏层的特征。沿着语音帧的时序方向展开，不断地对每 3 帧语音使用同一组的 3 个滤波器提取特征，则相当于把滤波器延迟处理，这称作时延神经网络。实验表明，x-vector 可以仅利用几秒的语音就捕捉到用户的声纹信息，因而在短语音上拥有更强的鲁棒性。

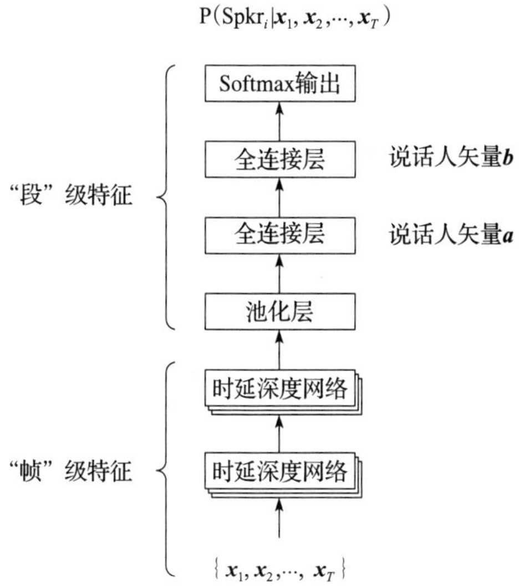

图 9-9 x-vector 提取过程示意图

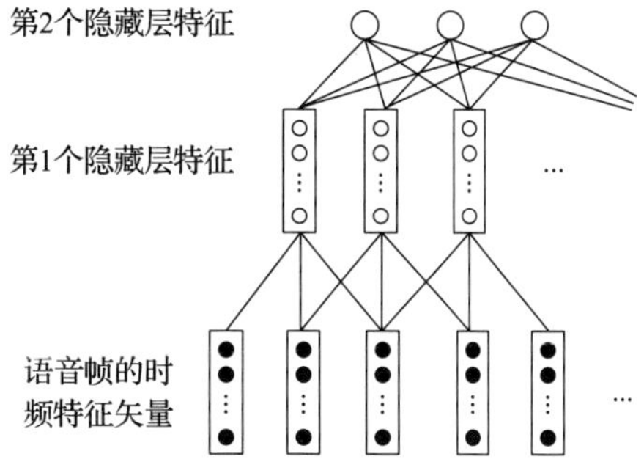

图 9-10 时延取 2 帧时的时延神经网络示意图

9.4.2 基于对比度损失函数优化说话人矢量

9.4.1 节所述的 d-vector 和 x-vector 的提取模型本质上是一个用于说话人识别的深度网络模型，而深度网络对数据的建模是生成式的，需要海量数据才能取得预期效果。如何更有效地利用有限的数据资源？研究者借鉴判别模型的思路，提出了对比度损失函数，以提高模型的区分性能，从而使提取的 x-vector 在表示同一说话人时表现得更加紧凑，而在表示不同说话人时的间距拉大，即缩小了类内距，增大了类间距。本小节以三元损失函数（Triplet Loss）为例讲解其基本思想。2015 年，谷歌的 FaceNet 使用三元损失函数在大规模人脸识别中取得了很大的成功。受此启发，同为生物特征识别的声纹识别领域也开始有不少使用三元损失函数取得较好效果的工作陆续发表。

三元损失函数的基本思路是：构造一个三元组，由锚样本（anchor，可以理解为一个参考样本)、正样本(positive,与锚样本属于同一类别)和负样本(negative,与锚样本不属于同一类别)组成。然后,用大量标注好的三元组作为网络输入来学习深度网络模型的参数。在说话人识别任务中,锚样本和正样本是来自同一说话人的不同语音,而锚样本和负样本是来自不同说话人的语音。通过深度网络模型提取三元组中各样本的特征后,分别计算锚样本和正样本(anchor-positive,ap)、锚样本和负样本(anchor-negative,an)的相似度,然后在使前者最大化的同时使后者最小化,即可达到区分性训练的目的。当上述相似度取余弦距离时,训练过程如图 9-11 所示。

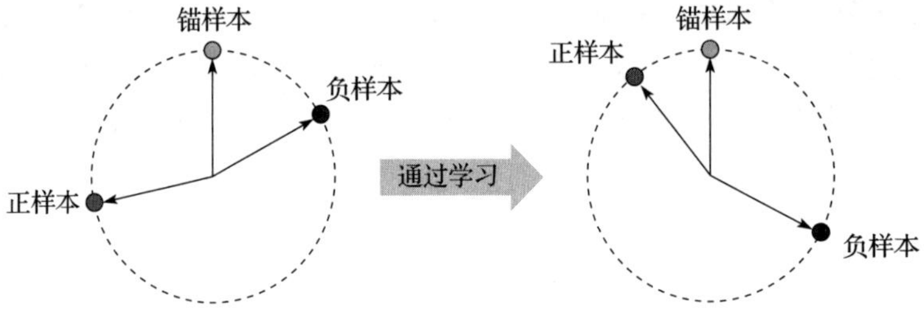

图 9-11 取余弦相似度时三元损失函数训练示意图

其代价函数的定义为

$$L=\sum_{i=0}^{N}\left[s_i^{an}-s_i^{ap}+\alpha\right]_+ \tag{9-20}$$

类似地,当上述相似度取欧氏距离时,训练过程如图 9-12 所示。

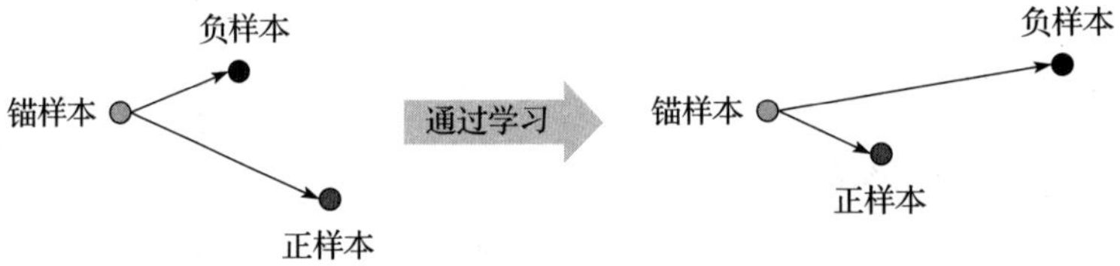

图 9-12 取欧氏距离时三元损失函数训练示意图

相应的代价函数的定义为

$$\sum_{i=0}^{N}\left[\|f(x_i^a)-f(x_i^p)\|_2^2-\|f(x_i^a)-f(x_i^n)\|_2^2+\alpha\right]_+ \tag{9-21}$$

在得到代价函数的定义后,将其与各种深度网络模型相结合,即可完成模型的区分性训练,从而提高所得说话人特征的区分性表示,如图 9-13 所示。

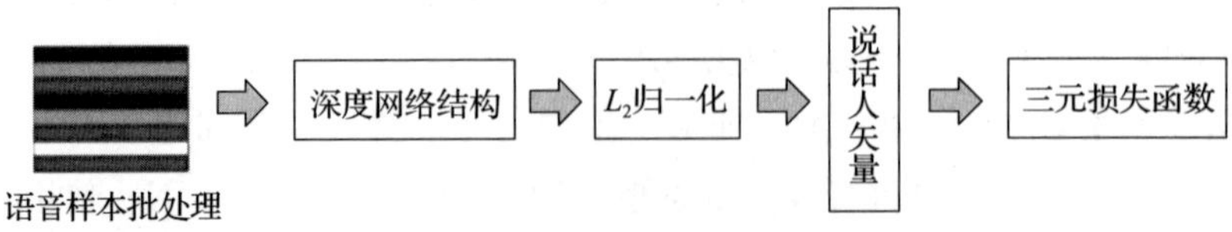

图 9-13 三元损失函数

三元损失函数的优点是,直接使用所得特征之间的相似度作为优化的损失函数,最大化锚样本和正样本的相似度，同时最小化锚样本和负样本的相似度。这样，在提取了说话人的特征之后，说话人识别和认证的任务就可以简单地通过计算相似度来实现。

然而，在实际计算中，式（9-20）和式（9-21）所示的三元损失函数做后向传播时容易出现较大的梯度，从而导致收敛性能不稳定。考虑到 Softmax 作为神经网络的激活函数被广泛用于分类问题，在优化类间距离方面具有非常好的效果，基于 Softmax 激活函数的损失函数 AMS（Additive Margin Softmax）被提出，以结合二者的优势，扬长避短。AMS 的损失函数如式（9-22）所示：

$$
\begin{aligned}
L_{\mathrm{AMS}} &= -\frac{1}{N}\sum_{i=0}^{N}\log\frac{\mathrm{e}^{s(\cos\theta_{y_i}-m)}}{\mathrm{e}^{s(\cos\theta_{y_i}-m)}+\sum_{j=1,j\neq y_i}^{C}\mathrm{e}^{s\cos\theta_j}} \\
&= -\frac{1}{N}\sum_{i=0}^{N}\log\frac{\mathrm{e}^{s(W_{y_i}^{T}f(x_i)-m)}}{\mathrm{e}^{s(W_{y_i}^{T}f(x_i)-m)}+\sum_{j=1,j\neq y_i}^{C}\mathrm{e}^{sW_j^{T}f(x_i)}}
\end{aligned}
\tag{9-22}
$$

其中，y_i 表示第 i 个语句来自第 y_i 个说话人；W_{y_i} 表示最后一层网络权重参数的第 y_i 列；$f(x_i)$ 表示第 i 个语句提取所得的说话人矢量；s 和 m 分别为尺度参数和间隔参数，需要事先设定；C 为训练集中的说话人总数目，即类别数。

以两个类别间的分类边界为例，从 Softmax 到 AMS 实际上发生了如图 9-14 所示的结构性变化，其中最关键的是引入了用超参数 m 表示的固定的间隔距离，以最大化类间距，最终提高说话人矢量的类间离散程度和类内聚合程度。

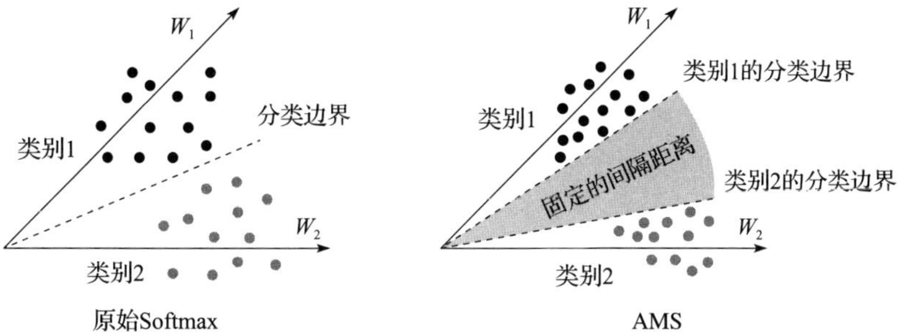

图 9-14　Softmax 与 AMS 对比图

9.4.3　实验结果与分析

为了验证本节方法的性能，选择了 VoxCeleb 数据集作为评测对象，该数据集的详细介绍见 9.3.3 节。在实验中，使用 TDNN 网络作为提取 x-vector 的模型，具体的 TDNN 网络信息如表 9-2 所示。

表 9-2　TDNN 网络结构

网络层	网络层信息	结构
层 1	[$t-2$，$t+2$]	120×512
层 2	{$t-2$，t，$t+2$}	1536×512
层 3	{$t-3$，t，$t+3$}	1536×512

（续）

网络层	网络层信息	结构
层 4	$\{t\}$	512×512
层 5	$\{t\}$	512×1500
统计池化层	$[0, T)$	1500T×3000
层 6	$\{0\}$	3000×512
层 7	$\{0\}$	512×512

最终提取的 x-vector 来自 TDNN 的第 6 层（层 6）。在提取表征说话人矢量的 x-vector后，使用 LDA 对 512 维的 x-vector 进行降维，得到 200 维的特征矢量；然后使用 PLDA 进行打分，得到最终的说话人判别结果。以 AMSoftmax 为损失函数的 TDNN 得到了 2.06％的 EER，相对基于 GMM 的 i-vector 方法的 5.36％的 EER 有了明显提高。

9.5 说话人识别系统的攻击与防御

说话人识别系统容易受到虚假语音的攻击，虚假语音一般来自声音模仿、录音回放、语音合成以及第 8 章介绍的语音转换，这些攻击极大地影响了说话人识别系统本身的安全性。本节首先介绍攻击和防御的背景，然后分别介绍攻击和防御方法，最后给出实验结果和分析。

9.5.1 攻击和防御的背景

近年来，基于生物识别的身份认证技术在数据安全中的作用越来越重要。一些常用的生物识别技术，如指纹识别、人脸识别和声纹识别等，已经在多种生物认证场景中得到了广泛应用，但是这些识别系统的安全性在存在各种欺骗手段的情况下受到了很大的影响。一般来说，任何生物识别技术都存在一定的缺陷，这些缺陷使得其易受到不法人员的攻击和破坏。

由于语音的便捷性，自动说话人确认系统（Automatic Speaker Verification，ASV）的应用场景逐渐增多，但是在各种欺骗手段下也暴露出了一些漏洞，导致人们对 ASV 系统安全性的质疑，阻碍了 ASV 技术的发展和进步。对于 ASV 而言，攻击者可以通过模仿指定说话人的声音或者通过面对面的交谈或录音轻松地获得指定说话人的语音样本，然后通过简单的回放来欺骗 ASV 系统。除此之外，还有包括语音合成和语音转换等更加高级的专业方法来对语音进行加工处理，使仿冒的语音更加接近目标说话人的真实语音。

说话人鉴定系统中最容易受到欺骗和攻击的是信号采集部分和从信号到生物特征转换的部分，一个典型的欺骗场景就是使用通过重放/回放合法用户的信息来欺骗生物识别系统。图 9-15 展示的是一个典型的声纹识别系统，其中最容易受到攻击的部分位于节点①和②，分别对应语音的输入和对语音特征的处理。

9.5.2 说话人识别系统的攻击方法

说话人识别系统的攻击或欺骗多借助于对语音进行复制或修改等方法，使欺骗语音尽可能与已通过认证的真实语音相一致，从而引起 ASV 系统的错误接受率（False Acceptance Rate，FAR）提高。

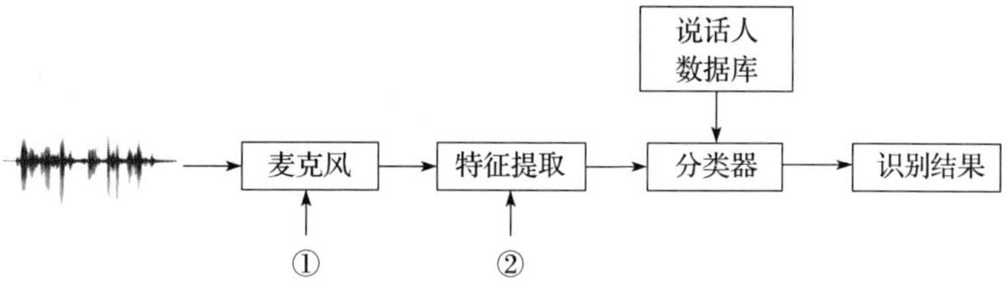

图 9-15　声纹系统中的脆弱性节点

本节重点介绍四种最为常见的欺骗攻击方法：模仿、回放、语音合成、语音转换。

1. 模仿

在语音的模仿攻击中，非法入侵者故意将他自己的声音模仿为已通过认证的目标说话人的声音，通过模仿目标说话人说出的词汇、韵律或者某些特殊的特征，使自己的声音听起来尽可能地更接近目标说话人来实现对 ASV 系统的入侵。

研究表明，模仿者模仿出的语音通常在基频（F_0）和共振峰频率两方面更加接近于目标说话人。使用模仿者和被模仿的目标说话人的一组韵律特征来量化模仿者的欺骗语音与目标说话人的接近程度，结果表明，与目标说话人的韵律特征更相似的模仿者的语音会增加 ASV 的 FAR。如果目标说话人已知，而且模仿者与目标说话人的声音更加相似，那么欺骗 ASV 系统的成功率就会大大提高，专业的模仿者比普通的业余模仿者欺骗 ASV 的成功率更高。在最近的一项研究中（见文献［19］），评估了模仿欺骗攻击对三种常见的 ASV 系统的影响，结果表明，模仿攻击会导致 ASV 系统的错误率提高，具体的影响结果与模仿者和 ASV 系统所使用的方法有关。

2. 回放

回放是指使用预先录制的目标说话人的语音，通过某些播放设备将录制好的语音播放出来馈送给 ASV 系统的麦克风。回放欺骗方法不需要任何专业知识或者复杂的设备，仅需要录音和播放设备即可，因此易于实施。虽然回放欺骗操作简单，但是给 ASV 系统带来了严重的安全性问题。一些早期的研究表明，回放会造成 ASV 系统的错误接受率明显提高。

在关于录音回放的 ASVspoof 2017 语料库发布之前，对于回放欺骗对 ASV 性能影响的研究非常有限。早期的研究主要集中在语音回放对 ASV 系统的影响，如回放对基于高斯混合模型和通用背景模型的 ASV 产生的 FAR 为 93％。此外，研究人员还比较了不同录音设备和播放设备对 ASV 系统的影响，实验发现，ASV 系统的 FAR 在使用高质量的设备进行语音回放时，比使用低质量设备进行回放时更高。

3. 语音合成

语音合成通常也称为文本到语音的转换，是一种可以将任意文本生成语音的技术。一个典型的语音合成系统可以分为两个部分：文本分析和波形生成。在文本分析中，输入的文本被转换成根据语言规范确定的、由单个音素组成的单元；在波形生成阶段，根据语言规范将各个单元转化成语音波形。

随着机器学习的发展，基于参数统计的语音合成成为流行的语音合成方法之一。在这种方法中，通常使用基于时间序列的生成模型（如 HMM）对声学参数进行建模。HMM 不仅代表音素序列，还代表着根据语音规范生成的上下文。然后使用从 HMM 生成的声码器生成语音波形。基于 HMM 的语音合成方法还可以通过基于语音识别中的标准模型自适应技术（即最大似然线性回归），从相对较少的说话人数据中学习到指定说话人的语音模型。

近年来，深度学习进一步提高了语音合成的质量。首先，使用各种类型的深度神经网络提高了声学参数的预测精度，使用的神经网络包括循环神经网络、残差网络和生成式对抗网络等。此外，基于信号处理方法的传统波形生成模块和使用自然语言处理的文本分析模块被神经网络替代，神经网络能够直接从输入的文本生成期望的波形输出，可以直接对语音波形进行建模，这种方法称为神经网络声码器，如 Wavenet、LPCNet 等。这些新型的方法可以使人工合成的语音听起来几乎和人类真实的语言一样自然。

有许多研究表明语音合成的方法对 ASV 系统具有很强的威胁性，除了简单的语音波形拼接之外，基于 HMM 的语音合成方法导致了 ASV 系统的 FAR 增加到 70%以上。人们使用基于 HMM 的语音合成方法在高斯混合模型和通用背景模型（GMM-UBM）的 ASV 以及基于 SVM 的 ASV 上进行了实验，使其 FAR 分别上升到了 86%和 81%，证明了语音合成对于各种 ASV 都具有很强的威胁性。

4. 语音转换

语音转换旨在将一个说话人的声音转换为另一个说话人的声音，与 TTS 不同的是，语音转换直接在输入的语音上进行，不需要将文本转化为波形这一步操作。当语音转换应用于欺骗攻击时，目标就是将输入的语音转换成新的语音信号，使得新的语音信号在某种意义上与目标说话人更加相似。通过研究语音转换对文本无关的 ASV 系统的影响发现，当所有已注册的合法说话人语音被转换后的语音替换后，ASV 系统的 EER 从 10%增加到了 60%。使用基于 GMM 的语音转换方法对五种不同的 ASV 系统进行测试表明，即使是性能较好的 JFA 系统，其在语音转换的欺骗方法下的 FAR 也从 3%增加到了 17%。

9.5.3 说话人识别攻击的检测方法

对于说话人识别攻击或欺骗的检测主要从两个方面入手，一个是语音的声学特征，另一个是后端对声学特征的判别和分类。检测方法的总体流程如图 9-16 所示。下面将具体讲述检测方法的各个步骤。

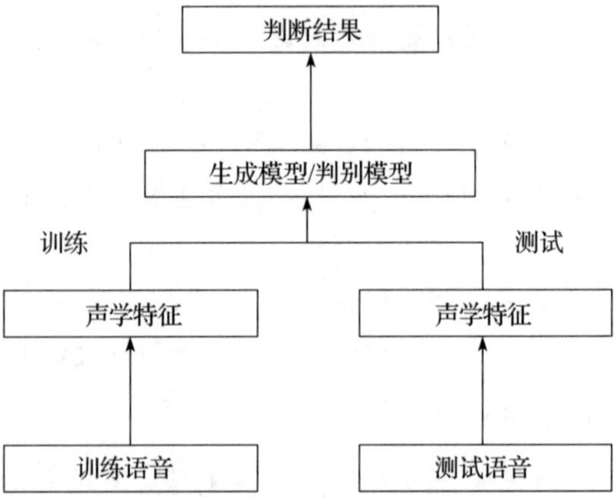

图 9-16 语音攻击检测方法流程图

1. 声学特征

基于瞬时频率的耳蜗滤波器倒谱系数（Cochlear Filter Cepstral Coefficients Instantaneous Frequency，CFCCIF）在检测语音合成和转换方面取得了较好的效果。实际上，CFCCIF 特征是耳蜗滤波器倒谱系数（Cochlear Filter Cepstral Coefficients，CFCC）与瞬时频率（Instantaneous Frequency，IF）的融合。其中，CFCC 基于小波变换以及人耳耳蜗的某些机制，如神经尖峰密度；为了计算具有瞬时频率的 CFCC，将神经尖峰密度包络乘以瞬时频率，再进行微分和对数运算，最后进行离散余弦变换以得到 CFCCIF 特征。

线性频率倒谱系数（Linear Frequency Cepstral Coefficient，LFCC）与广泛应用的 MFCC 已经被证明在语音欺骗检测中具有良好的性能表现。LFCC 首先对信号进行短时傅里叶变换（STFT）来计算幅度谱，随后取对数并使用线性间隔的三角滤波器，最后使用 DCT 得到 LFCC 特征。

常数 Q 倒谱系数（Constant Q Cepstral Coefficient，CQCC）是一种基于常数 Q 变换（Constant Q Transform，CQT）的参数。CQT 是一种时频分析方法，可以提供可变的时间和频率分辨率。CQCC 的提取过程中，首先使用 CQT 获得 CQT 频谱，然后取对数并进行 CQT 几何尺度的线性化，最后通过 DCT 获得倒谱系数，得到 CQCC 特征。实验结果表明，CQCC 特征对于语音回放检测具有良好的效果。

除了上述几种由一系列固定的标准数字信号处理方法生成的声学特征以外，还有使用深度学习方法从给定的语音数据中提取的深度特征。在与语音相关的应用中，这些深度特征被广泛应用于提高识别的准确性，使用基于深度神经网络的瓶颈（bottleneck）特征用于欺骗检测。研究了基于深度学习的各种特征，不同的前馈神经网络可以获得不同层次的帧级特征。除了 DNN 之外，卷积神经网络也表现出了很好的欺骗检测效果。

2. 分类器

在欺骗检测中所使用的分类方法主要分为两种：一种是生成模型，另一种是判别模型。生成模型的一个典型的方法是基于 GMM 的 i-vector 方法，而判别模型一般是基于深度学习的方法。

（1）生成模型

高斯混合模型分别对真实语音和欺骗语音建立两个模型，在训练阶段，分别用真实语音和欺骗语音训练两个 GMM。在分类阶段，输入的语音分别在真实语音和欺骗语音的两个 GMM 模型上进行计算，得到两类假设的对数似然比，然后根据得分和预先设定好的阈值来对测试语音进行分类。

i-vector 是说话人识别中最常用的方法之一，目前已经应用于语音欺骗检测且取得了很好的效果。从语音中提取 i-vector 之后，通过跟在其后端的 PLDA 或 SVM 对其进行分类。

（2）判别模型

基于深度学习的分类器已经广泛应用于真实语音和欺骗语音的判别任务中了。使用若干个全连接层和 Softmax 层作为输出，用于计算语音的后验概率，这种基于 DNN 方法的判别器取得了较好的判别结果，但是DNN分类器的细节参数，如损失函数、激活函数、节点数繁多，结果复现存在一定的难度。在最近的一项研究提出了一种具有五个隐藏层的DNN来进行欺骗检测，并且采用了一种新型的评分方法——人类对数似然值（Human Log-Likelihood，HLL）。网络使用CQCC作为输入，网络中的每个隐藏层具有2048个节点，激活函数采用Sigmoid函数，最终使用Softmax层作为输出。这种方法在针对语音欺骗检测的ASVspoof2015挑战赛中取得了排名第一的结果。

（3）基于DNN的端到端方法

端到端方法旨在通过学习整个欺骗检测过程中涉及的网络参数来统一实现所有的语音处理步骤，包括从特征提取部分到最终的分类判别部分。这种方法可以直接从输入的语音中学习和优化网络参数，基于卷积的长短期记忆模型、深度神经网络被用来作为端到端的欺骗检测方法。该模型直接以原始的语音作为输入，通过CNN和LSTM进行建模，最后使用DNN进行分类判别，得到最终的判别结果。这种端到端的方法不需要用额外的特征提取方法，其模型的CNN部分充当特征提取器，LSTM和DNN用来做分类器。此外，端到端的方法也取得了良好的欺骗检测效果。

9.5.4　实验结果与分析

近年来，已经进行了许多研究来解决反欺骗问题，其中说话人验证欺骗和对策挑战（ASVspoof）是最全面的研究，吸引了广泛关注。2015年的ASVspoof重点关注真实语音与TTS或VC产生的语音之间的区别。ASVspoof 2017专注于检测物理层面的攻击，以区分给定语音是人的声音还是录制语音的重放。ASVspoof 2019考虑了ASVspoof 2015和ASVspoof 2017的所有任务，包括语音的转换、合成和回放攻击。这些挑战为我们提供了广泛的数据，挑战赛中发布的ASVspoof 2015、ASVspoof 2017和ASVspoof 2019数据库提供了可靠的数据集以供众多专家学者进行实验，进行全面的比较和评估。

近年来，随着对语音攻击的研究和探索，已经有多种方法来欺骗检测。文献［31］提出了一种基于Peakmap音频特征的语音回放检测算法，该算法计算了测试语音和注册语音之间Peakmap特征的相似性。如果相似度高于某个阈值，则将语音辨别为回放攻击。通过在文献［32］中采用相对相似度评分，可以进一步提高回放检测性能。还有使用MFCC进行重放检测。由此，人们发现，静音段能比有声段更好地表示信道信息。因此，语音激活检测用于提取语音的无声段，在其上创建了通用背景模型来对测试语音和注册语音之间的通道差异进行建模。为了提高回放攻击检测的效果，我们基于ASVspoof 2017数据集，使用了基于注意力机制的LSTM模型对回放语音进行检测，取得了16.86％的等错误率。

9.6　小结

本章首先介绍了说话人识别的常用特征和经典模型；然后，针对噪声鲁棒说话人识别，介绍了一种帧加权高斯混合模型的i-vector提取方法；之后简要介绍了基于深度神经网络的说话人识别方法；最后介绍了说话人识别系统的攻击与防御方法及发展趋势。

参考文献

[1] REYNOLDS D A, ROSE R C. Robust Text-Independent Speaker Identification Using Gaussian Mixture Speaker Models [J]. IEEE Trans. Speech & Audio Processing, 1995, 3 (1): 72-83.

[2] REYNOLDS D A, QUATIERI T F, DUNN R B. Speaker Verification Using Adapted Gaussian Mixture Models [J]. Digital Signal Processing, 2000, 10 (1-3): 19-41.

[3] DEHAK N, KENNY P J, DEHAK R, et al. Front-End Factor Analysis for Speaker Verification [J]. IEEE Transactions on Audio Speech & Language Processing, 2011, 19 (4): 788-798.

[4] KENNY P, GUPTA V, STAFYLAKIS T, et al. Deep Neural Networks for Extracting Baum-Welch Statistics for Speaker Recognition [C] //Odyssey. 2014.

[5] ZHANG C, KOISHIDA K, HANSEN J H L. Text-Independent Speaker Verification Based on Triplet Convolutional Neural Network Embeddings [J]. IEEE/ACM Transactions on Audio Speech & Language Processing, 2018, 26 (9): 1633-1644.

[6] DELGADO H, TODISCO M, SAHIDULLAH M, EVANS N, KINNUNEN T, et al., ASVspoof 2017 Version 2.0: Metadata Analysis and Baseline Enhancements [C] //Odysssey, the Speaker & Language Recognition Workshop, Les Sables D'Olonne, France, 2018.

[7] VILLALBA J, LLEIDA E. Speaker Verification Performance Degradation Against Spoofing and Tampering Attacks [C] //FALA, 2010: 131-134.

[8] WANG Z F, WEI G, HE Q. Channel Pattern Noise Based Playback Attack Detection Algorithm for Speaker Recognition [C] //International Conference on Machine Learning and Cybernetics, 2011 (4): 1708-1713.

[9] ERGUNAY S K, KHOURY E, LAZARIDIS A, MARCEL S. On the Vulnerability of Speaker Verification to Realistic Voice Spoofing [C] //IEEE International Conference on Biometrics: Theory, Applications and Systems, 2015: 1-8.

[10] SAITO Y, TAKAMICHI S, SARUWATARI H. Training Algorithm to Deceive Anti-Spoofing Verification for DNN-Based Speech Synthesis [C] //ICASSP, 2017: 4900-4904.

[11] KINNUNEN T, WU Z, LEE K A, SEDLAK F, CHNG E S, LI H. Vulnerability of Speaker Verification Systems Against Voice Conversion Spoofing Attacks: The case of telephone speech [C] //ICASSP, IEEE, 2012: 4401-4404.

[12] PATEL T B, PATIL H A. Combining Evidences From Mel Cepstral, Cochlear Filter Cepstral and Instantaneous Frequency Features for Detection of Natural vs. Spoofed Speech [C] //Conference of International Speech Communication Association, 2015.

[13] RATHA N K, CONNELL J H, BOLLE R M. Enhancing Security and Privacy in Biometrics-Based Authentication Systems [J] . IBM Systems Journal, 2001, 40 (3): 614-634.

[14] CABECERAN M F, WAGNER M, ERRO D, PERICAS H. Automatic speaker recognition as a measurement of voice imitation and conversion [J] . The International Journal of Speech. Language and the Law, 1 (17): 119-142, 2010.

[15] PERROT P, AVERSANO G, CHOLLET G. Voice disguise and automatic detection: review and perspectives [M] //Progress in nonlinear speech processing, 2007: 101-117.

[16] ZETTERHOLM E. Detection of speaker characteristics using voice imitation [J] //Speaker Classification II, Springer, 2007: 192-205.

[17] LAU Y W, WAGNER M, TRAN D. Vulnerability of speaker verification to voice mimicking [C] //Proceedings of 2004 International Symposium on Intelligent Multimedia, Video and Speech Processing, 2004, IEEE, 2005.

[18] LAU Y W, TRAN D, WAGNER M. Testing Voice Mimicry with the YOHO Speaker Verification Corpus [C] //Knowledge-Based and Intelligent Information and Engineering Systems, Springer, 2005: 15-21.

[19] HAUTAM ÄKI R G, KINNUNEN T, HAUTAM ÄKI V, LAUKKANEN A M. Automatic Versus Human Speaker Verification: The Case of Voice Mimicry [J] . Speech Communication, 2015, 72: 13-31.

[20] DELGADO H, TODISCO M, SAHIDULLAH M, EVANS N, KINNUNEN T, et al. ASVspoof 2017 Version 2.0: metadata analysis and baseline enhancements [C] //Odysssey, The Speaker & Language Recognition Workshop, 2018.

[21] WANG Z F, WEI G, HE Q H. Channel pattern noise based playback attack detection algorithm for speaker recognition [C] //International Conference on Machine Learning and Cybernetics, 2011 (4): 1708-1713.

[22] ERGUNAY S K, KHOURY E, LAZARIDIS A, MARCEL S. On the vulnerability of speaker verification to realistic voice spoofing [C] //IEEE International Conference on Biometrics: Theory, Applications and Systems, 2015: 1-8.

[23] YOSHIMURA T, TOKUDA K, MASUKO T, KOBAYASHI T, KITAMURA T. Simultaneous Modeling of Spectrum, Pitch and Duration in HMM-Based Speech Synthesis [J] . Eurospeech, 1999: 2347-2350.

[24] LING Z H, WU Y J, WANG Y P, QIN L, WANG R H. USTC system for Blizzard Challenge 2006 an improved HMM-based speech synthesis method [J] . The Blizzard Challenge Workshop, 2006.

[25] BLACK A W. CLUSTERGEN: A statistical parametric synthesizer using trajectory modeling [C] //Internal Conference on Interspeech-icslp. DBLP, 2006: 1762-1765.

[26] ZEN H, TODA T, NAKAMURA M, TOKUDA K. Details of the Nitech HMM-based speech synthesis system for the Blizzard Challenge 2005 [J] . IEICE-Transaction on Information and System, 2007, E90-D (1): 325-333.

[27] LEGGETTER C J, WOODLAND P C. Maximum likelihood linear regression for speaker adaptation of continuous density hidden Markov models [J] . Comput. Speech & Language, 1995, 9 (2): 171-185.

[28] WOODLAND P C. Speaker adaptation for continuous density HMMs: A review [C] //ISCA Workshop on Adaptation Methods for Speech Recognition, 2001: 119.

[29] ZEN H, TOKUDA K, BLACK A W. Statistical parametric speech synthesis [J] . Speech Communication, 2009, 51 (11): 1039-1064.

[30] YAMAGISHI J, KOBAYASHI T, NAKANO Y, OGATA K, ISOGAI J . Analysis of speaker adaptation algorithms for HMM-based speech synthesis and a constrained SMAPLR adaptation al-

gorithm [J] . IEEE Transaction on Audio Speech & Language Processing, 2009, 17 (1): 66-83.

[31] SHANG W, STEVENSON M. A playback attack detector for speaker verification systems [J]. IEEE International Symposium on Communication, 2008.

[32] SHANG W, STEVENSON M. Score normalization in playback attack detection [C] . Acoustics Speech & Signal Processing (ICASSP), 2010 IEEE International Conference on IEEE, 2010.

[33] RAFFEL C, ELLIS D P W. Feed-Forward Networks with Attention Can Solve Some Long-Term Memory Problems [J] . International Conference on Learning Representations (ICLR), 2016.

[34] CHAN W, JAITLY N, LE Q V, VINYALS O. Listen, attend and spell: A neural network for large vocabulary conversational speech recognition [C] //2016 IEEE International Conference on Acoustics Speech & Signal Processing (ICASSP) . IEEE, 2016.

[35] LI J, ZHANG X, SUN M, ZOU X, ZHENG C. Attention-Based LSTM Algorithm for Audio Replay Detection in Noisy Environments [J] . Applied Sciences, 2019, 9: 1539.

[36] 吴海佳. 面向语音处理的深度学习方法研究 [D]. 南京: 解放军理工大学, 2015.

CHAPTER 10

第 10 章

骨导语音增强

10.1 引言

骨导麦克风是一种非声传感器。人说话时声带振动会传递到喉头和头骨，骨导麦克风通过将振动信号转换为电信号来获得语音（以下称为“骨导语音”）。由于其语音传输通道天然屏蔽了周围环境噪声的影响，因而具有很强的抗噪性能，非常适用于强噪声环境下的语音通信。例如，可在坦克、战机等军事装备上配备基于骨导的通信系统，赛车等极限运动员也可使用喉头麦克风、骨导耳机等设备，骨导通信产品在消防、特勤、矿山开采、公共交通、紧急救援等行业中也得到了应用。

虽然骨导语音能够有效抵抗环境噪声的干扰，但由于人体传导的低通特性以及传感器工艺水平的限制等，骨导语音听起来比较沉闷，清晰度不高。因此，针对骨导语音进行增强，改善语音质量，使其具有接近空气传导麦克风语音（以下称为气导语音）的质量，可以极大地改进恶劣环境下的语音通信和交互性能。

根据骨导麦克风和气导麦克风配备方式的不同，语音交互系统的输入可以同时拥有骨导语音和气导语音，也可能只有骨导语音。当只有骨导语音时，由于没有气导语音的辅助，只能直接基于骨导语音进行增强，这种增强处理方式称为骨导语音盲增强（Blind Enhancement），也称为盲恢复（Blind Restoration）。与同时拥有骨导和气导语音的融合性增强方式相比，盲增强由于缺少更多可用信息，难度更大。但是在很多极端恶劣场合，由于气导语音已无法使用，即使同时获取了气导语音和骨导语音，也只有骨导语音可以使用。因此，相比于融合性的增强方法，骨导语音盲增强适用性更为广泛。

本章主要围绕骨导语音盲增强的智能处理方法[1]展开介绍。首先介绍骨导语音的基本特性以及骨导语音盲增强的基本原理，然后分别介绍利用长短时记忆网络、均衡-生成混合模型实现的骨导语音盲增强相关工作。

10.2 骨导语音增强基础

骨导语音具有和气导语音不同的特性，其差异主要来源于人体和空气这两种不同传输介质的特性差异。本节在分析了骨导语音的产生机理和特性后，介绍了骨导语音盲增强的典型方法，便于读者全面了解骨导语音盲增强的基本原理。

10.2.1 骨导语音的产生与特性

1. 骨导语音的产生

语音的产生涉及人体一系列器官和肌肉的运动。在语音产生过程中，肺部、胸腔等产生气流，气流经过声带控制形成语音的激励信号，这种激励信号经过声道的调制，形成不同音调和内容的语音。骨导语音与气导语音均由同一发声源产生，两者最大的不同在于声音传输路径的改变，如图 10-1 所示。气导语音是激励信号经过声道调制后，再经过口腔、鼻腔等辐射最终形成的语音。骨导语音则可看成激励信号经过人体内部骨骼、组织等路径传输形成的语音。需要指出的是，骨导语音传输路径因传感器放置的位置而改变，图 10-1 所示为头骨麦克风语音与气导语音传输路径。

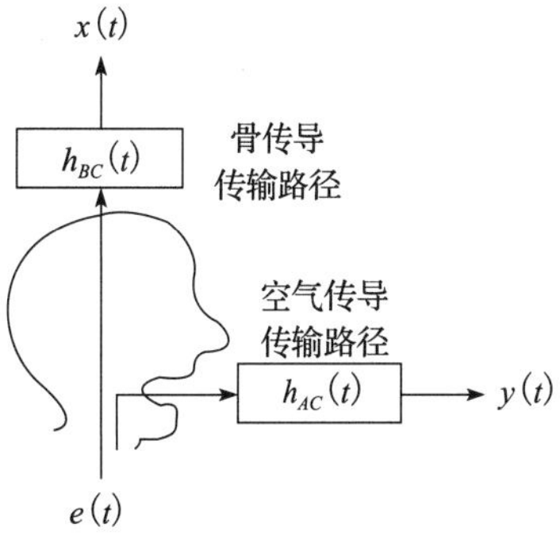

图 10-1 头骨麦克风语音与气导语音传输路径示意图

将纯净气导语音 $y(t)$、骨导语音 $x(t)$ 的传输路径函数分别定义为 $h_{AC}(t)$、$h_{BC}(t)$，语音激励信号为 $e(t)$，骨导语音信号可以看成由纯净气导语音信号经过一个传输通道变换函数 $h(t)$ 得到：

$$x(t)=e(t)*h_{BC}(t)=y(t)*h_{AC}^{-1}(t)*h_{BC}(t)=y(t)*h(t) \tag{10-1}$$

其中，* 表示卷积操作。传输通道变换函数 $h(t)$ 是非常复杂的非线性函数，不仅与骨导传感器的性能和传感器放置的位置有关，还与说话的内容、说话人的身体特性相关。

常见的骨导麦克风产品包括喉头麦克风、头戴式麦克风、入耳式麦克风等。已有研究表明，头戴式麦克风中，额头部位拾取的信号明显优于其他部位，其次为太阳穴和面颊，喉头麦克风语音的能量明显高于头骨麦克风语音，但是语音清晰度低于头骨麦克风语音。本章后续实验的数据均为喉头麦克风语音数据。

2. 骨导语音的特性

骨导语音与气导语音存在明显的声学差异，这些差异使得骨导语音听起来较为沉闷、不够清晰。图 10-2 为同一个说话人录制的气导语音和喉头麦克风语音的语谱图。从图 10-2中可以看出，与气导语音相比，骨导语音有如下典型的特性差异。

（1）高频衰减严重

人体传导具有低通性，语音信号到达骨导麦克风位置时，类似于经过了一个低通滤波器，高频成分显著衰减。高频成分衰减的程度与骨导麦克风的位置密切相关，例如额头位置采集的信号高频截止频率约为 3.5kHz，喉头位置采集的信号高频截止频率约为 2kHz。从图 10-2 可以明显看出，喉头麦克风语音中 2kHz 以上的能量几乎已完全衰减。

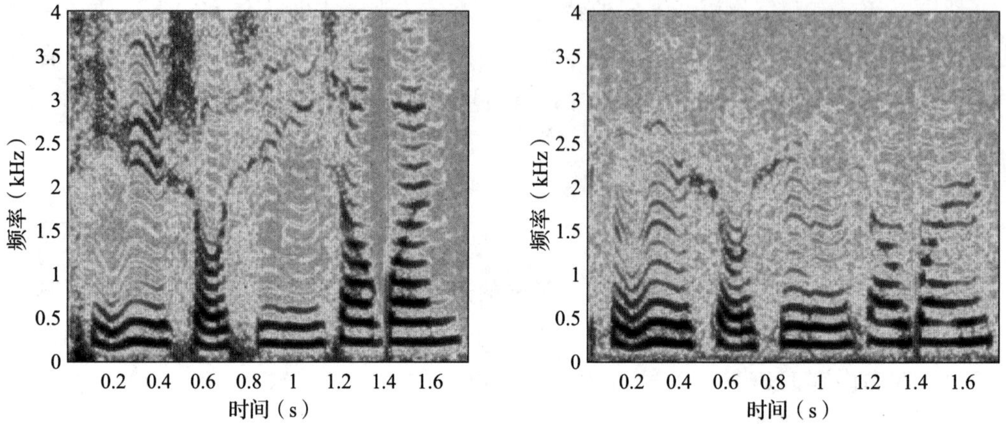

a）典型气导语音　　b）典型骨导语音

图 10-2　气导语音与喉头麦克风语音语谱图比较

（2）辅音音节损失

由于振动产生的语音信号不再经过或者不再全部经过口腔、鼻腔、唇等声音“传输”区域，与这些区域相关的摩擦音、爆破音、清音等辅音音节丢失严重。例如，喉头部位采集的语音，基本上已完全无辅音迹象，额头、鼻翼等采集部位，虽然能够采集到辅音，但由于能量小，仍存在辅音丢失的现象。对比图 10-2a 和图 10-2b 中的矩形窗可看出，喉头麦克风语音的辅音音节已丢失。

（3）中低频谐波能量改变

骨导语音在中低频段能保持良好的谐波结构，但是谐波的能量会发生明显改变。这种改变也与人的身体传导特性密切相关。图 10-2 中，喉头麦克风语音中频段的谐波能量明显高于气导语音，而有的说话人喉头麦克风语音的中频谐波能量又较弱，这是由于人的身体传导特性不尽相同，会导致骨导语音的中低频谐波能量的变化不同。

10.2.2 骨导语音盲增强的特点

骨导语音盲增强的理想状况是能够从骨导语音中“推断”出其对应的气导语音，这个问题可直观地理解为从骨导语音 $y_{BC}(t)$ 到对应气导语音 $y_{AC}(t)$ 的估计问题：

$$y_{AC}(t)=F(y_{BC}(t)) \tag{10-2}$$

从式（10-2）可以看出，实现骨导语音盲增强的一个重点是寻找到良好的映射函数 $F(\cdot)$。

通过骨导语音与气导语音产生机理的对比，可以知道，骨导语音存在严重的高频信息、清音、爆破音音素成分的丢失，这些成分的丢失是一种复杂的非线性作用，恢复这些丢失成分也将是复杂的非线性求解问题，因此式（10-2）中的 $F(\cdot)$ 是高度复杂的非线性函数。

除此之外，这些丢失的语音成分与个人的发音特点以及身体特点密切相关，其原因是：①不同说话人拥有不同的音色，语音频谱等特点是不相同的，因此骨导语音丢失的例如 2kHz 以上的频谱成分也具有个人特点；②不同说话人的身体信号传导特性不尽相同，一些说话人的骨导语音能够保留的高频信息多一些，而一些说话人则少一些，即信息丢失的整体特点也因说话人而不尽相同；③一些说话人说话时声带振动较为充分，一些说话人则更偏向于气音发声，对于骨导麦克风来说，充分的声带振动更容易获取信息，因此丢失的成分与说话人的发音习惯等也密切相关。

虽然骨导语音增强称为增强，目的也是改善语音质量，但它与传统语音增强存在本质的区别。语音增强模型强调的是能够实现良好的噪声泛化性能，从含噪语音中将“多余”的噪声去掉，而骨导语音增强强调的是能够实现良好的信息恢复，从骨导语音中恢复出“丢失”的成分。由于两个问题的目标是一致的，因此可以采用相同的评价指标体系来衡量方法的性能，但在实现方法上，存在着较大的区别。

10.2.3 骨导语音盲增强的典型方法

由于骨导语音盲增强在增强阶段仅有骨导语音可用，因此其难点在于如何基于有限的中低频带信息推断并恢复出高频信息。按照构建思路的不同，主要存在三种盲增强方法。

1. 无监督频谱扩展法

无监督频谱扩展法[2]认为骨导语音与气导语音具有一致的共振峰结构，或者语音的低频与高频具有一致的谐波结构。利用这种结构相似性，可直接对骨导语音的低频频谱进行扩展，得到高频的共振峰或者谐波结构，从而实现语音增强。

无监督频谱扩展法利用了语音的结构性特点，可以改善骨导语音的高频成分，在一定程度上提升人耳的听觉感受。这种方法不需要先验知识，具有算法简单、运算量小的特点，在现有的骨导电子设备中已得到应用。但是，该方法中语音结构一致性的假设并不完全符合实际的语音特性，例如频带较窄的骨导语音信号，如喉头麦克风语音，基本上不存在高频共振峰结构，因此难以采用共振峰结构扩展的方法实现增强。

2. 均衡法

由式（10-1）可知，骨导语音信号可以看成由纯净气导语音信号经过变换得到，均衡法[3]的思想是找到这个传输函数的逆变换函数，从骨导语音信号中恢复出气导语音信号。均衡法可表示为

$$\begin{aligned} y(t) &= x(t) * h_{BC}^{-1}(t) * h_{AC}(t) \\ &= x(t) * g(t) \end{aligned} \tag{10-3}$$

其中，$g(t)$ 表示由骨导语音到气导语音传输通道的变换函数。实际中可根据提取的不同语音特征建立不同的 $g(t)$ 模型。将时域信号变换到 Z 域，则式（10-3）变换为

$$Y(Z) = X(Z) \cdot G(Z) \tag{10-4}$$

可得

$$G(Z)=\frac{Y(Z)}{X(Z)} \tag{10-5}$$

$G(Z)$ 称为均衡滤波器，可看成骨导语音与纯净气导语音信号特征之间的传递特性的建模。这种均衡滤波器的思想，在基于多传感器融合的语音增强算法中得到了广泛应用。例如，文献［4］与文献［5］分别利用含噪气导语音与骨导语音的 LPCC 和功率谱密度计算均衡滤波器。在骨导语音盲增强中，由于在增强阶段缺乏含噪气导语音信号，因此需要利用先验的骨导与纯净气导语音数据，训练得到均衡滤波器的系数，再让待增强的骨导语音通过构造好的均衡滤波器得到增强的语音信号。

基于均衡法的骨导语音盲增强框架如图 10-3 所示。

现有的骨导语音盲增强算法大多选择幅度谱作为均衡滤波器系数的训练对象。当均衡滤波器估计较为准确时，这种乘性的特征变换不仅可以保持原有信号的结构特点，并且能有效调节骨导语音与气导语音不匹配的时频点能量。但是均衡法尚存在两方面的不足：

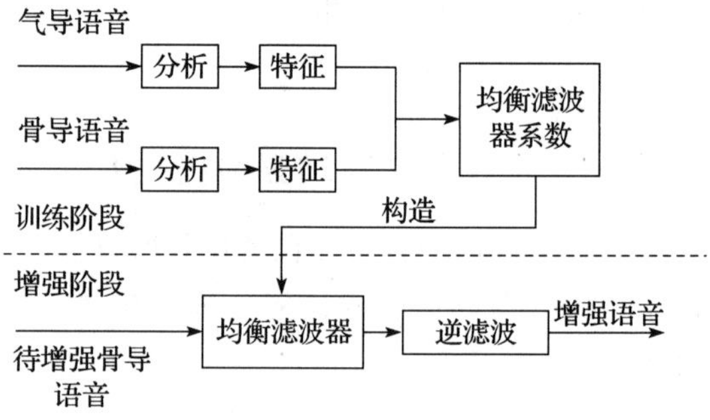

图 10-3 基于均衡法的骨导语音盲增强框架

1）对于语音的高频成分恢复较难，因为当骨导语音高频能量几乎为 0 时，均衡器在高频的响应即使再大，也很难起到能量提升作用。

2）现有的均衡滤波器大多是固定不变的，事实上，$G(Z)$ 会随着骨导语音的变化而变化。因此，设计时变的均衡滤波器是提升基于均衡法的骨导语音盲增强算法效果的重要途径。

3. 谱包络转换法

目前，谱包络转换法是使用得最多的一种骨导语音盲增强方法。谱包络转换法基于语音的“声源-滤波器”模型。由于骨导语音与气导语音来源于同一声源，激励信号近似相同，可以认为两者的区别就是声道的差异造成的。由于声道特点通常由谱包络特征表示，那么可以通过转换谱包络特征来将骨导语音转换为对应的气导语音信号，实现语音增强。

基于谱包络转换法的骨导语音盲增强算法的典型框架如图 10-4 所示，分为训练阶段和增强阶段两部分。在训练阶段，骨导语音与气导语音经过分析合成模型，提取出激励特征和谱包络特征，通过训练构建骨导语音到气导语音的谱包络特征之间的转换模型 $f(x)$。在增强阶段，利用训练好的模型对待增强语音的谱包络特征进行转换，然后利用合成模型生成增强语音。

令 $x(t)$、$y(t)$ 分别为骨导和纯净气导语音信号，则语音信号可表示为

$$x(t)=e_{BC}(t)*s_{BC}(t) \tag{10-6a}$$

$$y(t)=e_{AC}(t)*s_{AC}(t) \tag{10-6b}$$

其中，$e_{BC}(t)$、$e_{AC}(t)$ 分别表示骨导语音与气导语音的激励，$s_{BC}(t)$、$s_{AC}(t)$ 分别表示骨导语音与气导语音的谱包络。假设转换模型 $f(x)$ 为经过训练得到，则可以利用骨导谱

包络特征 $s_{BC}(t)$ 估计出类气导语音谱包络特征 $\hat{s}_{AC}(t)$：

$$\hat{s}_{AC}(t) = f(s_{BC}(t)) \tag{10-7}$$

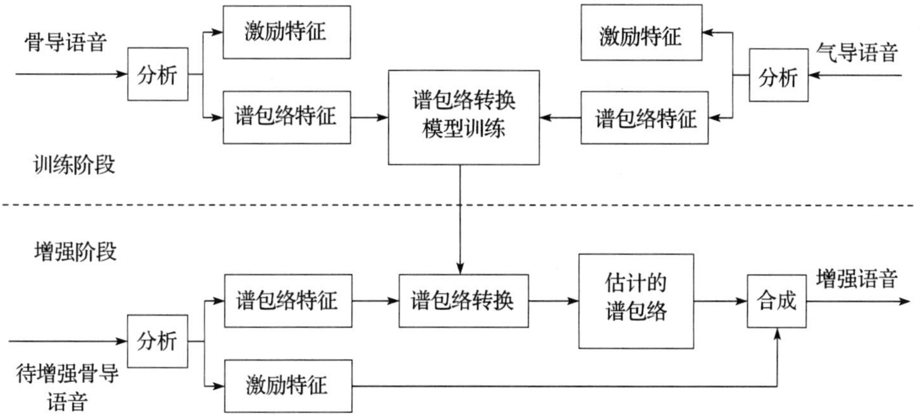

图 10-4　典型谱包络转换法框架

由于骨导与气导语音的激励信号近似相同，可直接将骨导语音激励信号作为估计的类气导语音激励信号：

$$\hat{e}_{AC}(t) = e_{BC}(t) \tag{10-8}$$

根据估计出的谱包络和骨导语音原始的激励特征合成出增强的语音：

$$\hat{y}(t) = \hat{e}_{AC}(t) * \hat{s}_{AC}(t) \tag{10-9}$$

谱包络转换法中的关键是如何选择分析合成模型、谱包络特征以及谱包络转换模型。

（1）分析合成模型

最初的骨导语音盲增强采用调制传递函数[6]（Modulation Transfer Function，MTF）将语音信号分解为不同频带下的激励信号和能量包络信号。LPC 模型、STRAIGHT 分解合成模型等也都可以应用到盲增强中[7]。STRAIGHT 分解后可以得到谱、基音频率和非周期分量三种特征，实验证明，该模型可以获得较好的语音质量，但计算量较大。

（2）谱包络特征

采用 LPC 特征、LPCC 系数、LSP 参数、MGCC 参数、MFCC 参数等均能对骨导语音进行盲增强。

（3）谱包络转换模型

与语音转换、频谱扩展中的谱转换技术发展十分类似，谱包络转换模型也是由浅层、线性的模型向深层、复杂非线性模型发展。矢量量化、浅层的 GMM、简单前馈神经网络都曾被用来建模骨导语音和气导语音的转换关系[8-10]。深度神经网络在骨导语音增强的应用也逐渐有相应的工作出现[11-13]。

10.3　基于长短时记忆网络的骨导语音盲增强

现有的骨导语音增强算法大多集中在低维的谱包络特征转换基础上，难以进一步提升语音增强的质量。利用深度学习技术，可以有效实现高维特征映射关系的学习，以实现基于高维特征的骨导语音增强。本节通过引入长短时记忆网络实现骨导语音和气导语音之间高维幅度谱的谱映射，改善了骨导语音盲增强效果。

10.3.1 骨导/气导语音的谱映射

已有骨导语音盲增强方法在建模两种声道谱特征的转换关系时，均是建立了两种语音帧级特征之间的映射关系，这种帧级映射关系的建模范畴存在非常大的盲点，未能深入分析骨导语音信息损失的来源。

图 10-5 所示为一名女生的骨导语音与气导语音语谱图，具体内容为“体育首席营销官”。对比两种语音的语谱图可知，大部分高频成分都已丢失。如果仅将骨导语音看作气导语音经过低通滤波的结果，那么在给定低频信息即骨导语音特征的条件下，通过用已有方法建立语音特征低频信息与高频信息之间的相关性，可以从低频信息中恢复出丢失的高频成分。显然，图 10-5 中“育”“营”“官”三个单字包含的语音帧可以通过这样的方式恢复。然而，骨导语音中一些信息（例如清音、爆破音）的丢失并非人体的信号低通性导致，而是因为这些发音音素不能引起骨导麦克风传感器振动，丢失的这些音素并没有“留存”低频信息，基于帧级特征的建模方法没有能力恢复这些丢失音素，如图 10-5 中“体”“首”“席”“销”单字中的声母。

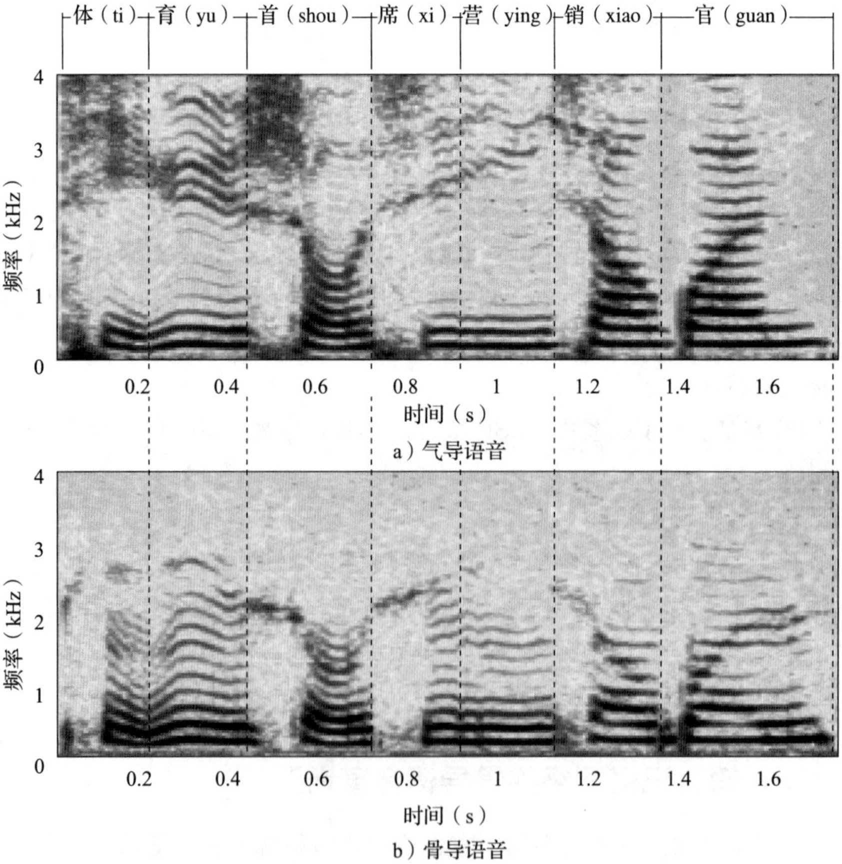

图 10-5 气导语音与骨导语音语谱图

因此，对于这种音素丢失，需要明确建模特征之间的长时时序关系（即上下文关系），才能合理地推测出缺失部分。构建具有时序建模能力的深度网络模型，建立两种语音 STFT 幅度谱之间的映射关系，对更好地实现骨导语音的谱恢复具有重要意义。

在已有典型网络结构中，RNN 具有建模时序信息的能力，但 RNN 模型存在长时依赖关系难以建模的问题，LSTM 通过在 RNN 中引入精心设计的门控结构，能够有效缓解模型长时记忆问题，因此可以采用长短时记忆网络模型构建高维谱映射盲增强框架。

10.3.2 基于深度残差 BLSTM 的骨导语音盲增强方法

1. 深度残差双向 LSTM

LSTM 可根据已有（前面时刻）信息推断下一时刻的信息，但是人在交流时实际上是协同发音的，当前时刻说话的语音内容、音调等可能取决于将要表达的内容和情绪，即当前时刻的内容不仅与前面时刻的信息有关，也与后面时刻的信息存在相关性，因此，模型需要能够同时建立“由前向后”和“由后向前”的上下文信息，以便能更准确地“估计”出丢失的音素成分。除此之外，当直接利用 LSTM 构建的网络模型层数较多时，优化训练网络较慢，并且网络收敛后效果提升并不多，为此，人们通过构造基于残差的双向 LSTM 来解决以上遇到的问题。

（1）网络结构

受双向 RNN 模型启发，可将双向（bi-directional）的循环结构引入 LSTM 中，以使网络具有建模双向信息的能力。为了缓解深度网络训练困难问题，进一步将残差连接（residual connection）引入 BLSTM 之中，构建深度残差双向长短时记忆递归神经网络（Res-BLSTM）来建模骨导语音到气导语音的 STFT 幅度谱映射关系，如图 10-6 所示。

Res-BLSTM 网络包含输入层、多个 BLSTM 隐藏层以及输出层。需要注意的是，输入 $\boldsymbol{X}$ 为 $\{\cdots, x_{t-2}, x_{t-1}, x_t, x_{t+1}, x_{t+2}, \cdots\}$，是多帧骨导语音 STFT 幅度谱特征的简洁表示，同样的表示还有网络输出目标 $\boldsymbol{Y}$ 以及网络估计输出 $\hat{\boldsymbol{Y}}$，前者为对应的气导语音 STFT 幅度谱特征，后者为估计的 STFT 幅度谱。隐藏层既有从后层向前层的计算方式，也有同层的循环计算方式。

在实际计算中，模型按照时间展开循环计算，输入层与隐藏层以及隐藏层之间加入了残差连接。在输入层和隐藏层的输出之后加入 ReLU 非线性激活函数以提升网络性能。ReLU 具有稀疏性，能够缓解数据信息冗余导致的网络过拟合问题。

（2）BLSTM 层

BLSTM 在隐藏层的前向循环的基础上，进一步将循环扩展到从序列末端开始由后向前的反向循环，使得模型同时具有双向信息流的建模能力。单个 BLSTM 层的计算过程如图 10-7 所示。从图 10-7 中可看出，一个 BLSTM 层实际可看成两个 LSTM 层，它的计算分成了前向 LSTM 隐藏层计算（右向箭头）和后向 LSTM 隐藏层计算（左向箭头），输入 x 同时作用于前向和后向隐藏层，而当前时刻输入与前（后）向隐藏层输出共同计算得到下一时刻的前（后）向隐藏层输出，得到的结果再经网络连接计算相加后得到最终结果。具体的计算公式为

$$\overrightarrow{h}_t = \sigma(W_{x\overrightarrow{h}} x_t + W_{\overrightarrow{h}\overrightarrow{h}} \overrightarrow{h}_{t-1} + b_{\overrightarrow{h}_t})$$

$$\overleftarrow{h}_t = \sigma(W_{x\overleftarrow{h}} x_t + W_{\overleftarrow{h}\overleftarrow{h}} \overleftarrow{h}_{t-1} + b_{\overleftarrow{h}_t}) \quad (10\text{-}10)$$

$$y_t = \sigma(W_{y\overrightarrow{h}} \overrightarrow{h}_t + W_{y\overleftarrow{h}} \overleftarrow{h} + b_y)$$

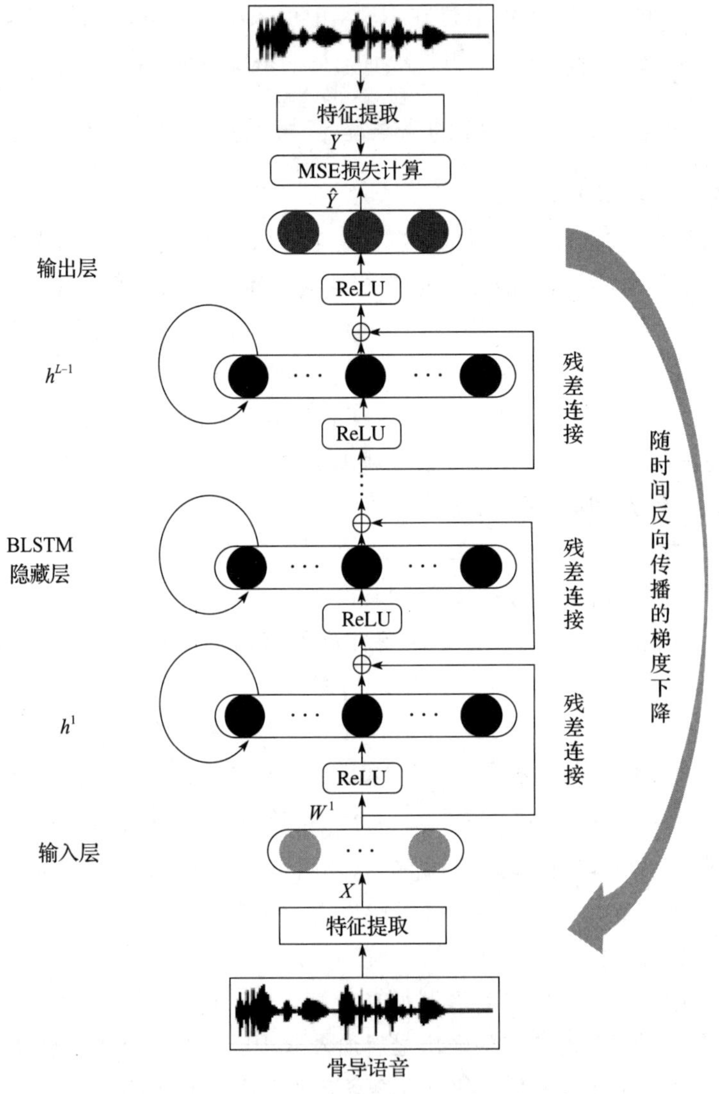

图 10-6 深度 Res-BLSTM 模型及其训练示意图

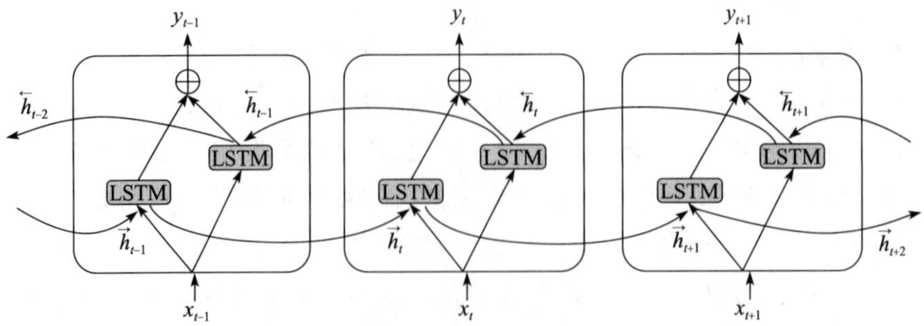

图 10-7 单个 BLSTM 层的计算示意图

其中，$\vec{h}_t$ 与 $\overleftarrow{h}_t$ 分别表示当前时刻的前向与后向 LSTM 隐藏层输出，$\boldsymbol{W}$ 表示权重，其下标代表了权重的连接归属，例如 $\boldsymbol{W}_{\vec{h}\vec{h}}$ 表示前向隐藏层之间的连接权重，$\boldsymbol{b}$ 表示偏置，其下标代表偏置归属，例如 $\boldsymbol{b}_y$ 表示输出的偏置，$\sigma(\cdot)$ 表示 sigmoid 非线性函数。

（3）残差连接

残差连接最初来源于深度残差学习（Deep Residual Learning，DRL）网络。理论上，网络的表达能力会随着网络深度的增加变得更强，但是在实际过程中，网络层数增加到一定程度后却出现了严重的退化现象。如图 10-8 所示，残差学习网络通过在网络中加入短连接（shortcut connection），将学习输入目标的直接映射转变为学习输入目标与输入之间的残差映射，以解决网络退化问题。假设原始学习的目标映射为 $H(x)$，通过加入恒等连接将网络学习的目标映射改为 $F(x)=H(x)-x$，而原始学习的目标映射变成了非线性与恒等映射的函数，即 $H(x)=F(x)+x$。在 Res-BLSTM 网络中，通过在 BLSTM 层之上使用残差连接网络来避免退化现象的出现。

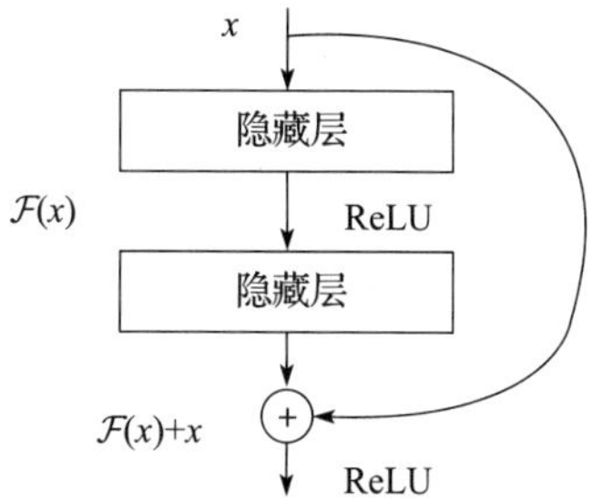

图 10-8　残差学习示意图

（4）训练目标与优化

构建好深度 Res-BLSTM 网络后，将提取的骨导语音 STFT 幅度谱特征 $\boldsymbol{X}$ 送入网络进行计算得到估计的输出 $\hat{\boldsymbol{Y}}$，将对应气导语音 STFT 幅度谱特征 $\boldsymbol{Y}$ 作为网络目标输出，利用有监督学习方式对网络进行训练，定义网络的目标函数为

$$J_{\mathrm{MSE}}(\boldsymbol{W},\boldsymbol{b})=\frac{1}{2}\left\|\hat{\boldsymbol{Y}}(\boldsymbol{X},\boldsymbol{W},\boldsymbol{b})-\boldsymbol{Y}\right\|_2^2 \tag{10-11}$$

其中，$\boldsymbol{W}$ 和 $\boldsymbol{b}$ 分别表示网络的权值和偏置参数，J_{MSE} 表示基于最小均方误差准则的损失函数。为最小化 J_{MSE}，依据链式法则更新网络参数 $\boldsymbol{W}$ 和 $\boldsymbol{b}$。由于网络计算中包含时间序列的循环，因此实际采用的梯度下降算法为随时间反向传播的梯度下降算法（BPTT）。

2. 方法总体框架

本节介绍的骨导语音盲增强方法的核心是基于 Res-BLSTM 模型建立骨导语音到气导语音 STFT 幅度谱的映射模型。考虑到对数幅度谱更符合人耳的听觉特性，并且能够有效压缩幅度谱数值的动态范围，有利于网络的训练，因此，利用两种语音 STFT 对数幅度谱作为输入和输出。基于 Res-BLSTM 的骨导语音盲增强方法总体框架如图 10-9 所示，包含训练阶段与增强阶段。

训练阶段可分为波形归一化的数据处理、特征抽取、均值方差归一化数据处理以及 Res-BLSTM 模型训练四个部分，其中波形归一化以及均值方差归一化均是为了使网络更易训练。

增强阶段首先按照训练阶段的流程，将待增强骨导语音进行特征抽取和数据归一化等操作，然后将归一化后的骨导语音对数幅度谱特征送入训练好的 Res-BLSTM 模型中，得到增强的归一化对数幅度谱，通过均值方差反归一化以及指数操作，得到增强的幅度谱，最后经过波形合成以及波形归一化等操作得到增强的语音波形。

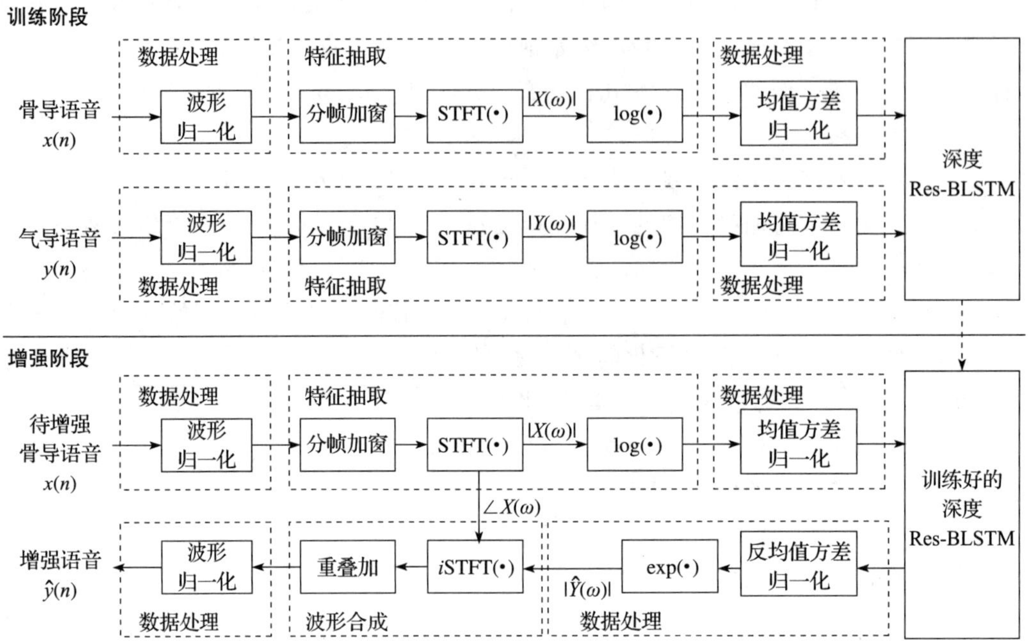

图 10-9 基于深度 Res-BLSTM 的骨导语音盲增强框图

该方法的具体步骤如算法 10-1 所示。

算法 10-1 深度残差 BLSTM 网络

初始化设置

1）$x(n)$：骨导语音

$y(n)$：气导语音

2）Res-BLSTM 初始化参数 θ，模型标记为 Model_θ

训练阶段

Step1：数据处理与特征提取

1）对骨导语音与气导语音分别进行波形归一化预处理，将波形幅度归一化到 [−1，1]

2）对骨导语音与气导语音进行分帧加窗，并将得到的语音帧片段进行 STFT 分析，分别得到骨导语音幅度谱 $|X(\omega)|$ 与气导语音幅度谱 $|Y(\omega)|$，然后对幅度谱取对数，得到对数幅度谱 $\log|X(\omega)|$ 与 $\log|Y(\omega)|$

3）从所有训练数据中进行数据统计，计算出骨导语音对数幅度谱的全局均值与全局方差表示为 μ_x 与 σ_x^2，对应的气导语音为 μ_y 与 σ_y^2，将对数幅度谱 $\log|X(\omega)|$ 与 $\log|Y(\omega)|$ 进行均值方差归一化，得到归一化后的对数幅度谱 $\log_{\text{Norm}}(|X(\omega)|)$ 与 $\log_{\text{Norm}}(|Y(\omega)|)$，计算公式为

$$\log_{\text{Norm}}(|X(\omega)|) = [\log(|X(\omega)|) - \mu_x]/\sigma_X$$

$$\log_{\text{Norm}}(|Y(\omega)|) = [|\log(Y(\omega)|) - \mu_y]/\sigma_y$$

Step2：训练深度 Res-BLSTM 模型

设置学习率为 η，训练迭代次数为 N

for 迭代次数=1，2，…，N，do

$\log_{\text{Norm}}(|\hat{Y}(\omega)|) = \text{Model}_\theta(\log_{\text{Norm}}(|X(\omega)|))$ % 利用网络估计对数幅度谱

$\theta_B \leftarrow \theta_B - \eta_B \nabla_B L_{\mathrm{MSE}}(\log_{\mathrm{Norm}}(|Y(\omega)|), \log_{\mathrm{Norm}}(|\hat{Y}(\omega)|))$ % 根据均方误差损失函数更新 θ_B

End

增强阶段

1）将待增强骨导语音 $x(n)$ 波形归一化到 $[-1, 1]$；

2）对归一化后的语音进行分帧加窗，将得到的语音帧片段进行短时傅里叶分析，得到骨导语音的幅度谱 $|X(\omega)|$ 和相位谱 $\angle X(\omega)$，并对骨导语音幅度谱取对数得到 $\log|X(\omega)|$；

3）采用骨导语音对数幅度谱的全局均值与全局方差，将待增强骨导语音的对数幅度谱进行均值方差归一化处理，得到归一化的幅度谱 $\log_{\mathrm{Norm}}(|X(\omega)|)$：

$$\log_{\mathrm{Norm}}(|X(\omega)|) = [\log(|X(\omega)|) - \mu_x]/\sigma_X$$

4）将归一化后的待增强骨导语音对数幅度谱 $\log_{\mathrm{Norm}}(|X(\omega)|)$ 送入训练好的模型中，计算 $\log_{\mathrm{Norm}}(|\hat{Y}(\omega)|) = \mathrm{Model}_\theta(\log_{\mathrm{Norm}}(|X(\omega)|))$，得到增强的对数幅度谱 $\log_{\mathrm{Norm}}(|\hat{Y}(\omega)|)$；

5）采用气导语音对数幅度谱的全局均值与全局方差，对增强的归一化后的对数幅度谱 $\log_{\mathrm{Norm}}(|\hat{Y}(\omega)|)$ 进行均值方差反归一化，同时进行去对数的指数操作，得到增强的幅度谱，计算如下：

$$|\hat{Y}(\omega)| = \exp(\log_{\mathrm{Norm}}(|\hat{Y}(\omega)|) \times \sigma_v + \mu_v)$$

6）将增强的幅度谱 $|\hat{Y}(\omega)|$ 与原始的骨导语音相位谱 $\angle X(\omega)$ 通过短时傅里叶逆变换，合成语音波形的帧片段，随后将语音帧片段进行叠加操作，得到最终的增强语音 $\hat{y}(n)$。

10.3.3　实验仿真及性能分析

在算法 10-1 中，网络对幅度谱参数进行处理（Res-BLSTM-MAG），输入/输出参数的维数都较谱包络特征参数高。为验证该方法的有效性，共选取 5 种方法进行对比：基于 GMM 的 LSF 谱包络转换方法（GMM-LSF），该方法是基于浅层模型进行骨导语音盲增强的经典方法；基于 DNN 的 LSF 谱包络转换法（DNN-LSF）；基于 DNN 和基于自动编码机（Auto Encoder，AE）模型的幅度谱转换方法（DNN-MAG 和 AE-MAG），这两个方法采用的特征均为 STFT 幅度谱。除此之外，我们也利用基础的 LSTM 网络构建了骨导语音盲增强模型（LSTM-MAG）。实验中，以上方法均采用相同的数据进行训练和测试。为了对语音质量进行评估，选取 PESQ、STOI 和 LSD 作为客观评价指标。以对应的纯净气导语音作为参考语音，计算不同方法得到的增强语音与参考语音之间的 PESQ、STOI、LSD 得分。

1. 数据设置

课题组制作了某型号骨导麦克风与气导麦克风的平行语音数据库。共有 20 名男生与 20 名女生参与语音录制，每个说话人录制了 200 条语句，每句平均时长为 3～4s，语音数据的采样率为 32kHz，每个采样点采用 16bit 量化。

实验中共选取 5 名男生与 5 名女生的语音数据进行骨导语音盲增强，将每个说话人的 200 条语句随机分成 160 条语句作为训练集，剩下的 40 条语句作为测试集，训练集与测试集中不包含重复语料。

2. 参数设置

使用的气导和骨导语音采样率均为 8kHz。为此，首先将语音数据由 32kHz 采样率降采样至8kHz。实验中使用的LSF特征长度为16，短时傅里叶分析的点数为256，得到的语音幅度谱特征长度为129。

GMM-LSF方法中，将GMM模型中高斯分量个数设置为128，采用EM算法进行优化。DNN-LSF与DNN-MAG两种方法均包含了3个隐藏层，前者每个隐藏层节点数设置为256，后者设置为1024，经实验验证，更深的网络（增加隐藏层数）以及更宽的网络（增加隐藏层节点数）已对骨导语音增强效果无明显作用，AE-MAG方法模型中共包含5个隐藏层，隐藏层节点数为256-128-64-128-256。三种方法的网络输入均联合了相邻5帧幅度谱特征，并且采用Adam优化器训练，初始学习率设为0.001，DNN-LSF与DNN-MAG方法中所有网络层同时训练，而AE-MAG方法的网络模型则是逐层预训练后再进行微调。

实验中选取ReLU函数作为隐藏层的激活函数，相比于sigmoid函数和双曲正切函数，该激活函数更符合神经元的激励原理。LSTM-MAG与Res-BLSTM-MAG方法均包含3个隐藏层，隐藏层节点数为512，LSTM-MAG方法中隐藏层为LSTM层。这两种方法均采用RMSProp优化器训练，将初始学习率设为0.002，实验证明，RMSProp相比于Adam优化器，更适合训练递归神经网络。

上述基于深度学习的方法中，所有网络的隐藏层均设置dropout为0.2，输出层均为线性层，并且采用一致的训练策略，即随机选取10%的训练数据作为验证集，当验证集误差不再减少时，学习率降为原来的一半，直到验证集误差连续2次不再减少时停止训练。

3. 实验结果和分析

表10-1～表10-3分别给出了骨导语音经过不同增强方法处理后得到的PESQ、STOI以及LSD得分，其中BC表示原始骨导语音得分。

表10-1 不同语音增强方法下的PESQ得分

Person	BC	GMM-LSF	DNN-LSF	DNN-MAG	AE-MAG	LSTM-MAG	Res-BLSTM-MAG
男声1	2.277	2.462	2.558	2.719	2.753	2.785	3.001
男声2	1.963	2.117	2.207	2.257	2.290	2.315	2.708
男声3	1.931	2.121	2.219	2.324	2.358	2.392	2.543
男声4	2.281	2.418	2.509	2.762	2.786	2.813	3.063
男声5	2.102	2.325	2.412	2.403	2.448	2.475	2.779
女声1	2.508	2.713	2.809	3.139	3.162	3.194	3.355
女声2	2.023	2.241	2.356	2.533	2.571	2.617	2.915
女声3	2.078	2.293	2.374	2.469	2.493	2.533	2.706
女声4	2.294	2.456	2.561	2.611	2.650	2.681	2.882
女声5	1.847	2.013	2.143	2.214	2.242	2.280	2.285
平均结果	2.130	2.316	2.415	2.543	2.575	2.609	2.824

表 10-2　不同语音增强方法下的 STOI 得分

Person	BC	GMM-LSF	DNN-LSF	DNN-MAG	AE-MAG	LSTM-MAG	Res-BLSTM-MAG
男声 1	0.627	0.744	0.773	0.828	0.832	0.860	0.871
男声 2	0.576	0.698	0.724	0.784	0.789	0.802	0.842
男声 3	0.601	0.731	0.765	0.725	0.731	0.748	0.782
男声 4	0.597	0.712	0.741	0.786	0.792	0.807	0.867
男声 5	0.621	0.743	0.782	0.791	0.804	0.820	0.853
女声 1	0.675	0.798	0.829	0.871	0.875	0.889	0.901
女声 2	0.593	0.721	0.753	0.781	0.786	0.801	0.833
女声 3	0.587	0.705	0.728	0.723	0.729	0.744	0.785
女声 4	0.577	0.694	0.721	0.764	0.773	0.789	0.802
女声 5	0.670	0.801	0.813	0.760	0.762	0.775	0.828
平均结果	0.612	0.735	0.763	0.781	0.787	0.804	0.836

表 10-3　不同语音增强方法下的 LSD 得分

Person	BC	GMM-LSF	DNN-LSF	DNN-MAG	AE-MAG	LSTM-MAG	Res-BLSTM-MAG
男声 1	1.482	1.255	1.213	1.047	1.048	1.037	0.957
男声 2	1.480	1.236	1.209	0.991	0.982	0.972	0.909
男声 3	1.455	1.227	1.185	1.061	1.057	1.048	0.965
男声 4	1.353	1.134	1.112	0.981	0.971	0.961	0.860
男声 5	1.440	1.212	1.089	1.014	1.005	0.988	0.943
女声 1	1.369	1.145	1.109	0.912	0.906	0.895	0.864
女声 2	1.305	1.043	1.012	0.962	0.955	0.947	0.912
女声 3	1.427	1.202	1.171	1.133	1.122	1.109	1.013
女声 4	1.239	1.016	0.984	0.978	0.967	0.953	0.952
女声 5	1.389	1.158	1.102	1.047	1.037	1.025	0.984
平均结果	1.394	1.163	1.119	1.013	1.005	0.994	0.936

由表 10-1～表 10-3 可知，原始骨导语音平均 PESQ 和 STOI 得分均较低，说明骨导语音质量差、可懂度低。

对比 GMM-LSF 和 DNN-LSF 方法可知，DNN 模型能够取得比 GMM 模型更好的语音质量提升效果，但是总的来说，这两种方法在 3 个性能指标上的提升均较为有限。DNN-MAG 相比于 DNN-LSF 方法，增强的语音质量进一步提升，说明了高维谱特征相比于低维谱包络特征能够更好地表达语音特性，因此在 DNN 模型的基础上能够恢复出更好的谱细节。

比较 DNN-MAG 与 AE-MAG 方法，可知两种方法得到的结果相近，说明 DNN 与 AE 模型学习两种语音高维幅度谱之间关系的能力相似，实际上 DNN 与 AE 的主要区别在于网络的训练方式，由于网络中均采用了 ReLU 以及 dropout 等优化技术，使得 AE 预训练加微调的训练方式的优势不再明显，故两种模型取得的结果区别不大。

具有前向时序建模能力的 LSTM-MAG 方法相比于前几种增强方法进一步提升了语音质量，说明建模语音特征的上下文相关性对恢复骨导语音谱成分具有明显优势，Res-BLSTM-

MAG在LSTM-MAG方法的基础上性能有较大幅度的提升，相比于AE-MAG方法，PESQ性能提升约60％，而STOI与LSD性能分别提升28％与17.7％。PESQ性能提升显著的原因是所提方法相比于AE-MAG在丢失的清音、爆破音音素上更具有优势，这些音素对语音的可懂度影响较小，并且音素能量较小，所以谱差异度量体现得不明显，因此STOI与LSD得分提升相对较少，但是恢复的辅音音素能够明显提高人耳的听觉感受，故PESQ提升明显。

总体上看，基于Res-BLSTM-MAG的增强方法将原始骨导语音的PESQ和STOI得分分别提升了约0.7、0.22，LSD得分降低了约0.46，这些结果都证明了该方法的有效性。

图10-10给出了一段女生语音经不同方法增强后得到的语谱图。图10-10c与图10-10d分别为经过GMM-LSF与DNN-LSF方法增强的骨导语音，可观察到两种方法对3kHz以下的频率成分恢复得较好，但是两种方法恢复的3kHz以上的成分缺乏谐波结构，并且整个语谱中存在明显的噪声成分。从矩形框中可以看出，DNN-LSF相比于GMM-LSF能够更好地保持原有谐波结构。图10-10e～图10-10h分别为经DNN-MAG、AE-MAG、LSTM-MAG以及Res-BLSTM-MAG方法增强的语音，这四种方法能够很好地恢复丢失的高频成分，并且获得的频谱结构更清晰，无明显噪声，因此可以认为基于高维谱特征映射的骨导语音盲增强相比于原有基于低维谱包络特征映射的方法存在明显优势。同时可以观察到这四种方法增强的幅度谱较为相似，但是从椭圆形框中可看出，Res-BLSTM-MAG方法相比于其他三种方法，能够更好恢复丢失音素成分，从矩形框中可以看出，Res-BLSTM-MAG方法增强的语音谱结构与目标语音谱结构也更为相近。然而需要指出，即使是Res-BLSTM-MAG方法，一些恢复的成分仍缺乏明显的结构，如图10-10h中圆形框所示。

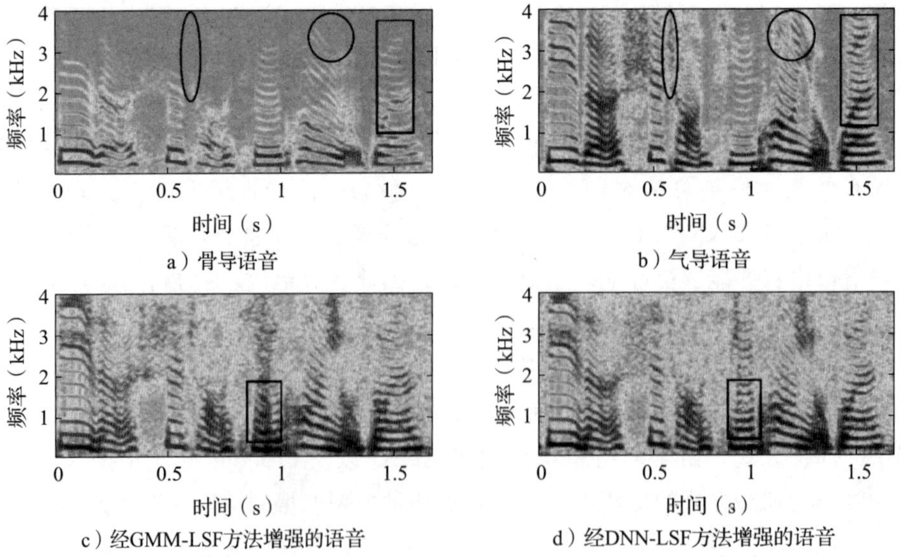

图10-10　语音语谱图

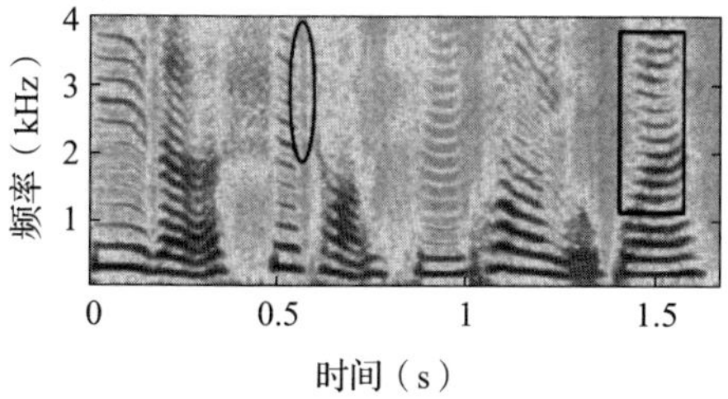

e）经DNN-MAG方法增强的语音

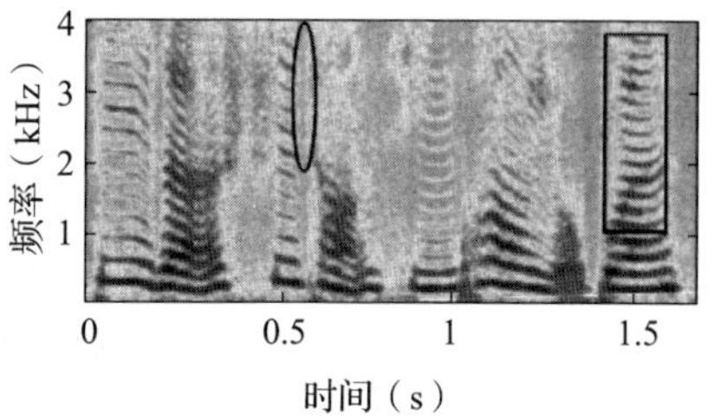

f）经AE-MAG方法增强的语音

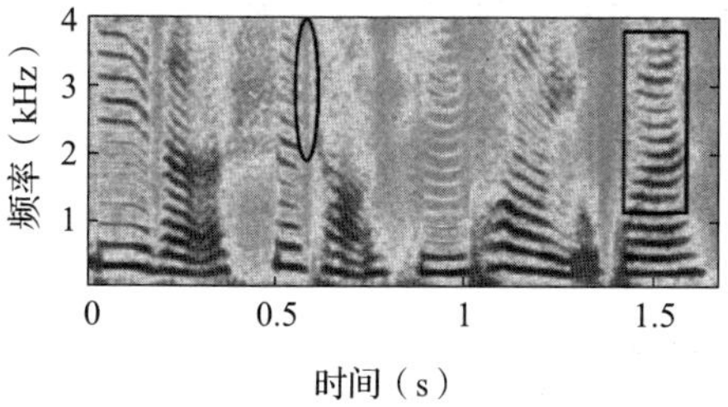

g）经LSTM-MAG方法增强的语音

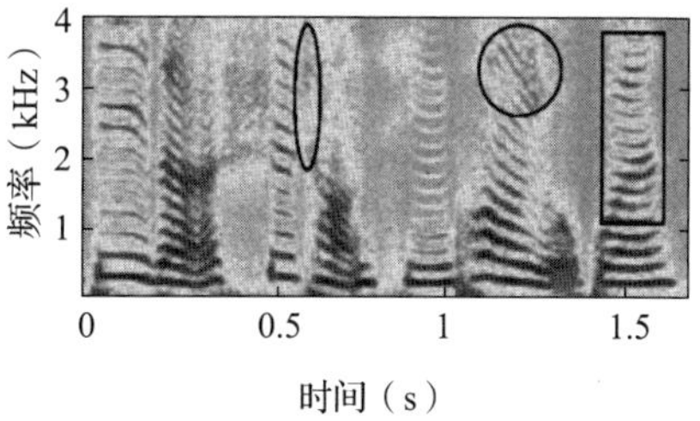

h）经Res-BLSTM-MAG方法增强的语音

图 10-10 （续）

10.4 基于均衡-生成组合谱映射的骨导语音盲增强

均衡法是一种早期的骨导语音增强方法，该方法针对气导语音和骨导语音的差异进行建模，能够较为准确地描述两者之间的差异。然而，由于骨导语音的频带范围要小于气导语音，均衡法难以对高频部分准确建模。采用均衡-生成组合的方式实现谱映射，可以有效扩展语音的频谱范围，改善语音增强质量。

10.4.1 均衡法

均衡法认为骨导语音与气导语音的区别主要来源于语音传输通道的改变，通过设计线性相位冲激滤波器可实现骨导语音盲增强，滤波器为频率的函数：

$$H(f)=\frac{|\overline{S}(f)|}{|\overline{D}(f)|} \tag{10-12}$$

其中，$|\overline{S}(f)|$与$|\overline{D}(f)|$分别为气导语音与骨导语音长时 STFT 幅度谱的各频点平均值。

增强阶段利用设计好的滤波器对骨导语音幅度谱进行增强：

$$\hat{S}(f)=D(f)\,\hat{H}(f) \tag{10-13}$$

从式（10-13）可看出均衡实际是对原始骨导语音幅度谱直接进行操作，这样可以充分利用骨导语音与气导语音的谱相似性，但是该方法基于统计平均学习到的固定滤波器系数，未能考虑语音谱特征随时间的变化。由于骨导语音几乎已无高频成分，即在高频率点时 $D(f)\approx 0$，因此根据式（10-13）可知，$\hat{S}(f)\approx 0$，即无法有效恢复高频成分。所以，直接使用固定的统计平均均衡滤波器，难以恢复出足够好的气导语音质量。

基于以上均衡方法存在的问题，可以从以下两点来进行优化：①设计动态的均衡滤波器系数以适应骨导语音谱特征的变化；②仅在低频带采用均衡方法以避免高频成分无法有效恢复的问题。

目前，基于掩蔽估计的方法在语音增强中广泛使用，取得了很好的效果。基于掩蔽估计的方法与基于谱估计（谱映射）的方法相对，两者之间的区别在于前者的映射模型用于学习从含噪语音谱到掩蔽目标之间的关系，而后者是直接学习含噪语音谱到目标谱之间的关系。对比 FFT 幅度谱掩蔽（Spectral Magnitude Mask，SMM）和均衡目标，可以发现两者都是以输入语音幅度谱与目标语音幅度谱的比值作为模型训练目标，因此利用掩蔽估计方法实现均衡，可以实现更好的可懂度和感知质量的提升。而由于语音的高低频谱之间存在相关性，因此在对高频谱进行处理时，可以利用低频-高频之间的相关关系，从低频谱中生成对应的高频分量，避免因骨导高频成分能量过小引起的高频分量恢复误差较大的问题。

10.4.2　基于均衡-生成组合谱映射的骨导语音盲增强方法

骨导语音与气导语音在高低频谱特征的映射关系上存在显著差异，因此两种语音之间的谱映射关系应当按照低频与高频分别采用独立的映射模型来建模，才能获得更好的局部最优估计。由于已有骨导语音谱均衡方法与传统语音增强中的掩蔽增强方法具有相似性，采用掩蔽方法可以提高语音的感知质量，因此在均衡-生成组合谱映射框架中，在低频谱特征映射中引入谱均衡方法并进行改进，在高频谱特征映射中引入生成模型，解决因分带带来的映射谱高低频带缺乏相关性的问题。

1. 总体框架

基于均衡-生成组合谱映射的骨导语音盲增强方法整体框架如图 10-11 所示。在增强过程中，首先将待增强的骨导语音谱送入训练好的均衡模型（equalization model）来估计骨导语音和气导语音在低频段上的均衡系数，然后再将估计的均衡系数与原始的骨导语音谱送入均衡器（equalizer）来估计低频谱，之后将联合估计的低频谱与原始的骨导语音谱送入训练好的生成模型（generation model）中，得到高频段气导估计频谱，并进行频带拼接得到完整的估计频谱，最终利用原始骨导语音相位信息合成增强语音波形。整个方法中的均衡模型和生成模型均由训练得到，图 10-11 中给出的两个模型是后续实验中使用的 BLSTM 网络，但该均衡-生成谱映射框架并不局限于具体的映射模型，也可以采用别的网络结构。

2. 低频谱均衡

借鉴 FFT 幅度谱掩蔽估计方法，定义均衡器系数为

$$E(t,f)=\frac{|Y(t,f)|}{|X(t,f)|} \tag{10-14}$$

其中，$|X(t,f)|$ 与 $|Y(t,f)|$ 分别为骨导语音与气导语音 STFT 幅度谱的时频表达。此时均衡器系数定义不再根据长时谱的统计信息变化，而是与幅度谱一致，随时间而变化。

以 $|X|$ 与 $|Y|$ 分别表示骨导语音与气导语音的全频带幅度谱，以 E 表示全频带的均衡系数，在均衡模型中，利用全频带骨导语音幅度谱 $|X|$ 估计低频带的均衡器系数 E^L，

假设参数为 θ 的模型表示为 $f_\theta(\cdot)$，则估计的低频带均衡系数 $\hat{E}^L$ 可表示为

$$\hat{E}^L = f_\theta(|X|) \tag{10-15}$$

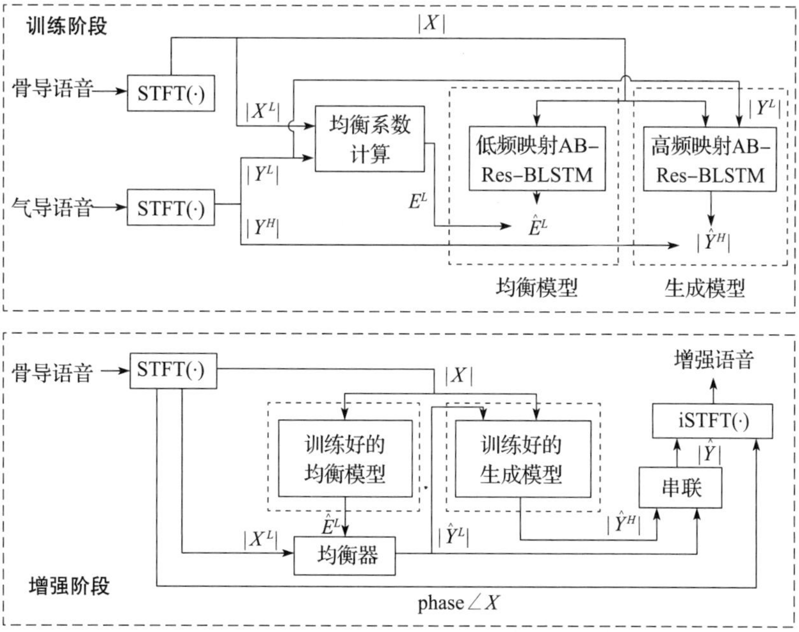

图 10-11　基于均衡-生成组合谱映射的骨导语音盲增强方法

均衡模型的目标函数 J 为所有低频时频点计算的均衡系数误差和，其定义如下：

$$J(\theta) = \sum_{t,f} D(\hat{E}^L(t,f), E^L(t,f)) \tag{10-16}$$

其中，D 代表真值和估计值之间的距离度量函数，通过最小化 $J(\theta)$ 更新模型参数 θ。

增强阶段得到估计的低频带均衡系数后，对骨导语音低频幅度谱进行均衡，恢复出增强的低频幅度谱，恢复过程的时频表达如下：

$$|\hat{Y}^L(t,f)| = \hat{E}^L(t,f)|X^L(t,f)| \tag{10-17}$$

从式（10-17）看出，采用均衡法类似于对骨导语音的低频幅度谱 $|X^L(t,f)|$ 直接进行时频点操作，由于 $|X^L(t,f)|$ 与气导语音低频幅度谱 $|Y^L(t,f)|$ 具有很高的相似性，因此式（10-17）可看成对 $|X^L(t,f)|$ 的修正操作。

3. 高频谱生成

基于骨导语音是气导语音经过低通滤波器所得的结果这一假设，为了恢复气导语音，必须从已有低频谱生成高频谱。实际上，语音的低频谱与高频谱之间具有很高的相关性，例如在语音浊音期，谐波结构通常可扩展至 3kHz 以上，音频低频带与高频带的谐波结构具有较高的相似性。假设参数为 θ 的映射模型 $H_\theta(\cdot)$ 能够建模气导语音高低频带之间的相关性函数，则可从气导语音低频带幅度谱 $|Y^L|$ 估计出气导语音高频带幅度谱 $|\hat{Y}^H|$：

$$|\hat{Y}^H| = H_\theta(|Y^L|) \tag{10-18}$$

现实中气导语音的低频幅度谱无法获取，因此可联合原始骨导语音的全频带幅度谱

$|X|$以及估计的气导语音低频幅度谱$|\hat{Y}^L|$来估计气导语音的高频幅度谱：

$$|\hat{Y}^H| = H_\theta(|X|, |\hat{Y}^L|) \tag{10-19}$$

实验结果表明，所提的联合$|X|$与$|\hat{Y}^L|$的策略相比于单独采用$|X|$或者$|\hat{Y}^L|$更好，这是因为如果只采用$|X|$，高、低频带分开优化，这会导致生成高频带时高、低频带的边界部分缺乏一定的相关性，最终导致频谱不连续的现象产生，将$|\hat{Y}^L|$引入则保证高、低频带边界的频谱能够保持较好连续性；如果只采用$|\hat{Y}^L|$，由于$|\hat{Y}^L|$为估计的幅度谱，并不能保证十分准确，因此有可能存在信息损失与畸变等情况。

生成模型的目标函数J为所有时频点计算的幅度谱误差和，其定义如下：

$$J(\theta) = \sum_{t,f} D(\hat{Y}^H(t,f), Y^H(t,f)) \tag{10-20}$$

其中D代表真值和估计值之间的距离度量函数，通过最小化$J(\theta)$更新模型参数θ。

10.4.3　实验仿真及性能分析

本节介绍了一种适用于骨导语音盲增强的均衡-生成（Equalization and Generation，EG）组合谱映射框架。为进行性能分析，以全频带（Full-Band，FB）的谱映射作为基线方法。同时为了分析分带优化以及引入均衡方法的各自影响，对分带（Split-Band，SB）优化方法进行独立分析，即只采用两个独立模型分开优化低频带与高频带的谱映射，但是在低频带中并不引入均衡方法。

在模型分析中已经指出，在高频生成模型中，框架联合原始骨导语音全频带幅度谱与估计的低频幅度谱共同作为输入特征，这种策略记为A，同时作为对比，分别实验了只采用原始骨导语音全频带幅度谱和低频谱作为输入特征的策略（分别将这两种策略记为B、C）。由于高频谱生成模型中输入特征策略的不同，共实验了方法SB-A、方法SB-B以及方法SB-C。为了验证谱映射框架与选取的映射模型无关，采用两种不同的模型进行训练，分别为采用MSE损失函数训练的DNN映射模型，以及采用结构相似性度量（Structural SIMilarity，SSIM）损失函数训练的基于注意力机制（Attention-Based）的Res-BLSTM模型，以下分别简记为DNN与AB-Res-BLSTM。

为了对语音质量进行评估，选取PESQ、STOI和LSD作为客观评价指标。

1. 实验数据和设置

实验数据的提取方法与10.3.3节中保持一致。

特征选取中，同样将所有语音降采样至8kHz，设置语音分帧帧长为32ms，帧移为8ms，采用256点的短时傅里叶变换，得到129维度的语音幅度谱特征与相位谱特征，同时通过式（10-14）计算骨导语音与气导语音的幅度谱特征对应的均衡系数特征。以2kHz作为高低频带分界点，则提取的特征前65维作为低频带特征，后64维作为高频带特征。

在模型参数设置上，构建的DNN模型包含3个隐藏层，每个隐藏层节点数设置为1024，经实验验证，更深的网络（隐藏层数越多）以及更宽的网络（隐藏层节点数越多）

已对增强效果无明显作用，选取 ReLU 作为非线性激活函数。采用 Adam 优化器训练模型，将初始学习率设为 0.001。构建的 AB-Res-BLSTM 模型共包含 3 个 BLSTM 和 1 个回归注意力隐藏层，3 个 BLSTM 层相当于包含了 6 个 LSTM 层，隐藏层节点数设置为 512，隐藏层之间拥有残差连接。采用了 RMSProp 优化器依据 SSIM 损失函数训练模型，初始学习率设为 0.002。

两种模型均采用相同的训练策略，随机选取 10%的训练数据作为验证集，当验证集误差不再减少时，学习率降为原来一半，直到验证集误差连续 2 次不再减少时停止训练。

2. 实验结果和分析

表 10-4～表 10-6 分别给出了骨导语音经过不同增强方法处理后得到的 PESQ、STOI 以及 LSD 得分，表中 BC 表示原始骨导语音得分。

表 10-4　不同语音增强方法下的 PESQ 得分

Person	BC	DNN					AB-Res-BLSTM				
		FB	SB-A	SB-B	SB-C	EG	FB	SB-A	SB-B	SB-C	EG
男声 1	2.277	2.719	2.763	2.745	2.713	**2.801**	3.219	3.272	3.247	3.211	**3.311**
男声 2	1.963	2.257	2.301	2.286	2.252	**2.336**	2.927	2.984	2.956	2.922	**3.022**
男声 3	1.931	2.324	2.378	2.351	2.318	**2.413**	2.745	2.806	2.771	2.738	**2.844**
男声 4	2.281	2.762	2.811	2.793	2.755	**2.847**	3.268	3.324	3.296	3.913	**3.367**
男声 5	2.102	2.403	2.454	2.432	2.394	**2.484**	3.024	3.089	3.055	2.499	**3.123**
女声 1	2.508	3.139	3.18	3.162	3.132	**3.219**	3.484	3.538	3.521	3.284	**3.558**
女声 2	2.023	2.533	2.586	2.567	2.526	**2.604**	3.130	3.195	3.162	3.088	**3.235**
女声 3	2.078	2.469	2.515	2.498	2.461	**2.568**	2.854	2.911	2.883	2.847	**2.969**
女声 4	2.294	2.611	2.662	2.644	2.605	**2.694**	3.065	3.127	3.097	3.061	**3.074**
女声 5	1.847	2.214	2.267	2.249	2.207	**2.347**	2.459	2.529	2.484	2.451	**2.608**
平均结果	2.130	2.543	2.592	2.573	2.536	**2.631**	3.018	3.078	3.047	3.001	**3.111**

表 10-5　不同语音增强方法下的 STOI 得分

Person	BC	DNN					AB-Res-BLSTM				
		FB	SB-A	SB-B	SB-C	EG	FB	SB-A	SB-B	SB-C	EG
男声 1	0.627	0.828	0.838	0.831	0.822	**0.847**	0.899	0.908	0.903	0.894	**0.918**
男声 2	0.576	0.784	0.795	0.792	0.779	**0.805**	0.867	0.875	0.87	0.862	**0.891**
男声 3	0.601	0.725	0.736	0.730	0.716	**0.743**	0.819	0.832	0.825	0.812	**0.835**
男声 4	0.597	0.786	0.797	0.794	0.781	**0.809**	0.891	0.909	0.904	0.883	**0.912**
男声 5	0.621	0.791	0.802	0.796	0.786	**0.813**	0.883	0.895	0.887	0.876	**0.904**
女声 1	0.675	0.871	0.880	0.877	0.863	**0.894**	0.920	0.931	0.924	0.912	**0.931**
女声 2	0.593	0.781	0.791	0.785	0.772	**0.812**	0.865	0.874	0.871	0.860	**0.886**
女声 3	0.587	0.723	0.733	0.728	0.714	**0.745**	0.806	0.817	0.812	0.799	**0.827**
女声 4	0.577	0.764	0.779	0.773	0.758	**0.788**	0.836	0.848	0.843	0.831	**0.869**
女声 5	0.670	0.760	0.774	0.765	0.754	**0.792**	0.855	0.867	0.861	0.849	**0.882**
平均结果	0.612	0.781	0.793	0.787	0.775	**0.805**	0.864	0.876	0.870	0.858	**0.886**

表 10-6 不同语音增强方法下的 LSD 得分

Person	BC	DNN					AB-Res-BLSTM				
		FB	SB-A	SB-B	SB-C	EG	FB	SB-A	SB-B	SB-C	EG
男声 1	1.482	1.047	0.995	1.004	1.055	**0.993**	0.940	0.896	0.899	0.947	**0.892**
男声 2	1.480	0.991	0.953	0.948	0.997	**0.944**	0.881	0.83	0.841	0.888	**0.833**
男声 3	1.455	1.061	1.017	1.022	1.070	**1.012**	0.939	0.886	0.895	0.943	**0.881**
男声 4	1.353	0.981	0.939	0.941	0.989	**0.937**	0.839	0.786	0.793	0.844	**0.782**
男声 5	1.440	1.014	0.978	0.981	1.018	**0.971**	0.915	0.855	0.877	0.921	**0.867**
女声 1	1.369	0.912	0.865	0.876	0.915	**0.865**	0.847	0.817	0.803	0.852	**0.794**
女声 2	1.305	0.962	0.916	0.923	0.969	**0.911**	0.890	0.851	0.852	0.894	**0.845**
女声 3	1.427	1.133	1.090	1.095	1.141	**1.088**	0.928	0.878	0.887	0.933	**0.876**
女声 4	1.239	0.978	0.937	0.94	0.982	**0.932**	0.925	0.878	0.886	0.931	**0.871**
女声 5	1.389	1.047	0.986	0.994	1.053	**0.983**	0.953	0.906	0.914	0.957	**0.903**
平均结果	1.394	1.013	0.968	0.972	1.019	**0.964**	0.906	0.858	0.865	0.911	**0.854**

可以看出，均衡-生成组合谱映射框架（EG）相比于原始的全频带谱映射框架（FB）在 3 种指标上均有提升，并且无论是基于 DNN 模型还是 AB-Res-BLSTM 模型都有相似的提升，证明了谱映射框架具有普适性，适用于骨导语音特点。

分析不同分带优化方案 SB-A、SB-B 以及 SB-C 对性能带来的影响，低频带谱映射均采用原始骨导语音全频带谱特征映射目标低频带谱，不同点在于 SB-A 联合了全频带骨导语音以及估计的高频带气导语音谱估计目标高频谱，而 SB-B 与 SB-C 方案分别只采用骨导语音全频带谱、估计的低频带气导语音谱来估计高频带气导语音谱。从表 10-4～表 10-6 中可看出，SB-B 方案优于 FB，说明在不改变模型原有输入的条件下，采用两个映射模型对目标低频与高频进行分带谱映射，能够提升谱映射效果。SB-A 优于 SB-B 方案，这是由于 SB-A 方案将估计的低频幅度谱信息用于高频谱生成中，避免了由于分带映射导致的两个频带边界部分相关性缺乏的问题，SB-C 方案与 FB 方案取得的结果相近，但是稍逊于 FB，这是由于高频生成中只输入估计的低频幅度谱信息，会损失原有骨导语音 2kHz 以上的隐含信息，从而导致增强性能下降。

图 10-12 与图 10-13 分别给出了 DNN-FB 与 DNN-SB-A 增强方法对女声 1 一句语音数据的第 10 维和第 85 维的幅度拟合曲线，图 10-12 中第 10 维对应的频率范围在 310Hz 附近，而图 10-13 中第 85 维对应的频率范围在 2640Hz 附近，利用这两个维度来展示语音中的低频和高频分量的变化情况。图 10-12 和图 10-13 中表示横坐标语音帧索引，纵坐标表示帧中该维度的幅度值。从两个图的对比来看，气导语音的低频幅度变换较为缓慢，幅度值较大，而高频幅度变换剧烈，幅度值较小，因此生成较好的高频幅度谱较为困难。相比于 DNN-FB 方法，DNN-SB-A 方法对幅度曲线拟合得更好，尤其是在较大的幅度峰值附近。由于两种方法的主要区别在于前者采用分带优化方法，而后者为全频带优化，由此可知，采用分带优化方法有助于 DNN 模型收敛到更好的局部最优值。

图 10-14 给出了一段男声语音经不同方法增强后得到的语谱图。对比图 10-14c 与图 10-14d可知，图 10-14c 的语谱图更为清晰，说明相比于 AB-Res-BLSTM-FB 方法，

AB-Res-BLSTM-EG 方法能够更好地抑制噪声，这得益于均衡-生成采用了分带的优化进一步提高了整个频谱转换精度，并且从矩形框中可看出，全频带方法在低频部分容易推断出过多的谐波成分，而均衡-生成方法由于是直接在原有骨导语音低频幅度谱上操作，因此可以较好地避免生成过多的谐波成分。

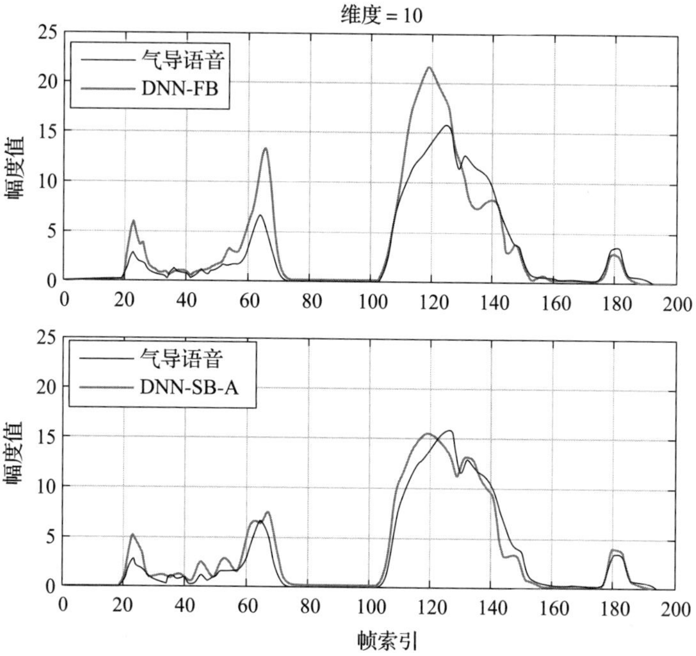

图 10-12　DNN-FB 与 DNN-SB-A 增强方法对女声 1 数据第 10 维度幅度值拟合曲线

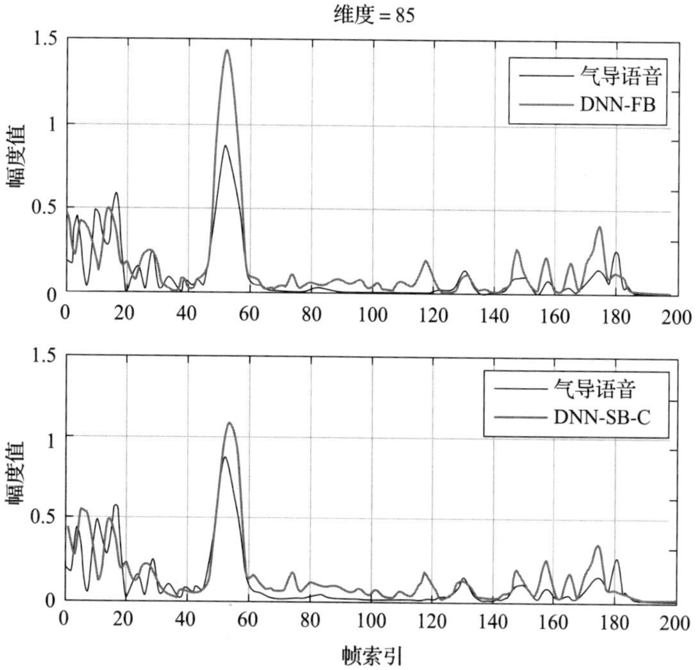

图 10-13　DNN-FB 与 DNN-SB-A 增强方法对女声 1 数据第 85 维度幅度值拟合曲线

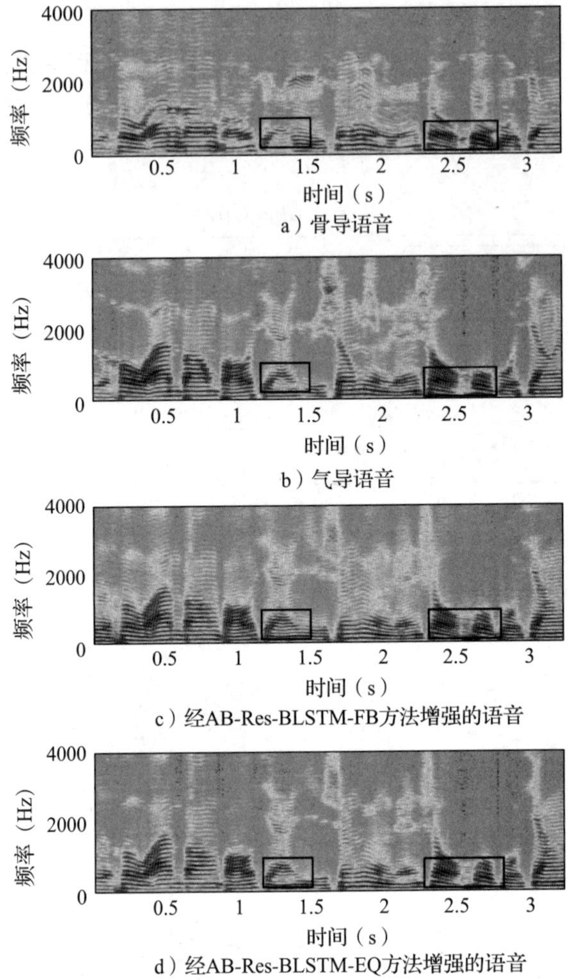

图 10-14　骨导语音及增强语音的语谱图

10.5　小结

骨导语音增强算法在语音增强阶段拥有的信息少，因此如何有效地从先验知识中学习数据的特点，推断出缺失的信息，是骨导语音增强面临的重要问题。本章介绍的方法通过对骨导语谱图特性的分析，从频谱的时域相关特性、高低频谱映射关系不同以及对丢失音素的关注等多个方面出发，利用深度学习方法改进了增强效果。

由于骨导语音与说话人的身体特性、传感器放置位置及性能密切相关，实现普适性的骨导语音增强算法具有相当大的难度。随着骨导麦克风应用的不断推广，必将会出现更多的方法来改进现有方法，更准确地恢复骨导语音的缺失信息。例如，现有骨导语音盲增强方法重点关注对人耳敏感度高的谱包络和高维谱特征的转换，而骨导语音的激励信号与相位信号也存在一定程度的畸变，因此在语音波形合成阶段不匹配的激励信号或者相位信号会导致音质的损失。利用端到端建模，可以有效避免分解模型中由于激励/相位不匹配造成的音质损失。目前基于波形建模的波形合成方法，例如基于 WaveNet 模型、SampleRNN 模型等，通过构造特殊的深度神经网络结构直接建模语音波形样本点间的联合概率密度，从给定的声学特征生成语音波形，避免了语音帧的重叠加效应或者合成参数过平滑产生的问题，有效改善了合成语音的自然度。相信这些方法同样也可以改善骨导语音增强的效果。此外，本章所述的骨导语音增强局限于特定说话人情形，在实际应用中，对增强模型的迁移、自适应等问题还需要做深入研究。

参考文献

[1] 郑昌艳．基于深度学习技术的骨导语音盲增强方法研究［D］．南京：陆军工程大学，2019.

[2] BOUSERHAL R, FALK T, VOIX J. On the potential for artificial bandwidth extension of bone and tissue conducted speech: A mutual information study [C]. Proceedings of IEEE International Conference on Acoustics, Speech and Signal Processing (ICASSP), 2015: 5108-5112.

[3] SHIMAMURA T, TAMIYA T. A reconstruction filter for BC speech [C]. Proceedings of IEEE, Circuits and Systems, 2005: 1847-1850.

[4] GRACIARENA M, FRANCO H, SONMEZ K, et al. Combining standard and throat microphones for robust speech recognition [J]. Signal Processing Letters IEEE, 2003, 10 (3): 72-74.

[5] DEKENS T, VERHELST W. Body conducted speech enhancement by equalization and signal fusion [J]. IEEE Transactions on Audio Speech & Language Processing, 2013, 21 (12): 2481-2492.

[6] UNOKI M. A study on a bone conducted speech restoration with the modulation transfer function [J]. Phyciol Acoust, 2005, 3 (35): 191-196.

[7] TRUNG P N, UNOKI M, AKAGI M. A study on restoration of bone conducted speech in noisy environments with lp-based model and gaussian mixture model [J]. Journal of Signal Processing, 2012: 409-417.

[8] DEKENS T, VERHELST W. Body conducted speech enhancement by equalization and signal fusion [J]. IEEE Transactions on Audio, Speech, and Language Processing (TASLP), 2013, 21 (12): 2481-2492.

[9] MURTY K, KHURANA S, ITANKAR Y, et al. Efficient representation of throat microphone speech [C]. Conference of the International Speech Communication Association(INTERSPEECH), 2008: 2610-2613.

[10] TURAN M, ERZIN E. Source and filter estimation for throat-microphone speech enhancement [J]. IEEE/ACM Transactions on Audio Speech & Language Processing, 2016, 24 (2): 265-275.

[11] SHAHINA A, YEGNANARAYANA B. Mapping speech spectra from throat microphone to close-speaking microphone: a neural network approach [J]. EURASIP Journal on Advances in Signal Processing, 2007 (1): 1-10.

[12] WATANABE D, SUGIURA Y, SHIMAMURA T. Speech enhancement for bone-conducted speech based on low-order cepstrum restoration [C]. Intelligent Signal Processing and Communication Systems (ISPACS), 2017.

[13] HUANG B, GONG Y, SUN J, et al. A wearable bone-conducted speech enhancement system for strong background noises [C]. 18th IEEE International Conference on Electronic Packaging Technology (ICEPT), 2017: 1682-1684.

[14] LIU P, TSAO Y, FUH C. Bone-conducted speech enhancement using deep denoising autoencoder [J]. Speech Communication, 2018, 104: 106-112.

CHAPTER 11

第11章 智能语音处理展望

随着电子信息技术的不断发展，电子设备的集成度越来越高，电子系统的计算能力也越来越强。计算能力的提升有力地促进了技术向应用的转化，新型场景下的应用又催生了更多的研究领域，产生了更多的研究成果。在这样的发展大潮下，智能语音处理的理论研究和技术应用也进入了快速发展时期。一方面，人工智能的研究迎来了热潮，基础理论和关键技术的大量研究成果可以应用于语音处理中；另一方面，人机交互和机器人等的应用中也存在着大量的语音处理问题亟待解决。智能语音处理将向着更强的环境适应能力、更强的说话人适应能力以及更强的应用场景适应能力方向发展。

由于新的研究成果层出不穷，本书结合作者团队前期研究工作，仅从几个侧面介绍智能语音处理的相关内容。本章将从整体出发，介绍智能语音处理未来的发展方向和有待解决的关键问题。

11.1 智能语音处理的未来

20世纪40年代，人们尚无法给出智能的确切定义。1950年，英国科学家图灵提出了一个可以操作的测试方案，以确定机器是否具有智能，这就是著名的图灵测试。在图灵测试中，测试者与被测试者相互隔离，测试者C通过向两个被测试者A（机器）和B（人）提问，根据回答来区分谁是人，谁是机器。若测试者C根据回答无法分辨出与他交流的是人还是机器，就可以认为被测试的机器A具有了人类智能，如图11-1所示。

这个测试方案具有可操作性，避免了抽象的理论定义，从行为角度为智能下了定义。在最初构想中，测试中的人和机器采用键盘进行交互。实际上，这还不符合人类交流的方式。如果机器能够通过基于语音交互方式的图灵测试，那么这个机器就表现得更像人类了。

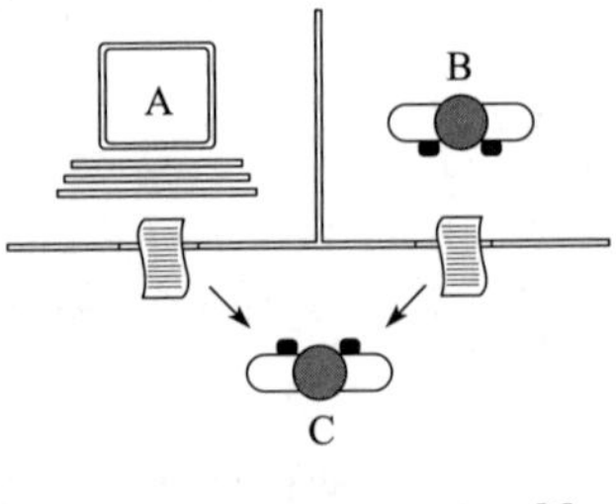

图11-1 图灵测试示意图[1]

智能语音处理的发展目标就是赋予机器以人类的听、说能力，基于语音实现便捷的人机交互。一方面，机器能够听懂语音，并做出正确的理解，另一方面，机器发出的实时语音与真人的语音也难以区分。可以预见，拥有了这样语音处理能力的人工智能系统，也将通过基于语音交互的图灵测试。

智能语音处理还有非常多的问题需要解决。经过长期发展之后，智能语音处理技术将和自然语言处理技术一起，在强大的网络服务和计算能力支撑下，能够克服各种场景噪声干扰，能够帮助患有声道疾病的人重新发声，人们不再受语言不通、噪声干扰的困扰，有可能实现跨语种、跨方言的高品质的语音交流，如图 11-2a 所示。同时，机器也将能够听懂各种语言中包含的信息，能够发出高品质的自然语音，机器将能与人进行无障碍的语音交流，如图 11-2b 所示。

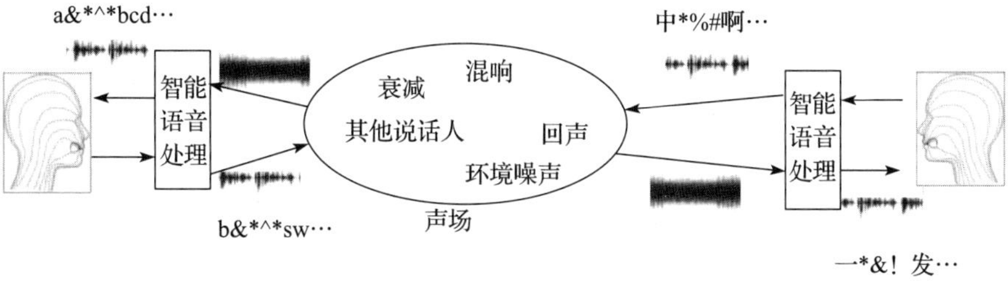

a）基于智能语音处理，改善人与人的交流

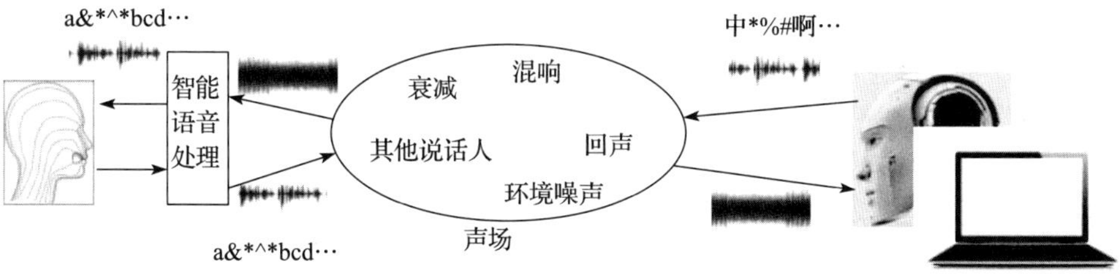

b）基于智能语音处理，改善人与机器的交流

图 11-2　未来智能语音处理的应用场景

有报道指出，人类与 AI 全面合作的新起点，就是未来每个空间都至少会有一个可以进行语音交互的触点[2]。在脑机接口技术发展成熟并大规模应用之前，语音交互仍是人类最便捷的交流方式，智能语音处理技术一定会发挥越来越重要的作用。

11.2　有待解决的关键技术

虽然智能语音处理技术已得到长足进步，但依然面临着许多有待解决的问题。分析近年来包括声学、语音和信号处理国际会议（ICASSP）、自动语音识别和理解国际会议（ASRU）、国际语音会议（INTERSPEECH）在内的一些语音处理领域顶级会议的讨论主题和论文可以看出，语音识别、语音合成以及涉及语音系统应用的鲁棒问题、安全问题依然是智能语音处理领域较为重要的研究方向，表 11-1 列出了 2019 年 INTERSPEECH[3] 的一些分组信息。本节将对这些方向中需要重点关注的问题和技术进行简要介绍。

表 11-1 INTERSPEECH 2019 的主要分组情况

主要应用方向	具体分组情况
语音识别	远场带噪语音的识别（ASR for Noisy and Far-Field Speech） 多模态自动语音识别（Multimodal ASR） 跨语种和多语种语音识别（Cross-Lingual and Multilingual ASR） 丰富的转录和自动语音识别系统（Rich Transcription and ASR Systems） 自动语音识别的模型自适应（Model Adaptation for ASR） 自动语音识别的模型训练（Model Training for ASR） 自动语音识别的特征提取（Feature Extraction for ASR） 语音识别的搜索方法（Search Methods for Speech Recognition） 自动语音识别的神经网络结构（NN Architectures for ASR） 自动语音识别的神经网络训练（ASR Neural Network Training） 端到端语音识别（End-to-End Speech Recognition） 序列到序列语音识别（Sequence-to-Sequence Speech Recognition） 零资源自动语音识别（Zero-Resource ASR） 对话语音理解（Dialogue Speech Understanding）
语音合成	语音合成：文本处理、韵律与情感（Speech Synthesis：Text Processing，Prosody，and Emotion） 语音合成：数据和评估（Speech Synthesis：Data and Evaluation） 语音合成：发音、多语种和小资源（Speech Synthesis：Pronunciation，Multilingual，and Low Resource） 语音合成：面向端到端（Speech Synthesis：Towards End-to-End） 语音合成：发音和物理方法（Speech Synthesis：Articulatory and Physical Approaches） 语音转换和波形生成中的神经网络技术（Neural Techniques for Voice Conversion and Waveform Generation） 语音生成：个性差异和大脑（Speech Production：Individual Differences and the Brain）
说话人识别	说话人识别（Speaker Recognition） 说话人识别和反欺骗（Speaker Recognition and Anti-spoofing） 说话人和语种识别（Speaker and Language Recognition）
语音增强	语音增强：噪声衰减（Speech Enhancement：Noise Attenuation） 语音增强：单通道（Speech Enhancement：Single Channel） 语音增强：多通道和可懂度（Speech Enhancement：Multi-channel and Intelligibility） 语音和声音源分离和场景分析（Speech and Audio Source Separation and Scene Analysis）

11.2.1 语音识别

语音识别[4]的主要任务是将人类语音中的词汇内容转换为计算机可读的输入信号，一般理解上的语音识别都是语音转文字的过程，简称语音转文本识别。长期以来，语音识别一直没有在实际应用过程中得到广泛认可。一方面，语音识别的精度和速度达不到实际应用的需求，另一方面，人们对语音识别的期望过高，总是希望机器从一开始就表现得像人一样。目前很多场合下，人们更多的是将语音识别、键盘、鼠标、触摸屏等融合使用，利用多种方式提高人机交互效率。

深度学习技术兴起之后，语音识别进入了 DNN 时代，DNN、RNN、CNN 等多种模型在语音识别系统中都得到了应用，其精度和速度迅速提高。2017 年，微软公司的识别系统在 Switchboard 数据集上的单词错误率降到了 5.1%，实现了在安静环境、标准口音、常见词汇场景下在识别率方面对人类的超越，可以说在特定条件下，现有语音识别系统初步具备了与人类相仿的语音识别能力。语音识别性能的提升也促进了应用的推广。

智能音箱、车载语音助手等成为消费电子、汽车电子领域中深受追捧的产品，也引起产业界和学术界的共同关注。这些应用中遇到的各种口音、方言、噪声、远场等条件变化，虽然会对语音识别的性能产生影响，但新的技术发展已有效减弱了它们的影响，特别是“前端采集＋后端云服务”的处理模式，使得语音处理能够利用云端海量数据、大规模模型、超强计算能力的优势，迅速适应环境。用户使用语音识别的体验越来越好。

主流语音识别的框架通常包括前端处理、声学模型、语言模型、解码器和后处理。其中除了前端处理之外，其他部分都可以归到后端识别模块之中。在前端处理中，目前主要解决的是远场条件下的语音失真和去混响问题。通常可在前端基于麦克风阵列进行去混响、波束成形等信号处理，提升输入语音质量，然后进行后端识别。中文、英文不同语种的语言模型差异较大，而声学模型的相似性更多一些，很多方法可以通用，因此声学模型的发展也更为迅速，现有的主流方向是将更深、更复杂的神经网络技术融合端到端技术。语言模型中主流的还是传统的 N-gram 方法，实用化的神经网络语言模型并不太多。在解码过程中，业界大部分是将声学模型和语言模型构成 WFST（Weighted Finite-State Transducer，加权有限状态转换机）网络，在整个网络中进行静态解码，以提升解码速度。

然而，语音识别中还有很多有待解决的问题，例如强噪声、超远场、强干扰、多语种、大词汇等场景下的识别性能还不能令人满意，多人对话时语音识别系统的性能还需要很大的提升[5]。在缺乏网络支撑的环境中，仅靠语音处理前端，识别系统的性能受限，也会对很多场合中的用户体验产生影响。INTERSPEECH 2020 等会议在语音识别领域依然列出了多达 33 个研究分支[6]。复杂场景下的语音识别[7]、中英混杂语音识别[8]等挑战赛吸引了众多高等院校和语音企业的关注。

语音识别中仍需关注的关键技术包括：

（1）小样本学习技术。很多小语种或方言的语音识别中，由于缺乏足够的数据量，无法利用大规模网络模型去学习出非常好的参数。在小样本情况下，如何提高语音识别性能还有待探索。目前主要通过迁移学习方法，在已有的一个比较好的声学模型基础上，再利用少量数据去训练得到一个好的迁移声学模型。研究者们在这方面已经取得了一些进展，但距离实用还有一定差距。

（2）模型自适应技术。主要包括声学模型和语言模型的自适应以及对说话人的自适应等。语音识别应用需要解决的一个主要问题就是如何面对十分复杂且变化的语音应用场景。即使说同样的一句话，不仅不同说话人的发音存在巨大差异，而且同一个说话人在不同的年龄、情绪、健康状况下发音也都会不同，同时麦克风、信号传输通道（模拟放大电路中的频响/底噪、无线通信中的误码/延时）等也都会对语音产生不同程度的影响。想要成功地应用识别系统，就需要利用较小的计算开销解决这些变化带来的识别效果下降问题。模型自适应技术需要对这些变换进行合理的建模。

（3）无监督学习技术。语言是不断发展、演变的，经常会出现一些新的词汇。同时，在很多专业领域，会有很多复杂的词汇构成形式，例如“粉丝”“囧”这些词近些年已经融入日常生活中，而以前人们的脑海中根本没有这些概念。随着智能技术的推广，“AI”已频繁出现在汉语语境中，一些专业领域的交流中，“DNN 技术”“RNN 结构”“PESQ 得分”这些词汇也会频繁出现。在中文语音识别系统中，这些词汇的出现将影响到识别的性能。此时，对于没有学习过的词汇/语料，实用识别模型需要能够解决无监督样本的辨识和模型学习的问题。

（4）语音理解技术。语音理解可以认为是广义上的语音识别技术。语音识别的最终目的是让机器可以理解语音的语义，而不仅是将语音转换成文字。在文字输出的基础上，语音识别还要结合自然语言处理的相关研究成果，将语音理解与语义理解结合起来，从而能够理解人类语音中包含的各种隐含语义信息，听懂“言外之意”。这是一个难题，对它的研究将会持续相当长的时间。

（5）多模态信息融合技术。人类利用多种感官去感知世界，记录了大量有关物质世界和精神世界的样本，数据和知识的积累使得人类的语音包含了丰富的语义内涵，多种感官的配合也才能使人类克服噪声的影响。因此，让机器听懂人类的语言，还需要“光、电、热、力、磁”等多模态信息的融合，这样才能使机器感知世界的真实信息，具有更好的识别能力。

11.2.2 语音合成

语音合成的主要任务是将文字转换成语音。当语音识别的能力提升后，市场对人机闭环交互的需求越来越大，对语音合成的需求也逐步提升。对语音合成的评价以是否与真人的发声相似来衡量，通常可以采用 MOS 得分作为评价指标。当然，也可以利用一个“听觉层次”的图灵测试。当机器和人一起参与测试时，如果人们分辨不出发声者是机器还是人，语音合成技术就得到了实质性的突破。

由于语音中包含说话人、情绪、口音等丰富的信息，因此语音合成的研究目标还包括如何实现定制化的语音。这种定制化的语音在游戏、广告宣传等场合中会给用户带来非常好的使用体验。

语音合成的传统方法采用发音片段的拼接方法来实现，合成出来的语音存在明显的间断，自然度不够高。与语音识别的发展类似，语音合成的主流技术也经过了 HMM+GMM、神经网络、深度学习的发展过程。近年来，谷歌公司提出了基于膨胀因果卷积的深度神经网络 WaveNet[9]，其合成语音质量达到了 4.2 的 MOS 得分效果，已经接近一般真人录音的得分 4.5。如图 11-3 所示，WaveNet 网络采用了膨胀卷积和因果卷积的方法，随着网络深度的增加，网络的感受野也成倍增加，这样网络可以直接对语音波形进行学习，保证了输出语音样本的高相关性。最初的 WaveNet 合成速度较慢，为了加速，谷歌又提出了 Parallel WaveNet[10]，通过并行生成波形的方式实现了实时合成的效果。

目前，语音合成需要解决的技术问题还有很多，INTERSPEECH 2020 会议在语音合成领域列出了 18 个研究分支[6]，第 10 届 ISCA 语音合成专题讨论会列出了 22 个研究分支[11]，其中主要包括：

1）韵律模型和生成技术。人类发声具有丰富多变的韵律，很多语言还会利用韵律、音调来承载语义信息。因此，韵律模型和生成技术需要适应不同的合成应用场景以及对话中的不同情绪、不同语义的表达，实现融合了表达、情绪等因素的个性化发音。

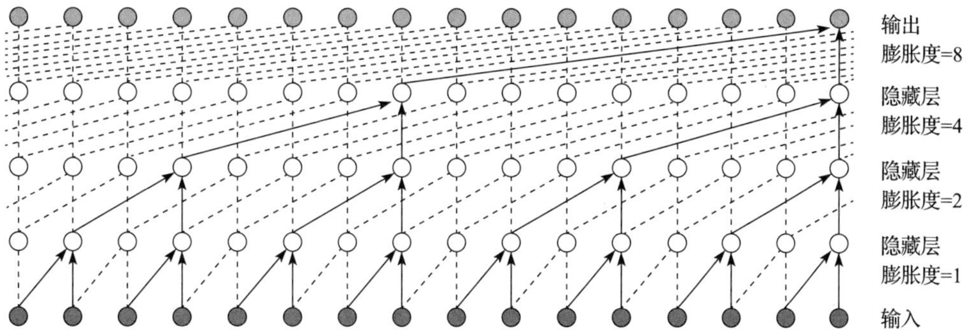

图 11-3 WaveNet 中的膨胀因果卷积叠加结构

2）跨语种和多语种的语音合成。与语音识别面临的问题类似，随着国际化程度的提升，语音合成应用会面临合成不同语种的任务场景。目前，语音合成多以一种语音为训练样本进行训练，学得的模型对其他语言的泛化性还有待提高，特别是由于不同语言的发音方式差异较大，需要在声学模型、韵律模型等部分引入声学知识，进行模型融合、迁移学习等来适应不同语言的合成需求[12-13]。

3）概念到语音的转换技术。语音合成实现的是文字到语音的转换，实际上人类的发声一般没有文字处理这个中间过程。因此，更高效的语音合成是从头脑里的概念出发直接转换成语音信号。目前，这个方向的研究以特定场景中的应用为主，如导游、解说员等，通常将自然语言处理的概念输出直接输入语音合成系统中，不再对应于文本。人们对这个领域的研究正在持续推进中[14-15]。

11.2.3 语音增强

语音增强涉及噪声抑制以及回声消除和去混响。

1. 噪声抑制

噪声对语音的干扰，既降低了信噪比，对语音交流形成了干扰，也有降低听觉感受的复杂效果。传统信号处理方法多依据线性模型，方法的可解释性强，而深度学习具有更好的非线性能力，将两者融合起来可以更好地解决语音降噪问题。由于收听者既可能是人也可能是机器，可以把语音降噪的目标区分为改善音质和提升语音特征质量两类。针对这两种不同的目标，在学习中需要采用不同的评价指标。同时，声学场景分析技术也将有助于对噪声特性的学习和理解，通过字典学习、噪声网络等方法为噪声构建处理模型，也能更好地适应非平稳噪声情况。

2. 回声消除和去混响

在日常的声学环境中，声波传播时遇到较强的反射会形成混响；在语音通信中，如果音箱和受话器距离很近，或者线路传输中阻抗不匹配，都会形成较强的回声。混响和回声会使语音变得模糊，对语音交互和语音通信等应用产生较大影响。单纯依靠信号处理手段很难将回声和混响消除干净，现有的主流方法都采用深度学习来对这类语音的非线性失真进行拟合。

电子器件的高度集成化，使得麦克风的尺寸可以变得非常小。此时，在语音前端引入多麦克风输入，利用多通道信号处理技术可以有效提升输入的信息量，为语音增强带来一种优化的方案。多通道语音增强已应用在大量的系统中。

11.2.4 语音处理中的安全问题

机器学习系统在医学、军事、多媒体和社交网络等应用中的性能逐渐改善，但由于系统尚缺乏理解能力，对于一些人类可以解决的问题，机器解决起来往往会出错。一些恶意攻击者利用这些技术上的缺陷，采用欺骗、迷惑等手段，通过语音在网络空间中进行非法活动或者敌对行动，给网络空间安全带来了新的安全问题。这些安全问题已引起了学术界和产业界的共同关注[16]。

目前，语音攻击大多围绕语音中包含的说话人信息展开，通过录制、合成或转换的语音获取机器或人的信任，从而达到非法的目的。常见的手段包括：声纹欺骗、语音伪装、重放攻击等。声纹欺骗是指利用语音转换或者语音合成技术，生成以假乱真的声音，模仿目标说话人以期突破说话人识别系统。语音伪装多用于电话诈骗中，犯罪分子在实施犯罪行为时通过这种变声手段掩盖身份，逃避打击。重放攻击旨在利用提前录制好的语音来突破说话人识别系统。

安全问题中存在着攻和防两方面。为了保证语音应用更加安全，研究人员提出了一系列防护方法来检测这些攻击手段。这些方法依然大量采用了机器学习技术，通过对攻击特征进行学习，实现对攻击行为的可靠检测。例如，文献［17］对比了不同语音欺骗检测的策略，这些策略包括基于 GMM 的方法、利用简单分类器、深度学习框架实现的高层特征提取方法等。实验结果表明，当声学条件变化时，深度学习方法的性能更为稳定。采用高层特征的 SVM 分类器，可以提高多种方法融合后的性能。

11.3 小结

实现智能语音处理技术的发展和成熟应用，不仅需要学术界和产业界通力合作，同时还需要大量借鉴脑神经科学、智能技术、自然语言处理技术、物联网技术的发展成果。人类的语音处理能力是以神经系统的发展为基础的。人类经历了成千上万年的学习、进化，才使大脑有了足够的能力和充足的知识储备，才能具有灵活多变的发声能力和强大的听觉适应能力。智能语音处理技术的每一步发展，应用领域的每一次进步，都要通过长期的“推广应用—发现问题—技术改进”的在线迭代，才能越来越贴近语音智能的终极目标。这个目标并不能一蹴而就，但可以预见，这个“未来”将会快速到来。

参考文献

［1］ 搜狗百科-图灵测试［EB/OL］.［2019-12-20］. https://baike.sogou.com/v7845516.htm? fromTitle

=%E5%9B%BE%E7%81%B5%E6%B5%8B%E8%AF%95.
[2] 阿里巴巴达摩院．达摩院 2019 十大科技趋势 [EB/OL]. (2019-01-02) [2019-12-20]. https://damo. alibaba. com/events/50.
[3] INTERSPEECH 2019 [EB/OL]. [2019-12-20]. https://www. interspeech2019. org/program/schedule/.
[4] 陈孝良，冯大航，李智勇．语音识别技术简史 [EB/OL]. https://blog. csdn. net/csdnnews/article/details/100025021.
[5] KANDA N, BOEDDEKER C, HEITKAEMPER J, et al. Guided Source Separation Meets a Strong ASR Backend: Hitachi/Paderborn University Joint Investigation for Dinner Party ASR [J]. 2019.
[6] INTERSPEECH 2010 [EB/OL]. [2019-12-20] http://www. interspeech2020. org/index. php? m=content&c=index&a=lists&catid=149.
[7] BARKER J, WATANABE S, VINCENT E, et al. The fifth 'CHiME' Speech Separation and Recognition Challenge: Dataset, task and baselines [C]//INTERSPEECH. 2018.
[8] IMSENG D, BOURLARD H, DOSS M M. Towards mixed language speech recognition systems [J]. 2010.
[9] OORD A V D, DIELEMAN S. WaveNet: A generative model for raw audio [DB/OL]. https://arxiv. org/pdf/1609. 03499. pdf.
[10] OORD A V D, LI Y, et al. Parallel WaveNet: Fast High-Fidelity Speech Synthesis [DB/OL]. https://arxiv. org/pdf/1711. 10433. pdf.
[11] ISCA Speech Synthesis Workshop [EB/OL]. [2019-12-20]. https://signalprocessingsociety. org/get-involved/speech-and-language-processing/newsletter/cfp-10th-isca-speech-synthesis-workshop.
[12] YU Q, LIU P, WU Z, et al. Learning cross-lingual information with multilingual BLSTM for speech synthesis of low-resource languages [C]. 2016 IEEE International Conference on Acoustics, Speech and Signal Processing (ICASSP), Shanghai, 2016: 5545-5549.
[13] CHEN M, CHEN M, LIANG S, et al. Cross-lingual, Multi-speaker Text-To-Speech Synthesis Using Neural Speaker Embedding [C]//INTERSPEECH, 2019: 2105-2109.
[14] TAYLOR P A. Concept-to-speech synthesis by phonological structure matching. Philosophical Transactions of the Royal Society of London [J]//Series A: Mathematical, Physical and Engineering Sciences. 2000.
[15] YUJI Y, SEIYA T, KEIKICHI H, et al. Concept-to-speech conversion for reply speech generation in a spoken dialogue system for road guidance and its prosodic control [J]//Acoustical Society of America Journal, November 2006.
[16] AWVSPOOF [EB/OL]. [2019-12-20]. https://www. asvspoof. org/.
[17] LAVRENTYEVA G, NOVOSELOV S, MALYKH E, et al. Audio-Replay Attack Detection Countermeasures [C]//SPECOM 2017: Speech and Computer, 171-181.

缩略语

缩写	全称	译名
AbS	Analysis-by-Synthesis	合成分析法
ADMM	Alternating Direction Method of Multipliers	交替方向乘子法
ADPCM	Adaptive Differential Pulse Code Modulation	自适应差分脉冲编码调制
AE	Auto-Encoder	自编码器
AI	Artificial Intelligence	人工智能
ANN	Artificial Neural Network	人工神经网络
ANS	Audible Noise Suppression	可听噪声抑制
ASV	Automatic Speaker Verification	自动说话人确认系统
AWGN	Additive White Gaussian Noise	加性高斯白噪声
BLSTM	Bidirectional Long Short-Term Memory	双向长短时记忆网络
BM	Boltzmann Machine	玻尔兹曼机
BP	Basis Pursuit	基追踪
BP	Backward Propagation	后向传播
BPTT	Back Propagation Through Time	时序后向传播算法
CELP	Code Excited Linear Prediction	码激励线性预测
CFCCIF	Cochlear Filter Cepstral Coefficients Instantaneous Frequency	基于瞬时频率的耳蜗滤波器倒谱系数
CFCC	Cochlear Filter Cepstral Coefficients	耳蜗滤波器倒谱系数
CNMF	Convolutional Non-negative Matrix Factorization	卷积非负矩阵分解
CNN	Convolutional Neural Network	卷积神经网络
CQCC	Constant Q Cepstral Coefficients	常数 Q 倒谱系数
CQT	Constant Q Transform	常数 Q 变换
CS	Compressed Sensing/Compressive Sampling	压缩感知/压缩采样
CS-ACELP	Conjugate Structure Algebraic Code Excited Linear Prediction	共轭结构-代数码激励线性预测
DAE	Deep Auto-Encoder	深度自编码器
DAM	Diagnostic Acceptability Measure	诊断满意度测试
DBN	Deep Belief Network	深度置信网络
DCNN	Deep Convolutional Neural Network	深度卷积神经网络
DCT	Discrete Cosine Transform	离散余弦变换
DDAE	Deep Denoising Auto-Encoder	深度降噪自编码器
DFT	Discrete Fourier Transform	离散傅里叶变换
DL	Deep Learning	深度学习
DNN	Deep Neural Network	深度神经网络
DRL	Deep Residual Learning	深度残差学习

（续）

缩写	全称	译名
DRNN	Deep Recurrent Neural Network	深度循环（递归）神经网络
DRT	Diagnostic Rhyme Test	诊断韵律测试
DSP	Digital Signal Processing/Digital Signal Processor	数字信号处理/数字信号处理器
DSR	Distributed Speech Recognition	分布式语音识别
DTW	Dynamic Time Warping	动态时间规整
DWT	Discrete Wavelet Transform	离散小波变换
EM	Expectation-Maximization	期望-最大化
EVD	Eigen Value Decomposition	特征值分解
FAR	False Acceptance Rate	错误接受率
FFT	Fast Fourier Transform	快速傅里叶变换
FW	Frequency Warping	频率弯折
fwSNRseg	frequency weighted segmental SNR	频率加权分段信噪比
GAD	Greedy Adaptive Dictionary	贪婪自适应字典
GAN	Generative Adversarial Networks	生成式对抗网络
GMM	Gaussian Mixture Model	高斯混合模型
GPLVM	Gaussian Process Latent Variable Model	高斯过程隐变量模型
GRU	Gated Recurrent Unit	门递归单元
HMM	Hidden Markov Model	隐马尔可夫模型
HNM	Harmonic Noise Model	谐波噪声模型
IBM	Ideal Binary Mask	理想二值掩蔽
IDCT	Inverse Discrete Cosine Transform	离散余弦逆变换
IDFT	Inverse Discrete Fourier Transform	离散傅里叶逆变换
IF	Instantaneous Frequency	瞬时频率
IHT	Iterative Hard Thresholding	迭代硬阈值法
IRLM	Iteratively Reweighted l_2 Minimization	迭代加权 l_2 优化
IRM	Ideal Ratio Mask	理想浮值掩蔽
ISTFT	Inverse Short-Time Fourier Transform	短时傅里叶逆变换
i-vector	identity vector	说话人矢量
KLT	Karhunen-Loeve Transform	Karhunen-Loeve 变换
K-SVD	K-Singular Value Decomposition	K-奇异值分解
LDA	Linear Discriminant Analysis	线性判别分析
LD-CELP	Low Delay CELP	低时延码激励线性预测
LL	Log Likelihood	对数似然
LPC	Linear Prediction Coding	线性预测编码
LSD	Log-Spectral Distance	对数谱距离
LSE-ISTFT	Least Square Error Inverse Short-Time Fourier Transform	最小均方误差短时傅里叶逆变换
LSF	Line Spectrum Frequency	线谱频率
LSTM	Long Short-Term Memory	长短时记忆模型
LTW	Linear Time Warping	线性时间规整
MAP	Maximum A Posterior	最大后验概率
MCRA	Minima Controlled Recursive Averaging	最小控制递归平均

（续）

缩写	全称	译名
MDCT	Modified Discrete Cosine Transform	改进型离散余弦变换
MELP	Mixed Excitation Linear Prediction	混合激励线性预测
MFCC	Mel-Frequency Cepstral Coefficient	梅尔频率倒谱系数
ML	Machine Learning	机器学习
MLE	Maximum Likelihood Estimation	最大似然估计
MOD	Method of Optimal Directions	最优方向法
MOS	Mean Opinion Score	平均意见得分
MP	Matching Pursuit	匹配追踪
MRI	Magnetic Resonance Imaging	核磁共振成像
MRT	Modified Rhyme Test	修正韵律测试
MSE	Mean Square Error	均方误差
MMSE	Minimum Mean Squared Error	最小均方误差
MMSE-LSA	Minimum Mean-Square Error Log-Spectral Amplitude estimator	最小均方误差对数谱幅度估计
MMSE-STSA	Minimum Mean-Square Error Short-Time Spectral Amplitude estimator	最小均方误差短时谱幅度估计
MSVQ	Multistage Vector Quantization	多级矢量量化
MTF	Modulation Transfer Function	调制传递函数
NMF	Nonnegative Matrix Factorization	非负矩阵分解
NN	Neural Network	神经网络
NUIRLS	Non-negative Underdetermined Iteratively Reweighted Least Squares	非负欠定迭代加权最小均方误差
NWL2	Non-negative Weighted l_2 Optimization	迭代加权非负 l_2 优化
OMP	Orthogonal Matching Pursuit	正交匹配追踪
PCA	Principal Component Analysis	主成分分析
PCM	Pulse Code Modulation	脉冲编码调制
PCP	Principal Component Pursuit	主成分追踪
PESQ	Perceptual Evaluation of Speech Quality	感知语音质量评估
PLDA	Probabilistic Linear Discriminant Analysis	概率线性判别分析
PPCA	Probabilistic Principal Component Analysis	概率主成分分析
PSOLA	Pitch Synchronous Overlap and Add	基音同步叠加
PWAbS VQ	Perceptually Weighted Analysis-by-Synthesis Vector Quantization	感知加权合成分析矢量量化
RBF	Radial Basis Function	径向基函数
RBM	Restricted Boltzmann Machine	受限玻尔兹曼机
RDAE	Recurrent Denoising Auto-Encoder	循环降噪自编码器
ReLU	Rectified Linear Unit	修正线性单元（线性整流函数）
RIC	Restricted Isometry Constant	约束等距常数
RIP	Restricted Isometry Property	约束等距性质
RL	Representation Learning	表示学习
RMSProp	Root Mean Square Propagation	均方根传播

（续）

缩写	全称	译名
RNN	Recurrent Neural Network	循环（递归）神经网络
SAE	Stack Auto-Encoder	栈式自编码器
SAR	Source-to-Artifacts Ratio	信源与引入噪声比
SCG	Scaled Conjugate Gradient	尺度共轭梯度
SCM	Structurally Chaotic Matrix	结构化混沌矩阵
SD	Spectral Distortion	谱失真
SDR	Source-to-Distortion Ratio	信源失真比
SIR	Source-to-Interferences Ratio	信干比
SMM	Spectral Magnitude Mask	幅度谱掩蔽
SNR	Signal-to-Noise Ratio	信噪比
SNR_{AS}	Average-Subsection Signal-to-Noise Ratio	平均分段信噪比
SNRseg	Segmental SNR	分段信噪比
SP	Subspace Pursuit	子空间追踪
SR	Sparse Representation	稀疏表示
SS	Spectral Subtraction	谱减算法
SSIM	Structure SImilarity Metric	结构相似性度量
SSM	State Space Model	状态空间模型
STFT	Short-Time Fourier Transform	短时傅里叶变换
STOI	Short-Time Objective Intelligibility	短时客观可懂度
STRAIGHT	Speech Transformation and Representation using Adaptive Interpolation of weiGHTed spectrum	基于自适应谱权重插值的语音变换和表示
SVD	Singular Value Decomposition	奇异值分解
SVM	Support Vector Machine	支持向量机
SVQ	Split Vector Quantization	分裂矢量量化
TTS	Text-To-Speech	文本-语音转换
UBM	Universal Background Model	通用背景模型
UUP	Uniform Uncertainty Principle	归一化测不准原则
VAD	Voice Activity Detection	话音激活检测
VC	Voice Conversion	语音转换
Vocoder	Voice Coder	声码器
VQ	Vector Quantization	矢量量化
VT	Voice Transformation	语音变换
WFST	Weighted Finite-State Transducer	加权有限状态转换器
WSOLA	Waveform Similarity Overlap and Add	波形相似叠加
WHT	Walsh-Hadamard Transform	Walsh-Hadamard 变换

推荐阅读

机器学习与深度学习：通过C语言模拟

作者：[日] 小高知宏 译者：申富饶 于僡 ISBN：978-7-111-59994-4

本书以深度学习为关键字讲述机器学习与深度学习的相关知识，对基本理论的讲述通俗易懂，不涉及复杂的数学理论，适用于对机器学习与深度学习感兴趣的初学者。当前机器学习的书籍一般只讲述理论，没有具体的程序实例。有些以实例为主的机器学习书籍则依赖于一些函数库或工具，无法理解其内部算法原理。本书没有使用任何外部函数库或工具，通过C语言程序来实现机器学习和深度学习算法，读者不太理解相关理论时，可以通过C语言程序代码来进行学习。

本书从强化学习、蚁群最优化方法、神经网络、深度学习等出发，分阶段介绍机器学习的各种算法，通过分析C语言程序代码，实际执行C语言程序，使读者能快速步入机器学习和深度学习殿堂。

自然语言处理与深度学习：通过C语言模拟

作者：[日] 小高知宏 译者：申富饶 于僡 ISBN：978-7-111-58657-9

本书详细介绍了将深度学习应用于自然语言处理的方法，并概述了自然语言处理的一般概念，通过具体实例说明了如何提取自然语言文本的特征以及如何考虑上下文关系来生成文本。书中自然语言文本的特征提取是通过卷积神经网络来实现的，而根据上下文关系来生成文本则利用了循环神经网络。这两个网络是深度学习领域中常用的基础技术。

本书通过实现C语言程序来具体讲解自然语言处理与深度学习的相关技术。本书给出的程序都能在普通个人电脑上执行。通过实际执行这些C语言程序，确认其运行过程，并根据需要对程序进行修改，读者能够更深刻地理解自然语言处理与深度学习技术。